51 单片机自学笔记(第 3 版)

范红刚　任思璟　刘宏洋　编著

北京航空航天大学出版社

内 容 简 介

本书以89S51系列单片机为载体,结合作者多年教学与指导大学生电子设计竞赛的经验编写而成。

全书分三部分:汇编语言程序设计、C语言程序设计和RTX51实时多任务操作系统。内容编排符合初学者先了解单片机底层的工作原理,再掌握高效编程语言的使用方法,最后达到熟练应用RTX51实时多任务操作系统这一高级阶段的学习过程。这三部分内容中许多例程所完成的任务是相同的,便于读者比较对照,从而加深理解。配套资料包含书中所有代码、配套教学视频等,读者可以在北京航空航天大学出版社官网的"下载专区"免费下载。

书中的全部内容均是作者亲自实践调试通过的,其中大部分内容采用倒叙的写作手法,即先给出设计内容的全貌,然后结合作者调试时遇到的问题和学生经常问的问题,以对话的形式对设计内容进行分析讲解。书中大胆采用了许多来源于生活的卡通图片和生活用语,力争生动形象地讲述单片机技术。本书是再版书,相比旧版,本书对部分知识进行了更新。

本书既可以作为单片机爱好者的自学用书,也可以作为大中专院校自动化、电子和计算机等相关专业的教学参考书。

图书在版编目(CIP)数据

51单片机自学笔记 / 范红刚,任思璟,刘宏洋编著
. -- 3版. -- 北京 : 北京航空航天大学出版社,2019.2
ISBN 978 - 7 - 5124 - 2945 - 1

Ⅰ.①5… Ⅱ.①范… ②任… ③刘… Ⅲ.①单片微型计算机 Ⅳ.①TP368.1

中国版本图书馆CIP数据核字(2019)第031904号

51单片机自学笔记(第3版)

范红刚　　任思璟　　刘宏洋　编著
责任编辑　董立娟

*

北京航空航天大学出版社出版发行

北京市海淀区学院路37号(邮编100191)　http://www.buaapress.com.cn
发行部电话:(010)82317024　传真:(010)82328026
读者信箱:emsbook@buaacm.com.cn　邮购电话:(010)82316936
涿州市新华印刷有限公司印装 各地书店经销

*

开本:710×1 000　1/16　印张:27.5　字数:586千字
2019年3月第3版　2019年3月第1次印刷　印数:3 000册
ISBN 978 - 7 - 5124 - 2945 - 1　定价:79.00元

第3版前言

《51单片机自学笔记》即将出第3版,这里补充点儿学习建议:

① 现在的MCU处理器非常多,功能也越来越强大,但是51单片机依然是一个比较好的入门芯片,资料丰富,建议初学者从51单片机开始学习。

② 学到一定程度时遇到的瓶颈往往是C语言、算法或者数学限制了自己,不一定是单片机知识的问题,所以,一定要学好C语言,打好数学算法等基础。

③ 学完51单片机就可以考虑高档单片机,如STM32,或者结合物联网的相关应用学习(相信5G时代的到来,物联网会有一个小爆发)。

④ 入门后可以考虑选择性地学习机器视觉、ROS机器人、人工智能等;如果一点基础没有,建议从51开始,因为除了51上手容易外,也可以检验一下自己是否适合在这方面发展。

⑤ 永远记住:实践,实践,实践!!!

感谢黑龙江科技大学的刘宏洋和任思璟。其中,刘宏洋编写了第9、10、11章,任思璟编写了12、13、14章。第1~8章及第15章由范红刚编写。

读者朋友在阅读本书时可以通过关注微信公众账号或者关注我的个人新浪微博进行沟通,以获得电子版程序或者部分视频资料:

➤ 新浪微博:https://weibo.com/fhg007(范红刚)

➤ 微信公众账号:sitongweilai(思通未来)[方法:朋友们→添加朋友→查找微信公众账号]

范红刚新浪微博

sitongweilai 微信公众账号

范红刚
于黑龙江科技大学
2019年1月19日

第 2 版前言

《51 单片机自学笔记》自 2010 年 1 月出版后受到读者朋友的好评。首先,在此感谢读者朋友们和北京航空航天大学出版社的大力支持。第 1 版印刷了两次,我也尽量去修改第 1 版中存在的问题,但还是有不尽人意的地方。下面结合读者朋友反馈的意见、建议,总结一下第 1 版存在的问题,顺便也给读者朋友就如何学习单片机提些建议:

① 书中存在一些电路图上元器件名称编号与文字说明部分不匹配,当然绝大部分在第 1 版第 2 次印刷中已经修改了,但是还难免有些错误。

② 很多读者建议我将本书程序的电子版放到配套资料中,这版我这样做了。之所以第 1 版的配套资料中没有放程序代码,是想让读者亲自将程序代码敲到计算机里。因为许多看这本书的人都是单片机的初学者,特别需要多锻炼,其中也包括多编写程序、多敲代码。但是鉴于读者的强烈要求,这次就放到配套资料,但是还是希望读者能够自己来敲,因为本书纸介版中的程序代码是绝对没有问题的,反而是我给的电子版中可能会有"炸弹",希望读者能理解我的良苦用心。

③ 强烈建议读者结合书中的内容,用实验板做实验或者应用单片机完成电子制作。实验板联系作者微信购买就可以;当然不一定非要购买我淘宝店的实验板,有一个就行,如果所选择板子的电路与本书电路图相差较多,则需要将本书程序进行修改。

④ 读者反映汇编语言编写的程序只要有中断,程序就不好用。这是因为我当时使用的是伟福编译器,现在大家用的都是 Keil。建议大家将汇编程序中的中断服务子程序中的 A 换成 ACC,编译就不会有问题了。

⑤ 关于汇编语言和 C 语言的问题。现在 C 语言应用在单片机及嵌入式方面非常广泛,汇编语言使用的不多,所以很多读者都不大想学习汇编了。其实,作为一个电子工程师是要懂汇编的,因为汇编在某些方面还是会用到的,例如写底层驱动程序、操作系统移植等;此外汇编语言与硬件结合得更加紧密。本书的前一半安排了汇编语言编写的单片机应用程序,后一半是 C 语言编写的程序,为了让读者对比,我尽量设计相同的实验。

⑥ 如果你是学生,建议一定要和同学一起学习,有好书、好网站、好资料要分享,这样就有了学伴儿,相互鼓励,相互帮助,共同完成设计。这样学习的好处是学得快,而且共同购买元器件投入成本低;并且设计进度快,单位时间内学的内容多;又能够锻炼团队协作精神,这样的毕业生也更容易得到公司的青睐。

⑦ 如果有条件,最好能够参与到老师的设计项目中,从而把所学知识与实际项目相结合,做到理论与实际相结合,缩短毕业后参加工作时的过渡时间。

⑧ 挑选一个自己喜欢、和所学专业结合紧密的设计课题,花大量的时间专一研究,这样才能学透彻,不要看一个设计做一个,最后哪个都没有做好、都没有研究透。

⑨ 坚持! 没有谁是天生的"高手",所有的人都是从流水灯开始,所以,不要因为流水灯简单而不学,也不要因为某个设计难而惧怕不学。坚持就一定有收获、就会找到感觉,只是有人的感觉来得早点,有人的感觉来得晚点,总之,不要着急,坚持就会成为单片机里的"武林高手"。

感谢黑龙江科技大学的杜林娟老师,她对书稿进行了一次认真细致的校对。

本书配套资料

本书第1版配套了光盘,但是考虑到读者购书费用的增加,所以,在第2版中将第1版中的光盘内容及计划增加的配套视频内容传到网络上,供读者免费下载或在线观看。

本书配套资料包含的内容:

➤ 书中的程序代码:为了方便读者参考,将书中代码电子版上传至网上。

➤ 实验现象文件夹:本书中部分实验的实验效果视频文件。

➤ 程序生成器软件:MCS-51程序生成器V1.6是李雍开发的,主要是为了读者设计程序提供方便。

➤ 本书配套教学视频。

范红刚

于黑龙江科技大学

2013年7月16日晚

第1版前言

我为什么写本书

我在单片机的学习方面走了许多弯路,一路跌跌撞撞地走过来。幸运的是,在我学习的过程中总有贵人相助。但是,并非所有人都能像我这么幸运,所以我想把自己的学习经验和对单片机的理解写出来,能够让更多的人尽快从门外的徘徊中走进来,去感受和体会在单片机学习中自由翱翔的乐趣。

本书特点

记得在我刚开始学习单片机时,内心特别渴望能够拥有一本适合初学者的书,这本书用通俗的生活语言来描述单片机。如果能在书中借鉴一些经典影片或小品中的语言,再配上一些卡通图片和励志短文,那可真是太棒了。还有一点,最好能够让人看到书就如同有一个老师在身边现场指导一样,而不是一个人苦苦地在黑暗中摸索前行。能够让初学者在遇到困难时懂得借鉴他人当年的经验,并且真正明白一个道理:成功往往会用千万次的失败作为挡箭牌,最后才会现身。我就是循着这样的想法来完成这本书的。

总结本书的特点大致如下:

(1)彻底打破传统教材中内容的安排顺序,将枯燥的单片机原理和部分指令融入到每个任务实例中,让初学者在应用的过程中学习、理解并最终掌握知识。

(2)语言通俗形象。如果说赵本山老师的二人转是"大俗"文化,那么我的这本单片机书也具有类似的韵味。我认为书的作用是为了让读者看懂,而绝非用来显示作者有多高的水平。所以,我坚持了本书的写作风格。

(3)书中插入部分卡通图片,目的是让读者能够在轻松的环境下学习单片机,并且有助于读者快速理解那些用专业术语表达的内容。

(4)内容体系完整。很少有人学完51单片机就不想在这个领域继续学习发展了,绝大多数人还想学其他单片机、学 ARM、学操作系统等,都想成为这个领域的高手。但是,学习总要有个过程。所以我精心安排了本书的内容,前9章用汇编语言编程;第10~14章用 C 语言编程,并且部分例程与前9章相同,便于读者对照学习;第

15 章为操作系统的相关知识。通过这样的安排，既可以使初学者了解硬件底层的工作原理，也可以快速上手用 C 语言编写程序，到了这一步就可以在网上找资料自学了，最后再用简单易懂的语言把操作系统的相关知识及应用实例展现给初学者，为初学者将来学习 ARM 打下良好的基础。

（5）每个例程都是完整的。许多学生曾给我反馈过这样的信息：他们发现许多资料上面都是讲原理，紧接着给出一段程序，虽然这段程序是对的，但是并不完整，这样就会给零基础的初学者带来很多麻烦。所以本书尽量做到每个程序，无论长短，都能实现一个完整任务。

（6）书中多数实例的分析讲解采用倒叙法。很多实例都是简单做了需求分析，给出电路图和程序清单，然后结合我个人调试程序时遇到的问题和学生常提出的问题，以对话的形式对设计内容进行分析讲解。

如何使用本书

如果您是一个地地道道的零基础初学者，就需要从第 1 章开始看。

如果您的电子技术的基础知识掌握得一般的话，就要结合附录 D、E 来学习。

如果您有一定的基础，自己曾经用汇编语言编写过部分程序，那么建议您前两章快速浏览或略过，直接从第 3 章开始看。

如果您已经比较熟练地掌握了汇编语言的程序设计方法，那么建议您从第 7 章开始看。

无论您的基础如何，都要"不管三七二十一"先把程序在编程软件中调试并下载到单片机中看看实验现象，然后再结合附录中的指令表、特殊功能寄存器的介绍等进行分析。相信您一定会从本书中找到您想要的东西。

我最想让您从本书中得到什么

大家都看过古装武打片儿吧？有一种说法是，武术的最高境界就是无招胜有招。我期望您拿到这本书后，通过自己的努力，可以掌握单片机技术的精髓即编程思想，而不是简单地记住了多少指令或熟练敲出多少代码。指令是可以在指令表中查到的，各个特殊功能寄存器的设置也是可以在书中查到的，甚至是部分器件的使用方法和应用程序代码都可以在网上查到。但是，唯独编程思想是需要放在自己心中的。在以后的学习和工作中，无论您遇到什么样的设计题目，都可以应用这种编程思想创造性地给出设计方案，从而达到无招胜有招的境界。

给您的建议

通过自身的学习成长，我有一些经验性的建议愿与您分享，希望能够给您一些帮助：

（1）多找几本参考书，从中选择适合自己的；不要一本书看几天感觉很难，就放弃了。

（2）一定要有计算机和实验板，无论多好的书，如果不亲自调试程序，不用实验板做实验的话，就不会对所学的内容有太深的理解。

（3）结合具体的设计实例学习，不要单纯为了练习指令或语句而学习。如自己动手制作一个数字电子钟、智能孵化器、循迹小车等，在制作的过程中学得最扎实。

（4）条件允许的话，可以参加培训班或购买现成的实验板。这样可以加速学习的进程，可以快速掌握别人的经验。因为在这个信息爆炸的社会，寻找正确的知识并非难事，但是获得宝贵的经验绝非易事。您的每一份用心投入都会在将来得到成倍的回报。

（5）没有完美的个人，只有完美的组合。参加学习小组或利用网络平台获得帮助，这样也会加速您的学习进程。

致　谢

我一直认为自己是个命好的人，在我成长的每个阶段都会有贵人相助。今天能够完成这本书和许多曾经帮助过我的人是分不开的。特在此表示感谢。

感谢大学时的单片机老师杨庆江先生，他让我有一个很深厚的专业知识功底。

感谢我的师傅王振龙先生，他让我第一次看到怎么把程序下载到单片机中，并且亲自陪同我完成了多个实验（那个时候我个人没有计算机、实验板）。

感谢卢文生老师，他与我一同合作多次指导学生实践活动，使我从中受到很多锻炼和启发，也积累了很多宝贵经验。

感谢我的合作者、同事、朋友、战友魏学海和任思璟的辛勤工作及他们家人的支持。

感谢艾延宝老师，他为本书编写了附录 D、E，贡献了他的幽默才华和电子技术知识，为本书增添了色彩。

感谢全吉男和韩春燕这些年一直对我的帮助，是他们的帮助启发了我这本书的写作风格。

感谢宋婀娜老师，刚毕业给宋老师做助教时从她那儿学到了许多电子知识，这对我后来学习单片机应用技术很有帮助。

感谢和我一起打球锻炼的兄弟们，他们让我体会了协作的力量，为编写 RTX51实时操作系统部分提供了思路。

感谢多年来我曾经指导参加电子竞赛的学生，也是我的好朋友宋延佑、秦林柱、曲畅、李雍、张洋等，他们帮助我完成了大量的实验工作。特别是李雍还为本书编写了一个 51 单片机程序生成器软件，并做了大量的资料整理工作。

感谢我的表弟房海华、周大原和吕建三位同学，感谢他们当年对我们培训班的支持（第一批学员就这三个人），给我们信心，也是他们让我们萌生了写作本书的想法。

感谢我的学生和朋友朱亮，他为本书录制了实验现象并整理成为本书所附配套资料。

感谢大庆师范学院艺术学院 2006 级美术二班的杨晓峰同学,他为本书画了大量的卡通插图,使本书显得与众不同。

感谢东北师范大学历史系博士顾丽华,她不但学识渊博,还多才多艺,她也为本书画了多幅卡通插图。

感谢刘峰巍、张大维、赵家国等多名学生,他们帮助完成了部分实验和材料的整理工作。

感谢哈尔滨工业大学华德应用技术学院的张昌玉老师为本书做了大量的资料整理工作。

感谢黑龙江科技学院的杜林娟、刘晓红、汝洪芳、于雁男、赵晓彦、穆秀春、訾鸿、张桂凤、王国新、王安华老师对本书做了大量的资料整理和排版工作。

最后要感谢我的妻子和我们的父母,他们是我不断奋斗的动力源泉。

由于作者的水平有限、时间也有限,书中难免会出现一些错误。衷心地期待您的宝贵意见和建议。有兴趣的读者,可以发送邮件到 fhg2002@126.com,与作者进一步交流;也可以发送电子邮件到 emsbook@gmail.com,与本书策划编辑进行交流。

范红刚

2009 年 10 月 25 日

《51 单片机自学笔记》一书自 2010 年 1 月份出版后受到读者朋友的好评。首先,在此感谢读者朋友们的支持和北航出版社给本书的大力支持。此外,对于书中第一次印刷的诸多错误给读者带来的不便表示歉意,本次印刷改了很多读者反馈的错误。

本书出版后很多读者与我联系想要购买与本书配套的实验板,也有一些读者想要得到书中的源代码(我一直主张自己亲自敲代码),所以特地开通了交流网站和淘宝店。可以通过以下方式联系我们:

1. (2011 年 3 月份启用)下载资料或交流。

2. 购买与本书配套的实验板可以登录淘宝店:http://shop60932224.taobao.com/

3. 联系电话:13654551161 13614511903

4. QQ:976586545(作者)

目　录

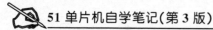

第 1 章

从哪儿开始你的单片机学习

单片机技术是一门非常有趣的技术,但是许多初学者往往苦于找不到正确的学习方法和合适的学习工具而一直在门外徘徊。今天我就和大家分享一个书呆子是如何幸运地找到学习 51 单片机的"神秘武器"的,并告诉大家如何使用这些工具,最后和大家一起冲出困惑、不解和原地踏步的重重包围,快速踏上 51 单片机学习和应用的"溜光大道",去领略探索中发现的美景。

1.1 神秘武器的得来

从前,有个贫穷的书呆子,他的名字叫阿范。他的智商不高,可就是有股子轴劲儿,相信知识可以改变命运。于是他刻苦学习,脑袋里装了许多知识,把内存都装得差不多了,以至于运行速度都很慢了。他是工业自动化专业的,听很多老师和师哥说过,嵌入式技术在将来会很有发展,要想把嵌入式技术弄明白,51 单片机的学习是基础。阿范很听话,每天就拿本 51 单片机的教材看啊学啊……

一年过去了,阿范还是在看书,而且已经看了很多遍,很多知识都背下来了,可就是不会编写程序。正当阿范百思不得其解之时,在一个风雨交加的深夜,一个神秘老人突然出现在阿范的面前,他用慈祥而温暖的眼神看着阿范,微笑着……

神秘老人："孩子，是你用执着、勤奋、刻苦打动了我，我真的不想让你再在黑暗中摸索前进了，所以我这次现身是给你光明，给你方向，给你带真正的宝典来了。不过，你要答应我，当你真正掌握了这些知识，一定要帮我把这些知识传授给那些像你一样对单片机感兴趣又勤奋的孩子们，你能做到吗？"

阿范："神秘老人，请相信我，我一定能。"

神秘老人："那好吧，现在我就告诉你为什么你这么努力却没有学好单片机的原因了，你要认真听好：

第一，选择比努力更重要，你这些年用的书不适合你，那些书都是给会的人准备的。还有部分书中的例程不完整，或者有些错误，或者程序太长且没有注释，所以我给你的第一个'法宝'就是'葵花宝典'。

第二，这些年你只是看书，从不实战，你连'枪'都没有，怎么能在实践中取得胜利呢？所以我给你的第二个'法宝'就是实用开发板一块。

第三，为了把程序下载到单片机中，我再给你一条下载线，至于计算机我就不给你了，现在计算机都便宜了，自己去买吧；还有就是要准备一个编程软件和一个下载程序用的软件，这个我也帮不了你，你自己去网上下载一个就行。至于怎么用，你看'葵花宝典'就可以了。

第四，我走后就不会再出现了，机会你自己要把握好，为了帮你在最困难的时候能度过难关，我再给你一些锦囊，当你在需要的时候就打开看看。学好单片机要准备什么你都记住了吗？"

阿范："我记住了，要准备计算机、实验板、下载线、编程软件、下载软件、'葵花宝典'和锦囊。"

神秘老人："记住就好，千万切忌只看书不实战。那我就走了。"

阿范："神秘老人，神秘老人……"

神秘老人："孩子，记住你答应我的事，当你学会以后要把这些知识传授给那些像你一样对单片机感兴趣又勤奋的孩子们，你要遵守承诺。"

阿范："弟子记住了，多谢师傅！"

1.2　单片机的身世

20 世纪 70 年代，美国仙童公司首先推出了第一款单片机 F-8，随后 Intel 公司推出了 MCS-48 系列单片机。这个阶段的单片机性能较差，属于中、低档产品。此后，随着集成技术的提高以及 CMOS 技术的发展，Intel 公司于 1980 年推出了 8 位高档 MCS-51 系列单片机，性能得到了很大的提高，应用领域大为扩展。1983 年 Intel 公司推出了 16 位 MCS-96 系列单片机，加入了许多外围接口，如模/数转换器（ADC）、看门狗、脉宽调制器（PWM）等。其他一些公司也相继推出了自己的高性能单片机系统。近年来，许多公司先后推出了性能更高的 32 位单片机，单片机的应用达到了一个更高的层次。

目前，无论是从单片机的位数来分，还是从生产单片机的公司来分，单片机的种类都是非常多的。单说51 系列兼容单片机，就有 NXP 公司的 87LPC 系列、华邦公司的 W78 系列、达拉斯公司的 DS87 系列、现代公司的 GSM97 系列等。目前在我国比较流行的就是美国 ATMEL 公司的 89S51，它是一种带 Flash ROM 的单片机，可以多次重复编程，使用方便。

接着上面的话题再介绍一下我们在各种刊物上经常看到的 AVR 系列、MSP430 系列和 PIC 系列单片机是怎么回事，以便让大家对单片机的发展有一个较全面的认识。在没有学习单片机之前，这是一个令很多初学者非常困惑的问题：这么多的单片机我该先学哪一种呢？

AVR 系列单片机也是 ATMEL 公司生产的一种8 位单片机，它采用 RISC 精简指令集，一条指令的运行速度可以达到纳秒级，速度快，功耗低，片内资源丰富，一般都集成模/数转换器、PWM、SPI、USART、I^2C等资源，大大简化了外围电路的设计。AVR 单片机是8 位单片机中的高端产品，由于它的出色性能目前应用范围越来越广。MSP430 单片机是美国 TI 公司生产的，它采用的是 RISC 指令集，这款单片机除了资源丰富，其主要特点是超低功耗，但是多数都内存不大。PIC 系列单片机是美国 MICROCHIP 公司生产的另一种 8 位单片机，它采用的也是 RISC 指令集，资源较丰富，而且型号非常多，适于不同场合的应用。

虽然上述几款单片机的影响力都很大，应用都很广，但是 51 系列单片机在很多领域还有大量的应用，而且对于初学者来说 51 系列是首选，因为它毕竟简单。

☺ 本小节的内容：

(1) 单片机的发展；

(2) 51、AVR、MSP430、
    PIC 等几大主流单
    片机的区别；

(3) 初学者最好先学 51。

> 学单片机和学开车差不多，如果还没练熟，先找个性价比高一点的车来练习，开坏了也不心疼。51 单片机简单、易学、即使带电拔插也没什么大问题，当然最好别这样。
>
> 编者语录

1.3 单片机都能干什么

单片机都能干什么？许多初学者都会有这样的疑问。单片机以其高可靠性、高性价比、低电压、低功耗等一系列优点，近几年得到迅猛发展和大范围推广，广泛应用于工业控制系统、数据采集系统、智能化仪器仪表以及通信设备、日常消费类产品、玩具等，并且已经深入到工业生产的各个环节以及人民生活的各个方面中，如车间流水线控制、自动化系统、智能型家用电器(冰箱、空调、彩电)等。

1.4　神秘老人的法宝

1.4.1　实验开发板

　　学单片机必须得有块实验开发板,可是当年阿范学单片机时还没有 ISP 功能,需要买一个仿真器、一个编程器、一块实验板和一台计算机。但那时哪儿买得起,无奈只好把学习单片机的想法放一放了。现在好了,一切都变得简单了。图 1-1 所示为一块简单的实验板(当然还有一块实验开发板,在后面章节里会出现),可以完成 LED 闪烁、数码管显示、独立按键、温度测量、串口通信、数字心率检测等实验。具体各部分电路图及原理和应用程序会在后面讲解。

图 1-1　实验开发板

1.4.2　下载线

　　这里给大家介绍两种下载线。首先介绍的一种是并口的,其外观如图 1-2 所示。这种下载线在比较老的台式计算机上面可以用,新的计算机或笔记本计算机都没有并口了,不可以用了。其优点就是成本低,适合在多种下载软件上使用。这款下载线的电路原理图如图1-3所示。利用了一片74LS244起到缓冲的作用,当下载结束后,下载线和用户电路的信号线都变成高阻状态,减少对用户电路板的影响。其中MOSI与51单片机的P1.5相连,MISO与51单片机的P1.6相连,SCK与51单片机的P1.7相连,RE-SET与51单片机的复位引脚RST相连。这个下载线自己就可以DIY一个,很好用的。当然还有其他的电路,这里就不一一介绍了。

图1-2 并口下载线外观图

☺神秘老人的法宝:

1. "葵花宝典"一部;
2. 实验开发板一块;
3. 下载线一条;
4. 编程软件和下载软件;
5. 计算机一台;
6. 神秘的锦囊就在身边。

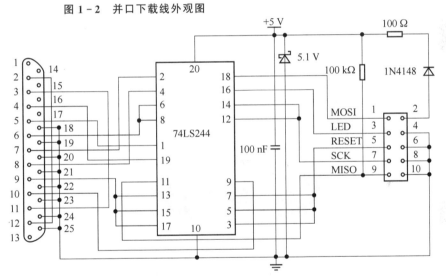

图1-3 并口下载线原理图

下面再介绍另一款下载线,其外形如图1-4所示。它是带USB接口的,使用方便,能够满足现在的新式计算机的要求,其中包含一片MEGA8单片机,需要编写驱动程序,还要安装USB驱动软件。不过网上有很多大侠已经提供了,具体工作原理就不多讲了。

图1-4 USB下载线外观图

1.4.3 电 源

单片机需要用5 V的电源。通常我们得到5 V电源的方法是用变压器、整流电路、滤波电路和稳压电路来制作,参考电路如图1－5所示。经变压器变压可以将220 V交流电变为7 V或9 V的交流电,再经过4个整流二极管整流变成脉动的直流,再通过C1和C2滤波,然后通过7805稳压,最后通过C3和C4滤波即可得到＋5 V直流电。D3是一个发光二极管,用于指示电源工作是否正常;D2可在直接接直流电,并且把正负极弄反了时,起到保护作用。

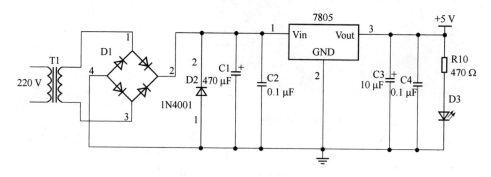

图1－5 电源电路

如果不想自己制作电源,当只需要5 V电源时,可以用一条USB线把计算机USB口的5 V电引到板子上使用。图1－6所示为一条USB电源线。

图1－6 USB电源线

1.4.4 编程软件

编程软件有很多,其中以Keil和伟福WAVE6000应用较广。在此先简单介绍一下伟福WAVE6000编程软件(Keil软件在第10章再讲)。该软件可以在南京伟福实业有限公司网站http://www.wave-cn.com/的下载专区中下载完成后,打开软件安装程序,双击启动setup程序,然后按照提示完成安装。然后双击桌面上的快捷图标,界面如图1－7所示。其具体的使用方法在后面进行介绍。

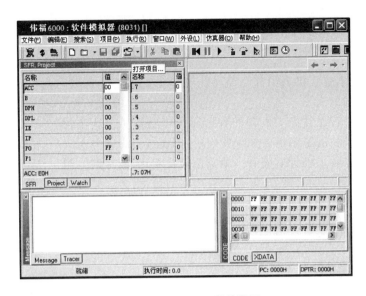

图 1-7　Wave6000 软件界面

1.4.5　下载软件

可以完成下载任务的软件很多,这里介绍由智峰工作室研发的一款下载软件,它可以支持多种接口,如串口、并口和 USB 口等。打开软件界面如图 1-8 所示。

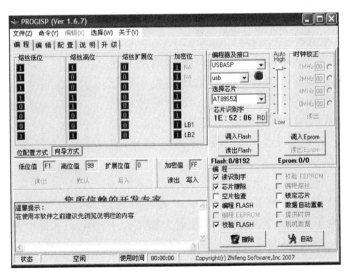

图 1-8　智峰下载软件

1.5 一个古老的神灯

几乎在每本单片机书中都会提到发光二极管的实验,所以阿范在此也来说说"神灯"的有关问题。

图1-9是普通发光二极管的外形图及电路符号。从实物图上看,引脚较长的是阳极。如果使用过,则通过引脚就看不出来了,这时可以看二极管里面有一个三角形状的片,大片的一侧是阴极。如果想弄个清楚,最好是用万用表测量,因为二极管具有单向导电性:当电路如图1-10所示接线时,发光二极管就会发光;而如果把电源或二极管任何一个元件反接,则二极管都不会发光。

☺千万不要认为小灯实验没有用哦!!!

阳极 ▷| 阴极

图1-9 二极管外形图及电路符号

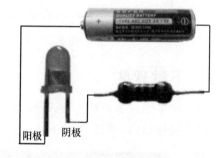

图1-10 发光二极管实物接线图

在此,阿范提个小问题:如果我有规律地把电池正接、反接,会怎样呢? 如果频率合适的话是不是就会看见发光二极管闪烁了? 如果正、反接变换得特别快应该就看不出闪烁了,而是一直亮,只是没有原来那么亮而已。当然阿范可没有那么高的功夫,这方面还是单片机厉害,一会儿就给大家展示"老单"的绝活儿。

☺注意了哦! 电阻选择时还要考虑功率呢,如1/4 W、1/8 W等。要根据你的"I^2R"判断哦!

对了,阿范还有个小问题:图1-11中的电阻该用多大的呢? 不串接电阻不行吗? 很多初学电子的朋友在选择参数时最头痛了。不用电阻是不行的,这个电阻起到限流作用。一般常用的普通发光二极管通10 mA电流较为合适,然后就可以估算电阻的阻值了,如果我们选择+5 V电源供电,就应该选择约500 Ω的电阻,可是电阻不是想买多大的就能买到的,可以参考电阻的标称值来选择(电阻标称值见附录G),一般我们可以选择470 Ω,当然再大点或小点都可以,结果就

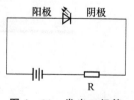

阳极 ▷| 阴极

R

图1-11 发光二极管接线原理图

是发光二极管会偏暗一点或偏亮一点。

再说说发光二极管的封装和颜色。封装主要有图 1-10 中这样的,再就是贴片的,一般贴片的价格高一些。关于颜色,普通红、黄、绿的比较便宜,蓝光的、翠绿光的比较贵;当然这也和购货渠道有关,一般网上的便宜一些。

不说了,还是快点让神灯闪起来吧,玩个一亮一灭的鬼火。把单片机先接上,当然现在对于初学者来说,还没看见单片机的真面目呢,有关单片机的外在形象和内"芯"世界后面再讲,现在只是展示给大家先看看而已。

图 1-12 是单片机控制一个 LED 的电路图,要求完成 LED 闪烁的任务。

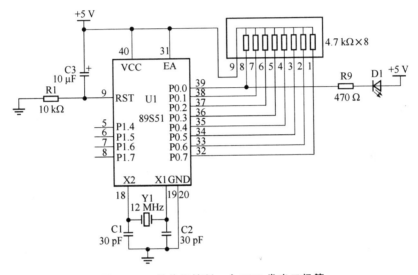

图 1-12 单片机控制一个 LED 发光二极管

首先,将该电路的实际接线接好,然后打开编程软件 WAVE6000 新建一个文件(如图 1-13 所示),将该文件保存。保存时文件的扩展名要为"asm",表示编写的是汇编程序。

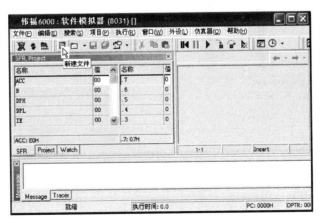

图 1-13 WAVE6000 中新建一个文件

编写程序代码如图 1－14 所示，程序代码写完就可以编译了，让软件帮我们把程序变成单片机能够认识的".HEX"文件，当图 1－14 中下方出现的都是绿色的对勾时表示编译通过。

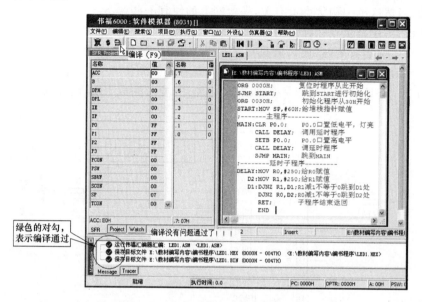

图 1－14　编写 LED 闪烁程序并编译

接下来就可以打开下载软件（如图 1－15 所示），将"编程器及接口"选项设置为 USBASP，选择芯片选项设置为你所用的芯片型号，其他如图中设置，然后单击"调入 Flash"按钮找到在 Wave6000 下编程编译生成的 LED.HEX 文件，然后单击"自动"

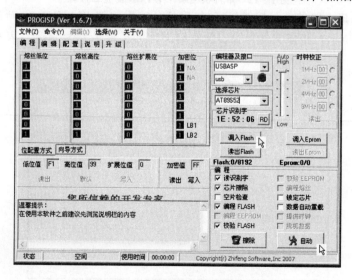

图 1－15　编程软件界面

按钮。程序就跑到单片机里去了,至于程序放在哪儿了,我们后面再详细讲解,然后请观察实验板上是不是有个神灯在闪烁?此处实验现象见随书配套资料\实验现象\ch1\led.flv。

1.6 互动环节

吕建:"阿范在上面编的程序也看不懂啊,那个 R0、R1、DJNZ 都是什么东东啊?还有你说打开下载软件,找到那个 LED.HEX 文件,一单击'自动'按钮程序就进单片机的肚子里去了,究竟把程序放在哪儿了?"

阿范:"噢,在这里我们只是展示一下,有关单片机内部的寄存器和指令系统的知识我们会在后面与大家分享。至于程序下载到哪儿去了,程序下载的过程我们就不管了,这些都是由设备来完成的,最终通过设备和软件把程序下载到单片机的内部程序存储器 ROM 中。有关 ROM 和 RAM 的问题接下来就来讲解。"

第2章

认识一下著名的单片机先生

请问,要想吃掉一头大象应该怎么吃?(当然我们不是真的要吃大象的!)显然要一口一口吃,学知识也是一样,要一步一步来,是急不得的;认识一个事物要有一个过程,先是外表,然后是内心。今天就和大家分享一下单片机先生的外在形象和丰富的内"芯"世界。

2.1 单片机的外在形象

51单片机的封装形式有3种,图2-1是其中的2种:TQFP和PLCC封装。TQFP封装的体积小,成本低,为目前的主流形式;PLCC封装可以直接应用在电路板上,而不必钻孔,在研发、试验或教学时,还可以利用插座,以缩短开发与生产周期。第三种封装为双列直插封装(DIP)(如图2-2所示),这种封装刚好可以插在面包板或40引脚的DIP插座上,特别适用于学校、培训机构,但是由于该封装体积大、电路板制作成本高,在商品里应用较少。把引脚按照功能分类介绍如下。

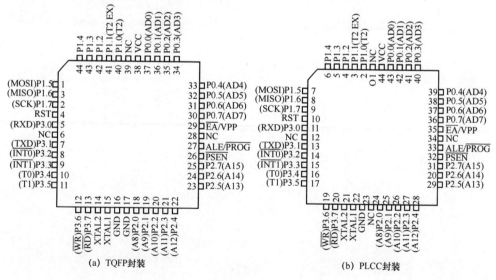

图 2-1 TQFP 封装和 PLCC 封装

2.1.1 要工作就得吃饭

要让单片机工作就得让它"吃饭",所以要给它提供电源。DIP 封装引脚分布如图 2-2 所示。

VCC(40 脚):接+5 V 电源;

GND(20 脚):接地,也就是+5 V 电源负极。

2.1.2 庞大的组织要有个总指挥

XTAL2(18 脚)和 XTAL1(19 脚):大家已经知道,单片机是在一定的时序控制下工作的,那么时序和时钟又有什么关系呢? 时钟是时序的基础,单片机本身就如同一个复杂的同步时序电路,为了保证同步工作方式的实现,电路必须在脉冲信号的统一指挥下才能工作(如同军训时教官的口令),按时序进行工作。那么单片机内的时钟是如何产生的呢? 有两种方式:一种是内部振荡方式,另一种是外部振荡方式。采用内部振荡方式时只要接上

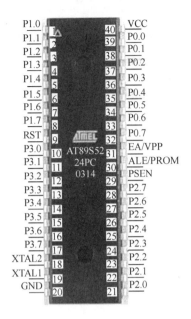

图 2-2 DIP 封装引脚分布图

两个电容和一个晶振即可,如图 2-3 所示。电容的大小影响着振荡器振荡的稳定性和起振的快速性,通常选择 10~30 pF 的相等的两个瓷片电容。另外在设计电路时,晶振和电容应尽量靠近芯片,以减少 PCB 板的分布电容,保证振荡器工作的稳定性,提高系统的抗干扰能力。采用外部振荡方式时需在 XTAL2 上加外部时钟信号,XTAL1 接地。此种方式应用于多片单片机组成的系统中。为了保证各单片机之间时钟信号的同步,就应当引入唯一的公用外部脉冲信号作为各单片机的振荡脉冲。

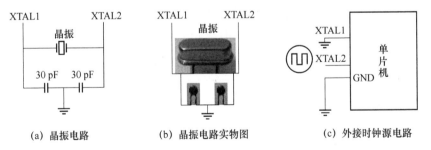

(a) 晶振电路　　　　(b) 晶振电路实物图　　　　(c) 外接时钟源电路

图 2-3 单片机的时钟电路

2.1.3 控制信号引脚

PSEN(29 脚):片外 ROM 选通信号。当单片机要扩展存储器时,该引脚通常与外部存储器的片选引脚 OE 相连,当单片机要读取外部存储器数据时,该引脚输出低

电平信号。

ALE/PROM(30 脚):地址锁存信号输出端/EPROM 编程脉冲输入端。当访问外部存储器时,用于将 P0 口的地址锁存在外部锁存器中。

RST/VPD(9 脚):复位信号输入端/备用电源输入端。何为复位?大家都知道计算机死机时我们要按 RST 键吧,这就是复位。通常只要保证该引脚持续 2 个机器周期的高电平就会使单片机复位。

EA/VPP(31 脚):内/外部 ROM 选择端。当单片机片内的程序存储器不够用时就需要外扩存储器。当我们需要把程序存储在外部存储器中时,需要将该脚接地,表示使用外部存储器;当使用内部程序存储器时需要将该脚接在+5 V 上,表示使用片内存储器。

2.1.4 输入/输出引脚 P0、P1、P2、P3

51 单片机有 4 个并行 I/O 口,分别是 P0、P1、P2 和 P3 口。每个并行口由 8 个引脚组成,都可以用作普通 I/O 操作。除了 P1 口外,其他并行口都具有第二功能。下面分别进行介绍。

P0 口(32～39 脚):当向外部存储器读/写数据时,P0 口是复用口,P0 口和 P2 口配合完成低 8 位地址的传送后,P0 口再传送 8 位数据。

P1 口(1～8 脚):只具有普通 I/O 功能。

P2 口(21～28 脚):当向外部存储器读/写数据时,P2 口用于传送高 8 位地址。

> ☺ 单片机想正常运行必须具备的条件:
> 1. 必须加电;
> 2. 必须接晶振电路;
> 3. 必须接复位电路;
> 4. 如果用内部程序存储器, 31 引脚必须接+5 V。

P3 口(10～17 脚):P3 口除了能够完成 I/O 功能这一本职工作,还有许多非常重要的兼职任务,具体功能见表 2-1。具体功能的实现和应用方法后面再讲。

表 2-1　P3 口的第二功能表

端口位	第二功能	注　释	端口位	第二功能	注　释
P3.0	RXD	串行口输入	P3.4	T0	计数器 0 计数输入
P3.1	TXD	串行口输出	P3.5	T1	计数器 1 计数输入
P3.2	INT0	外部中断 0	P3.6	WR	外部 RAM 写入选通信号
P3.3	INT1	外部中断 1	P3.7	RD	外部 RAM 读出选通信号

> **锦囊**：P1、P2、P3 口都能驱动 4 个 TTL 门，且不需要上拉电阻就能驱动 MOS 电路。P0 口内部没有上拉电阻，驱动 TTL 电路时能带 8 个 TTL 门；但当驱动 CMOS 电路时，作为地址/数据总线可以直接驱动，而作为 I/O 口时则须外接上拉电阻。

2.2　单片机丰富的内"芯"世界

单片机究竟是个什么东东？为什么让人感觉它如此神通广大？它是由哪些部件组成的呢？其实，单片机就是一种能进行数学和逻辑运算并可以根据不同对象完成不同控制任务的集成电路。它和计算机有些相似，也有中央处理器 CPU、RAM（类似计算机内存条）、程序存储器 ROM（类似计算机硬盘）以及输入/输出设备（即 P0、P1、P2 和 P3 口）等。下面就和大家一起来分享单片机的内"芯"世界。

2.2.1　好东西都放在哪儿了

单片机内部有两个地方可以存储东西，一处是 ROM 程序存储器，另一处是 RAM 数据存储器。其实，这两处里面存放的信息都是二进制数，但还是有区别的，下面分别来介绍。

程序存储器（ROM，Read Only Memory）又叫只读存储器，即单片机在正常工作时只能读取不能写入修改，但是当我们要把编译好的程序下载到单片机里时，是可以修改的。因此，程序存储器 ROM 里存放的就是编译好的二进制程序代码。AT89S51 单片机片内有 4 KB 的存储空间，AT89S52 单片机片内有 8 KB 的存储空间。如果片内空间够用就不必外扩了，则 EA 引脚要接 +5 V；如果空间不够需要外扩，把程序代码存放在片外，则 EA 引脚要接在 GND 上，表示选择片外程序存储器，代码执行时到片外去取指令，最大可以扩展 64 KB 的程序存储空间，参见图 2-4(a)。

> ☺ **提示**：编译通过的程序无论下载到片内 4K ROM 中还是外扩的 ROM 中，程序执行都是从头（即 0000H）开始的，之后紧跟着就跳转到 0023H 之后继续执行。这是因为 0000H、0003H、000BH、0013H、001BH 和 0023H 是特殊房间，要留给突然来住的客人。

数据存储器（RAM，Random Access Memory）又叫随机存取存储器，也叫内存。它是一种既可以随时改写，也可以随时读出里面数据的存储器，类似于我们上课用的黑板，可以随时写东西上去，也可以随时擦掉重写。51 单片机内部 256 字节的 RAM 空间分成两个区域，参见图 2-4(b)。0～

127(即 00H～7FH)这 128 字节空间是用户可以随意操作的空间,而128～255(即 80H～FFH)这 128 字节空间被 21 个特殊功能寄存器所占用,故高 128 字节并没有完全利用,但用户也不能使用剩余的 107 字节。综上,用户真正可以利用的只有低 128 字节(对于 52 单片机是可以用高 128 字节的),要珍惜哦。下面就详细和大家分享一下这 256 字节的分配情况。

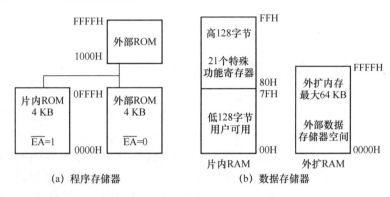

(a) 程序存储器   (b) 数据存储器

图 2-4 程序存储器与数据存储器

低 128 字节的 RAM 空间分配情况如图 2-5 所示,它被分成以下 3 个部分:

1. 工作寄存器区

在单片机内部有 8 个工作寄存器,分别是 R0、R1、R2、R3、R4、R5、R6 和 R7。这哥儿 8 个也可以理解为用来存放临时物品(即临时数据)的房间,在单片机内部有 32 个房间用这哥儿 8 个的名字命名,即 00H～1FH(即从 0～31)这 32 个房间被分成 4 组,每组 8 个房间分别是 R0～R7,当有客人(其实是数据)要来住店,我们可以和他说"你住在 00H 房间",也可以和他说"你住在 R0 房间",这是一个意思。当你说把数据放在 R0 中了,我就知道你把这个数据放在了 00H 房间中。你可能会说:"00H～1FH 共计 32 个房间,用R0～R7命名的分别都有 4 个房间,客人怎么才能知道

> ☺ 提示:其实位寻址区相当于一个旅店中有 16 个房间,每个房间有 8 张床,每个床位可以单独提供给任何一个客人住(该位置 1)。而其他区域,如上面讲到的工作寄存器区(00H～1FH),这 32 个房间就不可以位操作,即这 32 个房间中的任何一个只能提供给一个团住(这个团可能 1 人,也可能 8 人,他们把这个房间包下来了),而不对单个人提供单个床位。位寻址区可以对单个人服务,当然也支持包房,即可以当成普通区整体操作 8 位一个字节。

你分给他的 R0 房间究竟是 00H、08H、10H 还是 18H 房间呢?"很好,其实这是由单片机内部的一个特殊功能寄存器 PSW 中的 RS0 和 RS1 这两位负责区分的,具体分配情况见房间分配示意即图 2-5 所示,大家一看便知。为了弄清楚这个问题,大家请

看下面这段程序(当然仅这一段程序不能完成什么任务,只是为了说明问题):

FFH ~ 80H	特殊功能寄存器								21个特殊功能寄存器离散分布
7FH ~ 30H	(堆栈，数据缓冲)								只能字节寻址
2FH	7F	7E	7D	7C	7B	7A	79	78	
2EH	77	76	75	74	73	72	71	70	
2DH	6F	6E	6D	6C	6B	6A	69	68	
2CH	67	66	65	64	63	62	61	60	
2BH	5F	5E	5D	5C	5B	5A	59	58	
2AH	57	56	55	54	53	52	51	50	
29H	4F	4E	4D	4C	4B	4A	49	48	可位寻址区
28H	47	46	45	44	43	42	41	40	(也可字节寻址)
27H	3F	3E	3D	3C	3B	3A	39	38	位地址：00H~7FH
26H	37	36	35	34	33	32	31	30	
25H	2F	2E	2D	2C	2B	2A	29	28	
24H	27	26	25	24	23	22	21	20	
23H	1F	1E	1D	1C	1B	1A	19	18	
22H	17	16	15	14	13	12	11	10	
21H	0F	0E	0D	0C	0B	0A	09	08	
20H	07	06	05	04	03	02	01	00	
1FH ~ 18H	R7 ~ R0	工作寄存器组3							
17H ~ 10H	R7 ~ R0	工作寄存器组2							工作寄存器区
0FH ~ 08H	R7 ~ R0	工作寄存器组1							
07H ~ 00H	R7 ~ R0	工作寄存器组0							

PSW

位	D7	D6	D5	D4	D3	D2	D1	D0
功能	CY	AC	F0	RS1	RS0	OV	留	P

RS1	RS0
1	1
1	0
0	1
0	0

图 2-5 单片机片内数据存储器空间分布图

```
CLR  RS0              ;把 PSW 中的 RS0 位置 0
CLR  RS1              ;把 PSW 中的 RS1 位置 0
MOV  R0,#22H          ;给 R0(即内存地址为 00H)空间装一个十六进制数 22H
SETB RS0              ;把 PSW 中的 RS0 位置 1
SETB RS1              ;把 PSW 中的 RS0 位置 1
MOV  R0,#22H          ;给 R0(即内存地址为 18H)空间装一个十六进制数 22H
```

上面的程序先将 PSW 中的 RS0、RS1 置 0,选择了第 0 组工作寄存器组,表示 R0~R7 位于 00H~07H 处。再执行"MOV R0,#22H",即相当于给内存地址为 00H 的房间赋十六进制数据 22H;然后又将 RS0、RS1 置 1,选择第 3 组工作寄存器组,这时执行"MOV R0,♯22H",就是在向内存地址为 18H 的房间赋十六进制数据 22H。

2. 位寻址区

20H~2FH 共 16 个字节定义为位寻址区,每个字节中包含 8 个位,位寻址区共计 128 个位。之所以称该区为位寻址区,是因为这个区域可以整体操作某个字节,也可以单独操作某个字节中的某个位(其他区域不可以单独操作位)。为了使用方便,将这 128 个位统一编号,如图 2-5 所示,比如我想把位寻址区中的第 9 个位(SETB 08H)置 1,相当于把 21H 字节单元中的最低位置 1,即 21H 单元中的数据变成了 01H(假设 21H 单元原来的数据是 00H)。现在我们来看看下面两条指令是什么意思:

```
SETB  11H
MOV   11H,♯55H
```

"SETB 11H"是将位寻址区的第 11H 位置 1,即将内存 22H 单元中的第 2 位置 1,使得 22H 单元中的数据变成 02H(假设 22H 单元原来的数据是 00H);而"MOV 11H,♯55H"是将内存地址 11H 中赋一个十六进制数据 55H,相当于给工作寄存器组 2 中的 R1 赋一个十六进制数据 55H。所以,位操作指令 SETB 不能用在工作寄存器区和一般工作区,而 MOV 指令可以用在各个区。

3. 一般工作区

30H~7FH 这 80 个字节单元是一般工作区,具体到每个单元的用途完全是由用户决定的。比如要设计一个温度控制系统,我可以用 30H 单元存放采集的温度,用 31H 单元存放设定的理想温度等。

当然,位寻址区也可以由用户决定每个字节单元的作用,可以当成一般工作区来分配使用,甚至工作寄存器区的 32 个字节单元也可以由用户决定每个单元的作用。但是一般在空间分配够用的情况下,尽量不要把工作寄存器区的单元改作其他用途。关于这方面的实际练习会在后面讲解。大家也可以打开 WAVE6000 软件,输入下面的代码,编译通过后,按 F8 键单步执行,观察窗口中 DATA 区中内存单元数据的变化情况来体会上述内容,这里就不细说了,好好体会吧! 这个很重要哦!

```
ORG   0000H;              SETB  20H;
MOV   R0,♯55H;            SETB  21H;
MOV   R7,♯44H;            CLR   20H;
SETB  RS0;                CLR   21H;
SETB  RS1;                SETB  00H;
MOV   R0,♯0AAH;           SETB  01H;
MOV   R7,♯0BBH;           MOV   20H,♯0FFH
```

4. 特殊功能寄存器区

128～255(即 80H～FFH)是特殊功能寄存器(SFR)空间,21 个特殊功能寄存器离散地分布在 80H～FFH 地址空间内,如表 2-2 所列。各个功能寄存器将在后面各部分出现时再和大家分享。特殊功能寄存器的详细介绍见附录 A。

表 2-2 特殊功能寄存器简介表

符 号	地 址	初始值	是否可以位操作	功能介绍
B	F0H	00H	是	B 寄存器
ACC	E0H	00H	是	累加器
PSW	D0H	00H	是	程序状态字
IP	B8H	00H	是	中断优先级控制寄存器
P3	B0H	FFH	是	P3 口锁存器
IE	A8H	00H	是	中断允许控制寄存器
P2	A0H	FFH	是	P2 口锁存器
SBUF	99H	不定	否	串行口锁存器
SCON	98H	00H	是	串行口控制寄存器
P1	90H	FFH	是	P1 口锁存器
TH1	8DH	00H	否	定时器/计数器1(高 8 位)
TH0	8CH	00H	否	定时器/计数器1(低 8 位)
TL1	8BH	00H	否	定时器/计数器0(高 8 位)
TL0	8AH	00H	否	定时器/计数器0(低 8 位)
TMOD	89H	00H	否	定时器/计数器方式寄存器
TCON	88H	00H	是	定时器/计数器控制寄存器
DPH	83H	00H	否	数据地址指针(高 8 位)
DPL	82H	00H	否	数据地址指针(低 8 位)
SP	81H	07H	否	堆栈指针
P0	80H	FFH	是	P0 口锁存器
PCON	87H	0XXX0000B	否	电源控制寄存器

2.2.2 "芯"里还有别人吗

在前面已经和大家分享了单片机的 I/O 口(即 P0、P1、P2 和 P3),还和大家一起探讨了有关程序存储器 ROM 和数据存储器 RAM 的一些知识,现在我们再来看看还有什么。

1. 串行口

51 单片机内部有 1 个可编程的、全双工的串行接口。串行收发的数据存储在特殊功能寄存器中的串行数据缓冲器 SBUF 中，串行发送和接收是通过单片机的引脚 P3.1 和 P3.0 完成的。

2. 定时器 /计数器

51 单片机内部有 2 个 16 位的可编程定时器/计数器，分别是 T0 和 T1。可编程是指它们的工作方式由指令设定，可以当计数器用，也可以当定时器用，只须设置寄存器 TMOD 中的内容即可。计数或定时范围由指令来设置。

3. 中断系统

51 单片机的中断系统可以处理 5 个中断，分别是 2 个外部中断、2 个定时器/计数器中断和 1 个串口中断。外部中断申请通过引脚 P3.2 和 P3.3 输入，输入方式可以是低电平信号或下降沿信号有效，可以通过设置选择；定时器/计数器中断请求是当定时器溢出时向 CPU 提出的，即由最大值变成 0 时提出的；串行口每次发送完一个数据或是接收完一个数据就可以提出一次中断申请。

51 单片机可以设置 2 个中断优先级，通过中断优先控制寄存器 IP 来设置，改变各个中断的中断优先级别。

2.3 互动环节

大原：在许多书上看见过介绍 ROM 的，你能详细介绍一下 ROM 都有哪些种类吗？

阿范：程序存储器有好几种，但其作用都是用于存储我们设计的程序代码。下面就分类介绍。ROM 只读内存是一种只能读取资料的内存。在制造过程中，将资料以特制光罩烧录于线路中，其内容在写入后就不能更改，所以又称为"光罩式只读内存"；PROM 可编程程序只读内存内部有行列式的熔丝，需要利用电流将其烧断，写入所需的资料，但仅能写入一次；OTPROM 是一次编程只读内存，当产品批量生产又要求价格比较低时，用这种程序存储器的单片机非常合适，编程写入之后就不再擦除；EPROM 是可擦除可编程只读内存，可利用高电压将资料编程写入，擦除时需要通过封装外壳上预留石英透明窗口进行紫外线曝光，则资料可被清空，并且可重复使用，但是每次操作时间较长，要 15 min；EEPROM 是电子式可擦除可编程只读内存，其原理类似于 EPROM，但是擦除的方式是使用高电场来完成，可大大节省时间；Flash ROM 是一种快速存储式只读存储器,简称闪存,这种程序存储器的特点是可以电擦写而且掉电后程序还能保存,程序执行时也可读/写 Flash 中的内容;速度快,目前新型单片机都采用这种程序存储器。

海华:ROM 和 RAM 中都有数据,有什么不同吗? 程序执行时是怎么用 RAM 和 ROM 的?

阿范:这个问题提得非常棒。我还是先给你讲个生活故事吧。比如在一个旅馆,有老板、服务员、领班经理,当然一定也有房间。这个老板每天晚上都把第二天要做的每件事写在一张纸上:第一,把 201 房间里 8 张床上面的东西搬到 203 房间的 8 张床上去;第二,205 房间的客人走后把房间收拾出来,把 207 房间 6 号床上的被罩扯下来;第三,去隔壁商店买 8 个不同花样的被罩给 209 房间的换上;……第二天领班经理就拿着那张纸安排人干活儿,完成一件就划掉一件。在这里,白纸就是程序存储器,上面写下的东西就相当于是我们编写的程序,老板就是设计程序的人,领班经理就是程序指针 PC,负责读出并安排程序上的每件事,而被操作的那些房间就相当于内存 RAM,而房间里面的每张床位就相当于内存中每个字节的一个位,"到隔壁商店买 8 个不同花色的被罩给 209 房间的换上"就相当于到片外的某个器件里去读数据并复制到内存 209 单元。现在再考虑 ROM 和 RAM 中存储的二进制数据 0 和 1 的关系,ROM 中的这些 0 和 1 是由我们编写的程序经过编程软件编译后生成的单片机能够识别的代码。单片机根据 ROM 中这些数字就可以知道下一步要干什么。一旦将程序烧写进 ROM 中,在程序执行过程中就不能改了(即那张纸是不能改的,除非老板本人重新写),除非重新编程、编译、下载。而内存 RAM 就相当于是旅馆的房间:有的高级房间上面不但有房间号,也有名称,如 R0 等,这些房间不会分租给个人,只能整体包下来;而有些房间可以把单个床位提供给某个客人,也可以整体包给一个团;还有些特殊房间只能给指定的人住,因为他把这个房间永久性包下来了。这几类房间就相当于是内存 RAM 中的工作寄存器区、位寻址区、一般区和特殊功能寄存器区。好了,现在明白了吧。自己好好体会吧,这个问题很重要哦!

春岭:ROM 和 RAM 都是可以存储数据的空间,当我想在片外分别扩展 64 KB 的空间时,单片机到片外地址 101 去取数据,怎么区分是到 ROM 还是 RAM 中取数据呢?有点乱!

阿范:不乱,捋捋就不乱了。是这样的,单片机到片外取数据虽然都是派相同的人去取,即用 P0 和 P2 去取,但是引领 P0 和 P2 去的人却不是同一个。领 P0 和 P2 去片外程序存储器取程序代码的是由单片机的 29 脚(PSEN)负责,当然 30 脚和 31 脚也要配合;领 P0 和 P2 去片外数据存储器取数据是由单片机的 P3.6 脚(WR)和 P3.7 脚(RD)负责。因此,虽然是一个地址 101,但是由不同的人带路,最终到达的地方是不一样的。就好比两个楼都有 101 房间,而负责领路的两个人分别负责这两个楼,所以……

宏靖:为什么提供位寻址区?这有什么用?

阿范:在位寻址区可以单独操作某个字节中的某一个位。当然这一位里只能存放 0 或 1,这样我们就可以表示一个事件的两种状态。比如八路军的两个连队要攻打鬼子的一个山头,他们事先商量好了,如果谁把原先放倒的彩旗升起来,就表示另一个连队现在可以全速进军攻打了。红旗放倒和升起来就是两种状态,可以分别用 0 和 1 表示。再举个例子,当我们用单片机检测金属铁片时,当检测的铁片数为 3 时,就可以把位寻址区事先选定的某一位置 1 了,相当于做了一个标志,当单片机查询到该位为 1 时就知道已经检测了 3 块铁片了,如果是 0 就表示还没检测到 3 块。总之,通常位寻址区是用来做标志的。

爱甲:今天的理论知识好像很多,许多知识都背不下来,怎么办?有什么好方法吗?

阿范:是的,今天的理论知识确实很多,也很重要。但是都不用去背,只要能理解上面所叙述的内容就可以。等到用的时候会查阅单片机的引脚分布图和内存分布图就可以了,没有必要背下来。还是那句话:我们的脑子是用来创造性地分析和处理问题的,不是用来存放知识的仓库,知识是知识,会用知识才有力量。记住:能用计算机存储的就让它去存储,能让计算机干的就让它去干。

锦囊:学单片机如同带兵远征,最后能否取得胜利,和许多因素有关,这其中就包括你是否坚持克服困难,你是否带足了粮食和弹药以及行军地图。所以先告诉你,你一定要手握单片机引脚分布图、内存分布图、指令表、特殊功能寄存器功能表、常用元器件手册等。

第3章

尝试着用语言与单片机交流

　　了解了单片机的外部引脚分布与功能,也了解了单片机丰富的内"芯"世界,这还不够。如果真想把这位"圣人"请出来,我们还要学会和她交流,主要是语言的交流。单片机的母语是汇编语言,她也懂世界上比较通用的语言——C语言(其实它只懂机器语言,汇编语言和C语言是要经过编程软件翻译成机器语言它才懂)。我们今天先和她用汇编语言交流。她的汇编语言词汇并不多,只有111条指令,不过要能把这111条指令合理地组织起来,那可是会产生奇迹的哦。只要把她的语言弄清楚了,你想让她帮你做什么都行。想不想让她帮你控制智能小车、监控温度? 那就加快脚步吧!

　　下面我们就来学学她的词汇,不过可不能像学英语似的,先背单词,背会了再练习句子,最后再写文章。学习英语对我来说体会那是相当深刻,用这样的方法学到现在还没过六级。后来学单片机才弄明白,其实有时可以直接看文章,发现不懂的词汇再去查词典,感觉这样效果不错。现在我们就以任务为中心,提出设计要求,根据要求设计电路、编写程序,在分析程序的过程中和大家分享指令。具体指令见附录B的"51单片机的指令表"。

3.1　一个LED灯闪烁

　　下面我们通过神灯的实验给大家介绍几个常用的指令。首先我们看一个LED小灯闪烁的实验,其电路如图3-1所示,实验现象见随书配套资料\实验现象\ch3\led.flv。

1. 硬件电路设计

实现 LED 小灯闪烁实际上就是让小灯亮一下灭一下，即让发光二极管导通一会儿再关断一会儿即可。因此，只需要将 LED 发光二极管的一个极接到电源上，另一个极接到单片机 32 个 I/O 口的任何一个即可。这里需要注意：如果把发光二极管接到 P0 口，需要给 P0 口接上拉电阻，电路如图 3-1 所示。由于 89S51 单片机 I/O 口输出低电平时的灌电流能力较强（可达20 mA），而输出高电平时的拉电流能力较弱，这里设计时将 LED 发光二极管的阴极通过 R1（470 Ω）这个限流电阻接到了单片机的 P0.7 引脚上，阳极接到 +5 V 上。

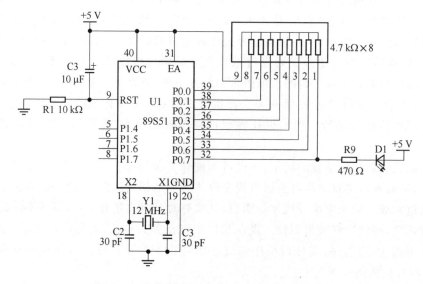

图 3-1　单片机控制一个 LED 小灯闪烁电路图

2. 软件设计思想

让 P0.7 引脚输出低电平（发光二极管导通发光），延时一段时间后再输出高电平（发光二极管截止不发光），再延时一段时间后输出低电平，如此反复循环即可。

3. 程序代码清单

```
        ORG 0000H              ;复位时程序从此开始
        SJMP START             ;跳到 START 进行初始化
        ORG 0030H              ;初始化程序从30H开始
START: MOV SP, #60H           ;给堆栈指针赋值
        MOV P0, #0FFH          ;让 P0 口输出高电平，即让灯灭
;----------------主程序----------------
```

```
MAIN:CLR P0.7              ;P0.7口置低电平,灯亮
    CALL DELAY            ;调用延时程序
    SETB P0.7            ;P0.7口置高电平,灯灭
    CALL DELAY            ;调延时程序
    SJMP MAIN            ;跳到MAIN
;--------------延时子程序--------------
DELAY:MOV R0,#250          ;给R0赋值
  D2:MOV R1,#250           ;给R1赋值
  D1:DJNZ R1,D1            ;R1减1不等于0跳到D1处
    DJNZ R0,D2            ;R0减1不等于0跳到D2处
    RET                 ;子程序结束返回
    END                 ;程序结束
```

4. 互动环节

大海:我是初学者,没有任何电路方面的基础,你能把电路图中的C1、R2和那8个并排的电阻方面的知识再详细说说吗?

阿范:没问题!C1和R2构成了复位电路。刚开始上电时,即刚一接上电源VCC时,C1瞬间相当于短路(电路里有关于暂态分析部分的知识),C1两端保持0 V电压,VCC的电源电压就都加在了R2上,因此在单片机9脚RST上出现高电平,此后C1上逐渐充电,即在C1上出现电压,R2上的电压开始下降,最后单片机9脚RST上变成了低电平。在此过程中只要满足单片机9脚RST上的高电平持续24个振荡周期即可使单片机复位。那8个并排的电阻是上拉电阻。因为单片机P0口内部没有上拉电阻,因此需要外接上拉电阻。在市场上可以买到这个排阻,它有9个引脚,一个是公共的引脚,公共引脚接在VCC上,其余8个引脚分别接到P0口的8个引脚上,这样比接分立的8个普通电阻方便,但是价格相对高些。31引脚接VCC上表示选择内部程序存储器。

华建:通过上面程序中的中文注释部分我们大致理解每条指令的意思,但是我还是对完成一个完整程序的思路或者说程序是怎么执行的弄不太懂?

阿范:先给大家讲个小故事轻松一下吧。记得有一部电视剧《雍正王朝》,里面有个掌管皇宫安全的官,叫九门提督吧。他每天起床、洗漱、用餐完后就开始不停地在宫内循环转悠以确保皇宫安全。在转悠的过程中,若遇到了什么问题他会处理,甚至会调一些人来处理。单片机也一样,每当开始执行时,一定是从程序存储器的0000位置开始执行,跳到一个合适的位置(后面再讲)进行初始化(相当于是九门提督起床、洗漱、用餐),初始化相当于是做准备工作,接下来就进入无限的循环主程序(不停地在宫内循环转悠)。

晓明:是所有单片机程序都是从头跳到一个位置,然后进行初始化准备,最后进

入一个无限循环的主程序中吗?为什么要跳过一段 ROM 的空间不用呢?ORG 又是什么意思?初始化程序"START:MOV SP,♯60H"在这里有什么作用呢?

阿范:是的,所有程序都要从头执行并跳到一个合适的位置继续初始化的准备工作。原因就是从 0000H 到 0030H 之间有几个地址是有特殊用途的,我们在此预留了,具体用法后面再说明。当然在本例中完全可以不跳也不会影响到 LED 小灯闪烁的效果。

ORG 是一条伪指令,仅用来宣布其下面的一条指令编译后生成的二进制代码存放的地点。如本例中"SJMP START"这条指令就放在了程序存储空间的 0000H 处了,而"START:MOV SP,♯60H"就存放在程序存储器的 0030H 处了。初学者常犯的错误可以用下面这段程序来演示,程序一开始从 30H 开始执行是错误的,要从 0H 地址开始执行;在"ORG 0040H"后面又出现了"ORG 0025H",即后面宣布的地点比前面的还小,这也是错误的,这就相当于在二楼上面建地下室。

```
ORG 0030H
SJMP START
ORG 0040H
START:MOV SP, ♯60H
    MOV P0, ♯0FFH
    ORG 0025H
    MOV P0, ♯45H
    ...
```

初始化就是做准备工作。例如设计一个时钟,开始要求时钟上显示 12:00:00,那我们就需要把时位赋值成 12,而把分位和秒位赋值成 0,即我们要用指令"MOV HOUR,♯12"、"MOV MINUTE,♯0"、"MOV SECOND,♯0"。当然初始化的内容要看设计需要,后面我们再逐步和大家分享。在本例中出现了两条初始化的指令,即"START:MOV SP,♯60H"和"MOV P0,♯0FFH",其中 START 只是个标号,不是指令。当别处的程序想跳转到此处时需要加一个标号,当然在本例中不用这两条初始化指令也不会影响到小灯闪烁效果,只是我们要养成习惯,因为有时如果不加"MOV SP,♯60H"这条指令,程序会莫名其妙出现不正常执行的现象,那究竟是什么原因呢?这时我们就不得不提到两个非常重要的名词:堆栈、程序指针 PC。堆栈有些类似于火车站前临时存放包裹的地方,它位于单片机内部的数据存储器 RAM 中。如果在初始化时不设置堆栈的位置,单片机会自动给堆栈分配一个起始地址 07H,而通过前面的学习我们知道内存 RAM 中的 07H 是第 0 组工作寄存器 R7 的空间,如果你既用了工作寄存器又向堆栈中存储数据,这样在一个地方存放不同的数据,就会导致一些数据被覆盖,从而出现错误,结果就导致了整个程序莫名其妙的不正常。因此我们要养成习惯一定要在初始化中把堆栈设置在一般区域中,通常都是设置在 50H 或 60H 以上，但有时还是会出现错误，如有些初学者容易将"MOV SP，♯60H"写成"MOV SP，60H"，仅仅是一个小小的"♯"号就会使程序又一次出现莫名其妙的不正常现象，原因是加"♯"表示给堆栈指针 SP 赋一个 60H 的十六进制数据，即将堆栈起始位置设置在了 60H 处，而不加"♯"表示将内存 RAM 60H 单元中的数据赋给堆栈指针 SP，而 60H 单元中的初始数据为 00H，所以不加"♯"就相当于把堆栈的起始位置设置在了 00H 处，这和工作寄存器 R0 的地址又重叠了，所以此处一定要留意哦！

洪岩：延时的时候单片机在做什么？还有延时的时间是怎么计算出来的？

阿范：这个问题非常好，先给大家描述一下这样的场面。有一个智能机器人在玩一个彩灯，他以非常快的速度拨动着彩灯的开关，我们看上去彩灯根本就没有闪烁，只是比一直亮着的时候暗了些，机器人这时说了："我想看到闪烁的效果"，我温柔地对机器人说："每当你拨动一下开关后，你就绕着餐桌快速跑 5×5 圈（有一个时间间隔，否则太快，我们的视力根本区分不开灯的亮与灭），然后再拨动一次开关，你就会看到彩灯闪烁的效果了"。

其实这个场景和本例中单片机所处的状态很相似，单片机将 P0.0 引脚置低（灯亮）后，它亲自去执行延时程序，相当于在延时程序那儿执行 DJNZ 指令 250×250 次，起到延时的作用，然后再将 P0.0 口置高，再延时，如此循环而已。大家想没想过机器人或单片机累不累啊，我们如果能在单片机完成置低任务后，用一个小闹钟帮助它计时，这个时候单片机不就可以休息或去做点其他的事情了吗？是的，这种想法非常好，我们在后面会和大家分享定时器的用法和操作系统的用法，到那时单片机就不会亲自去做这些没有什么智商的小事了。对了，还有延时时间的计算方法，这个问题就相当于是从一个地方走到另一个地方所花的时间一样，这取决于你走了多少步，每一步走得多快等。在本例中延时那段程序中有两类指令："MOV R1，♯250"和"DJNZ R1，D1"，前一个指令耗时 1 个机器周期，后一个指令耗时 2 个机器周期，一个机器周期代表多长时间？这个取决于我们所用晶振的频率，如果我们用的是 12 MHz 的晶振，经过 51 单片机内部 12 分频后为 1 MHz，那么一个机器周期的时间是 $1 \mu s$，所以可以计算出来延时时间，但是一般只需要估算一下即可，认为执行"D1：DJNZ R1，D1"这条指令 250×250 次，每次耗时 $2 \mu s$，所以是 $12\,500 \mu s$，约 0.125 s。如果想改变延时时间，只需要把赋给 R0、R1 的数值改变即可。总之，赋值给 R0 和

R1 的数值乘积再乘以 2 就是延时的微秒数,需要注意两点:一是当外接晶振的频率改变时,一个机器周期就改变了,如接一个 6 MHz 晶振则一个机器周期为 2 μs,本例程序中的延时时间约为 0.25 s;二是当想延长更长的时间,给 R0 和 R1 赋的值需要加大,但是不能超过 255(十六进制为 FFH),因为 51 单片机是 8 位单片机,R0 和 R1 都是 8 位的,能装的最大数据就是 8 个 1 即 255,还有就是当把 R0 和 R1 都赋 0 的时候延时时间是最长的,因为第一次执行 DJNZ 指令后,R0、R1 变成 255,不等于 0,所以程序继续执行。大家可以自己尝试一下就会很清楚了!

海涛:如果我想在两处或多处调延时程序,而这些延时时间又不相同,那我就真的要编写很多个延时程序吗?有没有简单的方法呢?

阿范:当然有啊,其实思路很简单,我们只需要将原来赋给 R0 或 R1 的数据放在普通的内存 RAM 的任意一个字节空间里,在调延时程序时,把想要的延时时间对应的数据放在这个字节空间里,然后在执行延时程序时再把这个字节空间的数据传回给 R0 或 R1,这样我们在每次调用延时程序前给这个字节空间存放的数据不同,在执行延时程序时自然就会得到不同的延时时间了,我们一起看一下下面的这段程序(见配套资料:实验现象\ch3\led_delay.flv)。

```
       ORG    0000H        ;复位时程序从此开始
       SJMP   START        ;跳到 START 进行初始化
       ORG    0030H        ;初始化程序从 30H 开始
START: MOV    SP, #60H     ;给堆栈指针赋值
       MOV    P0, #0FFH    ;让 P0 口输出高电平,即让灯灭
;----------------------主程序----------------------
MAIN:  CLR    P0.0         ;P0.0 口置低电平,灯亮
       MOV    40H, #100    ;给内存 RAM 中的 40H 字节空间赋一个数据 100
       CALL   DELAY        ;调用延时程序
       SETB   P0.0         ;P0.0 口置高电平,灯灭
       MOV    40H, #200    ;给内存 RAM 中的 40H 字节空间赋一个数据 200
       CALL   DELAY        ;调延时程序
       SJMP   MAIN         ;跳到 MAIN
;----------------------延时子程序----------------------
DELAY: MOV    R0, 40H      ;给 R0 赋值
D2:    MOV    R1, #250     ;给 R1 赋值
D1:    DJNZ   R1, D1       ;R1 减 1 不等于 0 跳到 D1 处
       DJNZ   R0, D2       ;R0 减 1 不等于 0 跳到 D2 处
       RET                 ;子程序结束返回
       END                 ;程序结束
```

从上面的程序执行结果中大家看到了什么现象呢?是不是小灯没有原来那么亮了?

原因是在"CLR P0.0"指令后面调的延时较短,即小灯亮的时间短了,而在"SETB P0.0"指令后面调的延时时间较长,即小灯不亮的时间相对长了,小灯消耗的平均功率小了,所以就暗了(PWM 原理)。

3.2　跑马灯

1. 设计任务要求

用单片机控制 8 个 LED 小灯,逐个点亮再熄灭,形成跑马灯,如此循环(见配套资料:实验现象\ch3\led_horse.flv)。

2. 设计思想及硬件电路原理图分析

首先硬件电路可以参照图 3 - 1,只是这次需要控制 8 个 LED 发光二极管,所以我们设计的电路如图 3 - 2 所示。软件的设计上只是需要点亮一个灯,调一个延时,然后再点亮临近的一个灯的同时熄灭上一个灯后,再调延时程序,如此循环即会出现跑马灯现象。

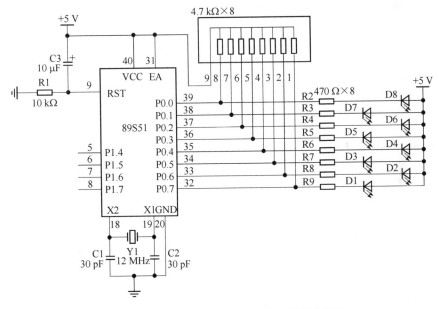

图 3 - 2　单片机控制 8 个 LED 小灯闪烁电路图

3. 源程序代码

ORG	0000H	;复位时程序从此开始
SJMP	START	;跳到 START 进行初始化
ORG	0030H	;初始化程序从 30H 开始

```
START:MOV    SP，#60H          ;给堆栈指针赋值
      MOV    P0，#0FFH         ;让 P0 口输出高电平，即让灯灭
;---------------------主程序-----------------------
MAIN：CLR    P0.0             ;将 P0.0 置 0,点亮一个 LED 小灯
      CALL   DELAY            ;延时
      SETB   P0.0             ;将 P0.0 置 1,熄灭 P0.0 口的小灯
      CLR    P0.1             ;将 P0.1 置 0,点亮一个 LED 小灯
      CALL   DELAY            ;延时
      SETB   P0.1             ;将 P0.1 置 1,熄灭 P0.1 口的小灯
      CLR    P0.2             ;将 P0.2 置 0,点亮一个 LED 小灯
      CALL   DELAY            ;延时
      SETB   P0.2             ;将 P0.2 置 1,熄灭 P0.2 口的小灯
      CLR    P0.3             ;将 P0.3 置 0,点亮一个 LED 小灯
      CALL   DELAY            ;延时
      SETB   P0.3             ;将 P0.3 置 1,熄灭 P0.3 口的小灯
      CLR    P0.4             ;将 P0.4 置 0,点亮一个 LED 小灯
      CALL   DELAY            ;延时
      SETB   P0.4             ;将 P0.4 置 1,熄灭 P0.4 口的小灯
      CLR    P0.5             ;将 P0.5 置 0,点亮一个 LED 小灯
      CALL   DELAY            ;延时
      SETB   P0.5             ;将 P0.5 置 1,熄灭 P0.5 口的小灯
      CLR    P0.6             ;将 P0.6 置 0,点亮一个 LED 小灯
      CALL   DELAY            ;延时
      SETB   P0.6             ;将 P0.6 置 1,熄灭 P0.6 口的小灯
      CLR    P0.7             ;将 P0.7 置 0,点亮一个 LED 小灯
      CALL   DELAY            ;延时
      SETB   P0.7             ;将 P0.7 置 1,熄灭 P0.7 口的小灯
      SJMP   MAIN             ;跳转到 MAIN 处
;-------------------延时子程序---------------------
DELAY:MOV    R0，#250          ;给 R0 赋值
  D2:MOV    R1，#250          ;给 R1 赋值
  D1:DJNZ   R1，D1            ;R1 减 1 不等于 0 跳到 D1 处
      DJNZ   R0，D2           ;R0 减 1 不等于 0 跳到 D2 处
      RET                     ;子程序结束返回
      END                     ;程序结束
```

4. 互动环节

玉琨:我觉得这个设计很简单,可是程序代码写的很长,有没有其他简单的方法呢?

阿范:当然有简单的方法了,我们是为了接着上一个例程的思路完成了本例,即用位操作指令 SETB 和 CLR 对 P0.0～P0.7 引脚进行置高和置低操作,现在我们可以用一个数据传输指令对整个 P0 口进行操作,即上面的程序可以改写为(见配套资料:实验现象\ch3\led_horse.flv):

```
        ORG     0000H           ;复位时程序从此开始
        SJMP    START           ;跳到 START 进行初始化
        ORG     0030H           ;初始化程序从 30H 开始
START:MOV      SP, #60H        ;给堆栈指针赋值
        MOV     P0, #0FFH       ;让 P0 口输出高电平,即让灯灭
;----------------- 主程序-----------------
MAIN:  MOV     P0, #0FEH       ;将 P0.0 置 0,其余引脚置 1
        CALL    DELAY           ;延时
        MOV     P0, #0FDH       ;将 P0.1 置 0,其余引脚置 1
        CALL    DELAY           ;延时
        MOV     P0, #0FBH       ;将 P0.2 置 0,其余引脚置 1
        CALL    DELAY           ;延时
        MOV     P0, #0F7H       ;将 P0.3 置 0,其余引脚置 1
        CALL    DELAY           ;延时
        MOV     P0, #0EFH       ;将 P0.4 置 0,其余引脚置 1
        CALL    DELAY           ;延时
        MOV     P0, #0DFH       ;将 P0.5 置 0,其余引脚置 1
        CALL    DELAY           ;延时
        MOV     P0, #0BFH       ;将 P0.6 置 0,其余引脚置 1
        CALL    DELAY           ;延时
        MOV     P0, #7FH        ;将 P0.7 置 0,其余引脚置 1
        CALL    DELAY           ;延时
        SJMP    MAIN            ;跳转到 MAIN 处
;----------------- 延时子程序-----------------
DELAY:MOV      R0, #250        ;给 R0 赋值
D2:MOV         R1, #250        ;给 R1 赋值
D1:DJNZ        R1, D1          ;R1 减 1 不等于 0 跳到 D1 处
        DJNZ    R0, D2          ;R0 减 1 不等于 0 跳到 D2 处
        RET                     ;子程序结束返回
        END                     ;程序结束
```

文佳:我还有个问题,"MOV P0,#0FEH"这条语句中"FEH"前加"0"干什么?"FE"后面的"H"又是什么意思?还有我觉得这个应该是个数据,还有其他表示方法吗?

　　阿范:数据后面加"H"表示此数据是十六进制形式表示的数据;编译系统规定如果以字母开头的十六进制数据前面需要加"0",如程序中所示;"MOV P0,#7FH"这条语句中的数据是以数字"7"开头的十六进制数据,因此不需要加"0"。其实对于编写跑马灯程序而言,还可以考虑用二进制的形式表示数据,这样会更清晰地看出来哪个灯亮,哪个不亮。当然也可以采用十进制形式给 P0 口赋数据,如我们可以通过下面 3 条语句给 P0 口赋数据:"MOV P0,#0AAH"、"MOV P0,#10101010B"、"MOV P0,#170"。这 3 条指令执行会得到相同的结果,因为#0AAH、#10101010B 和#170 是同一个数据,只是分别用十六进制、二进制和十进制表示而已,因此本例中的跑马灯程序还可以改写成下面的形式(见配套资料:实验现象\ch3\led_horse.flv):

```
        ORG    0000H          ;复位时程序从此开始
        SJMP   START          ;跳到 START 进行初始化
        ORG    0030H          ;初始化程序从30H开始
START:MOV    SP,#60H          ;给堆栈指针赋值
        MOV    P0,#0FFH        ;让 P0 口输出高电平,即让灯灭
;----------------------主程序----------------------
MAIN:MOV    P0,#11111110B     ;将P0.0置0,其余引脚置1
        CALL   DELAY          ;延时
        MOV    P0,#11111101B   ;将P0.1置0,其余引脚置1
        CALL   DELAY          ;延时
        MOV    P0,#11111011B   ;将P0.2置0,其余引脚置1
        CALL   DELAY          ;延时
        MOV    P0,#11110111B   ;将P0.3置0,其余引脚置1
        CALL   DELAY          ;延时
        MOV    P0,#11101111B   ;将P0.4置0,其余引脚置1
        CALL   DELAY          ;延时
        MOV    P0,#11011111B   ;将P0.5置0,其余引脚置1
        CALL   DELAY          ;延时
        MOV    P0,#10111111B   ;将P0.6置0,其余引脚置1
        CALL   DELAY          ;延时
        MOV    P0,#01111111B   ;将P0.7置0,其余引脚置1
        CALL   DELAY          ;延时
        SJMP   MAIN           ;跳转到 MAIN 处
;----------------------延时子程序----------------------
```

```
DELAY:MOV      R0,#250          ;给 R0 赋值
 D2:MOV        R1,#250          ;给 R1 赋值
 D1:DJNZ       R1,D1            ;R1 减 1 不等于 0 跳到 D1 处
    DJNZ       R0,D2            ;R0 减 1 不等于 0 跳到 D2 处
    RET                         ;子程序结束返回
    END                         ;程序结束
```

克勤:记得在指令表的 111 条里面有个可以左移或右移数据的指令,我们不是可以用在跑马灯上吗?

阿范:你太有才了!是的,当然可以用这个指令。我们可以先给 P0 口赋一个数据#11111110B,然后让此数据左移一位,这样"0"就跑到第二位上了,即数据变成#11111101B,以此类推我们就完成跑马灯程序了,左移指令是"RL A",右移指令是"RR A"。下面练习一个左移指令完成跑马灯的程序,具体程序代码如下(如何实现右移跑马灯请大家自行完成吧)(见配套资料:实验现象\ch3\led_horse.flv):

```
    ORG       0000H            ;复位时程序从此开始
    SJMP      START            ;跳到 START 进行初始化
    ORG       0030H            ;初始化程序从 30H 开始
;*************** 初始化程序 **********
START:MOV      SP,#60H          ;给堆栈指针赋值
    MOV       P0,#0FFH         ;让 P0 口输出高电平,即让灯灭
    MOV       A,#0FEH          ;赋初始值
    MOV       R3,#07H          ;移动次数
;*************** 主程序 **********
MAIN:MOV       P0,A             ;A 中数据复制给 P0
    RL        A                ;将 A 中数据左移 1 位
    CALL      DELAY            ;调延时程序
    DJNZ      R3,MAIN          ;R3 中数据减 1 不等于 0 跳到 MAIN 处
    MOV       R3,#07H          ;重新给 R3 赋数据 7(移动次数)
    SJMP      MAIN
;*************** 延时子程序 *************
DELAY:MOV      R0,#250          ;给 R0 赋值
 D2:MOV        R1,#250          ;给 R1 赋值
 D1:DJNZ       R1,D1            ;R1 减 1 不等于 0 跳到 D1 处
    DJNZ      R0,D2            ;R0 减 1 不等于 0 跳到 D2 处
    RET                         ;子程序结束返回
    END                         ;程序结束
```

晓南:我还想编个其他花样的闪烁效果,比如让两侧的两个小灯同时亮,然后熄灭的同时第二个和倒数第二个亮……,亮到中间后再倒着亮回来,你明白我的意

思吗？

阿范:噢,我懂你的意思,就是两侧的马向中间跑,然后再跑回来。也是跑马灯,只是多了一个马! 看看下面的程序吧(见配套资料:实验现象\ch3\led_horse_two.flv)!

```
        ORG     0000H           ;复位时程序从此开始
        SJMP    START           ;跳到 START 进行初始化
        ORG     0030H           ;初始化程序从 30H 开始
START:MOV       SP,#60H         ;给堆栈指针赋值
        MOV     P0,#0FFH        ;让 P0 口输出高电平,即让灯灭
;------------主程序------------
MAIN:CLR        P0.0            ;将 P0.0 置 0,点亮一个 LED 小灯
        CLR     P0.7            ;将 P0.7 置 0,点亮一个 LED 小灯
        CALL    DELAY           ;延时
        SETB    P0.0            ;将 P0.0 置 1,熄灭 P0.0 口的小灯
        SETB    P0.7            ;将 P0.7 置 1,熄灭 P0.7 口的小灯
        CLR     P0.1            ;将 P0.1 置 0,点亮一个 LED 小灯
        CLR     P0.6            ;将 P0.6 置 0,点亮一个 LED 小灯
        CALL    DELAY           ;延时
        SETB    P0.1            ;将 P0.1 置 1,熄灭 P0.1 口的小灯
        SETB    P0.6            ;将 P0.6 置 1,熄灭 P0.6 口的小灯
        CLR     P0.2            ;将 P0.2 置 0,点亮一个 LED 小灯
        CLR     P0.5            ;将 P0.5 置 0,点亮一个 LED 小灯
        CALL    DELAY           ;延时
        SETB    P0.2            ;将 P0.2 置 1,熄灭 P0.2 口的小灯
        SETB    P0.5            ;将 P0.5 置 1,熄灭 P0.5 口的小灯
        CLR     P0.3            ;将 P0.3 置 0,点亮一个 LED 小灯
        CLR     P0.4            ;将 P0.4 置 0,点亮一个 LED 小灯
        CALL    DELAY           ;延时
        SETB    P0.3            ;将 P0.3 置 1,熄灭 P0.3 口的小灯
        SETB    P0.4            ;将 P0.4 置 1,熄灭 P0.4 口的小灯
        CLR     P0.2            ;将 P0.2 置 0,点亮一个 LED 小灯
        CLR     P0.5            ;将 P0.5 置 0,点亮一个 LED 小灯
        CALL    DELAY           ;延时
        SETB    P0.2            ;将 P0.2 置 1,熄灭 P0.2 口的小灯
        SETB    P0.5            ;将 P0.5 置 1,熄灭 P0.5 口的小灯
        CLR     P0.1            ;将 P0.1 置 0,点亮一个 LED 小灯
```

```
        CLR      P0.6              ;将 P0.6 置 0,点亮一个 LED 小灯
        CALL     DELAY             ;延时
        SETB     P0.1              ;将 P0.1 置 1,熄灭 P0.1 口的小灯
        SETB     P0.6              ;将 P0.6 置 1,熄灭 P0.6 口的小灯
        SJMP     MAIN              ;跳转到 MAIN 处
;------------延时子程序------------
DELAY:MOV        R0,♯250           ;给 R0 赋值
   D2:MOV        R1,♯250           ;给 R1 赋值
   D1:DJNZ       R1,D1             ;R1 减 1 不等于 0 跳到 D1 处
        DJNZ     R0,D2             ;R0 减 1 不等于 0 跳到 D2 处
        RET                        ;子程序结束返回
        END                        ;程序结束
```

仲影:这个看上去也太麻烦了,我们不是可以用"MOM P0,♯01111110B"这样的指令来实现吗?

阿范:你太聪明了!我有意用上面的位操作指令来完成,其实是想告诉大家,当我们想完成一个程序时,会有很多方法,只是大家觉得哪个方便就用哪个,用多了你自然就会总结出来哪个编写的程序易懂,哪个程序编译后占的字节空间少等。大家慢慢都能体会出来,所以我们不要总是想啊想,应该不管三七二十一先动手写点程序练练,其余的就留给时间大人帮我们总结改正吧。记住噢,不奔跑永远不会跌倒,所以要多练习,错了就改,改了再错,然后再改。改写的两个马一起跑的灯的程序如下(见配套资料:实验现象\ch3\led_horse_two.flv):

```
        ORG      0000H             ;复位时程序从此开始
        SJMP     START             ;跳到 START 进行初始化
        ORG      0030H             ;初始化程序从 30H 开始
START:MOV        SP,♯60H           ;给堆栈指针赋值
        MOV      P0,♯0FFH          ;让 P0 口输出高电平,即让灯灭
;------------------主程序------------------
MAIN:MOV         P0,♯01111110B     ;将 P0.0 置 0,将 P0.7 置 0,其余引脚置 1
        CALL     DELAY             ;延时
        MOV      P0,♯10111101B     ;将 P0.1 置 0,将 P0.6 置 0,其余引脚置 1
        CALL     DELAY             ;延时
        MOV      P0,♯11011011B     ;将 P0.2 置 0,将 P0.5 置 0,其余引脚置 1
        CALL     DELAY             ;延时
        MOV      P0,♯11100111B     ;将 P0.3 置 0,将 P0.4 置 0,其余引脚置 1
        CALL     DELAY             ;延时
```

```
        MOV     P0, #11011011B          ;将 P0.2 置 0,将 P0.5 置 0,其余引脚置 1
        CALL    DELAY                   ;延时
        MOV     P0, #10111101B          ;将 P0.1 置 0,将 P0.6 置 0,其余引脚置 1
        CALL    DELAY                   ;延时
        SJMP    MAIN                    ;跳转到 MAIN 处
;----------------------延时子程序----------------------
DELAY:MOV       R0, #250                ;给 R0 赋值
   D2:MOV       R1, #250                ;给 R1 赋值
   D1:DJNZ      R1, D1                  ;R1 减 1 不等于 0 跳到 D1 处
        DJNZ    R0, D2                  ;R0 减 1 不等于 0 跳到 D2 处
        RET                             ;子程序结束返回
        END                             ;程序结束
```

　　海菲:就这两个花样,也太单调了;但如果要让这 8 个灯变幻出很多很多花样的闪烁方式,那程序得编写多长啊! 有没有什么方法用短一点的程序可以实现多一些花样的闪烁效果呢?

　　阿范:当然有,不然的话还叫什么单片机啊。大家想一想我们之所以能得到流水灯这样的花样,根本原因还是我们给 P0 口送了数据,从而导致有的灯亮了,有的灯灭了。那么如果我们想得到很多很多的闪烁花样,只需要将事先编排好的数据存放在一个表里,我们按照顺序一个一个地取出来再送到 P0 口并加上合适的延时,这样就可以得到很多很多的闪烁花样。当我们想要改变闪烁花样时,只需要改变这个表里的数据即可,其他程序我们根本不用改,这个其实就是下面我要和大家分享的,我称这种闪烁为 LED 万能闪烁。

3.3　LED万能闪烁程序

　　电路图还是参照图 3-2,硬件原理这里就不重复了。下面给大家一段程序代码(见配套资料:实验现象\ch3\led_wanneng.flv):

```
        ORG     0000H                   ;复位时程序从此开始
        SJMP    START                   ;跳到 START 进行初始化
        ORG     0030H                   ;初始化程序从30H开始
;****************** 初始化程序 ******************
START:MOV       SP, #60H                ;给堆栈指针赋值60H
        MOV     P0, #0FFH               ;给 P0 赋值 FFH(十进制 255)
        MOV     R2, #00H                ;给 R2 赋 0
;-----------------------主程序-----------------------
MAIN:MOV        A, R2                   ;R2 里的数据复制给 A
```

```
        MOV     DPTR,#TAB           ;给 DPTR 数据指针赋#TAB
        MOVC    A,@A+DPTR           ;A 和 DPTR 中的数加一起作为地址
                                    ;把此地址中的数据取出来再存到 A 中
        MOV     P0,A                ;将数据送 P0 显示
        INC     R2                  ;R2 中的数据加 1
        CALL    DELAY               ;调延时子程序 DELAY
        CJNE    R2,#72,MAIN         ;R2 和 72 比较不相等就跳转到 MAIN 处
        MOV     R2,#00H             ;给 R2 重新赋 0
        SJMP    MAIN                ;跳转到 MAIN 处
;--------------------延时子程序--------------------
DELAY:MOV     R0,#250             ;给 R0 赋值
    D2:MOV     R1,#250             ;给 R1 赋值
    D1:DJNZ    R1,D1               ;R1 减 1 不等于 0 跳到 D1 处
        DJNZ    R0,D2               ;R0 减 1 不等于 0 跳到 D2 处
        RET                         ;子程序结束返回
;***************** 数据表 ***************************
TAB:
    DB    0FEH,0FDH,0FBH,0F7H,0EFH,0DFH,0BFH,07FH
    DB    0FFH,0FFH,00FH,0FFH,0FFH,000H,0FFH,0FFH
    DB    0FFH,07FH,0BFH,0DFH,0EFH,0F7H,0FBH,0FDH
    DB    0FEH,0FFH,0FEH,0FDH,0FBH,0F7H,0EFH,0DFH
    DB    0BFH,07FH,0BFH,0DFH,0EFH,0F7H,0FBH,0FDH
    DB    0FEH,0FFH,0FCH,0F3H,0CFH,03FH,0FFH,0FFH
    DB    0FFH,0FFH,0FFH,0FFH,0FFH,0FFH,0FFH,03FH
    DB    0FCH,0F3H,0CFH,03FH,0FFH,03FH,0CFH,0F3H
    DB    0FCH,0FFH,0F0H,000H,0FFH,000H,000H,0FFH
;***************************************************
        END
```

  在上面的程序里出现了几个新的指令。首先说一下 DB。DB 是定义字节伪指令,它的功能是从程序存储器 ROM 中的某个单元开始,存入一组规定好的 8 位二进制常数,在本例中就是从 TAB 这个标号所在的地方开始存储了 72 个数据,这些数据是在向程序存储器 ROM 中下载程序时"刻"在 ROM 中的,数据在掉电的情况下也不会丢失,其实这些数据虽然我们称之为数据,实际上这些数据就是在编译后以程序代码的身份下载到 ROM 中了。比如这样一条指令"MOV 30H,#11H"的意思是把数据 11H 赋值给 30H 这个单元,这个 30H 单元是内存 RAM 中的一个单元,当程序执行到这条时,30H 单元中的数据就变成了 11H,而当掉电了,这个单元的数据可能就变成了随机数,短时间内也可能不变,还是 11H,时间长又变成了 0,现在大家应该清楚了吧! 接下来我们说一下"MOVC A,@A+DPTR",这个 MOVC 指令的意思

是将程序存储器 ROM 中的数据复制到累加器 A 中,那么究竟是把 ROM 中哪个单元的数据复制给了 A 呢? 其实就是把 A 和 DPTR 相加后的这个数作为地址,把这个地址里的数据复制给了 A,其中符号"@"就表示 A 和 DPTR 相加后的这个数作为地址里面的数据的意思,那 A 里装的又是什么呢? A 里的数据是通过"MOV A,R2"这条指令得来的,即是 R2 复制给 A 的,R2 里装的又是什么呢? 在初始化中最开始是通过"MOV R2,♯00H"给 R2 中装了个数据 0,DPTR 里的数据是通过"MOV DPTR,♯TAB"这条指令得来的,即 DPTR 中装的是 TAB 这个标号所在地方的地址号,现在大家应该清楚了吧,A+DPTR 的结果就等于 DPTR 原来的数据,即是 TAB 这个标号所在地方的地址,把这个地址里的数据取出来给了 A,也就相当于是把第一个数据 0FEH 给了 A,再把这个数据通过"MOV P0,A"这条指令传给了 P0,所以会有 1 个小灯亮,其余 7 个都不亮;那表中的下一个数据 0FDH 又是怎么取出来的呢? 是这样,在程序中有一条 INC R2 指令,意思是将 R2 中的数加 1,这样 R2 中的数就变成了 1,后面还有一条"CJNE R0,♯72,MAIN",这条指令的意思是让 R2 和 72 比较,如果不相等就跳转到 MAIN 处执行,如果相等就执行它下面一条指令,即执行"MOV R2,♯00H"这条指令,当然此时 R2 等于 1,一定不等于 72,所以程序跳转到 MAIN 处继续执行"MOV A,R2",这样就把 R2 中的 1 复制给了 A,此时 A 中的数据就是 1 了,然后再执行"MOVC A,@A+DPTR"时,就取表中第二个数据 0FDH 了,如此循环 72 次,直到把最后一个数据取出来为止,然后 R2 重新赋值 0,再从第一个数据取出,如此循环。

在上面这段程序里我们一定要好好体会"MOVC A,@A+DPTR"这条指令是如何把数据取出来的,这就好像我们村里来了个陌生人,到了村头遇到你了,他说他要去的人家是从一棵大树开始向东数第三家,你就可以先帮他找到那棵大树,然后再向东数第三家便是了。过两天又来个陌生人说要去从一棵大树数第八家,你也是一样先帮他找到大树然后再数第八家又帮助这个人找到了地点。这里是取数据,DPTR 中放的就相当于是这棵大树的地址,本例中是 TAB 标号所在处,A 中的数就相当于是那个人所说的第几家,所以我们只需要找到 TAB 数据表头所在的地址,再在这个地址的基础上加上 A 中的数,这样就可以确定出我们真正要找的数据了。

第 4 章

LED 数码管的应用

4.1 LED 数码管显示原理及显示方式

在单片机系统中,经常用 LED 数码管显示器来显示单片机系统的工作状态和运算结果等各种信息。LED 数码管显示器是单片机与人对话的一种重要输出设备,那么数码管是如何工作的呢?还记得我们小时候玩过的"火柴棒游戏"吗?几根火柴棒组合起来,可以拼成各种各样的图形,LED 显示器实际上就是利用这个原理做成的,其结构示意图如图 4-1 所示。

8 段 LED 显示器是由 8 个发光二极管组成的。其中 7 个长条形的发光管排列成一个"日"字形,最后一个圆点形的发光管在显示器的右下角用于显示小数点,它能显示各种数字与部分英文字母。LED 显示器有两种不同的连接形式:一种是 8 个发光二极管的阳极连在一起,阴极则各自独立,称之为共阳极 LED 显示器,使用时公共阳极接+5 V,这时阴极接低电平的发光二极管就导通点亮,接高电平的则不亮;另一种是 8 个发光二极管的阴极连在一起,阳极则各自独立,称之为共阴极 LED 显示器,使用时公共阴极接地,这时阳极接高电平的发光二极管就导通点亮,接低电平的则不亮。它们的内部电路图如图 4-2 所示。

图 4-1 数码管示意图

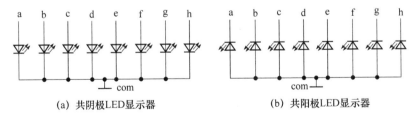

(a) 共阴极LED显示器 　　　　　(b) 共阳极LED显示器

图 4-2 数码管内部电路图

4.2 LED 数码管分类及驱动

按照尺寸来分,LED 数码管显示器的种类很多,常用的有 0.3 寸、0.5 寸、0.8

寸、1.0 寸、1.2 寸、1.5 寸、1.8 寸、2.3 寸、3.0 寸、4.0 寸、5.0 寸等。一般小于 1.0 寸的为单管芯,1.2～1.5 寸为双管芯,1.8 寸以上的为 3 个以上管芯,因而它们的供电电压不同,一般每个管芯的压降为 2 V 左右。通常,0.8 寸以下采用 5 V 供电,1.0～2.3 寸采用 12 V 供电,3.0 寸以上的选择更高电压供电。

按照颜色来分,LED 数码管显示器有红色、黄绿、黄色、橙色、蓝色、纯绿和白色等多种颜色。一般红色较为普通,价格也较低;蓝色价格较高。

驱动电路中的限流电阻值 R 通常根据 LED 的工作电流计算得到,即 $R=(V_{CC}-V_{LED})/I_{LED}$。式中 V_{CC} 为电源电压(+5 V),V_{LED} 为 LED 压降(约为 2 V),I_{LED} 为工作电流(一般可取1～20 mA),R 通常为几百欧姆。

一般 LED 数码管的工作电流在 10 mA 左右时其亮度比较适中,而 89S51 单片机的 I/O 口具有 20 mA 的灌电流输出能力,因此可以直接驱动共阳极的 LED 数码管。由于 89S51 单片机 I/O 口的拉电流能力较弱,因此一般不要直接驱动共阴极的 LED 数码管,如果一定要用共阴极 LED 数码管可以另加驱动电路。

4.3　点亮一个 LED 数码管

图 4-3 是 89S51 单片机与一个共阳极 LED 数码管的连接电路图。如果想让 LED 数码管显示"0",则需要 a、b、c、d、e、f 段亮,而 g 段和 h 段不能亮,因此需要单片机 P0.0～P0.5 输出低电平,而 P0.6 和 P0.7 输出高电平(见配套资料:实验现象\ch4\smg_one.flv)。

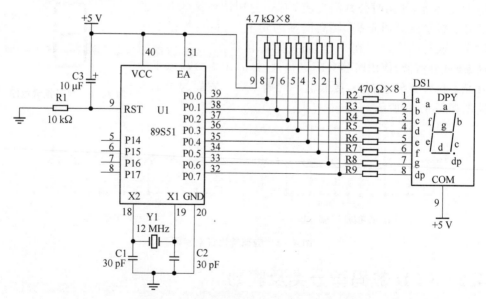

图 4-3　单片机点亮单个共阳极数码管

具体程序代码如下:

```
        ORG     0000H           ;复位时程序从此开始
        SJMP    START           ;跳到 START 进行初始化
        ORG     0030H           ;初始化程序从30H开始
;——————————初始化——————————
START: MOV      SP, #60H        ;给堆栈指针赋值
       MOV      P0, #0FFH       ;让P0口输出高电平,数码管不显示信息
;——————————主程序——————————
MAIN: MOV       P0, #11000000B  ;将 P0.0~P0.5 置 0,将 P0.6 和 P0.7 置 1
      CLR       P2.7;           ;此条在本例中没用(编书时选的板子和图4-3所示电路有所
不同)
      SJMP      $               ;停在当前位置
      END                       ;程序结束
```

4.4 LED 数码管显示段码

　　如果还想显示其他数字,则可以用同样的方法看哪段应该亮,哪段不应该亮,然后就知道需要从 P0 口送出什么数据了。数字 0~9 及部分字母都很常用。如果每次显示都需要重新算未免有些繁琐,所以我把这些数字按照图 4-3 这样的接法所对应的段码总结归纳为表 4-1。需要注意的是,当我们在编程软件中输入这些数据时,以字母开头的数据前要补加一个"0",否则系统在编译时会认为有错误!

表 4-1　数码管显示段码

字 符	字 形	dp	g	f	e	d	c	b	a	共阳极笔段码	共阴极笔段码
0		1	1	0	0	0	0	0	0	C0H	3FH
1		1	1	1	1	1	0	0	1	F9H	06H
2		1	0	1	0	0	1	0	0	A4H	5BH
3		1	0	1	1	0	0	0	0	B0H	4FH
4		1	0	0	1	1	0	0	1	99H	66H

字 符	字 形	dp	g	f	e	d	c	b	a	共阳极笔段码	共阴极笔段码
5		1	0	0	1	0	0	1	0	92H	6DH
6		1	0	0	0	0	0	1	0	82H	7DH
7		1	1	1	1	1	0	0	0	F8H	07H
8		1	0	0	0	0	0	0	0	80H	7FH
9		1	0	0	1	0	0	0	0	90H	6FH
不显示		1	1	1	1	1	1	1	1	FFH	00H

4.5　静态显示

　　通过以上内容的学习,我们已经懂得数码管的原理以及如何点亮一个数码管了。现在大家想不想用数码管显示出自己的生日?可能你会认为一个数码管怎么显示生日啊?对,一个数码管是不可以,那我们就多接几个。大家看看 89S51 单片机有 P0、P1、P2 和 P3 共 4 个口,如果每个数码管都像图 4 - 3 这样去连接,那么我们最多只能接上 4 个数码管,而我们显示生日一般要 8 个数码管,还有单片机也不能就接几个数码管啊,还得留几个"腿儿"用来接个蜂鸣器或者按键之类的设备啊。该怎么办呢?这就需要借助外围器件来接数码管,具体的器件有很多,这里就不一一介绍了。

　　按照显示方式的不同,可以分为静态显示和动态显示两种。所谓静态显示就是只要单片机一次把需要显示的数据送到了数码管上以后,数码管上的数据就会一直存在不消失,除非要改变显示的数据,单片机将不需要再去理会数码管。静态显示的优点就是显示程序十分简单并且显示亮度高(为什么这么说呢?因为静态显示数码管是一直处于亮的状态);缺点就是每一个数码管的每一个段(如 a 段)都要独占具有锁存功能器件的一个输出口,占有的 I/O 口线较多,硬件成本也较高,所以静态显示法常用在显示器数目较少的应用系统中。

　　图 4 - 4 是一个静态显示驱动电路。因为每个数码管的每一段(如 a 段)都要占一个独立的引脚。这样太浪费单片机的 I/O 引脚了,所以单片机找来两个驱动芯片74HC573,用来锁存需要显示的数据。单片机通过 P0 口的 8 个"腿儿"分两次把待显示的数据送到两个 74HC573 芯片上进行锁存。你可能觉得奇怪,单片机的 P0 口

和两片 74HC573 都连着,数据不会送乱了吗?不会的,因为 P1.0 和 P1.1 两个引脚会告诉两片 74HC573 本次显示数据是给谁的,谁接到使能信号谁就接收本次的显示数据。单片机一旦把显示数据锁存到 74HC573 中就不需要再管了,数据将一直保留在 74HC573 上供数码管显示,这就是静态显示。

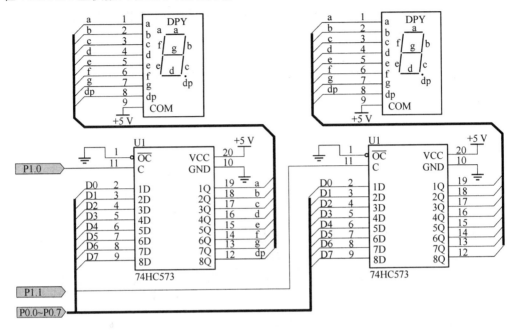

图 4-4　数码管静态显示驱动电路

4.6　动态显示生日

　　动态显示实际是利用人眼的"视觉暂留"效应实现的。方法是将所有数码管的 8 个笔画段 a~h 的各同名端分别并接在一起,并把它们接在单片机的字段输出口上。为了防止各个数码管同时显示相同的数字,各个数码管的公共端 COM 还要受到另一组信号的控制,即把它们接到位输出口上。这样,一组数码管显示器需要由两组信号来控制:一组是字段输出口输出的字形代码,用来控制显示的字形,称为段码;另一组是位输出口输出的控制信号,用来选择第几个显示器工作,称为位码。所谓动态显示就是利用循环扫描的方式,分时轮流选通各个数码管的公共端,使各个数码管轮流导通,在导通的同时送上不同的段码。当扫描速度达到一定程度时,人眼就分辨不出来了,即认为各个数码管在同时显示。

　　如图 4-5 所示,P0 口作为段控制,P2 口通过 8 个 PNP 型三极管 8550 控制数码管的 8 个 COM 公共端。如果要第一个数码管显示数据,P2.7 需要输出低电平 0,则此时第一个 PNP 三极管导通,通过第一位数码管的 COM 公共端向第一个数码管供电;如果要第二个数码管显示数据,P2.6 需要输出低电平 0,则此时第二个 PNP 三极管导通,通过第二位数码管的 COM 公共端向第二个数码管供电。以此类推,可以分时点亮 8 个 LED 数码管。但是,需要注意的是不能让 P2.0～P2.7 中的 2 个或 2 个以上同时输出低电平 0,否则就会造成显示混乱,除非 2 个数码管上要显示的内容相同。本例中数码管选择的是 SM410364 共阳极四位一体的 LED 显示器。由于在前面我们提过要显示生日需要 8 个数码管,所以该型号的 LED 数码管选了 2 个,每个上面有 4 个(这 4 个数码管的各个同名段在内部是连接好的,只是 4 个 COM 公共端是分开的,如图 4－5 所示),因此能显示 8 位数据,三极管采用 PNP 型 8550,P0 口接的限流电阻是 8 个 470 Ω 的;P2 口上接的电阻是 8 个 4.7 kΩ 的;P0 口接的 8 个上拉电阻都是 10 kΩ 的。

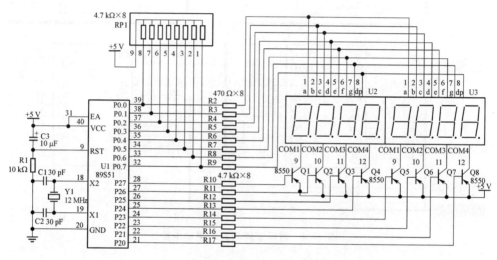

图 4－5　数码管动态显示驱动电路

现在我们终于把电路搭建起来了,我想把 19781219 这个重要的日子显示在数码管上,该如何写程序代码呢? 请大家参考下面的代码(见配套资料:实验现象\ch4\smg_birthday. flv):

```
        ORG     0000H           ;复位时程序从此开始
        SJMP    START           ;跳到 START 进行初始化
        ORG     0030H           ;初始化程序从 30H 开始
;------------------------初始化------------------------
START: MOV     SP, #60H         ;给堆栈指针赋值
        MOV     P0, #0FFH        ;让 P0 口输出高电平,数码管不显示信息
        MOV     P2, #0FFH        ;P2 口输出高电平,所有三极管均不导通,数码管熄灭
;------------------------主程序------------------------
MAIN:  MOV     P0, #0F9H        ;将"1"对应的段码"F9H"送到 P0 口
        CLR     P2.7             ;将 P2.7 置 0,让第一个三极管导通使得第一个数码管显示
        CALL    DELAY            ;调用延时程序
        SETB    P2.7             ;将 P2.7 置 1,让第一个三极管截止使得第一个数码管不显示
        MOV     P0, #90H         ;将"9"对应的段码"90H"送到 P0 口
        CLR     P2.6             ;将 P2.6 置 0,让第二个三极管导通使得第二个数码管显示
        CALL    DELAY            ;调用延时程序
        SETB    P2.6             ;将 P2.6 置 1,让第二个三极管截止使得第二个数码管不显示
        MOV     P0, #0F8H        ;将"7"对应的段码"F8H"送到 P0 口
        CLR     P2.5             ;将 P2.5 置 0,让第三个三极管导通使得第三个数码管显示
        CALL    DELAY            ;调用延时程序
        SETB    P2.5             ;将 P2.5 置 1,让第三个三极管截止使得第三个数码管不显示
        MOV     P0, #80H         ;将"8"对应的段码"80H"送到 P0 口
        CLR     P2.4             ;将 P2.4 置 0,让第四个三极管导通使得第四个数码管显示
        CALL    DELAY            ;调用延时程序
        SETB    P2.4             ;将 P2.4 置 1,让第四个三极管截止使得第四个数码管不显示
        MOV     P0, #0F9H        ;将"1"对应的段码"F9H"送到 P0 口
        CLR     P2.3             ;将 P2.3 置 0,让第五个三极管导通使得第五个数码管显示
        CALL    DELAY            ;调用延时程序
        SETB    P2.3             ;将 P2.3 置 1,让第五个三极管截止使得第五个数码管不显示
        MOV     P0, #0A4H        ;将"2"对应的段码"A4H"送到 P0 口
        CLR     P2.2             ;将 P2.2 置 0,让第六个三极管导通使得第六个数码管显示
        CALL    DELAY            ;调用延时程序
        SETB    P2.2             ;将 P2.2 置 1,让第六个三极管截止使得第六个数码管不显示
        MOV     P0, #0F9H        ;将"1"对应的段码"F9H"送到 P0 口
        CLR     P2.1             ;将 P2.1 置 0,让第七个三极管导通使得第七个数码管显示
        CALL    DELAY            ;调用延时程序
        SETB    P2.1             ;将 P2.1 置 1,让第七个三极管截止使得第七个数码管不显示
```

```
        MOV     P0,♯90H         ;将"9"对应的段码"90H"送到P0口
        CLR     P2.0            ;将P2.0置0,让第八个三极管导通使得第八个数码管显示
        CALL    DELAY           ;调用延时程序
        SETB    P2.0            ;将P2.0置1,让第八个三极管截止使得第八个数码管不显示
        SJMP    MAIN            ;程序跳转至MAIN处
;------------------------延时子程序------------------------
DELAY:MOV     R0,♯10          ;给R0赋值
   D2:MOV     R1,♯20          ;给R1赋值
   D1:DJNZ    R1,D1           ;R1减1不等于0跳到D1处
        DJNZ    R0,D2           ;R0减1不等于0跳到D2处
        RET                     ;子程序结束返回
        END                     ;程序结束
```

4.7 0～99循环自加计数器

1. 设计任务要求

用单片机控制2个LED数码管,实现0～99循环自加计数器(见配套资料:实验现象\ch4\smg_count1.flv)。

2. 设计思想及硬件电路原理图分析

首先,硬件电路可以参照图4-5,只是这次需要控制2个LED数码管,所以在软件程序里面只要控制2个数码管即可。与上例比较还容易些,但是难点在于我们这次编的是0～99循环自加计数器,即数据是在不断变化(0,1,2,…,99),而上例显示生日的程序中数据不需要变化。该怎么实现呢?思路是这样的:我们定义一个变量,在主程序中程序每"跑"一圈后就让这个变量加1,然后把最新的数据送到数码管上去显示,这个方法肯定是可以的,但问题是我们怎么知道某时刻这个数据变成几了,该怎么给数码管送这个数据呢?其实,我们可以把0～9这10个数据对应的数码管显示段码存到程序存储器ROM中,再用指令"MOVC A,@ A+DPTR"到数据表里把对应的数据取出来送到P0口上去,不就可以显示不断变化的数据了吗?你可能会问两位数据怎么显示?如35,可以把35除以10,结果得3余5,把3和5分别放在内存RAM的两个存储空间,然后再分别用这两个数据到事先存储好的0～9对应的数据段码表里去找3和5对应的显示段码,然后再分别送到P0口即可显示出35了。

3. 源程序代码

```
        COUNT     EQU 30H          ;给内存 RAM 空间中的 30H 单元起名 COUNT
        SHIWEI    EQU 31H          ;给内存 RAM 空间中的 31H 单元起名 SHIWEI
        GEWEI     EQU 32H          ;给内存 RAM 空间中的 32H 单元起名 GEWEI
        ORG       0000H            ;复位时程序从此开始
        SJMP      START            ;跳到 START 进行初始化
        ORG       0030H            ;初始化程序从 30H 开始
;----------------初始化-----------
START:  MOV       SP, #60H         ;给堆栈指针赋值
        MOV       P0, #0FFH        ;让 P0 口输出高电平,数码管不显示信息
        MOV       P2,#0FFH         ;P2 口输出高电平,所有三极管均不导通,数码管熄灭
        MOV       DPTR, #TAB       ;使数据指针 DPTR 指向数据表头 TAB 处
        MOV       COUNT, #0        ;给 COUNT 清零
        MOV       SHIWEI, #0       ;给 SHIWEI 清零
        MOV       GEWEI, #0        ;给 GEWEI 清零
;-----------------主程序--------------------------
MAIN:   CALL      PROCESS          ;调 PROCESS 子程序,完成自加和除法任务
        CALL      DISPLAY          ;调显示子程序 DISPLAY
        SJMP      MAIN             ;程序跳转至 MAIN 处
;-----------------PROCESS 子程序--------------------------
PROCESS:INC       COUNT            ;变量 COUNT 中的数据加 1
        MOV       A,COUNT          ;把 COUNT 中的数据复制给 A
        CJNE      A ,#100,JIXU     ;COUNT 中的数据和 100 比较不相等跳到 JIXU 处
        MOV       COUNT ,#0        ;给 COUNT 赋值 0
JIXU:   MOV       A, COUNT         ;COUNT 中的数据复制给 A
        MOV       B, #10           ;给寄存器 B 赋值 10
        DIV       AB               ;用 A 除以 B,结果在 A 中,余数在 B 中
        MOV       SHIWEI, A        ;十位的结果放在 SHIWEI 中
        MOV       GEWEI , B        ;个位的结果放在 GEWEI 中
        RET                        ;子程序返回
;-----------------DISPLAY 子程序--------------------------
DISPLAY:MOV       A, SHIWEI        ;把 SHIWEI 中存储的数据复制给 A
        MOVC      A, @A + DPTR     ;到数据表中取十位对应的显示段码
        MOV       P0, A            ;将显示段码送到 P0 口处
        CLR       P2.7             ;P2.7 置 0,使得三极管导通给第一个数码管供电
        CALL      DELAY            ;延时一段时间,使得十位数据显示一段时间
```

```
        SETB      P2.7                    ;P2.7 置 1,使得三极管关断,熄灭第一个数码管
        MOV       A, GEWEI                ;把 GEWEI 中存储的数据复制给 A
        MOVC      A, @A + DPTR            ;到数据表中取个位对应的显示段码
        MOV       P0, A                   ;将显示段码送到 P0 口处
        CLR       P2.6                    ;P2.6 置 0,使得三极管导通给第二个数码管供电
        CALL      DELAY                   ;延一段时间,使得个位数据显示一段时间
        SETB      P2.6                    ;P2.6 置 1,使得三极管关断,熄灭第二个数码管
        RET
;--------------------延时子程序--------------------
DELAY:MOV       R0, ♯250              ;给 R0 赋值
  D2:MOV       R1, ♯250              ;给 R1 赋值
  D1:DJNZ      R1, D1                ;R1 减 1 不等于 0 跳到 D1 处
      DJNZ      R0, D2                ;R0 减 1 不等于 0 跳到 D2 处
      RET                             ;子程序结束返回
;-------------- 下面的数据表中存储的是显示段码(共阳极)------
TAB:DB 0C0H,0F9H,0A4H,0B0H,99H        ;从 TAB 处开始存储 0、1、2、3、4
    DB 92H ,82H ,0F8H,80H ,90H        ;5、6、7、8、9 对应的显示段码
    END                               ;程序结束
```

4. 互动环节

晓明：在程序最开始出现了 3 行指令,其中都有"EQU",这是什么意思? 还有,能不能从整体上再说一下程序的执行过程? 再就是初始化程序那段都写什么内容? 是固定的吗?

阿范：大家还记得在第二天我们一起分享了单片机内部的数据存储器 RAM 吗? 用户可用的有 128 个字节空间,其中有 32 个字节分配给了工作寄存器 R0～R7;有 16 个是可位寻址的空间;还有 80 个是一般存储空间。其实这些空间都是让我们用户用的。在本例的程序中前 3 行出现的 EQU 指令是一个伪指令(伪指令是给单片机中的寄存器定义或赋值的特殊指令),其作用是给某个内存空间起个名,如"COUNT EQU 30H"就是给内存 30H 单元起名为 COUNT,从此以后在程序中 COUNT 和内存 30H 是等价的,即"MOV 30H,♯10"和"MOV COUNT ,♯10"的作用是一样的,与学生在一个班级中的学号和姓名的关系一样。

下面说说程序的整体设计问题。其实所有的程序设计框架都和图 4-6 是一样的,也就是一旦单片机上电,程序指针 PC 就从程序存储器的 0000H 开始一条一条地找下一步该干什么的指令,当然要先做些准备工作(初始化),如本例中需要把数据指针指向 TAB 处,即"MOV DPTR,♯TAB"等,然后程序就进入一个无限循环的主程序中,在主程序中通常会调用一些子程序,在执行常规的事先安排好的子程序的过程中,程序随时可能被中断,转而去做一些紧急的事情,执行完紧急的事情后还会回

来继续执行主程序。其实子程序也是主程序的一部分,完全可以不以子程序的身份出现,把这段代码直接放在主程序中,如在本例中 PROCESS 和 DISPLAY 两个子程序中的内容可以直接放到 MAIN 主程序中。但是在有些情况下,在主程序中会多次调用同一段子程序,那我们岂不是要在多处都写相同的代码了吗?这样程序麻烦而且浪费程序存储器空间。关于程序什么时候去执行紧急事情我们再来说说。其实这个有点和我们人类的活动类似,比如一个学生每天正常的上课、吃饭、睡觉(这些相当于是每天要做的常规事情,即主程序),突然哪天接到电话说一个好朋友得病住院了,那么这个学生是不是要去看看呢(中断子程序)?这就是突然来的紧急事情。看完病人还要回学校继续每天的学习生活(主程序)。那么这个学生是怎么知道朋友生病的呢?肯定是有人告诉他或接到了短信或是电话。单片机也是一样的,不过这方面的内容我们在此就不详细说了,后面再与大家分享。

对了,还要说说单片机是怎么在执行完紧急事情后找回到原来的地方继续执行的,记得和大家提过堆栈的问题,其实在离开主程序去执行紧急的中断子程序前,单片机会将此时它在主程序中所执行到的地点(程序指针 PC 中的内容)自动存储在堆栈里,等从中断子程序返回时会自动取出来,这样就能找到原来的地方了。这些不需要我们管,都是自动完成的。这方面的内容大家在此了解一下就可以,不理解也没有问题,具体用法会在后面和大家深入探讨。

最后我们来看一下初始化程序怎么写,其实初始化程序就是为后面的程序正常执行做些准备工作,这段是必须要编写的,但是编写哪些内容可是不确定的。有时你可能一下想不全都需要初始化哪些内容,等到编写主程序或一些子程序时突然想起要给某个寄存器或某个内存单元赋一个初始值,就可以回去再把这个写上。

红岩:实际数码管引脚的排列顺序和图 4-3 及图 4-5 中的数码管的引脚排列是一样的吗?如何判断数码管的引脚哪个是 A、B、C、D、E、F、G、H、COM 呢?

阿范:其实不只是数码管,大部分元件和我们在书本中见到的原理图的引脚排列顺序都不一样。在原理图中引脚顺序改变的目的是为了便于连线,实际买到的器件我们可以通过查其资料了解它的引脚分布情况。当然像数码管也可以通过万用表的电阻挡或二极管挡去测量,这里就不详细介绍了,只把 4 位一体的数码管的引脚分布图(见图 4-7)给大家参考。

秀才:我想问一下,图 4-5 中的三极管的作用是什么?能不能直接把单片机和数码管的 COM 端(DIG 端)连上呢?我的电子技术基础不太好,能不能顺便说说三极管的用法。

阿范:不可以直接把单片机和数码管的 COM 端(DIG 端)连上,因为 COM 公共端的电流是 A~H 各段里的电流和。这个电流值较大,而单片机不具备这么强的驱动能力,所以借助三极管的电流放大能力去给数码管提供电流,当然这里不用三极管而改用其他的驱动芯片也是可以的,但是通常用其他芯片的价格要比三极管高,而用三极管的缺点就是硬件连接比较麻烦。关于三极管这里简单介绍一下,三极管有 3

个工作区:饱和区、放大区、截止区。三极管有放大和开关两个作用,图 4-5 中的三极管就通过工作在饱和区和截止区来实现三极管的导通和关断的,即起到了开关的作用,所以可以控制哪一位数码管的点亮和熄灭,从图上可以看出单片机通过 P2 口输出低电平时三极管导通,P2 口输出高电平时三极管截止。至于三极管工作在饱和区、放大区还是截止区和三极管基极及集电极电阻有关,具体内容大家参考相关的模拟电子技术图书(或附录 D)吧。

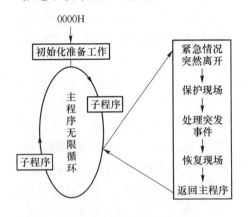

图 4-6 程序的一般框架

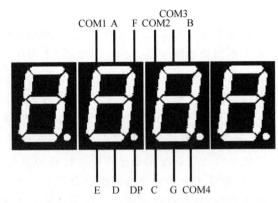

图 4-7 4 位一体的数码管

大洋:为什么在显示子程序中要加延时? 这个延时时间是怎么定出来的?

阿范:因为我们采用的是动态显示,即一个数码管亮一会儿即熄灭,然后另一个数码管亮再熄灭,快速循环看上去好像都在同时点亮,所以这个延时加是必须的,而且延时时间要合适。我们分几种极端的情况来说吧,一种是在显示程序中把所有调延时(CALL DELAY)的部分全删除,如把显示生日那段程序中的调用延时删除,大家想想会出现什么现象? 应该是能看见显示的内容,但是有点乱,数码管的有些位不该亮也有些发光。程序代码如下:

```
        ORG     0000H           ;复位时程序从此开始
        SJMP    START           ;跳到 START 进行初始化
        ORG     0030H           ;初始化程序从 30H 开始
;------------------------初始化------------------------
START:  MOV     SP,♯60H         ;给堆栈指针赋值
        MOV     P0,♯0FFH        ;让 P0 口输出高电平,数码管不显示信息
        MOV     P2,♯0FFH        ;P2 口输出高电平,所有三极管均不导通,数码管熄灭
;------------------------主程序------------------------
MAIN:   MOV     P0,♯0F9H        ;将"1"对应的段码"F9H"送到 P0 口
        CLR     P2.7            ;将 P2.7 置 0,让第一个三极管导通使得第一个数码管显示
        SETB    P2.7            ;将 P2.7 置 1,让第一个三极管截止使得第一个数码管不显示
        MOV     P0,♯90H         ;将"9"对应的段码"90H"送到 P0 口
        CLR     P2.6            ;将 P2.6 置 0,让第二个三极管导通使得第二个数码管显示
        SETB    P2.6            ;将 P2.6 置 1,让第二个三极管截止使得第二个数码管不显示
```

```
MOV      P0,#0F8H        ;将"7"对应的段码"F8H"送到 P0 口
CLR      P2.5            ;将 P2.5 置 0,让第三个三极管导通使得第三个数码管显示
SETB     P2.5            ;将 P2.5 置 1,让第三个三极管截止使得第三个数码管不显示
MOV      P0,#80H         ;将"8"对应的段码"80H"送到 P0 口
CLR      P2.4            ;将 P2.4 置 0,让第四个三极管导通使得第四个数码管显示
SETB     P2.4            ;将 P2.4 置 1,让第四个三极管截止使得第四个数码管不显示
MOV      P0,#0F9H        ;将"1"对应的段码"F9H"送到 P0 口
CLR      P2.3            ;将 P2.3 置 0,让第五个三极管导通使得第五个数码管显示
SETB     P2.3            ;将 P2.3 置 1,让第五个三极管截止使得第五个数码管不显示
MOV      P0,#0A4H        ;将"2"对应的段码"A4H"送到 P0 口
CLR      P2.2            ;将 P2.2 置 0,让第六个三极管导通使得第六个数码管显示
SETB     P2.2            ;将 P2.2 置 1,让第六个三极管截止使得第六个数码管不显示
MOV      P0,#0F9H        ;将"1"对应的段码"F9H"送到 P0 口
CLR      P2.1            ;将 P2.1 置 0,让第七个三极管导通使得第七个数码管显示
SETB     P2.1            ;将 P2.1 置 1,让第七个三极管截止使得第七个数码管不显示
MOV      P0,#90H         ;将"9"对应的段码"90H"送到 P0 口
CLR      P2.0            ;将 P2.0 置 0,让第八个三极管导通使得第八个数码管显示
SETB     P2.0            ;将 P2.0 置 1,让第八个三极管截止使得第八个数码管不显示
SJMP     MAIN            ;程序跳转至 MAIN 处
END                      ;程序结束
```

下面再看一种加延时的,但是我们把延时函数换一下,调个延时时间长一些的,程序如下。这时你会看到显示的生日"19781219"这几个数字是一个一个出来的,即一个亮一会儿然后熄灭,另一个再亮。从这两个程序中我们可以看到这个延时要加,而且要合适,那么怎样计算显示程序中调用的延时时间呢?我们只要保证一个数字在两次点亮之间的熄灭时间小于我们人眼能区分的最大时间即可,这个范围是比较宽的,所以没有绝对的时间值,建议大家自己亲自试一试(见配套资料:实验现象\ch4\smg_birthday_one.flv)。

```
ORG      0000H           ;复位时程序从此开始
SJMP     START           ;跳到 START 进行初始化
ORG      0030H           ;初始化程序从 30H 开始
;------------------初始化------------------
START: MOV  SP,#60H      ;给堆栈指针赋值
       MOV  P0,#0FFH     ;让 P0 口输出高电平,数码管不显示信息
       MOV  P2,#0FFH     ;P2 口输出高电平,所有三极管均不导通,数码管熄灭
;------------------主程序------------------
MAIN: MOV   P0,#0F9H     ;将"1"对应的段码"F9H"送到 P0 口
```

CLR	P2.7	;将 P2.7 置 0,让第一个三极管导通使得第一个数码管显示
CALL	DELAY	;调用延时程序
SETB	P2.7	;将 P2.7 置 1,让第一个三极管截止使得第一个数码管不显示
MOV	P0,#90H	;将"9"对应的段码"90H"送到 P0 口
CLR	P2.6	;将 P2.6 置 0,让第二个三极管导通使得第二个数码管显示
CALL	DELAY	;调用延时程序
SETB	P2.6	;将 P2.6 置 1,让第二个三极管截止使得第二个数码管不显示
MOV	P0,#0F8H	;将"7"对应的段码"F8H"送到 P0 口
CLR	P2.5	;将 P2.5 置 0,让第三个三极管导通使得第三个数码管显示
CALL	DELAY	;调用延时程序
SETB	P2.5	;将 P2.5 置 1,让第三个三极管截止使得第三个数码管不显示
MOV	P0,#80H	;将"8"对应的段码"80H"送到 P0 口
CLR	P2.4	;将 P2.4 置 0,让第四个三极管导通使得第四个数码管显示
CALL	DELAY	;调用延时程序
SETB	P2.4	;将 P2.4 置 1,让第四个三极管截止使得第四个数码管不显示
MOV	P0,#0F9H	;将"1"对应的段码"F9H"送到 P0 口
CLR	P2.3	;将 P2.3 置 0,让第五个三极管导通使得第五个数码管显示
CALL	DELAY	;调用延时程序
SETB	P2.3	;将 P2.3 置 1,让第五个三极管截止使得第五个数码管不显示
MOV	P0,#0A4H	;将"2"对应的段码"A4H"送到 P0 口
CLR	P2.2	;将 P2.2 置 0,让第六个三极管导通使得第六个数码管显示
CALL	DELAY	;调用延时程序
SETB	P2.2	;将 P2.2 置 1,让第六个三极管截止使得第六个数码管不显示
MOV	P0,#0F9H	;将"1"对应的段码"F9H"送到 P0 口
CLR	P2.1	;将 P2.1 置 0,让第七个三极管导通使得第七个数码管显示
CALL	DELAY	;调用延时程序
SETB	P2.1	;将 P2.1 置 1,让第七个三极管截止使得第七个数码管不显示
MOV	P0,#90H	;将"9"对应的段码"90H"送到 P0 口
CLR	P2.0	;将 P2.0 置 0,让第八个三极管导通使得第八个数码管显示
CALL	DELAY	;调用延时程序
SETB	P2.0	;将 P2.0 置 1,让第八个三极管截止使得第八个数码管不显示
SJMP	MAIN	;程序跳转至 MAIN 处

;--------------------------延时子程序--------------------------

| DELAY:MOV | R0,#255 | ;给 R0 赋值 |
| D2:MOV | R1,#255 | ;给 R1 赋值 |

```
D1:DJNZ      R1,D1              ;R1 减 1 不等于 0 跳到 D1 处
   DJNZ      R0,D2              ;R0 减 1 不等于 0 跳到 D2 处
   RET                         ;子程序结束返回
   END                         ;程序结束
```

雪飞:做一个 0～99 的循环自加计数器好像不难,那做一个 99～0 的自减循环计数器怎么实现?说一下思路吧!

阿范:我们只需要在 PROCESS 子程序中将加一指令"INC COUNT"改成减一指令"DEC COUNT",初始化中给 COUNT 赋一个 99 的数据,即"MOV COUNT,♯0"改成"MOV COUNT,♯99",还有将原来在 PROCESS 中判断是否加到了 99 那段改为判断是否减到了 0。程序代码如下:

```
PROCESS:INC     COUNT          ;变量 COUNT 中的数据加 1
        MOV     A,COUNT        ;把 COUNT 中的数据复制给 A
        CJNE    A,♯100,JIXU    ;COUNT 中的数据和 100 比较,若不相等则跳到 JIXU 处
        MOV     COUNT,♯0       ;给 COUNT 赋值 0
```

把上面这段改写成下面这段即可:

```
PROCESS:DEC     COUNT          ;变量 COUNT 中的数据减 1
        MOV     A,COUNT        ;把 COUNT 中的数据复制给 A
        CJNE    A,♯0,JIXU      ;COUNT 中的数据和 0 比较,若不相等则跳到 JIXU 处
        MOV     COUNT,♯99      ;给 COUNT 赋值 0
```

忠强:用前面程序的方法可以做一个 0～999 的自加循环计数器吗?

阿范:用前面的方法不能实现 0～999,为什么呢?原因是 COUNT 是内存 RAM 中的一个字节空间的名字,COUNT 最大能表示的数据是 255,也就是在程序中用"INC COUNT"只能加到 255。至于怎么实现我们在此先不探讨,留给大家去研究。还有就是这个问题等到我们用上 C 语言时就变得非常简单了。

不知大家是不是把前面给出的 0～99 自加循环计数器那段程序下载到实验板上看现象了没有?你如果试了就会发现,我们用的延时子程序时间有些长,那我们改短些可以吗?也不可以,因为改短了就看不清了,自加得太快了,那该怎么办呢?可以在把延时改短的同时在主程序中多调用几次 DISPLAY,然后再调用一次 PROCESS,目的就是让 COUNT 加得慢些,这样就达到既能看清楚加 1 的现象,同时也不会出现两个数码管闪烁着交替点亮的现象了。改后的主程序和延时子程序如下,其他部分没有改变:

```
;--------------------主程序--------------------
    MAIN:CALL    PROCESS         ;调 PROCESS 子程序,完成自加和除法任务
XIANSHI:CALL    DISPLAY         ;调显示子程序 DISPLAY
        DJNZ     R2,XIANSHI      ;R2 减 1 不等于 0 跳转到 XIANSHI 标号处
        MOV      R2,#100         ;上条指令中如果 R2 等于 0,本条重新给 R2 赋值 100
        SJMP     MAIN            ;跳转到标号 MAIN 处
;--------------------延时子程序--------------------
DELAY:  MOV      R0,#50          ;给 R0 赋值
    D2: MOV      R1,#20          ;给 R1 赋值
    D1: DJNZ     R1,D1           ;R1 减 1 不等于 0 跳到 D1 处
        DJNZ     R0,D2           ;R0 减 1 不等于 0 跳到 D2 处
        RET                      ;子程序结束返回
```

4.8　其他数码管驱动电路

数码管的驱动电路很多,这里不能一一给出。下面再提供两个数码管驱动电路(见图 4-8、图 4-9)给大家参考。具体的工作原理及使用方法请自行查阅资料。

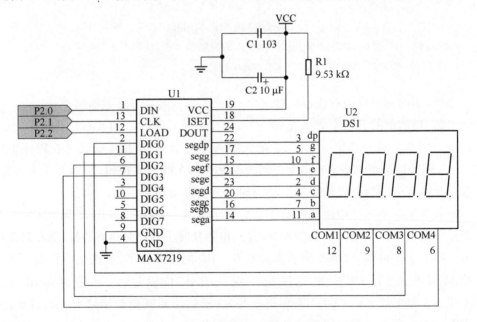

图 4-8　7219 驱动数码管显示电路

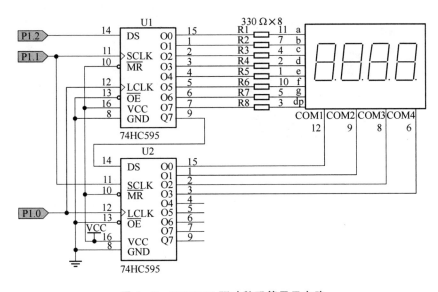

图 4-9 74HC595 驱动数码管显示电路

第 5 章

引发事端的按键

　　键盘在单片机应用系统中是一个关键的部件,它能实现向单片机输入数据、传送命令等功能,是人工干预单片机的主要手段。在单片机系统中常用的按键可以分为两类:独立式按键和矩阵式按键。

　　独立式按键就是各个按键相互独立,每个按键各接一根输入线,一根输入线上的按键工作状态不会影响其他输入线上的按键的工作状态。因此,通过检测输入线的电平状态可以很容易判断哪个按键被按下了。独立式按键电路配置灵活,软件结构简单,但是当按键数量较多时占用单片机输入口也较多,因此适用于按键数量较少的场合。图 5-1 是在前面讲到的流水灯实验图的基础上接了 4 个独立按键 K1、K2、K3 和 K4。

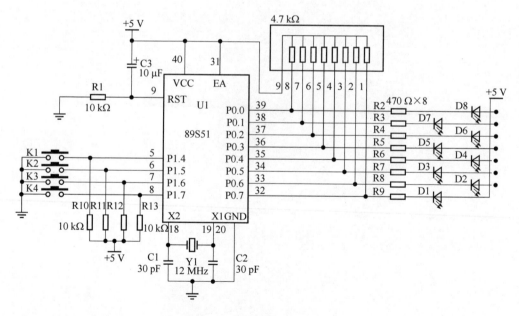

图 5-1　按键控制 LED 小灯

5.1 按键控制 LED 小灯怎么失灵了

现在我们先来做个实验,用 K1 和 K2 分别控制接在 P0.0 口和 P0.7 口的两个 LED 小灯,每按一次按键要求对应的小灯取反一次亮灭状态,即原状态点亮就熄灭,原状态熄灭就点亮。

5.1.1 硬件电路设计及原理分析

电路如图 5-1 所示。如果按键不被按下,单片机 I/O 口就为高电平;如果哪个按键按下,单片机相应的 I/O 口就变为低电平。各个按键开关均采用了上拉电阻,这是为了保证按键开关断开时,各 I/O 口线有确定的高电平。其实,51 单片机 P1 口内部是有上拉电阻的,外面不接这 4 个上拉电阻也是一样好用的。

5.1.2 软件设计思想及代码分析

1. 软件设计思想

软件流程图如图 5-2 所示。程序从 ROM 的 0000H 处开始执行,首先进行初始化,如给堆栈指针赋值、设置 P0 和 P1 口的初始状态等;然后不知疲倦地无限次监测接在 P1.4 和 P1.5 引脚上的按键 K1 和

> ☺ 顺便说一句,其实 P0、P1 口上电后默认状态就是高电平,在此可以不用设置。

K2 是否按下,如果哪个按键按下了就跳转到相应位置执行程序让小灯状态取反,执行完毕就返回去继续"盯住"按键是否又有按下的,如果没有就交替检测 K1 和 K2。

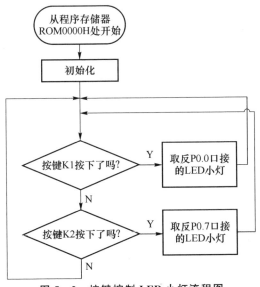

图 5-2 按键控制 LED 小灯流程图

2. 程序代码清单

```
        ORG     0000H       ;复位时程序从此开始
        SJMP    START       ;跳到 START 进行初始化
        ORG     0030H       ;初始化程序从 30H 开始
        ;--------------初始化--------------
START:MOV      SP,♯60H      ;给堆栈指针赋值
        MOV     P0,♯0FFH    ;让 P0 口输出高电平,小灯熄灭
        MOV     P1,♯0FFH    ;让 P1 口输出高电平,
        ;--------------主程序--------------
MAIN:JNB       P1.4,LED0    ;如果 P1.4 口为低电平就跳到 LED0 处
        JNB     P1.5,LED7    ;如果 P1.5 口为低电平就跳到 LED7 处
        SJMP    MAIN         ;程序跳转至 MAIN 处
LED0:CPL        P0.0        ;将 P0.0 口电平取反
        SJMP    MAIN         ;程序跳转至 MAIN 处
LED7:CPL        P0.7        ;将 P0.7 口电平取反
        SJMP    MAIN         ;程序跳转至 MAIN 处
        END                  ;程序结束
```

3. 程序代码分析

在本设计中出现两个新的指令:"JNB P1.4,LED0"和"CPL P0.0"。这两条指令都是位操作指令。

首先介绍"JNB P1.4,LED0"。其功能就是判断单片机的 P1.4 引脚是否为低电平。如果是就跳转到 LED0 处继续执行程序,完成对 P0.0 口的取反任务;如果 P1.4 引脚不是低电平,而是高电平,则不跳转,而是顺序执行"JNB P1.4,LED0"这条指令的下一条指令"JNB P1.5,LED7"。该指令的一般形式是"JNB bit,rel",其中的"bit"可以是单片机的任何一个外

> ☺ 注意了啊!程序中下面这条指令 MAIN:JNB P1.4,LED0 在判断条件满足时跳到 LED0 处,标号 MAIN 和标号 LED0 之间的"距离"不能超过 128 个字节!

围引脚,也可以是内部数据存储器 RAM 中可以位操作的任何一个位,如可以对内存 20H 这个"房间"中的第 0 号"床位"进行判断,如"JNB 00H,LED0";这里的"rel"是一个偏移量,指明程序跳转的位置,通常"rel"都是用一个标号代替,在判断的条件满足时跳转到该标号处继续执行。

其次研究一下指令"CPL P0.0"。该指令的功能是将单片机外部引脚 P0.0 取反,即原来是高电平,执行后变为低电平,如果原来是低电平,执行后变成高电平。该指令的一般形式为"CPL bit"。该指令的功能是将 bit 位取反,其中 bit 可以是单片

机的任何一个外围引脚,也可以是内部数据存储器 RAM 中可以位操作的任何一个位,比如可以对内存 20H 这个"房间"中的第 0 号"床位"进行取反操作即"CPL 00H"。

现在结合图 5－2 程序流程图和程序清单分析程序的执行情况,单片机上电后执行完初始化程序做好准备工作后,就进入主程序部分,在主程序部分无限次地监测接在 P1.4 和 P1.5 引脚上的按键 K1 和 K2,这个任务是由程序清单中下面这 3 条指令来完成的。

```
MAIN:JNB  P1.4,LED0    ;如果 P1.4 口为低电平就跳到 LED0 处
     JNB  P1.5,LED7    ;如果 P1.5 口为低电平就跳到 LED7 处
     SJMP MAIN
```

如果判断哪个按键按下了,就跳到相应的位置去执行 LED 小灯取反的操作;如果 K1 被按下了,就跳到 LED0 处执行小灯取反操作,这个任务是由程序清单中下面这两条指令完成的。完成小灯取反任务后,再次跳转到标号 MAIN 处,继续监测 K1 和 K2 按键的状态。

```
LED0:CPL  P0.0         ;将 P0.0 口电平取反
     SJMP MAIN         ;程序跳转至 MAIN 处
```

从上面的程序分析,似乎能够满足设计要求,但是当我们把程序编译后下载到单片机中执行时却会发现,按键有些不灵,有时按下去小灯取反,有时小灯的状态就不变,难道是智能单片机会骗人?绝对不是,那又会是怎么回事儿呢?(见配套资料:实验现象\ch5\key.flv)

5.1.3 究竟错在哪里

噢!原来是这样的,我们采用的开关是机械弹性开关,利用了机械触点的合、断作用。而一个机械触点的断开、闭合过程的波形图如图 5－3 所示。由于机械触点的弹性作用,一个按键开关在闭合时不会马上稳定地接通,在断开时也不会立刻断开。因而在闭合及断开的瞬间均伴随有一连串的抖动,抖动的时间长短由按键的机械特性决定,一般为 5～10 ms,而单片机执行速度是微秒级的,所以在按键抖动

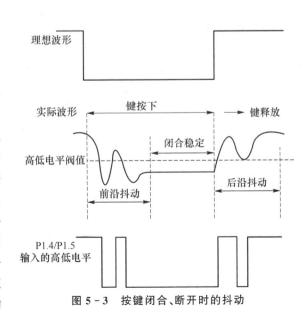

图 5－3 按键闭合、断开时的抖动

时,单片机会多次检测出端口出现低电平,因而在上面的程序中会有多次跳转去执行端口取反指令,如果是奇数次则小灯就真的取反了,如果是偶数次则小灯的状态不变,所以出现了失灵现象。还有,当我们按住按键不放时,程序多次监测到按键按下并反复执行"取反"指令、取反次数不定,也会出现"LED失灵"现象。

5.2 对付按键抖动

出现按键失灵那我们该怎么解决呢?方法有两种:一种是硬件去抖法;另一种是软件去抖法。硬件去抖电路可以采用RS触发器,也可以采用电容滤波等方法,硬件去抖的好处是程序编写简单,但是缺点是增加硬件成本和电路的复杂程度;软件去抖的好处是使硬件电路简化,降低硬件成本,但是需要编程处理。在单片机系统中通常采用软件去抖。这里我们主要和大家分享软件去抖。现在我们来设计一个带去抖功能的按键程序。

1. 软件设计思路

软件去抖法就是在程序第一次检测出某个端口上接的按键被按下时,不是马上确认为按键按下,而是先调一个约为10 ms的延时,等闭合抖动结束后再次检测该端口是否仍然为按键按下的状态,如果是则认为真的有按键被按下,然后等待按键释放,按键释放后对相应的按键标志进行置位,即做个记号表示某个按键按下过;如果经过刚才那10 ms延时后,检测端口不是处于按键按下的状态,则认为是按键误触发或当成干扰等不予理会。现在我们设计一个判断单个按键是否按下的程序流程图如图5-4所示。

现在,我们根据上面按键程序的设计思路,完成一个由接在单片机P1.4引脚上的按键K1控制接在P0.0口的LED小灯取反实验。电路仍然采用图5-1所示的电路图。程序流程图如图5-5所示。

2. 程序代码清单

```
BIAOZHI1 BIT    00H         ;给位寻址空间0"床位"起名为BIAOZHI1
         ORG    0000H       ;复位时程序从此开始
         SJMP   START       ;跳到START进行初始化
         ORG    0030H       ;初始化程序从30H开始
         ;------------初始化------------
START:MOV    SP,#60H      ;给堆栈指针赋值
      MOV    P0,#0FFH     ;让P0口输出高电平,小灯熄灭
      MOV    P1,#0FFH     ;让P1口输出高电平
      CLR    BIAOZHI1     ;给标志位清零
      ;------------主程序------------
MAIN: CALL   KEY          ;调按键子程序
      CALL   PROCESS      ;调处理子程序
      SJMP   MAIN         ;程序跳转到MAIN处
```

```
;————————按键子程序————————
KEY:      JNB    P1.4,LED0         ;判断 P1.4 引脚如果是低电平就跳到 LED0 处
FANHUI:   RET                      ;子程序返回(如果没有按键按下)
LED0:     CALL   DELAY             ;调延时程序的目的是跳过按键抖动期
          JB     P1.4,FANHUI       ;P1.4 脚如果是高电平就跳到 FANHUI 处返回
WAIT:     JNB    P1.4,WAIT         ;如果 P1.4 是低电平就停在当前位置等键释放
          SETB   BIAOZHI1          ;把 BIAOZHI1 置 1(表示 P1.4 口按键按下)
          RET                      ;子程序返回
```

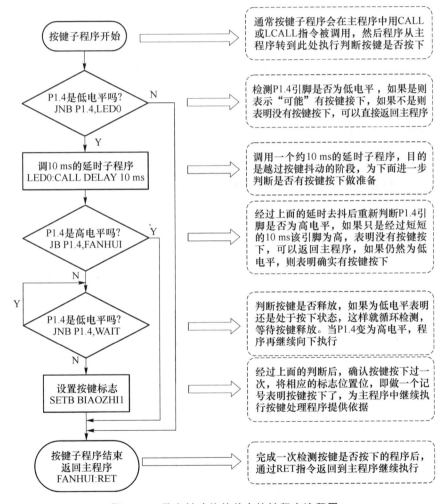

图 5-4　带去抖功能的单个按键程序流程图

```
        ;---------------处理子程序--------------
PROCESS:JB    BIAOZHI1,RUN0      ;如果 BIAOZHI1 位是 1 就跳到 RUN0 处
        RET                      ;(如果不是 1,即没有按键按下)子程序返回
  RUN0:CPL    P0.0               ;取反 P0.0 口,改变小灯亮灭状态
       CLR    BIAOZHI1           ;把 BIAOZHI1 清零,清除按键按下的标志
       RET                       ;子程序返回
        ;---------------延时子程序--------------
DELAY:MOV     R0,#50             ;给 R0 赋值 50
  D2:MOV      R1,#100            ;给 R1 赋值 100
  D1:DJNZ     R1,D1              ;R1 减 1 不等于 0 跳到 D1 处
      DJNZ    R0,D2              ;R0 减 1 不等于 0 跳到 D2 处
      RET                        ;子程序结束返回
      END                        ;程序结束
```

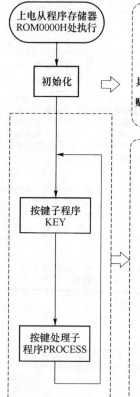

图 5-5 主程序流程图

上电从程序存储器 ROM0000H处执行

初始化

———————————— 初始化————————————

初始化程序范围:从标号START开始到标号MAIN前;

初始化程序作用:为后面的程序能够顺利运行做准备工作。具体的准备如将堆栈指针指向合适地方 (60H) 给单片机I/O口赋值;按键被按下的标志位置零 (表明刚开始没有按键按下)

无限循环的主程序包括以下两个子程序

按键子程序 KEY

————————— 按键子程序KEY —————————

程序作用:判断有没有按键按下,如果有就将相应的标志置1,如果没有就从按键子程序中返回,继续执行主程序中的下一个子程序——按键处理子程序

按键处理子程序PROCESS

——— 按键处理子程序PROCESS ———

程序作用:哪个按键被按下,即哪个按键标志位是1,就去做相应的小灯取反动作,然后清除该标志,以免主程序下次调的时候还会去执行小灯取反;如果没有按键标志为1就返回主程序

3. 互动环节

徐宽：上面这段程序的第一行"BIAOZHI1 BIT 00H"是什么意思？

阿范：还记得在前面讲过单片机内存 RAM 的分布情况吧，从 20H 到 2FH 有 16 个字节空间是可以位寻址的，即这 16 个字节中的每一个字节中的 8 位都可以进行位操作，每一位（相当于每个房间中 8 张床中的一张）可以单独使用，因为一位里面只能装 0 或 1，用 0 和 1 恰好可以表示一个事物的两种状态。如用 0 表示没有按键按下，则用 1 就可以表示有按键按下。所以在本设计中，我们用"BIAOZHI1 BIT 00H"这条指令的意思就是给 00H 位（其实，就是内存 20H 字节单元中的 D0 位）起了个名字，BIT 和前面讲过的 EQU 类似，只是 BIT 只能定义一个位的名字，不能定义字节的名字而已，而 EQU 这条伪指令可以用来定义字节，也可以用来定义一个位。所以在初始化中的"CLR BIAOZHI1"的意思实际上就是给位地址 00H 位清零，即给内存 20H 单元的 D0 位赋值 0，意思是初始状态认为还没有按键按下。

5.2.1 公园的一个入口 CALL 与多个出口 RET

浩博：把上面这段程序的整体思路解释一下吧，我还有点乱。还有在 KEY 和 PROCESS 这两个子程序中怎么有多个返回指令 RET 呢？

阿范：上面这段程序首先是进行初始化，完成堆栈指针设置、小灯初始时熄灭、按键接口及按键被按下的标志清零，然后进入主程序无限循环。主程序是由两个子程序构成的。一个是判断有没有按键按下的 KEY 子程序，如果有把相应的标志 BIAOZHI1 置 1，表示对应的按键按下了；然后再执行另一个按键处理子程序，即判断按键标志是否为 1，如果是 1 则表示有按键按下，然后就执行小灯取反，同时将按键标志再次清 0；如果没有按键按下就返回主程序，重新判断按键是否按下的 KEY 子程序，无限循环。

下面再说一个子程序中出现多个 RET 返回指令的问题。其实当我们用 CALL 调用子程序时，在执行完相应的子程序后返回前必须执行 RET 才能找回到它来时的地点，也就是每出现一次 CALL 指令必然要执行一次 RET，如果在一个子程序中出现多个 RET 的，那也只能有一个 RET 指令得到执行，因为在进入子程序后可能会遇到不同的情况，在判断的过程中可能会跳到不同的位置，当完成任务后就可以就近执行一个 RET 指令返回了。还是举个生活中的例子吧，一个公园有一个入口和多个出口，进去时必须从入口进（即执行 CALL 指令），但出来时可以有多个选择，因为你看的景区不同就可以就近选择出口返回了。虽然有多个出口，但你绝对不可能同时从两个出口出来，所以不必担心有几个 RET 返回指令的问题。

5.2.2　RET 与 SJMP 真的都能找回家吗

力诚：用 RET 指令可以返回到主程序中,如果用短跳转指令 SJMP 或长跳转指令 LJMP 跳回到主程序不可以吗？它们有什么区别呢？

阿范：这个问题非常好！原则上是不可以的,但如果一定要用跳转指令 LJMP 跳回到主程序也是可以的,这究竟是什么原因呢？怎样才能实现呢？现在我们来分析一下执行调用子程序指令 CALL 或 LCALL 以及子程序返回指令 RET 究竟会对程序指针 PC 及堆栈指针 SP 有何影响。每次执行调用子程序指令 CALL 时,单片机就会到调用的子程序中去执行,与此同时还将它返回来后要执行的下一条指令的“地点”存入堆栈指针所指向的内存空间里,当执行完子程序从子程序返回时执行 RET 指令,这条指令的实际作用是把刚才存入堆栈空间的内容(这个内容就是帮助单片机找回到主程序的)还给程序指针 PC,单片机根据 PC 中的内容就可以找回到主程序,从而顺利执行主程序中的下一条指令。如果我们只是在主程序中调用子程序时用到调用指令 CALL,而在子程序结束时不执行 RET 指令,这也是可以的,只要你知道返回到主程序时应该继续执行的是哪一条指令即可,也就是说可以把 RET 换成 SJMP,如在本设计中将 RET 改写成“SJMP PP”,此时“SJMP PP”和 RET 指令是一样的,都能找回到主程序中调用按键子程序的下一条指令“CALL PROCESS”处继续执行。具体的改写程序代码如下：

```
BIAOZHI1  BIT  00H      ;给位寻址空间 0“床位”起名为 BIAOZHI1
          ORG  0000H    ;复位时程序从此开始
          SJMP START    ;跳到 START 进行初始化
          ORG  0030H    ;初始化程序从 30H 开始
```

```
              ;—————————初始化—————————
  START:MOV    SP, #60H           ;给堆栈指针赋值
        MOV    P0, #0FFH          ;让P0口输出高电平,小灯熄灭
        MOV    P1, #0FFH          ;让P1口输出高电平
        CLR    BIAOZHI1           ;给标志位清零
              ;—————————主程序—————————
  MAIN:CALL    KEY                ;调按键子程序
  PP:CALL      PROCESS            ;调处理子程序
        SJMP   MAIN               ;程序跳转到MAIN处
              ;—————————按键子程序—————————
  KEY:JNB      P1.4,LED0          ;判断P1.4引脚是低电平就跳到LED0处
  FANHUI:SJMP  PP                 ;跳转到主程序的标号PP处(如果没有按键按下)
  LED0:CALL    DELAY              ;调延时程序目的是跳过按键抖动期
        JB     P1.4,FANHUI        ;如果P1.4是高电平就跳到FANHUI处返回
  WAIT:JNB     P1.4,WAIT          ;如果P1.4是低电平就停在当前位置等键释放
        SETB   BIAOZHI1           ;把BIAOZHI1置1(表示P1.4口按键按下)
        SJMP   PP                 ;跳转到主程序的标号PP处
              ;—————————处理子程序—————————
  PROCESS:JB   BIAOZHI1,RUN0      ;如果BIAOZHI1位是1就跳到RUN0处
        RET                       ;(如果不是1,即没有按键按下)子程序返回
  RUN0:CPL     P0.0               ;取反P0.0口,改变小灯亮灭状态
        CLR    BIAOZHI1           ;把BIAOZHI1清零,清除按键按下的标志
        RET                       ;子程序返回
              ;—————————延时子程序—————————
  DELAY:MOV    R0, #50            ;给R0赋值50
  D2:MOV       R1, #100           ;给R1赋值100
  D1:DJNZ      R1, D1             ;R1减1不等于0跳到D1处
        DJNZ   R0, D2             ;R0减1不等于0跳到D2处
        RET                       ;子程序结束返回
        END                       ;程序结束
```

5.2.3 CALL 与 RET 是天生一对儿

　　表面来看上面的程序似乎没有问题,如果用软件仿真,单步执行似乎也没有问题,但是如果将上面这段程序编译后下载到单片机内,你就会发现执行结果不对,它并没有实现按一下按键LED小灯取反一次亮灭状态,究竟又是什么原因呢?原因是每执行一次调用子程序指令CALL,堆栈指针就会自动加2,调节指针所指的地址,如果在子程序中加了RET返回指令,则会再自动将堆栈指针的数据减2,又指向了原来的地方,而现在我们把子程序中的返回指令RET改写成了SJMP,而跳转指令

SJMP 不具备自动将堆栈指针减 2 的作用,所以导致主程序每循环一圈就调用一次按键子程序 KEY,这样就会把堆栈指针的数据不停地加,直到加到最大 255 后又从 0 开始,如此循环执行。所以,内存 RAM 空间中的每一个单元的数据都改变了,所以程序就不正常了。那么怎么才能使程序正常呢?其实,可以在执行跳转指令 SJMP 返回主程序前加一条"MOV SP,♯60H"即可,这样就控制了堆栈指针始终指向 60H 和 62H,而不会无限地乱指而把内存中每个单元的数据都给刷掉了。改写后的程序如下:

```
BIAOZHI1    BIT    00H          ;给位寻址空间 0"床位"起名为 BIAOZHI1
            ORG    0000H        ;复位时程序从此开始
            SJMP   START        ;跳到 START 进行初始化
            ORG    0030H        ;初始化程序从 30H 开始
        ;--------------初始化--------------
    START:MOV    SP,♯60H        ;给堆栈指针赋值
          MOV    P0,♯0FFH       ;让 P0 口输出高电平,小灯熄灭
          MOV    P1,♯0FFH       ;让 P1 口输出高电平
          CLR    BIAOZHI1       ;给标志位清零
        ;-------------- 主程序--------------
    MAIN:CALL KEY               ;调按键子程序
      PP:CALL PROCESS           ;调处理子程序
        SJMP MAIN               ;程序跳转到 MAIN 处
        ;------------按键子程序--------------
      KEY:JNB P1.4,LED0         ;判断 P1.4 引脚如果是低电平就跳到 LED0 处
          MOV  SP,♯60H          ;给堆栈指针赋值
   FANHUI:SJMP PP               ;跳转到主程序的标号 PP 处(如果没有按键按下)
    LED0:CALL DELAY             ;调延时程序目的是跳过按键抖动期
          JB  P1.4,FANHUI       ;如果 P1.4 是高电平就跳到 FANHUI 处返回
     WAIT:JNB P1.4,WAIT         ;如果 P1.4 是低电平就停在当前位置等键释放
          SETB BIAOZHI1         ;把 BIAOZHI1 置 1(表示 P1.4 口按键按下)
          MOV  SP,♯60H          ;给堆栈指针赋值
          SJMP PP               ;跳转到主程序的标号 PP 处
        ;------------处理子程序--------------
 PROCESS:JB   BIAOZHI1,RUN0     ;如果 BIAOZHI1 位是 1 就跳到 RUN0 处
          RET                   ;(如果不是 1,即没有按键按下)子程序返回
    RUN0:CPL  P0.0              ;取反 P0.0 口,改变小灯亮灭状态
          CLR  BIAOZHI1         ;把 BIAOZHI1 清零,清除按键按下的标志
          RET                   ;子程序返回
```

```
;----------延时子程序--------------
DELAY:MOV    R0, #50        ;给 R0 赋值 50
  D2:MOV     R1, #100       ;给 R1 赋值 100
  D1:DJNZ    R1, D1         ;R1 减 1 不等于 0 跳到 D1 处
     DJNZ    R0, D2         ;R0 减 1 不等于 0 跳到 D2 处
     RET                    ;子程序结束返回
     END                    ;程序结束
```

经过了一番周折我们终于把 SJMP 指令和 RET 指令区别开了,但还是建议大家不要用上面这样的方法。这样用就太麻烦了,而且程序运行也不是很稳定,最主要的是 CALL 与 RET 本来就是天生一对儿,我们就不要强行把它们给拆开了,所以还是用我们最开始给出的程序代码好了,建议大家结合程序代码和程序流程图仔细分析一下。

现在,我们来研究 2 个按键分别控制 2 个 LED 小灯状态取反的问题,其实设计思想和前面单个按键控制 1 个 LED 小灯是一样的,具体程序代码如下。如果这段程序你看明白了,那用 4 个按键控制 4 个 LED 小灯就应该没问题了,大家自己试着去实现吧。

```
BIAOZHI1 BIT    00H            ;给位寻址空间 0"床位"起名为 BIAOZHI1
BIAOZHI2 BIT    01H            ;给位寻址空间 1"床位"起名为 BIAOZHI1
         ORG    0000H          ;复位时程序从此开始
         SJMP   START          ;跳到 START 进行初始化
         ORG    0030H          ;初始化程序从 30H 开始
     ;--------------初始化--------------
  START: MOV    SP, #60H       ;给堆栈指针赋值
         MOV    P0, #0FFH      ;让 P0 口输出高电平,小灯熄灭
         MOV    P1, #0FFH      ;让 P1 口输出高电平
         CLR    BIAOZHI1       ;给标志位清零
         CLR    BIAOZHI2       ;给标志位清零
     ;--------------主程序--------------
   MAIN: CALL   KEY            ;调按键子程序
         CALL   PROCESS        ;调处理子程序
         SJMP   MAIN           ;程序跳转到 MAIN 处
     ;--------------按键子程序--------------
    KEY: JNB    P1.4,LED0      ;判断 P1.4 引脚是低电平就跳到 LED0 处
         JNB    P1.5,LED7      ;判断 P1.5 引脚是低电平就跳到 LED7 处
 FANHUI: RET                   ;子程序返回(如果没有按键按下)
```

```
LED0: CALL   DELAY              ;调延时程序目的是跳过按键抖动期
      JB     P1.4,FANHUI        ;如果 P1.4 是高电平就跳到 FANHUI 处返回
      JNB    P1.4,$             ;如果 P1.4 是低电平就停在当前位置等键释放
      SETB   BIAOZHI1           ;把 BIAOZHI1 置 1(表示 P1.4 口按键按下)
      RET                       ;子程序返回
LED7: CALL   DELAY              ;调延时程序目的是跳过按键抖动期
      JB     P1.5,FANHUI        ;如果 P1.5 是高电平就跳到 FANHUI 处返回
      JNB    P1.5,$             ;如果 P1.5 是低电平就停在当前位置等键释放
      SETB   BIAOZHI2           ;把 BIAOZHI2 置 1(表示 P1.5 口按键按下)
      RET                       ;子程序返回
      ;--------------处理子程序--------------
PROCESS: JB   BIAOZHI1,RUN0     ;如果 BIAOZHI1 位是 1 就跳到 RUN0 处
      JB     BIAOZHI2,RUN7      ;如果 BIAOZHI2 位是 1 就跳到 RUN7 处
      RET                       ;(两个都不是 1)子程序返回
RUN0: CPL    P0.0               ;取反 P0.0 口,改变小灯亮灭状态
      CLR    BIAOZHI1           ;把 BIAOZHI1 清零,清除按键按下的标志
      RET                       ;子程序返回
RUN7: CPL    P0.7               ;取反 P0.7 口,改变小灯亮灭状态
      CLR    BIAOZHI2           ;把 BIAOZHI2 清零,清除按键按下的标志
      RET                       ;子程序返回
      ;--------------延时子程序--------------
DELAY: MOV   R0, #50            ;给 R0 赋值 50
D2:   MOV    R1, #100           ;给 R1 赋值 100
D1:   DJNZ   R1, D1             ;R1 减 1 不等于 0 跳到 D1 处
      DJNZ   R0, D2             ;R0 减 1 不等于 0 跳到 D2 处
      RET                       ;子程序结束返回
      END                       ;程序结束
```

5.3 按键与数码管共舞

总是研究控制 LED 小灯有些单调,现在我们来研究一下如何用按键控制数码管上显示的内容。

5.3.1 2 个按键控制数码管显示 2 个数字

现在我们把前面学过的控制按键的知识和数码管显示的相关知识进行结合,完

成下面的控制任务:按下按键 K1 时由 P2.0 控制的数码管显示数字"0",按下按键 K2 时由 P2.0 控制的数码管显示数字"1"(见配套资料:实验现象\ch5\key_smg_two.flv)。

1. 硬件电路设计

硬件电路设计如图 5 - 6 所示,显示电路与第 4 章学过的显示电路是一样的,仍然采用单片机的 P0 口送数码管显示的段码,同时用单片机的 P2 口控制各个三极管进而控制哪一个数码管可以得到电源供应而发光显示;按键电路与今天前面用过的按键控制 LED 小灯取反的电路是一样的。具体原理这里就不重复了。

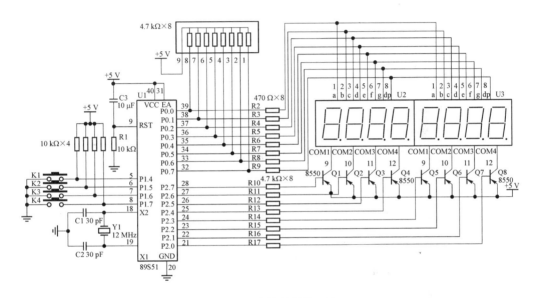

图 5 - 6 按键控制数码管

2. 软件设计思想

主程序包括 2 个子程序,一个是按键子程序,另一个是显示子程序。按键子程序的作用是检测有没有按键按下,如果按键 K1 按下则将显示缓存区(如内存 RAM 的 40H 单元)里的内容改成显示数字"0"的段码 C0H;如果按键 K2 按下则显示缓存区里的内容改成数字"1"对应的显示段码 F9H;如果没有按键按下,就继续执行显示子程序。在显示子程序中完成将显示缓存区里的内容送到 P0 口这个任务,如此循环调用按键子程序和显示子程序。

程序流程图如图 5 - 7 所示。

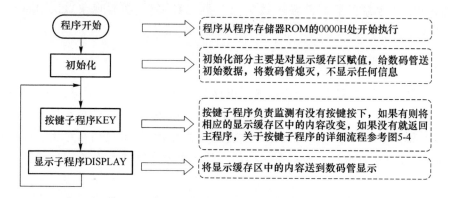

图 5 - 7　2 个按键控制数码管显示 2 个数字

3. 程序代码清单

```
         ORG    0000H            ;复位时程序从此开始
         SJMP   START            ;跳到 START 进行初始化
         ORG    0030H            ;初始化程序从 30H 开始
    ;---------------初始化---------------
START:MOV     SP,#60H            ;给堆栈指针赋值
         MOV    40H,#0FFH         ;给显示缓存区赋值 FFH
         MOV    P0,#0FFH          ;让 P0 口输出高电平,熄灭数码管
         CLR    P2.0             ;将 P2.0 置低电平,对应三极管导通
    ;---------------主程序---------------
MAIN:CALL   KEY              ;调按键子程序
         CALL   DISPLAY          ;调显示子程序
         SJMP   MAIN             ;程序跳转到 MAIN 处
    ;---------------按键子程序---------------
KEY:JNB    P1.4,K1           ;判断 P1.4 引脚是低电平就跳到 K1 处
         JNB    P1.5,K2          ;判断 P1.5 引脚是低电平就跳到 K2 处
FANHUI:RET                    ;子程序返回(如果没有按键按下)
    K1:CALL   DELAY            ;调延时程序目的是跳过按键抖动期
         JB     P1.4,FANHUI       ;如果 P1.4 是高电平就跳到 FANHUI 处返回
         JNB    P1.4,$           ;如果 P1.4 是低电平就停在当前位置等键释放
         MOV    40H,#0C0H         ;数据 C0H 复制给 40H 单元(C0H 是"0"的显示段码)
         RET                    ;子程序返回
```

```
    K2:CALL   DELAY              ;调延时程序目的是跳过按键抖动期
       JB     P1.5,FANHUI        ;P1.5脚如果是高电平就跳到FANHUI处返回
       JNB    P1.5,$             ;如果P1.5是低电平就停在当前位置等键释放
       MOV    40H,#0F9H          ;数据F9H复制给40H单元(F9H是"1"的显示段码)
       RET                       ;子程序返回
    ;——————显示子程序DISPLAY——————
DISPLAY:MOV   P0,40H             ;将显示缓存区40H单元的数据送到P0口
       RET                       ;子程序返回
    ;——————延时子程序——————
  DELAY:MOV   R0,#50             ;给R0赋值50
    D2:MOV    R1,#100            ;给R1赋值100
  D1:DJNZ     R1,D1              ;R1减1不等于0跳到D1处
       DJNZ   R0,D2              ;R0减1不等于0跳到D2处
       RET                       ;子程序结束返回
       END                       ;程序结束
```

4. 程序代码分析

上面这段程序的代码的主要部分是按键子程序部分,而这段程序在前面已经学习过了,这里就不多解释了。

5.3.2 按键控制数码管数据加减

现在我们再来完成一个数码管和按键结合的实验,要求:数码管初始时显示的数字为0,当按下K1按键时数码管上显示的数据加1;当按下K2按键时数码管上的数据减1(见配套资料:实验现象\ch5\key_smg_count.flv)。

1. 硬件电路设计

硬件电路仍然可以采用图5-6所示电路,具体原理这里就不重复了。

2. 软件设计思想

软件流程图如图5-8所示,程序主要包括4部分:初始化、按键子程序、除法子程序和显示子程序。初始化部分主要是设置堆栈指针和对存储单元COUNT赋初始值0;主程序中的按键程序、除法程序和显示程序无限循环执行。如果有按键按下则在按键子程序中更新COUNT中的数据;在每次执行除法子程序时都将最新COUNT中数据的十位数和个位数分开,十位和个位分开是通过除法来完成的,将分开的十位数和个位数存储到2个存储单元SHIWEI和GEWEI中;显示子程序是用除法子程序中的十位和个位数去显示段码表中找对应的显示段码并送到P0口完成实时显示COUNT中数的任务。

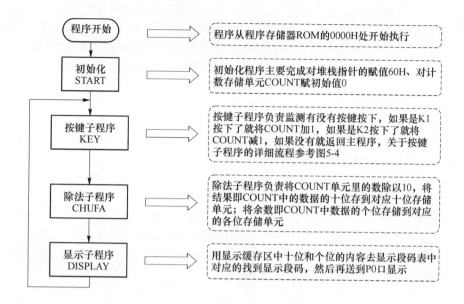

图 5-8　按键控制数码管数据加减程序流程图

3. 程序代码清单

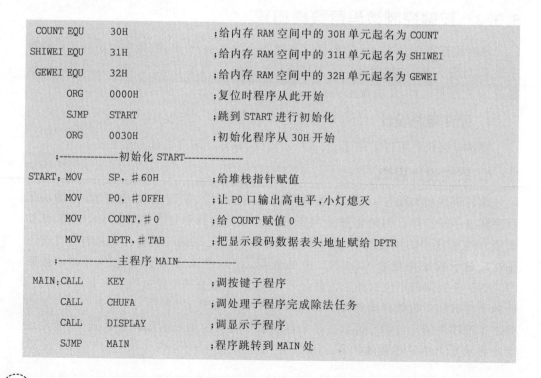

COUNT EQU	30H		;给内存 RAM 空间中的 30H 单元起名为 COUNT
SHIWEI EQU	31H		;给内存 RAM 空间中的 31H 单元起名为 SHIWEI
GEWEI EQU	32H		;给内存 RAM 空间中的 32H 单元起名为 GEWEI
	ORG	0000H	;复位时程序从此开始
	SJMP	START	;跳到 START 进行初始化
	ORG	0030H	;初始化程序从 30H 开始
;------------初始化 START------------			
START: MOV	SP, #60H		;给堆栈指针赋值
MOV	P0, #0FFH		;让 P0 口输出高电平,小灯熄灭
MOV	COUNT, #0		;给 COUNT 赋值 0
MOV	DPTR, #TAB		;把显示段码数据表头地址赋给 DPTR
;------------主程序 MAIN------------			
MAIN: CALL	KEY		;调按键子程序
CALL	CHUFA		;调处理子程序完成除法任务
CALL	DISPLAY		;调显示子程序
SJMP	MAIN		;程序跳转到 MAIN 处

```
;------------按键子程序 KEY------------
   KEY:JNB    P1.4,K1          ;判断 P1.4 引脚是低(有键按)就跳到 K1 处
       JNB    P1.5,K2          ;判断 P1.5 引脚是低(有键按)就跳到 K2 处
FANHUI:RET                     ;子程序返回(如果没有按键按下)
    K1:CALL   DELAY            ;调延时程序目的是跳过按键抖动期
       JB     P1.4,FANHUI      ;如果 P1.4 是高电平就跳到 FANHUI 处返回
       JNB    P1.4,$           ;如果 P1.4 是低电平就停在当前位置等键释放
       INC    COUNT            ;把 COUNT 加 1
       RET                     ;子程序返回
    K2:CALL   DELAY            ;调延时程序目的是跳过按键抖动期
       JB     P1.5,FANHUI      ;P1.5 脚如果是高电平就跳到 FANHUI 处返回
       JNB    P1.5,$           ;如果 P1.5 是低电平就停在当前位置等键释放
       DEC    COUNT            ;把 COUNT 减 1
       RET                     ;子程序返回

;------------子程序 CHUFA------------
 CHUFA:MOV    A, COUNT         ;COUNT 中的数据复制给 A
       MOV    B, #10           ;给寄存器 B 赋值 10
       DIV    AB               ;用 A 除以 B,结果在 A 中,余数在 B 中
       MOV    SHIWEI, A        ;十位的结果放在 SHIWEI 中
       MOV    GEWEI , B        ;个位的结果放在 GEWEI 中
       RET                     ;子程序返回

;------------显示子程序 DISPLAY------------
DISPLAY:MOV   A, SHIWEI        ;把 SHIWEI 中存储的数据复制给 A
        MOVC  A, @A + DPTR     ;到数据表中取十位对应的显示段码
        MOV   P0, A            ;将显示段码送到 P0 口处
        CLR   P2.7             ;P2.7 置 0,使得三极管导通给第一个数码管供电
        CALL  DELAY            ;延迟一段时间,使得十位数据显示一段时间
        SETB  P2.7             ;P2.7 置 1,使得三极管关断,熄灭第一个数码管
        MOV   A, GEWEI         ;把 GEWEI 中存储的数据复制给 A
        MOVC  A, @A + DPTR     ;到数据表中取个位对应的显示段码
        MOV   P0, A            ;将显示段码送到 P0 口处
        CLR   P2.6             ;P2.6 置 0,使得三极管导通给第二个数码管供电
        CALL  DELAY            ;延一段时间,使得个位数据显示一段时间
        SETB  P2.6             ;P2.6 置 1,使得三极管关断,熄灭第二个数码管
        RET
```

```
;--------------延时子程序--------------
DELAY:MOV     R0，♯50            ;给 R0 赋值 50
  D2:MOV      R1，♯100           ;给 R1 赋值 100
  D1:DJNZ     R1，D1             ;R1 减 1 不等于 0 跳到 D1 处
     DJNZ     R0，D2             ;R0 减 1 不等于 0 跳到 D2 处
     RET                        ;子程序结束返回
;-------下面的数据表中存储的是显示段码(共阳极)-------
 TAB:DB   0COH,0F9H,0A4H,0B0H,99H   ;从 TAB 处开始存储 0、1、2、3、4
     DB   92H ,82H ,0F8H,80H ,90H   ;5、6、7、8、9 对应的显示段码
     END                        ;程序结束
```

4. 程序代码分析

上面的程序中主程序中包含 3 个子程序,分别完成按键、除法处理和显示功能。在按键子程序中,通过判断端口电平是否为低电平,如果是则通过延时去抖确认有键按下后将 COUNT 加 1 或减 1;如果没有按键按下,则执行除法处理,将最新的 COUNT 里的数据除以 10,把数据分成十位和个位两个数放到 SHIWEI 和 GEWEI 里;显示子程序是将 SHIWEI 和 GEWEI 里的数据对应的显示段码在 TAB 表中找到送到 P0 口,完成显示任务。

5.3.3 数码管熄灭——按键在捣鬼

上面的程序虽然能够完成规定的任务,但是如果把程序编译后下载到单片机中,就会发现当按住按键不放时,数码管就熄灭了,这是怎么回事儿呢? 因为我们采用的是动态显示方式,在我们视觉能分辨的时间内必须给数码管送数据以保证数码管看上去是点亮的状态。现在当按住按键不放时数码管熄灭一定是显示子程序在这段时间没有执行,那么程序究竟是停在哪儿了呢? 在按键 KEY 子程序中有这样一条指令"JNB P1.4, $",表示判断 P1.4 如果是低电平就跳到当前行,即在本条继续判断,直到为高电平为止,所以当我们按住按键不放时程序就停在这个地方了,从而导致数码管熄灭了。

5.3.4 按键与数码管和睦相处

那么有没有什么方法可以让数码管与按键和睦相处呢? 当然有了。先举个例子吧,当一个小孩回家发现门锁了,他大可不必一直在门口等待,他完全可以去附近玩会儿回来再看看家长回没回来,这样这个小孩既可以检测家里的门是否开了,也没有耽误玩。我们在此可以借鉴一下:如果按键还是处于按下的状态,就转到另一处执行

一次显示子程序 DISPLAY,然后马上回去判断按键是否释放,用这样的方法既可以达到等按键释放的目的,同时数码管看上去也不会有熄灭现象。我把按键子程序改写如下,供大家参考:

```
;------------按键子程序------------
    KEY:JNB    P1.4,K1          ;判断 P1.4 引脚是低(有键按)就跳到 K1 处
        JNB    P1.5,K2          ;判断 P1.5 引脚是低(有键按)就跳到 K2 处
  FANHUI:RET                    ;子程序返回(如果没有按键按下)
     K1:CALL   DELAY            ;调延时程序目的是跳过按键抖动期
        JB     P1.4,FANHUI      ;如果 P1.4 是高电平就跳到 FANHUI 处返回
   PAN1:JNB    P1.4,DIS1        ;如果 P1.4 是低电平就跳转到 DIS1 处
        INC    COUNT            ;把 COUNT 加 1
        RET                     ;子程序返回
     K2:CALL   DELAY            ;调延时程序目的是跳过按键抖动期
        JB     P1.5,FANHUI      ;P1.5 脚如果是高电平就跳到 FANHUI 处返回
   PAN2:JNB    P1.5,DIS2        ;如果 P1.5 是低电平就跳转到 DIS2 处
        DEC    COUNT            ;把 COUNT 减 1
        RET                     ;子程序返回
   DIS1:CALL   DISPLAY          ;调显示子程序
        SJMP   PAN1             ;无条件跳转到 PAN1 处
   DIS2:CALL   DISPLAY          ;调显示子程序
        SJMP   PAN2             ;无条件跳转到 PAN2 处
```

5.3.5　数码管怎么又不听按键的了

到此我们已经把按键和数码管的基本用法掌握了,现在根据上面的程序代码及下载到单片机的过程提两个问题供大家思考。

其实程序中还有个小问题：我在初始化时通过"MOV COUNT，♯0"给COUNT 赋了个 0，如果我们一开始就按减按键，会在数码管上显示什么呢？答案是只有个位数码管亮，显示的是数字"5"，为什么呢？原因是 COUNT 中的初始数据"0"减 1 后 COUNT 中的数据就变成了 8 个 1，即变成十进制数 255，而 255 这个数在除法处理 PROCESS 子程序中除以 10 得 25，余数是 5，即 25 放在十位 SHIWEI 中，而 5 放在个位 GEWEI 中，然后再执行显示子程序时，分别用 25 和 5 作为偏移量到数据表 TAB 中去找显示段码数据，25 这个数在表中已经超过了存储的数据个数（相当于这片地就种了 10 棵树，我们非要找第 25 棵树，根本找不到一样），所以取回来的是个 FFH，然后再把这个数据送到 P0 口时，数码管自然是不会亮的，而 5 在数据表中能够找到对应的显示段码，所以正常显示了。

既然发现上面的问题了，那又该怎么办呢？其实我们在按键处理程序中可以不要急于改变 COUNT 中的数据，当发现按键按下时，可以先判断 COUNT 中的数据是否被加到了最大值 255 或减到了最小值 0；如果已经是这两个值中的任何一个就不再改变 COUNT 中的值。具体改写的按键子程序代码如下：

```
;-------------按键子程序-------------
KEY:    JNB     P1.4,K1        ;判断 P1.4 引脚如果是低(有键按下)就跳到 K1 处
        JNB     P1.5,K2        ;判断 P1.5 引脚如果是低(有键按下)就跳到 K2 处
FANHUI: RET                    ;子程序返回(如果没有按键按下)
K1:     CALL    DELAY          ;调延时程序目的是跳过按键抖动期
        JB      P1.4,FANHUI    ;如果 P1.4 是高电平就跳到 FANHUI 处返回
PAN1:   JNB     P1.4,DIS1      ;如果 P1.4 是低电平就跳转到 DIS1 处
        MOV     A,COUNT        ;把 COUNT 中的数据复制给累加器 A
        CJNE    A,♯255,JIXU    ;用 A 中的数据和 255 相比,如果不相等就跳到 JIXU 去
        SJMP    FANHUI         ;跳到 FANHUI 处去
```

```
JIXU:    INC    COUNT            ;把 COUNT 加 1
         RET                     ;子程序返回
K2:      CALL   DELAY            ;调延时程序目的是跳过按键抖动期
         JB     P1.5,FANHUI      ;如果 P1.5 是高电平就跳到 FANHUI 处返回
PAN2:    JNB    P1.5,DIS2        ;如果 P1.5 是低电平就跳转到 DIS2 处
         MOV    A,COUNT          ;把 COUNT 中的数据复制给累加器 A
         CJNE   A,#0,JIXU1       ;用 A 中的数据和 255 相比,如果不相等就跳到 JIXU1 去
         SJMP   FANHUI           ;跳到 FANHUI 处去
JIXU1:   DEC    COUNT            ;把 COUNT 减 1
         RET                     ;子程序返回
DIS1:    CALL   DISPLAY          ;调显示子程序
         SJMP   PAN1             ;无条件跳转到 PAN1 处
DIS2:    CALL   DISPLAY          ;调显示子程序
         SJMP   PAN2             ;无条件跳转到 PAN2 处
```

现在请你把改好的程序在编程软件下编译后下载到单片机中,然后连续按 K1 按键,你会发现当按了 100 次时,数码管显示又不正常了,那又是什么原因呢? 原因是在前面设计的程序中只是考虑了 2 位数,没有考虑百位的问题,现在请大家自行把这个问题搞定,提一下思路,在除法子程序中把 COUNT 中的数分成百、十、个 3 个数,可以用 COUNT 中的数除以 100,得到百位数,然后把 B 里的余数复制给 A,给 B 重新赋个值 10,再次用 A 除以 B,即可得到十位数和个位数;当然显示子程序部分也要加几行代码,主要是把百位的数显示出来。下面是将除法子程序改写后的代码,显示子程序部分请各位自行完成,还要在内存中找个单元定义一个 BAIWEI,用于存储百位数。

```
;——————子程序 CHUFA——————
CHUFA:MOV   A, COUNT           ;COUNT 中的数据复制给 A
      MOV   B, #100            ;给寄存器 B 赋值 100
      DIV   AB                 ;用 A 除以 B,结果在 A 中,余数在 B 中
      MOV   BAIWEI, A          ;百位的结果放在 BAIWEI 中
      MOV   A , B              ;把除法得到的余数从 B 中复制给 A
      MOV   B,#10              ;给 B 赋值 10
      DIV   AB                 ;A 除以 B,结果在 A 中,余数在 B
      MOV   SHIWEI,A           ;A 中的数复制给 BAIWEI
      MOV   GEWEI,B            ;B 中的数复制给 GEWEI
      RET                      ;子程序返回
```

5.4 按键进阶

通过前面的学习相信各位已经对按键有一定的了解了,下面就其他按键的实现方法和大家分享。具体如何应用请自行研究。

1. 独立按键

独立按键电路如图 5-9 所示。

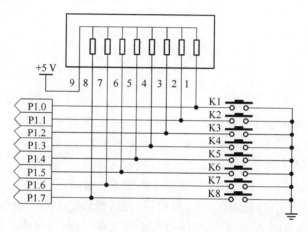

图 5-9 独立按键电路

2. 矩阵键盘

矩阵键盘电路如图 5-10 所示。

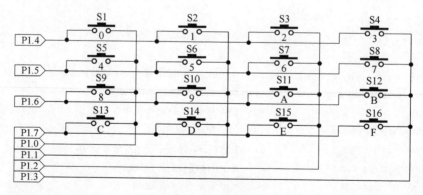

图 5-10 矩阵键盘电路

3. 利用 A/D 转换的键盘

利用 A/D 转换的键盘电路如图 5 - 11 所示。

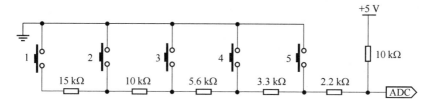

图 5 - 11 利用 A/D 转换的键盘电路

第 **6** 章

定时器/计数器的应用

8051 系列单片机内部有 2 个定时器/计数器,即定时器/计数器 T0 和 T1。8052 系列单片机除了上述这 2 个定时器/计数器外,还有 1 个定时器/计数器 T2。下面就来和大家分享定时器/计数器 T0 和 T1。

6.1　定时器/计数器工作原理

许多初学者弄不明白,为什么叫定时器/计数器呢？原因是这个设备既可用于定时也可用于计数。这是什么原理呢？单片机怎么知道什么时候该定时,什么时候该计数呢？

6.1.1　定时器/计数器在生活中的原型

首先说一下既可以定时又可以计数的原理。实际上定时和计数的原理是一样的,都是靠数数来实现。

比如说我家的水龙头坏了,关不紧,总是一滴一滴地漏水,而且水滴滴得特别均匀,每两滴之间的时间间隔都是 1 s,现在我们就可以利用数水滴的方法来计算出时间。这就是定时的原理。

> ☺定时器/计数器 T0 和 T1 工作在定时和计数状态是怎么区分的呢？
>
> 定时:此时计的是晶振分频后的均匀脉冲,从而实现定时；
>
> 计数:此时计的是单片机外部引脚输入单片机的脉冲信号,从而实现计数。

再举个例子。阿范有一天很无聊,站在窗前看公路上跑的小汽车,不自觉地就开始数汽车的数量,1、2、3…,由于每两辆汽车之间的时间间隔不同,所以这回我数出来的数就不能算出来我那天究竟向窗外看了多长时间,而只能算作数出来的车的数量,即当成计数器。这就是计数的原理。

大家会发现两次实际上都是在数数,只是数的内容不同而已。

6.1.2 定时器/计数器的定时和计数是怎么实现的

现在我们来说说单片机是怎么定时和计数的。其实都是数数,只不过单片机本身就是数字电路,如果让它去数数,也只能数脉冲。而脉冲来源于两个地方:一个是由单片机的引脚 18 和 19 接的晶振产生的稳定而均匀的脉冲信号,这个信号到单片机内部经过 12 分频(即脉冲变宽,频率为晶振频率的 1/12)后提供给定时器;定时器每接收一个脉冲就会自动把计的数加 1,当把装这个数的容器加满了,会自动有一个标志位从 0 变成 1,这时我们可以算出计了多长时间;另一个脉冲来源是单片机的外部引脚 P3.4 或 P3.5,当用定时器 T0 时数的是 P3.4 引脚输入的脉冲,当用定时器 T1 时数的是 P3.5 引脚输入的脉冲。至于怎么才能命令单片机工作在定时状态还是工作在计数状态,这个需要设置特殊功能寄存器 TMOD 中的内容,我们下面来和大家分享。

6.1.3 定时器/计数器能干什么

现在说一下用单片机的定时器/计数器都能干什么,顾名思义肯定就是定时和计数了。举个例子,我们要做一个时钟,就可以让单片机工作在定时状态,每定时 1 s

后,就把秒位加1,当秒位到了60就进位让分位加1,当分位到了60就给时位加1,当然要不时地调显示子程序,实时显示当前的时间,这个时钟具体怎么制作我们在后面给大家讲解。

再说一下出租车计价器:起步时会有个起步费,其实这个起步费的数据就是在初始化中设置的,然后车每走一公里加几元钱,即每走一公里就在这个初始值的基础上加个数而已,那么出租车是怎么测量一公里的呢? 大家在车后面看见类似一个绳子的尺子了吗? 肯定没有,阿范也没见过。其实是这样的,车轮每转一周会产生脉冲,把这些脉冲输入到单片机的 P3.4 或 P3.5 引脚,然后让定时器工作在计数方式计算脉冲数量,脉冲数知道了就等于知道了车轮的转数,而车轮每转一周的长度知道,所以就很容易知道出租车的行驶里程了。

6.2 控制定时器/计数器工作的四大金刚

到这里大家可能有些急了,想制作一个时钟或出租车计价器,该怎么实现呢? 又是怎么让单片机工作在定时状态或计数状态的呢? 我们只要把下面这几个寄存器的作用弄明白就可以轻松玩转单片机的定时器/计数器了。顺便说一下,下面将要介绍的内容很重要,但是并不需要背下来,主要是理解,能够边看边写程序就可以,毕竟我们的大脑在这方面不如计算机。还有,我们在本书的配套资料中会给大家提供一个软件,只需要简单地设置一下,初始化程序就可以自动生成了。

6.2.1 计数容器 TH0、TL0 及 TH1、TL1

在前面我们讲过单片机的定时器/计数器每接到一个脉冲就自动把计的数加1,这个数就放在了 TH0、TL0 及 TH1、TL1 里。其中 TH0 和 TL0 是定时器/计数器 T0 计数容器的高 8 位和低 8 位;TH1 和 TL1 是定时器/计数器 T1 计数容器的高 8 位和低 8 位。因此每个定时器/计数器容器均是一个 16 位寄存器(见表 6 - 1),即能存储的数据范围是 0~65535,共 65536 个数。

表 6 - 1 定时器/计数器寄存器

TH0/1(高 8 位)								TL0/1(低 8 位)							
D15	D14	D13	D12	D11	D10	D9	D8	D7	D6	D5	D4	D3	D2	D1	D0

6.2.2 设置定时器/计数器工作方式寄存器 TMOD

前面提到定时器/计数器既可以定时也可以计数,主要是根据脉冲的不同来源区分的。那单片机怎么决定是计哪个脉冲源的脉冲呢? 其实这与 TOMD 寄存器中某一位的设置有关。想了解 TMOD 中各位设置都代表什么意思,就请继续向下看吧。

TMOD 在内存 RAM 中位于特殊功能寄存器区的 89H 处(见表 6-2),其高 4 位用于设置定时器/计数器 T1 的工作方式,低 4 位用于设置定时器/计数器 T0 的工作方式。由于 T0 和 T1 的用法很相似,所以在此只结合 TMOD 的低 4 位讲解定时器/计数器 T0 的用法。

表 6-2　定时器/计数器工作方式寄存器 TMOD

D7	D6	D5	D4	D3	D2	D1	D0
GATE	C/T	M1	M0	GATE	C/T	M1	M0
T1 方式字段				T0 方式字段			

1. GATE

当 GATE=0 时,定时器/计数器开始工作或停止工作不受 GATE 位的控制,而只受 TCON 寄存器中的 TR0 位控制。当 TR0=0 时定时器/计数器 T0 停止工作,而当 TR0=1 时定时器/计数器 T0 开始工作。

当 GATE=1 时,定时器/计数器 T0 工作的启停除了受 TCON 寄存器中的 TR0 位控制外,还受单片机外部引脚 P3.2 的控制,只有该引脚为高电平且 TR0=1 这两个条件同时满足时,定时器/计数器才开始工作,一般这种用法通常用来测量 P3.2 引脚上正脉冲的宽度。对于控制 T1 方式字段中的 GATE 位和 T0 中的用法完全一样,只是当 GATE 位为 1 时受单片机外部引脚 P3.3 和 TCON 中 TR1 的控制。

2. C/T

C/T 位决定 T0 工作在定时方式还是计数方式。当 C/T=0 时,T0 工作在定时方式,此时由 TH0 和 TL0 组成的 16 位计数容器会对晶振产生的脉冲再 12 分频后进行计数,如果单片机外部接的是 12 MHz 晶振,则 TH0 和 TL0 组成的 16 位计数容器中的数据就会每隔 1 μs 自动加 1;当 C/T=1 时,T0 工作在计数方式,由 TH0 和 TL0 组成的 16 位计数容器会对从单片机外部引脚 P3.4 输入单片机的脉冲进行计数,每输入一个脉冲,则 TH0 和 TL0 组成的 16 位计数容器中的数据会自动加 1。TMOD 高 4 位中的 C/T=0 表示 T1 工作在定时方式,而 C/T=1 表示 T1 工作在计数方式,计的是来自单片机外部引脚 P3.5 传入单片机的脉冲数。

当然无论是在 C/T=0 时定时器/计数器工作在定时方式,还是在 C/T=1 时定时器/计数器工作在计数方式,要想让 T0 开始工作必须将 TCON 中的 TR0 设置为 1,如果想让 T0 停止工作必须将 TCON 中的 TR0 设置为 0,即 TCON 中的 TR0 是控制定时器/计数器开始工作和停止工作的。

3. M1 和 M0

M1 和 M0 两位都可以设置成 0 或 1,因此这两位有 4 种组合,这 4 种组合决定了 T0 的计数容器 TH0 和 TL0 共同构成的 16 位计数容器中所计的脉冲数的变化规律,参见表 6-3。

表 6-3　M1 和 M0 两位决定 TH0 和 TL0 构成的 16 位计数容器的计数方式的描述表

M1	M0	工作模式	TH0 和 TL0 构成的 16 位计数容器的计数方式的描述
0	0	模式 0	此时 TH0 和 TL0 构成 13 位计数容器,TL0 的高 3 位不可用,最大计数范围 0~8 191,共 8192 个数
0	1	模式 1	此时 TH0 和 TL0 构成 16 位计数容器,最大计数范围 0~65 535,共 65 536 个数
1	0	模式 2	TH0 和 TL0 成为两个 8 位计数器,TH0 中的数据固定为开始设定的值不变,TL0 中数据按晶振 12 分频后速度自动加 1 至溢出,TH0 中数据自动复制给 TL0,在此基础上自加,TL0 如此循环自加
1	1	模式 3	只有 T0 可用于本模式,T1 不可以,此时 T0 的 TH0 和 TL0 成为两个独立的 8 位计数器,且 TH0 只能用于定时方式;TL0 可以工作于定时方式也可以工作于计数方式

　　关于上述 4 种模式我在此补充说明一下,模式 0 和模式 1 都可以用来计数也可以用来定时,差别只是模式 0 中计数容器小;在模式 2 的情况下 TH0 不计数,TH0 只是负责在 TL0 计到最大值后溢出时把自己的数据复制给 TL0,然后 TL0 在此数据基础上继续自动加 1,循环往复地自加。定时器/计数器 T1 在模式 2 时一般作为串行通信时波特率发生器,这方面的具体用法我们在第 9 章中再和大家分享,而定时器/计数器 T0 工作在模式 2 时不能作为波特率发生器用。这里强调一下,模式 3 只适用于定时器/计数器 T0。T1 没有模式 3,且此时 T0 的 TH0 和 TL0 成为两个独立的 8 位计数器,TH0 只能用于定时方式;TL0 可以工作于定时方式也可以工作于计数方式。当定时器/计数器 T0 工作在模式 3 时,定时器/计数器 T1 则不予使用或工作在模式 2(自动重装模式),并且此时原来用于控制 T1 工作的 TCON 中的 TR1 和 TF1 这两位都用于控制定时器/计数器 T0 的计数容器的高 8 位 TH0 了,而 TCON 中的 TR0 和 TF0 则继续控制定时器 T0 中的低 8 位 TL0。

　　现在以定时器/计数器 T0 的设置为例,进一步了解如何设置 TMOD。顺便说明一下:TMOD 这个寄存器不可以位操作,即不能用位操作指令 SETB 或 CLR 对 TMOD 中的各位进行置 1 或清 0 操作,而只能用 MOV 指令整体对 TMOD 进行赋值操作。如 T0 工作在定时方式,且计数容器选择工作在模式 0:"MOV TMOD,♯00000000B"或"MOV TMOD,♯00H"或"MOV TMOD,♯0";T0 工作在定时方式,且计数容器工作在模式 1:"MOV TMOD,♯00000001B"或"MOV TMOD,♯01H"或"MOV TMOD,♯1;T0"工作在计数方式,且计数容器工作在模式 1:"MOV TMOD,♯00000101B"或"MOV TMOD,♯05H"或"MOV TMOD,♯5"。至于其他工作方式设置请大家自行分析。

6.2.3　控制定时器/计数器工作寄存器 TCON

　　定时器/计数器控制寄存器 TCON 如表 6-4 所列,其中高 4 位和定时器/计数器 T0 及 T1 有关,而低 4 位则和外部中断有关。与外部中断有关的内容在后面和大家分享。

表 6-4　定时器/计数器控制寄存器 TCON

D7	D6	D5	D4	D3	D2	D1	D0
TF1	TR1	TF0	TR0	IE1	IT1	IE0	IT0
用于控制 T1		用于控制 T0		控制外中断 1		控制外中断 0	

1. TR0

前面讲过 T0 可以通过设置 TMOD 中的某位让它工作在定时状态或计数状态,那究竟什么时候开始工作,什么时候停止工作? 也就是在什么情况下计数容器 TH0 和 TL0 在接到脉冲后可以加 1 呢? 这个就是由 TR0 这位控制的,当 TR0＝1 时,T0 开始工作,TH0 和 TL0 在接到脉冲后可以加 1;而当 TR0＝0 时,T0 停止工作,TH0 和 TL0 即使在接到脉冲的情况下也不可以加 1,即 TR0 是控制 T0 工作的起停位。怎么设置 TR0 为 1 还是 0 呢? 可以通过"SETB TR0"对 TR0 设置成 1,通过"CLR TR0"把 TR0 设置成 0。当然也可以用"MOV TCON,♯00010000B"把 TR0 设置成 1,等我们在后面练习时再详细和大家分享。

2. TF0

当定时器/计数器 T0 装数的容器发生溢出时,TF0 位会自动变成 1,表示计数容器已经计满溢出,所谓溢出就是计数容器中的数从最大变成 0 的现象。当我们在编写的程序中查询到了 TF0 位是 1 时就知道计数容器溢出,然后作相应的处理,并且需要手动(即我们通过软件程序)将 TF0 位清 0(CLR TF0),当然如果 T0 工作在中断方式时,TF0 会在执行中断服务子程序时自动清 0,此时就不需要我们通过软件编程清 0 了。

TF1 和 TR1 是用于控制定时器/计数器 T1 的,其用法与 TF0 和 TR0 的用法是一样的!

6.2.4　中断允许寄存器 IE

首先说一下什么是中断。举个例子:有一次阿范正在给学生讲课,突然一个小石子从窗外飞了进来;于是乎阿范急了,趴在窗台上向外看是怎么回事啊,只听窗外的小朋友说:"对不起,我不是故意的……"阿范只得简单处理了一下窗户就继续讲课去了。

那么对于单片机来讲什么是中断呢?就是单片机正在主程序里无穷无尽地循环时,突然发生了一个紧急事件,程序就"飞"到了另一处(发生突发事件的地方)去执行,处理完突发事件后又自己"飞"回到主程序中继续执行。现在的问题是对于单片机来说,都有什么情况可以把它执行主程序这件事给中断呢?请看表 6-5。

表 6-5   中断允许寄存器 IE

D7	D6	D5	D4	D3	D2	D1	D0
EA	空	ET2	ES	ET1	EX1	ET0	EX0

8051 系列单片机有 5 个事件可以中断单片机正在执行的主程序,分别是定时器/计数器 T0 和 T1 计数容器溢出、外部引脚 P3.2 和 P3.3 上的信号以及串口通信中断;8052 系列单片机比 8051 单片机多一个引起中断的事件就是定时器 T2,本书主要和大家分享 51 系列单片机。因此,只讲前 5 个中断。有关各个中断的具体应用将在后面和大家一起分享。

现在我们再来说一下刚才讲的玻璃被打破的事情,如果恰好当时阿范戴着耳麦听摇滚音乐而不是在讲课,即使这件事情发生了,阿范不是也听不见吗?所以中断允许寄存器 IE 就是用于设置单片机,当相应的事情发生时是否通知单片机的 CPU 中断当前执行的任务并"飞"出去做相应的处理的。下面分别介绍中断允许寄存器 IE 中各位的功能。

1. EX0

当 EX0=1(SETB EX0)同时在单片机 P3.2 引脚上出现中断信号时,单片机会中断主程序的执行"飞"往中断服务子程序去执行,执行完中断程序后通过中断返回指令 RETI 自动返回主程序继续执行。当 EX0=0(CLR EX0)时,即使单片机 P3.2 引脚上出现中断信号,程序也不会从主程序"飞"出去执行。因为此时单片机的 CPU 相当于被"堵上了耳朵",根本接收不到 P3.2 引脚上的中断信号。

2. ET0

当 ET0=1(SETB ET0)时,单片机的 CPU 能够在定时器/计数器 T0 的计数容器发生溢出时中断主程序而去执行相应的中断服务子程序;当 ET0=0(CLR ET0)时,单片机的 CPU 不能在定时器/计数器 T0 的计数容器发生溢出时中断主程序而去执行相应的中断服务子程序。

3. EX1

当 EX1=1(SETB EX1)时,并且外部 P3.3 引脚上出现中断信号时,单片机的 CPU 会中断主程序而去执行相应的中断服务子程序;当 EX1=0(CLR EX1)时,即使外部 P3.3 引脚上出现中断信号,单片机的 CPU 也不能中断主程序转而去执行中断服务子程序。

4. ET1

当 ET1＝1（SETB ET1）时，单片机的 CPU 能够在定时器/计数器 T1 的计数容器发生溢出时中断主程序而去执行相应的中断服务子程序；当 ET1＝0（CLR ET1）时，即使定时器/计数器 T1 的计数容器发生了溢出，单片机也不能中断主程序而去执行相应的中断服务子程序。

5. ES

当 ES＝1（SETB ES）时，单片机的 CPU 能够在串口发送完或接收完一个字节数据时中断主程序而去执行相应的中断服务子程序；当 ES＝0（CLR ES）时，即使单片机的串口发送完或接收完一个字节数据也不会产生中断。

6. EA

EA 为总中断允许控制位，EA 就相当于每家水管的总闸。如果总闸不开，各个水龙头即使开了也不会有水。反过来，如果总闸开了而各个分闸没开也不会有水。所以当我们想让上述 5 件事能够在中断条件发生时中断主程序则必须将 EA 位设置为 1（SETB EA），如果不想让任何中断打断主程序的执行则将 EA 位设置成 0（CLR EA）。

6.3　稍稍理一理思路

我们今天一直在讲理论，可能初学者已经乱了，也可能会想，不就是个定时器吗？怎么扯出这么多东东啊，再说也记不住啊。那么多指令，又这么多寄存器，怎么办啊？其实，大家可以想想，我们每个受过点儿教育的中国人不都认识一些汉字吗？可是有谁能背下来你认识的汉字在字典中哪一页，具体含义都有几种，像这些东西根本就不用背，因为这些知识会老老实实待在那里，永远不会跑掉，只要我们什么时候需要它动手查一下就行了，即使很多编程高手也不是什么都记在脑袋里的，我们的脑袋是用来创造性地组织各种知识的，而不是当成硬盘一样存储知识的。所以大家只需要理解，用的时候来查，而且用得多了也就熟了，还有程序是编出来的，不是背出来的，贵在掌握编程的思想，整个程序的设计流程、程序框架设计出来了，至于具体的程序代码可以拿着指令表边查边写即可。接下来我们就一步一步地练习定时器/计数器的具体应用。

6.4　定时器用于定时

定时器/计数器 T0 和 T1 都可以定时，而且它们工作在模式 0 和模式 1 时的用法完全相同。所以在此仅和大家分享 T0 在模式 0 和模式 1 时的用法，模式 2 的用法我们在串口通信部分和大家分享。

首先,我们一起研究一下查询和中断的区别。举个例子,阿范有一天上午知道一个朋友会打电话给他,但是具体几点打过来不清楚。他可以盯着电话查询电话是否响铃,也可以不理会电话而是拿本书看,当来电话时铃声会通知他,他只需要中断看书的动作去接一下电话就行,接完电话再继续看书即可。大家想一下,这两种方法有何异同呢?下面我们就分别用查询法和中断法做一个 50 ms 定时让 LED 小灯闪烁的实验。

6.4.1 查询法定时 50 ms 实现一个 LED 小灯闪烁

1. 硬件电路设计

电路如图 6-1 所示。

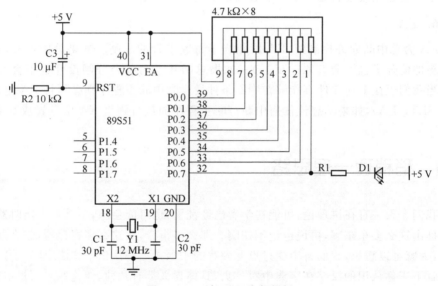

图 6-1 一个 LED 小灯闪烁

2. 软件设计思想

本设计程序流程图如图 6-2 所示,程序在初始化部分将准备工作做好,主要包括对堆栈指针 SP 的设置、对接 LED 小灯的 P0.0 口进行设置、对与定时器工作相关的寄存器进行设置;在一切准备工作做好后,定时器的计数容器 TH0 和 TL0 就自动加 1,单片机的 CPU 此时需要做的就是"盯住"计数容器溢出标志位 TF0 是否变成了 1,如果是 1 即表明定时 50 ms 的时间到了,取反 P0.0 口的状态,然后继续"盯住"TF0。如此循环就达到了让 LED 小灯闪烁的目的。

采用查询法需要涉及到的寄存器有:TH0 和 TL0、TMOD、TCON。采用查询方式时应初始化下面这几个寄存器。具体步骤如下:

① 给计数容器的高 8 位 TH0 赋值,"MOV TH0, #3CH"。

② 给计数容器的低 8 位 TL0 赋值,"MOV TL0, #0B0H"。

③ 设定定时器工作在定时方式,即 TMOD 的低 4 位中的 C/T 位设置为 0;设定

定时器工作模式,例如选择模式1需要设置 TMOD 低4位中的 M1M0 为01;"MOV TMOD,♯00000001B"。

④ 开发令枪让定时器工作,定时器的计数容器自动加1,设置 TCON 中的 TR0 为1,"SETB TR0"或"MOV TCON,♯00010000B"。

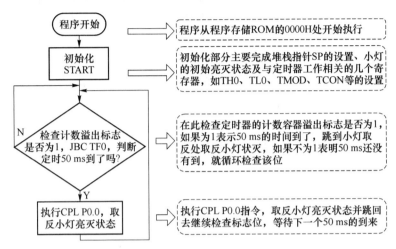

图 6 - 2　查询法定时 50 ms 程序流程图

3. 程序代码清单

```
        ORG     0000H           ;复位时程序从此开始
        SJMP    START           ;跳到 START 进行初始化
        ORG     0030H           ;初始化程序从 30H 开始
;─────────初始化─────────
START: MOV     SP,♯60H         ;给堆栈指针赋值
        MOV     P0,♯0FFH        ;让 P0 口输出高电平,小灯熄灭
        MOV     TH0,♯3CH        ;给计数容器的高 8 位 TH0 赋初始值 3CH
        MOV     TL0,♯0B0H       ;给计数容器的低 8 位 TL0 赋初始值 B0H
        MOV     TMOD,♯00000001B ;C/T 位设置为 0,M1M0 设置为 01,即模式 1 定时
        MOV     TCON,♯00010000B ;TR0 设置为 1,即启动定时器 0 开始工作
;─────────主程序─────────
MAIN:  JBC     TF0,LED0        ;计数溢出标志位 TF0 为 1,跳到 LED0 处,同时把 TF0 位清 0
        SJMP    MAIN            ;程序跳转到 MAIN 处
LED0:  MOV     TH0,♯3CH        ;给计数容器的高 8 位 TH0 赋初始值 3CH
        MOV     TL0,♯0B0H       ;给计数容器的低 8 位 TL0 赋初始值 B0H
        CPL     P0.0            ;取反 P0.0 口,让灯闪烁
        SJMP    MAIN            ;程序跳转到 MAIN 处
        END                     ;程序结束
```

4. 互动环节

恩源:程序中给计数容器的高 8 位 TH0 和低 8 位 TL0 赋的值是怎么计算出来

的？确定定时时间 50 ms 和计数容器中的值有何关系呢？

阿范：这是一个很关键的问题，也是许多初学者普遍会问到的问题。我这里有两个方法和大家分享一下：一个是理论分析法，可以通过公式计算出给 TH0 和 TL0 赋的初始值与定时时间的关系；另一个方法是利用本书所备配套资料中的软件帮你计算。首先，我们来研究一下实现 50 ms 定时的过程，然后再谈这两种方法的具体实现问题。我们在本例中所使用的晶振是 12 MHz 的，晶振产生的振荡脉冲进入单片机后 12 分频变为 1 MHz，周期为 1 μs，所以定时器计数容器每次加一个数需要 1 μs，我们选择定时器 0 工作在模式 1，即计数容器为 16 位的，计数范围是 0～65 535，共能计 65 536 个数，所以最大定时时间是 65 536 μs。现在我们只需要定时 50 ms，即 50 000 μs，所以我们先给定时器计数容器装上 65 536 − 50 000 ＝ 15 536 这个数，用十六进制表示此数为 3CB0H。我们将高 8 位数据 3CH 赋给 TH0，低 8 位 B0H 赋给 TL0，让计数容器在这个值的基础上自加，加到溢出恰好需要 50 000 个脉冲，即恰好定时 50 000 μs，所以我们在主程序中所要做的就是"盯住"溢出标志位 TF0，一旦 TF0 从 0 变成 1，就表示计数容器溢出，定时 50 ms 的时间到了，然后跳转到 LED0 标号处，将接有 LED 小灯的 P0.0 引脚取反实现 LED 小灯 50 ms 闪烁一次的要求，同时给计数容器 TH0 和 TL0 重新赋值，为下一个 50 ms 做准备，如此循环就可实现小灯每 50 ms 就闪烁的要求。

现在给出一个定时时间与计数容器初始值关系式：

$$定时时间＝(2^X−计数容器初始值)×机器周期$$

其中：X 根据选定工作模式分别为 13（方式 0）、16（方式 1）、8（方式 2、3）；

机器周期＝12/晶振频率（如晶振为 12 MHz，则机器周期为 1 μs）。

这个公式大家可以试着用用。下面给大家介绍一个小软件，软件的作者是我的一个学生也是好朋友李雍编写的。用法非常简单，但是我还是建议初学者把上面的定时计算原理弄明白，然后可以不再去管公式，会使用软件即可。软件界面如图 6−3 所示。

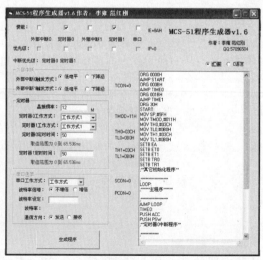

图 6−3　51 定时器初始化程序生成器

6.4.2 中断法定时 50 ms 实现一个 LED 小灯闪烁

1. 硬件电路设计

电路图如图 6 - 2 所示(见配套资料:实验现象\ch6\led_timer0.flv)。

2. 软件设计思想

本设计程序流程图如图 6 - 4 所示。程序在初始化部分将准备工作做好,主要包括对堆栈指针 SP 的设置、对接 LED 小灯的 P0.0 口进行设置、对与定时器工作相关的寄存器进行设置。然后,程序就进入到了主程序的"死"循环状态,其实此时单片机的 CPU 几乎不做任何事情,只是定时器的计数容器 TH0 和 TL0 在设定的初始值基础上自动加 1,由于采用的是中断方式,所以这次 CPU 不需要"盯着"定时器溢出标志位 TF0。在中断方式下,当定时时间到时,即当定时器计数容器溢出时,程序会自动"飞"到对应的中断服务子程序处去执行,当执行完任务后会通过 RETI 中断返回指令返回到刚才被中断的主程序处继续执行。采用中断法需要涉及的寄存器有:TH0 与 TL0、TMOD、TCON 及 IE。采用中断方式应用定时器时初始化这几个寄存器的步骤如下:

① 给计数容器的高 8 位 TH0 赋值,"MOV TH0,♯3CH";

② 给计数容器的低 8 位 TL0 赋值,"MOV TL0,♯0B0H"。

③ 设定定时器工作在定时方式,即 TMOD 的低 4 位中的 C/T 位设置为 0;设定定时器工作模式,例如选择模式 1 需要设置 TMOD 低 4 位中的 M1M0 为 01;"MOV TMOD,♯00000001B"。

④ 开发令枪让定时器工作,定时器的计数容器自动加 1,设置 TCON 中的 TR0 为 1;"SETB TR0"或"MOV TCON,♯00010000B"。

⑤ 开定时器 T0 中断允许控制位,即使能定时器 T0 中断,设置 IE 中 ET0 为 1;开总中断允许控制位,即使能总中断,设置 IE 中的 EA 为 1;"SETB ET0 SETB EA"或将这两条合二为一"MOV IE,♯10000010B"。

上述的步骤比采用查询法时多了两步,即多了开定时器 0 中断允许和总中断允许。通过这样的设置,单片机的 CPU 就可以在主程序中解放出来了,而不必盯着计数容器溢出标志位 TF0 了,采用中断法后 CPU 会在计数容器溢出时自动转到对应的中断服务子程序中处理程序,然后又自动回到主程序中继续执行,这些完全不用我们用户担心。

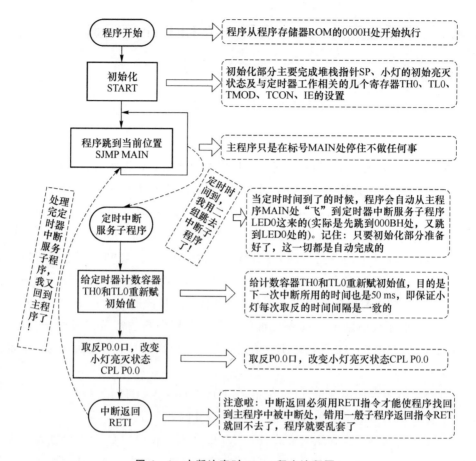

图 6-4　中断法定时 50 ms 程序流程图

3. 程序代码清单

ORG	0000H	;复位时程序从此开始
SJMP	START	;跳到 START 进行初始化
ORG	000BH	;定时器 0 中断入口
AJMP	LED0	;跳转到 LED0 处
ORG	0030H	;初始化程序从 30H 开始
;----------------- 初 始 化------------------		
START: MOV	SP, #60H	;给堆栈指针赋值
MOV	P0, #0FFH	;让 P0 口输出高电平,小灯熄灭
MOV	TH0, #3CH	;给计数容器的高 8 位 TH0 赋初始值 3CH
MOV	TL0, #0B0H	;给计数容器的低 8 位 TL0 赋初始值 B0H

```
        MOV   TMOD,#00000001B        ;C/T位设置为0,M1M0设置位10,即模式1定时
        MOV   TCON,#00010000B        ;TR0设置为1,即启动定时器0开始工作
        SETB  ET0                    ;IE中的ET0位设置为1,开定制器中断0
        SETB  EA                     ;IE中的EA位设置为1,开总中断
;-------------------主程序-------------------
MAIN:   SJMP  MAIN                   ;程序停在当前位置
;-------------中断服务子程序-------------------
LED0:   MOV   TH0,#3CH               ;给计数容器的高8位TH0赋初始值3CH
        MOV   TL0,#0B0H              ;给计数容器的低8位TL0赋初始值B0H
        CPL   P0.0                   ;取反P0.0口,让灯闪烁
        RETI                         ;中断子程序返回主程序
        END                          ;程序结束
```

4. 程序代码分析

先给大家分析一下整个程序的执行过程,首先程序从程序存储器 ROM 的 0000H 处开始执行,遇到"SJMP START"跳转到 START 标号处继续执行初始化程序,然后就停在主程序 MAIN 标号处。虽然在此过程中单片机的 CPU 不做任何事情,但是定时器的计数容器还是不停地匀速从初始值 3CB0H 自动每隔 1 μs 加 1,直到加到溢出。此时 CPU 会自动完成两个二级跳,即首先跳到程序存储器 ROM 的 000BH 处,在 000BH 处遇到一个跳转指令"AJMP LED0"跳到标号 LED0 处继续执行,执行定时器中断服务子程序后遇到 RETI 中断返回指令,自动返回到刚才在主程序中被中断的地方 MAIN 处继续停在主程序 MAIN 处等待下一个 50 ms 到时再次二级跳到中断服务子程序 LED0 处,如此循环。

5. 互动环节

海波:当计数容器计满溢出时,程序怎么就从主程序标号 MAIN 处跳到了程序存储器 ROM 的 000BH 地方去了呢?为什么跳到 000BH 处而不是别的地方呢?

阿范:首先问大家,如果有人给阿范打电话,阿范听到电话铃声后会不会不接电话,而是对着窗外说话呢?阿范不是精神出了问题的话肯定是不会的,正常的情况一定会去接电话。我的意思是说单片机也一样,是哪个事件把 CPU 给中断的,CPU 就一定会去哪里解决问题,而不是别的地方。在前面我们提到了有 5 件事情可以中断 CPU,对应的 CPU 就会跳到这 5 个地方去解决问题。这 5 个地方我们称之为中断入口地址,即相应的事件打断 CPU,则 CPU 会完全自动地跳到相应的中断入口地址去。请大家参考表 6 - 6 所列的中断入口地址。

表 6 - 6　中断入口地址

打断主程序的"人"——中断源	中断入口地址 (谁惹 CPU 就找它家去)	中断发生标志	优先级别
引脚 P3.2 上的低电平或下降沿信号	0003H	TCON 中 IE0 位	高 ↓ 低
定时器/计数器 T0 计数容器溢出	000BH	TCON 中 TF0 位	
引脚 P3.3 上的低电平或下降沿信号	0013H	TCON 中 IE1 位	
定时器/计数器 T1 计数容器溢出	001BH	TCON 中 TF1 位	
串行口发送或接收完一个字节数据	0023H	SCON 中 TI 或 RI	

　　海波:是啊,你说程序在主程序中在 MAIN 标号处不停地跳到当前位置 MAIN 处,当发生中断时,为什么要经过一个"二级跳"跳到 LED0 处? 为什么 CPU 不跳到定时器 T0 对应的中断入口 000BH 处就执行相应的处理,还要再用一条"AJMP LED0"指令跳到标号 LED0 处呢? 还有,为什么执行一次 REIT 指令就一步跳回到了主程序中了呢?

　　阿范:定时器 0 的中断入口确实在程序存储器 ROM 的 000BH 地址处,但是这个地方距离外部 P3.3 引脚的中断入口地址 0013H 比较近,这么小的空间放不了太多的代码,所以当中断发生时首先跳到自己的入口 000BH 处,紧接着执行跳转指令"AJMP LED0"跳到比较宽松的地方 LED0 处去处理相应的中断服务子程序,需要说明的是 LED0 只是个标号,当然也可以用其他的名字,如起名为"TIMER0"也是可以的。然后通过中断返回指令 RETI 就找回主程序了。至于为什么执行中断返回指令 RETI 就能返回到主程序,其实是这样的,程序从主程序跳出来的时候就把自己回去的地址存储到堆栈中了,执行 REIT 指令只是从堆栈中把"回家"的地址取出来,并且根据这个地址找回主程序原来被中断的地方而已。所以,执行 REIT 就可以返回到主程序了。不过还是强调一点,RETI 是中断子程序返回主程序用的,而 RET 返回指令是与调用子程序 CALL、ACALL 或 LCALL 指令配套应用的,所以不要弄混了啊!

　　雨佳:把上面程序中第一次出现的指令 AJMP 介绍一下,好吗?

　　阿范:好的,"AJMP LED0"是跳转到 LED0 处的意思,在前面我们用过 SJMP,当然还有我们没有用过的 LJMP,它们究竟有何区别呢? SJMP 是短跳转指令,该指令只能向前跳 127 字节,向后跳 128 字节;而 AJMP 可以在 2 KB 范围内跳转;LJMP 则可以在 64 KB 范围内任意跳转。也许你会认为 LJMP 好,可以任意跳,可那是要付出代价的! 其代价就是这条指令编译时占用的字节数要多一些,至于它们的具体区别请大家参考附录 B 的指令表。我们现在可以不用太过分地注意这些,先想办法把程序编写出来,熟练后再细琢磨这些吧。

6.4.3　中断 PK 查询

　　查询法和中断法已经都用过了,究竟哪个更好呢? 还是先举两个例子吧,一个是关于毕业生的。每届毕业生临毕业前都会有吃"班饭",吃完"班饭"又开始就着酒劲儿拿着吉他弹奏,这样难免会伤感,偶尔也会惹出点事端。校方为了维护和谐校园环境就派保卫处人员巡逻。有这样一个保卫员大叔非常认真,他整天在4栋寝室楼下一圈一圈转个不停,每转一圈要30 min,这是在干什么呢?这就是在查询。还有一个大叔,他找了4个勤工俭学的学生分别坚守在4栋楼下,他自己却跑到了小屋里喝茶、聊天。他告诉4个学生当有情况发生时立刻给他打电话,然后这位大叔就可以第一时间赶到现场处理。结果有一天真的出事儿了,第二个大叔果然马上赶到现场,而第一个大叔还在转圈查询(因为转一圈要 30 min)。显然是第二个大叔处理问题更及时!

第一个大叔的做法叫做查询,与单片机执行主程序类似,一圈一圈不停的循环,但是尽管这样仍然不能做到实时;而第二个大叔却可以悠闲地执行主程序(喝茶、聊天),当有人打电话给他(发生中断)时,可以快速作出反应去处理,而后再回到小屋继续(喝茶、聊天),即继续执行主程序。这样看来还是中断好一些。

再看另外一个例子,记得阿范小的时候家里的自来水是定时供应的,所以常常会等着接水,把水缸都接满准备用两天。阿范是个老实孩子,每次接水的时候都用眼睛盯着水缸,生怕水会溢出来。后来有一天一个小朋友告诉阿范不必一直盯着看,可以在旁边玩,等一听见水流出来的声音立刻把水龙头关掉就行。

显然一直盯着水缸看是查询;而在一旁玩就相当于是在执行主程序,一听见水溢出的声音相当于是打断玩儿这个主程序,转而去执行关水龙头这个中断服务子程序。

大家想一想哪个方法处理关水龙头这件事情会更及时呢？显然是查询。

从上面两个例子,我们可以看出查询和中断各有优点:如果程序中只处理一件事,那我们完全可以让 CPU 死盯住不放,即就是不断地查询这件事;如果主程序中的事情较多,即主程序循环一周需要较长时间,那么非常重要的事情就必须放到中断里,就像一个巡逻队不停的绕城巡逻,同时他们的手机也要开机,在巡逻查询的过程中如果有突发事件发生时可以立刻终止当前查询任务,转而去处理突发事情(执行中断服务子程序),处理完突发事件后再回到主程序继续巡逻。关于查询与中断我们会在后面的设计中陆续和大家分享,请仔细体会。

6.4.4 延长定时时间

当年阿范刚学完定时器时有这样一个困惑,定时器的计数容器最大所能计的数也只有 65 536 个(定时器工作在模式 1),当选择 12 MHz 晶振时,所能定的最长时间只有 65 536 μs 啊,如果想让一个 LED 小灯每 1 s 闪烁一次,这该怎么实现呢? 现在我们就利用定时器实现每隔 1 s 取反一次 LED 小灯的亮灭状态,即实现时间间隔 1 s 的 LED 小灯闪烁。

1. 硬件电路设计

电路图如图 6-2 所示(见配套资料:实验现象\ch6\led_timer0_long.flv)。

2. 软件设计思想

先和大家分享一个阿范小时候亲身经历的美好场景。有一年涨大水,大水退去以后在田地里出现了一层鱼。阿范就拿着一个水桶去装鱼,当时真想把所有的鱼都装回来(嘿嘿,有点贪),可是已经把水桶装得不能再装了,这个急啊! 后来,实在没有办法,只能一次一次地往家运。结论就是,即使只用一个容器也是可以把许多宝贝运回家的。

再来看看延长定时时间的问题。我们现在的定时器的计数容器最大只能计 65 536 个数,即选择 12 MHz 晶振时最长定时时间是 65 536 μs,现在我们想定时 1 s,

怎么办？好的，我们可以用定时器定 50 ms，每 50 ms 到时就把内存 RAM 中的某个单元中的数据加 1，当加到 20 的时候，就代表 1 s 到了，这时再把单片机接有 LED 小灯的引脚取反，从而实现 LED 小灯闪烁。同时，把内存中的这个单元清零，为下一次重新计 20 次 50 ms 做准备。如此循环，便实现了 LED 小灯每 1 s 闪烁的设计要求了。具体的程序流程图如图 6-5 所示。

3. 程序代码清单

```
        ORG    0000H           ;复位时程序从此开始
        SJMP   START           ;跳到 START 进行初始化
        ORG    000BH           ;定时器 0 中断入口
        AJMP   LED0            ;跳转到 LED0 处
        ORG    0030H           ;初始化程序从 30H 开始
;--------------初始化--------------
START:  MOV    SP, #60H        ;给堆栈指针赋值
        MOV    P0, #0FFH       ;让 P0 口输出高电平,小灯熄灭
        MOV    30H, #0         ;给 30H 单元赋初始值 0
        MOV    TH0, #3CH       ;给计数容器的高 8 位 TH0 赋初始值 3CH
        MOV    TL0, #0B0H      ;给计数容器的低 8 位 TL0 赋初始值 B0H
        MOV    TMOD, #00000001B ;C/T 位设置为 0,M1M0 设置为 10,即模式 1 定时
        MOV    TCON, #00010000B ;TR0 设置为 1,即启动定时器 0 开始工作
        SETB   ET0             ;IE 中的 ET0 位设置为 1,开定时器中断 0
        SETB   EA              ;IE 中的 EA 位设置为 1,开总中断
;--------------主程序--------------
MAIN:   SJMP   MAIN            ;程序停在当前位置
;--------------中断服务子程序--------------
LED0:   INC    30H             ;30H 单元中的数加 1
        MOV    ACC, 30H        ;30H 单元中的数据复制给 A
```

```
       CJNE  A,#20,JIXU       ;A 中的数据与 20 比较不相等就跳转到 JIXU 处
       MOV   30H,#0           ;重新给计数单元 30H 赋值 0
       CPL   P0.0             ;取反 P0.0 口,让灯闪烁
JIXU:  MOV   TH0,#3CH         ;给计数容器的高 8 位 TH0 赋初始值 3CH
       MOV   TL0,#0B0H        ;给计数容器的低 8 位 TL0 赋初始值 B0H
       RETI                   ;中断子程序返回主程序
       END                    ;程序结束
```

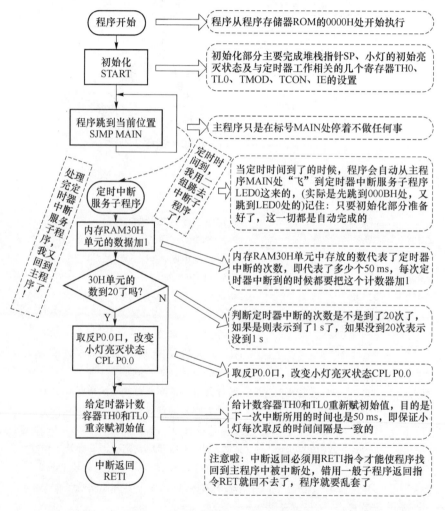

图 6-5 中断法定时 1 s 程序流程图

4. 程序代码分析

首先,程序从程序存储器 ROM 的 0000H 处开始执行,遇到"SJMP START"跳转到 START 标号处继续执行初始化程序,然后就停在主程序 MAIN 标号处,虽然

在此过程中单片机的 CPU 不做任何事情,但是定时器的计数容器还是不停地匀速从初始值 3CB0H 自动每隔 1 μs 加 1,直到加到溢出(50 ms 到)时,CPU 会自动完成两个二级跳,即首先跳到程序存储器 ROM 的 000BH 处,在 000BH 处遇到一个跳转指令"AJMP LED0"跳到标号 LED0 处继续执行。首先 30H 单元的数加 1,然后判断这个数是否到 20 了,如果到了表明计时 20 次的 50 ms,即 1 s 的时间到了,这时就可以执行"CPL P0.0"取反小灯了;如果没到 20 次,则跳到 JIXU 标号处继续执行,给定时器计数容器重新赋初始值,准备定时下一个 50 ms。如此循环实现每隔 1 s LED 小灯闪烁一次。现在定时 1 s 会了,那么定时 2 s、定时 5 s 的原理和这个是一样一样的,只是需要把 30H 单元中需要计的数改大些即可(注意不能大于 255 哦),自己换算吧。

5. 互动环节

宏伟:程序的第 5 行"ORG 0030H",这条指令的意思是其下面的指令存放的地址是 30H,第 8 行"MOV 30H,♯0"表示给 30H 赋值 0,这两个 30H 的区别是什么?

阿范:这是一个关于程序存储器 ROM 和数据存储器 RAM 的问题。前一个 30H 是程序存储器 ROM 中的一个地方;而后一个 30H 表示的是内存 RAM 中的一个地方。所以它们是不同的:ROM 中 30H 处放的是程序的代码,掉电不会丢失;RAM 中 30H 是可以在程序的执行期间任意修改的,且掉电后数据会丢失。还有就是,程序存储器中的内容一旦用编程器写入后,在程序执行期间是不能修改的(当然有些高档单片机支持在程序运行期间自己改写自己的程序,有点像科幻片中的智能机器人了吧,还能自己给自己编程,真乃神人也);而我们在程序中看见的给哪个单元赋值等相关操作均属于操作数据存储器 RAM。

小薇:在程序初始化中,设置与定时器相关的寄存器时,怎么有的是用 MOV 指令,而有的是用 SETB 指令呢?

阿范:噢,是这样的。有些寄存器可以进行位操作,如中断控制寄存器 IE、定时器/计数器控制寄存器 TCON,可以用 SETB 位操作指令进行设置,也可以用字节操作指令 MOV 进行设置;而定时器计数容器 TH0、TL0 以及定时器方式控制寄存器 TMOD 就不可以位操作,所以只能用指令 MOV 整体对这个寄存器进行设置;至于都哪些寄存器是可以位操作的,哪些寄存器是不可以位操作的,详细内容请见附录 A。

6.4.5 数字电子时钟

数字电子时钟是许多初学者在学单片机之初觉得很神奇的东东,也都有跃跃欲试想独立制作一个的想法,但限于硬件知识、焊接功夫、软件使用、程序设计等多方面的因素可能没能将数字电子时钟的设计制作想法进行到底。今天的最后一项主要内容就是陪大家一起设计一个简单的数字时钟,这个内容恰好也可以实现将前面学过的按键、数码管以及定时器的相关知识混合应用的目的,同时进一步加深程序设计的思想,在学习的过程中体会流程图是如何设计的。

1. 硬件电路设计

硬件电路设计如图 6-6 所示。按键的作用:其中 K1 用于将小时加 1,K2 用于将小时减 1,K3 用于将分钟加 1,K4 用于将分钟减 1;数码管用于实时显示当前时间信息。关于电路的说明如下:

按键:4 个独立按键占用单片机的 P1.4、P1.5、P1.6 和 P1.7 引脚,并且每个引脚上都分别外加了上拉电阻,保证在按键释放后引脚上为可靠的高电平以便区分按键的按下和释放状态。

显示电路采用 4 位一体的数码管 2 个,采用动态显示方式,P0 口送显示段码决定数码管上显示什么数据,P2 口送位选码指定哪一个数码管显示。P0 口上接的 470 Ω 电阻为限流电阻,用于调节数码管的亮度;10 kΩ 电阻为 P0 口的上拉电阻。

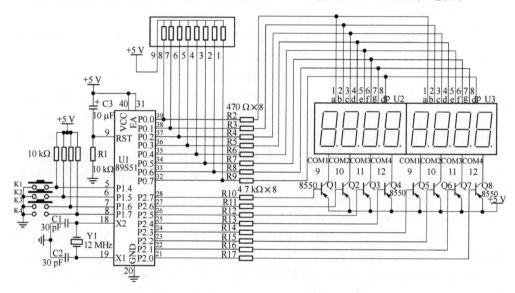

图 6-6 数字电子时钟电路图

2. 软件设计思想

首先分析一下,完成数字电子时钟都应该让程序完成哪些主要的任务,然后再把任务合理地组织起来,最后形成清晰的流程图。数字电子时钟应该具有几个基本的功能:

第一,要求每隔 1 s 秒位加 1,且在到 60 s 时要把秒位清零,同时分钟位加 1,如果分钟位到了 60 min 时要将时位加 1,同时将分位清零,而且在时位到 24 h 要将时位清零,这部分由定时器 T0 中断服务子程序 TIMER0 完成。

第二,由于在本设计中采用的是动态显示方式,因此单片机在能够完成前面的任务的情况下,要"经常"去执行一个显示程序,保证数码管不熄灭,看上去一直显示当前的时间信息,这部分由显示子程序 DISPLAY 完成。

第三,定时调用一个按键子程序,完成对按键是否按下的判断工作,如果有按键按下,则根据按下的按键做相应的处理,如果没有按键按下就继续执行其他程序,如显示子程序。按键程序由 KEY 子程序完成。

第四,要对最新的当前时钟数据进行处理,如当前时间为"12 - 30 - 06",要实现这个数据在数码管上显示,需要将时、分和秒 3 个数据分别拆成十位和个位 2 个数,如秒位的"06"需要拆成"0"和"6" 2 个数,这部分由 PROCESS 子程序完成,实现的原理是分别用时、分、秒这 3 个数据除以 10,将得到的十位和个位分别存在 2 个单独的存储器里,这样就实现了将一个数据分开的目的了。

第五,除了上述主要程序之外,当然还要有一部分就是初始化程序,这部分程序主要是为上面几部分程序做准备工作,这部分程序就是由 START 开始到 MAIN 结束的这部分代码。

上述 5 部分内容在程序中是这样安排的,首先执行初始化程序,将一切工作准备就绪之后,进入到一个无限循环执行的主程序,其中包括按键子程序、数据处理子程序(完成把时、分、秒分成十位和个位 2 个数的任务)和显示子程序。还有一部分就是定时 1 s 并进行秒、分、时的进位等问题,自然要用定时器来完成,即将这部分任务放到定时器中断服务子程序中来处理。

设计流程图如图 6 - 7 所示。这个流程图一定要认真看,否则研究具体程序代码时会感觉程序代码很长,其实把程序流程图看懂后,把程序代码分割成一部分一部分的子程序去分析,这样一切就 OK 了。

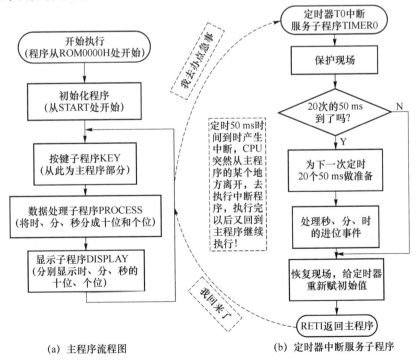

(a) 主程序流程图   (b) 定时器中断服务子程序

图 6 - 7 数字电子时钟程序流程图

3. 程序代码清单(见配套资料:实验现象\ch6\clock_timer0.flv)

SECOND	EQU	40H	;给内存 RAM 空间中 40H 单元起名 SECOND
MINUTE	EQU	41H	;给内存 RAM 空间中 41H 单元起名 MINUTE
HOUR	EQU	42H	;给内存 RAM 空间中 42H 单元起名 HOUR
SECONDGEWEI	EQU	43H	;给 43H 单元起名 SECONDGEWEI 存秒的个位
SECONDSHIWEI	EQU	44H	;给 44H 单元起名 SECONDSHIWEI 存秒的十位
MINUTEGEWEI	EQU	45H	;给 45H 单元起名 MINUTEGEWEI 存分的个位
MINUTESHIWEI	EQU	46H	;给 46H 单元起名 MINUTESHIWEI 存分的十位
HOURGEWEI	EQU	47H	;给 47H 单元起名 HOURGEWEI 存小时的个位
HOURSHIWEI	EQU	48H	;给 48H 单元起名 HOURSHIWEI 存小时的十位
	ORG	0000H	;复位时程序从此开始
	SJMP	START	;跳到 START 进行初始化
	ORG	000BH	;定时器 0 中断入口
	AJMP	TIMER0	;跳转到 TIMER0 处
	ORG	0030H	;初始化程序从 30H 开始

;--------------初始化 START--------------------------
START:	MOV	SP,#60H	;给堆栈指针赋初始值
	MOV	SECOND,#0	;给秒存储单元 SECOND 赋初始值 0
	MOV	MINUTE,#0	;给分存储单元 MINUTE 赋初始值 0
	MOV	HOUR,#12	;给小时存储单元 HOUR 赋初始值 12
	MOV	DPTR,#TAB	;给数据指针赋值,将 DPTR 指向 TAB 数据表头处
	MOV	30H,#0	;给 30H 单元赋初始值 0(用于计 20 次的 50ms 中断)
	MOV	TH0,#3CH	;给计数容器的高 8 位 TH0 赋初始值 3CH
	MOV	TL0,#0B0H	;给计数容器的低 8 位 TL0 赋初始值 B0H
	MOV	TMOD,#00000001B	;C/T 位设置为 0,M1M0 设置位 10,即模式 1 定时
	MOV	TCON,#00010000B	;TR0 设置为 1,即启动定时器 0 开始工作
	SETB	ET0	;IE 中的 ET0 位设置为 1,开定制器中断 0
	SETB	EA	;IE 中的 EA 位设置为 1,开总中断

;--------------主程序 MAIN--------------------------
MAIN:	CALL	KEY	;调按键子程序 KEY
	CALL	PROCESS	;调数据处理子程序 PROCESS
	CALL	DISPLAY	;调显示子程序 DISPLAY
	SJMP	MAIN	;跳转到 MAIN 标号处

;--------------按键子程序 KEY--------------------
KEY:	JNB	P1.4,HOURJIA	;P1.4 引脚是低电平就跳到 HOURJIA 处
	JNB	P1.5,HOURJIAN	;P1.5 引脚是低电平就跳到 HOURJIAN 处

```
        JNB    P1.6,MINUTEJIA        ;P1.6 引脚是低电平就跳到 MIMUTEJIA 处
        JNB    P1.7,MINUTEJIAN       ;P1.7 引脚是低电平就跳到 MIMUTEJIAN 处
FANHUI: RET                          ;子程序返回(如果没有按键按下)
HOURJIA: CALL  DELAY                 ;调延时程序目的是跳过按键抖动期(去抖)
        JB     P1.4,FANHUI           ;如果 P1.4 是高电平就跳到 FANHUI 处(没键按)
        JNB    P1.4,$                ;如果 P1.4 是低电平就停在当前位置等键释放
        INC    HOUR                  ;把小时位加 1
        RET                          ;子程序返回
HOURJIAN: CALL DELAY                 ;调延时程序目的是跳过按键抖动期(去抖)
        JB     P1.5,FANHUI           ;如果 P1.5 是高电平就跳到 FANHUI 处(没键按)
        JNB    P1.5,$                ;如果 P1.5 是低电平就停在当前位置等键释放
        DEC    HOUR                  ;把小时位减 1
        RET                          ;子程序返回
MINUTEJIA: CALL DELAY               ;调延时程序目的是跳过按键抖动期(去抖)
        JB     P1.6,FANHUI           ;如果 P1.6 是高电平就跳到 FANHUI 处(没键按)
        JNB    P1.6,$                ;如果 P1.6 是低电平就停在当前位置等键释放
        INC    MINUTE                ;把分钟位加 1
        RET                          ;子程序返回
MINUTEJIAN: CALL DELAY              ;调延时程序目的是跳过按键抖动期(去抖)
        JB     P1.7,FANHUI           ;如果 P1.7 是高电平就跳到 FANHUI 处(没键按)
        JNB    P1.7,$                ;如果 P1.7 是低电平就停在当前位置等键释放
        DEC    MINUTE                ;把分钟位减 1
        RET                          ;子程序返回
;------------------处理子程序 PROCESS---------------------
PROCESS: MOV   A, SECOND             ;把 SECOND 中的秒值复制给 A
        MOV    B, #10                ;给寄存器 B 赋值 10
        DIV    AB                    ;A 除以 B,结果存入 A 中,余数存入 B 中
        MOV    SECONDSHIWEI, A       ;结果即秒的十位数复制给 SECONDSHIWEI
        MOV    SECONDGEWEI,B         ;余数即秒的个位复制给 SECONDGEWEI
        MOV    A, MINUTE             ;把 MINUTE 中的分值复制给 A
        MOV    B, #10                ;给寄存器 B 赋值 10
        DIV    AB                    ;A 除以 B,结果存入 A 中,余数存入 B 中
        MOV    MINUTESHIWEI, A       ;结果即分的十位复制给 MINUTESHIWEI
        MOV    MINUTEGEWEI,B         ;余数即分的个位复制给 MINUTEGEWEI
        MOV    A, HOUR               ;把 HOUR 中的小时值复制给 A
        MOV    B, #10                ;给寄存器 B 赋值 10
        DIV    AB                    ;A 除以 B,结果存入 A 中,余数存入 B 中
```

```
        MOV  HOURSHIWEI,A             ;结果即小时的十位复制给 HOURSHIWEI
        MOV  HOURGEWEI,B              ;余数即小时的个位复制给 HOURGEWEI
        RET                           ;子程序结束返回到主程序
;----------------显示子程序 DISPLAY-------------
DISPLAY: MOV  A, HOURSHIWEI           ;小时的十位复制给 A
        MOVC A, @A + DPTR             ;到 A + DPRT 这个数对应的地方找显示段码复制给 A
        MOV  P0, A                    ;把显示段码(小时的十位)送到 P0
        CLR  P2.7                     ;将 P2.7 置低电平,对应的三极管导通
        CALL DELAY                    ;调延时(让显示小时十位的数码管持续亮一段时间)
        SETB P2.7                     ;将 P2.7 置高电平,对应三极管截止,对应数码管灭
        MOV  A, HOURGEWEI             ;小时的个位复制给 A
        MOVC A, @A + DPTR             ;到 A + DPRT 这个数对应的地方找显示段码复制给 A
        MOV  P0, A                    ;把显示段码(小时的个位)送到 P0
        CLR  P2.6                     ;将 P2.6 置低电平,对应的三极管导通
        CALL DELAY                    ;调延时(让显示小时个位的数码管持续亮一段时间)
        SETB P2.6                     ;将 P2.6 置高电平,对应三极管截止,对应数码管灭
        MOV  P0, #0BFH                ;给 P0 口送一个数据"BFH",显示一个横杠 "—"
        CLR  P2.5                     ;将 P2.5 置低电平,对应的三极管导通
        CALL DELAY                    ;调延时(让显示横杠的数码管持续亮一段时间)
        SETB P2.5                     ;将 P2.5 置高电平,对应三极管截止,对应数码管灭
        MOV  A, MINUTESHIWEI          ;分钟的十位复制给 A
        MOVC A, @A + DPTR             ;到 A + DPRT 这个数对应的地方找显示段码复制给 A
        MOV  P0, A                    ;把显示段码(分钟的十位)送到 P0
        CLR  P2.4                     ;将 P2.4 置低电平,对应的三极管导通
        CALL DELAY                    ;调延时(让显示分钟十位的数码管持续亮一段时间)
        SETB P2.4                     ;将 P2.4 置高电平,对应三极管截止,对应数码管灭
        MOV  A, MINUTEGEWEI          ;分钟的个位复制给 A
        MOVC A, @A + DPTR             ;到 A + DPRT 这个数对应的地方找显示段码复制给 A
        MOV  P0, A                    ;把显示段码(分钟的个位)送到 P0
        CLR  P2.3                     ;将 P2.3 置低电平,对应的三极管导通
        CALL DELAY                    ;调延时(让显示分钟个位的数码管持续亮一段时间)
        SETB P2.3                     ;将 P2.3 置高电平,对应三极管截止,对应数码管灭
        MOV  P0, #0BFH                ;给 P0 口送一个数据"BFH",显示一个横杠 "—"
        CLR  P2.2                     ;将 P2.2 置低电平,对应的三极管导通
        CALL DELAY                    ;调延时(让显示横杠的数码管持续亮一段时间)
        SETB P2.2                     ;将 P2.2 置高电平,对应三极管截止,对应数码管灭
        MOV  A, SECONDSHIWEI          ;秒的十位复制给 A
```

```
        MOVC  A,@A+DPTR           ;到 A+DPRT 这个数对应的地方找显示段码复制给 A
        MOV   P0,A                ;把显示段码(秒钟的十位)送到 P0
        CLR   P2.1                ;将 P2.1 置低电平,对应的三极管导通
        CALL  DELAY               ;调延时(让显示秒钟十位的数码管持续亮一段时间)
        SETB  P2.1                ;将 P2.1 置高电平,对应三极管截止,对应数码管灭
        MOV   A,SECONDGEWEI       ;秒的个位复制给 A
        MOVC  A,@A+DPTR           ;到 A+DPRT 这个数对应的地方找显示段码复制给 A
        MOV   P0,A                ;把显示段码(秒钟的个位)送到 P0
        CLR   P2.0                ;将 P2.0 置低电平,对应的三极管导通
        CALL  DELAY               ;调延时(让显示秒钟个位的数码管持续亮一段时间)
        SETB  P2.0                ;将 P2.0 置高电平,对应三极管截止,对应数码管灭
        RET                       ;显示子程序结束返回主程序
;--------------------中断服务子程序--------------------------
TIMER0: PUSH  ACC                 ;把 ACC 中的数据压入堆栈保护起来
        INC   30H                 ;30H 单元中的数加 1
        MOV   ACC,30H             ;30H 单元中的数据复制给 ACC
        CJNE  ACC,#20,JIXU        ;ACC 中的数据与 20 比较不相等就跳转到 JIXU 处
        MOV   30H,#0              ;(如果 30H 单元计满 20 了)给 30H 单元赋值 0
        INC   SECOND              ;把 SECOND 中的秒钟数加 1
        MOV   ACC,SECOND          ;把 SECOND 中的数据复制给 ACC
        CJNE  ACC,#60,JIXU        ;ACC 中的数据与 60 比较不相等就跳转到 JIXU 处
        MOV   SECOND,#0           ;给秒 SECOND 赋值 0
        INC   MINUTE              ;把 MINUTE 中的分钟数加 1
        MOV   ACC,MINUTE          ;把 MINUTE 中的数据复制给 ACC
        CJNE  ACC,#60,JIXU        ;ACC 中的数据与 60 比较不相等就跳转到 JIXU 处
        MOV   MINUTE,#0           ;给分钟 MINUTE 赋值 0
        INC   HOUR                ;把 HOUR 中的小时数据加 1
        MOV   ACC,HOUR            ;把 HOUR 中的数据复制给 ACC
        CJNE  ACC,#24,JIXU        ;ACC 中的数据与 24 比较不相等就跳转到 JIXU 处
        MOV   HOUR,#0             ;给小时 HOUR 赋值 0
JIXU:   POP   ACC                 ;把刚才压入堆栈中的数据还给 ACC
        MOV   TH0,#3CH            ;给计数容器的高 8 位 TH0 赋初始值 3CH
        MOV   TL0,#0B0H           ;给计数容器的低 8 位 TL0 赋初始值 B0H
        RETI                      ;中断子程序返回主程序
;--------------------延时子程序--------------------------
DELAY:  MOV   R0,#50             ;给 R0 赋值 50
D2:     MOV   R1,#10             ;给 R1 赋值 10
```

```
D1: DJNZ   R1, D1                    ;R1 减 1 不等于 0 跳到 D1 处
    DJNZ   R0, D2                    ;R0 减 1 不等于 0 跳到 D2 处
    RET                              ;延时子程序结束返回调用该程序的下一条
;--------------下面的数据表中存储的是显示段码(共阳)--------------
TAB:DB     0C0H,0F9H,0A4H,0B0H,99H   ;从 TAB 处开始存储 0、1、2、3、4
    DB     92H ,82H ,0F8H,80H ,90H   ;5、6、7、8、9 对应的显示段码
    END                              ;程序结束
```

4. 互动环节

大山:我觉得程序中处理子程序 PROCESS 和显示子程序 DISPLAY 可以合到一起,上面的代码显得有些重复。用 PROCESS 子程序做除法运算将时、分、秒的十位和个位分开并存起来,然后在执行 DISPLAY 子程序时再取出来用于找对应的显示段码。我觉得直接除法算完就去取显示段码即可。

阿范:我明白你的意思了。我们先以秒位为例看一下怎么合到一起的,具体改写的代码如下:

```
MOV    A, SECOND        ;把秒复制给 A
MOV    B, #10           ;给 B 赋值 10
DIV    AB               ;用 A 除以 B,商存入 A 中,余数存入 B 中
MOVC   A, @A + DPTR     ;到 A + DPRT 这个数对应的地方找显示段码复制给 A
MOV    P0, A            ;把显示段码(秒钟的十位)送到 P0
CLR    P2.1             ;将 P2.1 置低电平,对应的三极管导通
CALL   DELAY            ;调延时(让显示秒钟十位的数码管持续亮一段时间)
SETB   P2.1             ;将 P2.1 置高电平,对应三极管截止,对应数码管灭
MOV    A, B             ;把 B 中的数复制给 A(即秒的个位数复制给 A)
MOVC   A, @A + DPTR     ;到 A + DPRT 这个数对应的地方找显示段码复制给 A
MOV    P0, A            ;把显示段码(秒钟的个位)送到 P0
CLR    P2.0             ;将 P2.0 置低电平,对应的三极管导通
CALL   DELAY            ;调延时(让显示秒钟个位的数码管持续亮一段时间)
SETB   P2.0             ;将 P2.0 置高电平,对应三极管截止,对应数码管灭
    ...
```

上面的代码只是完成了秒位的处理,时位和分位的处理方法与上面的相同,通过这样修改后的代码和原例中的代码虽然不同,但是执行时效果是一样的,并且还要比原代码小,节省程序存储器 ROM 空间,但是这样处理后程序没有原程序清晰。当然每个人的想法不一样,所以感觉哪个好理解就按照哪个方法处理即可。

小林:在定时器中断服务子程序中,处理秒、分和时的进位时,直接让秒和 60 比较,分钟和 60 比较,小时和 24 比较。如果改为判断秒的个位是否等于 9 然后决定是

否进位,再判断秒的十位是否等于6来决定是否给分钟的个位进位,以此类推。用这样的方法可以吗?

阿范:当然可以。只是我个人觉得那样处理起来比较麻烦,判断的次数较多,程序代码长,而且编写时容易出现错误。所以在这个问题上我还是建议用本例中的方法,即直接用秒这个整体去和60比较来决定是否给分位进位,这样简单一些。

白云:在本设计的流程图中,中断服务子程序部分有一个进程框里写着"保护现场",在许多单片机的书籍里也发现这样的字样,这又不是犯罪现场,还保护什么呢?图中还有一个进程框里写着"恢复现场",这又是怎么回事呢?

阿范:这个问题太棒了!许多初学者也都有这样的疑问。首先还是回顾一下程序的执行过程,单片机上电后,执行初始化程序,然后进入一个无限循环的主程序,当有突发事件发生时(像"定时50 ms时间到"这样的中断等),无论此时程序执行到主程序中的哪一条指令,这时都会自动跳转到中断服务子程序去执行代码。以本设计为例,假设程序正在执行主程序中的显示子程序,并且恰好执行指令"MOVC A,@A+DPTR",此时A中存放的是准备送P0口显示的数据,如果这时发生定时50 ms的中断,程序会自动跳到定时器中断服务子程序中去,而在子程序中也用到了累加器A,所以就把原本准备送P0口显示的数据给覆盖修改了。当执行完定时器中断服务子程序返回到主程序继续执行"MOV P0,A"时,A中的数据已经不是程序跳转到中断服务子程序前的那个数据了,这样数码管显示内容就错了,产生的现象是数码管会不时地闪烁一下。所以为了不发生这样的错误,才会在中断服务子程序中安排现场保护这段程序,保护的就是在主程序中和中断服务子程序中同时用到的数据(如寄存器或数据存储器RAM中一般存储空间的数据),保护现场的方法就是进入中断服务子程序时用堆栈压入指令,如要保护A中的数据用"PUSH A"即可,当执行完中断服务子程序时还有要将刚才保护到堆栈中的数据再还给A,即用"POP A"即可还原A中的数据了。所以,你会发现在中断服务子程序中用到的PUSH和POP指令都是成对出现的,而且注意一下顺序问题,即先压入堆栈的数据会后弹出,而后压入堆栈的数据会先弹出。

黑土:把前面提供的代码下载到我的单片机里了,当我按下K4按键想调节分钟时,结果分钟位显示不正常了,分钟的十位不显示了,分钟的个位显示一个数字"5",这是怎么回事呢?

阿范:关于这个问题我们在5.3.5小节"数码管怎么又不听按键的了"这一节已经讲解过了。只是在此我们该如何结合本设计进行相关处理呢?这里提一下思路,根据你自己的设计思路,可以在按按键调节时钟数据时进行判断处理,以分钟为例,当调节到"0"时可以不再减,也可以将分钟改为59,同时将小时减1,当然这时又要涉及到小时位的判断了;同样当按下分钟加1按键时,如果加到60了,可以不再继续加了,也可以将分钟改为0,同时将小时加1,当然这时还要判断小时是否加到了24了。

具体代码大家自行编写调试吧。

元甲:按住按键不放时,发现数码管全都熄灭了,这说明程序是停在了什么地方不执行显示子程序了吧? 所以数码管才全熄灭了。但奇怪的是当释放按键时,发现秒位的数加了好几秒,这说明在按住按键不放时时钟并没有停止,这是怎么回事呢?

阿范:是这样的,当按住按键不放时,程序停在了判断按键是否释放的判断语句上了,如当按住按键 K1 不释放时,程序就停在"JNB P1.4, $"这条指令处了,即只要 P1.4 引脚接的按键 K1 不释放就停止在当前指令处。但是程序的这种停止只是主程序的循环停了下来,并不能阻止定时器中断服务子程序的执行。也就是,当定时器定时 50 ms 时间到时,程序就从"JNB P1.4, $"这条指令处跳转到了中断服务子程序中去执行,执行完以后又回到"JNB P1.4, $"这条指令处继续判断按键 K1 是否释放。因此当我们按住按键不放时,主程序中的处理子程序和显示子程序都不能得到执行,而定时器中断还照样可以执行,这就会出现数码管已经"很久"没显示数据了,而定时器中断服务子程序中的秒、分、时还在继续不停地"走",所以一旦释放按键,在处理子程序中就会将最新的时间数据做除法处理,然后执行显示子程序时又会将最新的时间数据显示出来,所以会出现你在做实验时出现的问题。

6.5　定时器定时和程序中的延时子程序 DELAY 有何不同

许多初学者都会有这样的疑问,自己动手编写的延时子程序和用定时器定出来的时间有什么不同吗? 这当然不同了,我们用户自己动手编写的延时子程序实现延时的原理是这样的,当执行延时子程序时,是 CPU 亲自去延时子程序处执行循环判断指令来实现的,这样做出来的延时不是很准确,而且浪费 CPU 宝贵的时间。如果不用 CPU 亲自去执行延时子程序的话,CPU 还可以利用这段时间做些事情,即使不做事情也可以"休息"。CPU 休息时单片机也省电啊。如果利用定时器实现延时,首先是延时时间较准确,而且此时不用 CPU"操心"了,在定时器定时的同时 CPU 可以做任何事情。

6.6　定时器进阶

定时器的用法非常多,下面举几个例子供大家参考,以便对定时器有更深入的理解。

6.6.1　饭店牌匾上的彩灯

大家都很熟悉饭店门前的牌匾吧,一般牌匾上面会有彩灯,花样非常多,每隔一段时间就会改变彩灯的亮灭状态,实现定时改变彩灯状态就是利用单片机的定时器实现的,方法即使定时改变单片I/O引脚的电平状态。当然要在彩灯和单片机之间加驱动电路,否则单片机哪里会有这么大的力量去推动那么大功率的彩灯亮灭啊。

6.6.2　预约定时做饭

现在的很多家用电器都具有"预约"功能,如可以让电饭锅定时多长时间后开始自动做饭,电视机可以定时关机等。它们都和定时器有关,不要认为是多么难理解的高科技。

6.6.3　上课铃声真准确

再就是和学生的生活关系较密切的了,相信很多学生对上课铃声不会陌生吧?那么上课铃声为什么这么准确呢?其实也是利用定时器实现精确定时,然后让铃响一段时间而已。不多说了,自己练习最关键,慢慢体会吧。

第7章

会数数的定时器/计数器

51 单片机的定时器/计数器 T0 和 T1 都具有定时功能,同时也都具有计数功能,而 T0 和 T1 的用法相同,因此今天和大家一起研究计数功能时就以 T1 为例进行分析。

7.1 定时器/计数器 T1 用于计数

当定时器 T1 用于计数时,它所计的数是来自于单片机外部引脚 P3.5 上输入的脉冲信号(T0 用于计数时,计的是来自于单片机外部引脚 P3.4 输入的脉冲信号)。首先,我们用定时器/计数器 T1 工作在计数方式完成一个简易心率检测仪的实验。

7.1.1 会数心跳次数的 T1

在本节我们一起研究简易心率检测仪的实现方法,要求测量人体的心跳次数,并能够实时显示当前心跳次数,当然这不是定时器 T1 自己就可以完成的,它需要借助外力来实现(提示:要有团队协作精神啊)。即在本设计中除了单片机、数码管以外,还有一个非常重要的部件,那就是心率检测传感器。心率检测传感器的作用是将心跳引起的身体某个部位的形变转换成脉冲信号。即心脏每跳动一下,传感器就形成一个脉冲输入到单片机中。

1. 硬件电路设计

硬件电路设计如图 7-1 所示,图中大部分电路我们都很熟悉,只是多了一个心率检测传感器。心率检测传感器本身也是一个电子设备,因此也需要供电,我们采用的传感器是合肥华科电子技术研究所研发的 HK_2000A 型脉搏传感器,其供电电压范围是 3~12 V,考虑到供电方便的问题,在本设计中采用 5 V 电源供电(和单片机一样的供电电源)。图中除了给传感器供电的两条线以外,还有一条线是信号线。当把传感器放到身体上时,会在信号线上产生脉冲信号,再把这个脉冲信号输入到单片机的 P3.5 引脚上,供单片机的定时器计数。

2. 软件设计思想

完成本设计主要需要 3 部分程序：第一部分是初始化程序；第二部分是除法处理子程序；第三部分是显示子程序。其中初始化部分包括包括对计数器的设置、数码管初始时显示的数据以及堆栈指针的设置等；除法处理子程序把当前计数容器的低 8 位 TL1 中计的数据用除法分成个位和十位 2 个数（很少有人一分钟的心跳次数会超过 255，所以计数容器的高 8 位 TH1 就可以不用了）；显示子程序用于实时显示当前测得的心跳次数。具体的程序流程见图 7-2 心率检测程序流程图。

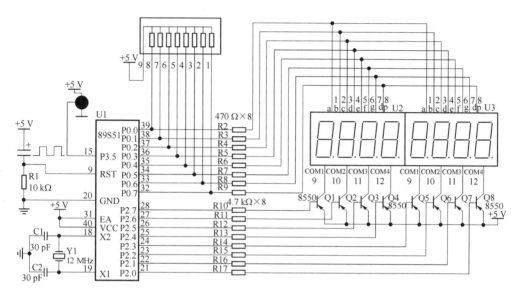

图 7-1 心率检测仪电路图

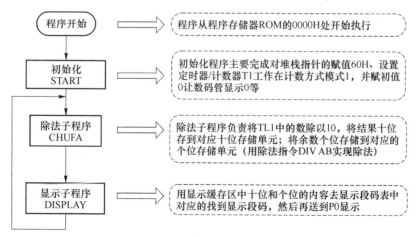

图 7-2 心率检测程序流程图

3. 程序代码清单(见配套资料:实验现象\ch7\xinlv_timer1.flv)

```
SHIWEI    EQU   31H                         ;给内存 RAM 空间中的 31H 单元起名为 SHIWEI
GEWEI     EQU   32H                         ;给内存 RAM 空间中的 32H 单元起名为 GEWEI
          ORG   0000H                       ;复位时程序从此开始
          SJMP  START                       ;跳到 START 进行初始化
          ORG   0030H                       ;初始化程序从 30H 开始
;————————————————————— 初始化 —————————————————————
START:    MOV   SP, #60H                    ;给堆栈指针赋值
          MOV   P0, #0FFH                   ;让 P0 口输出高电平,小灯熄灭
          MOV   DPTR, #TAB                  ;把显示段码数据表头地址赋给 DPTR
          MOV   TL1, #0                     ;给 TL1 赋值 0
          MOV   TMOD , #01010000B           ;定时器 T1 工作在计数方式,模式 1
          SETB  TR1                         ;启动定时器 T1 开始计数
;————————————————————— 主程序 —————————————————————
MAIN:     CALL  CHUFA                       ;调处理子程序完成除法任务
          CALL  DISPLAY                     ;调显示子程序
          SJMP  MAIN                        ;程序跳转到 MAIN 处
;————————————————————— CHUFA 子程序 —————————————————————
CHUFA:    MOV   A, TL1                      ;TL1 中的数据复制给 A
          MOV   B, #10                      ;给寄存器 B 赋值 10
          DIV   AB                          ;用 A 除以 B,结果在 A 中,余数在 B 中
          MOV   SHIWEI, A                   ;十位的结果放在 SHIWEI 中
          MOV   GEWEI , B                   ;个位的结果放在 GEWEI 中
          RET                               ;子程序返回
;————————————————————— DISPLAY 子程序 —————————————————————
DISPLAY:  MOV   A, SHIWEI                   ;把 SHIWEI 中存储的数据复制给 A
          MOVC  A, @A + DPTR                ;到数据表中取十位对应的显示段码
          MOV   P0, A                       ;将显示段码送到 P0 口处
          CLR   P2.1                        ;P2.1 置 0,使得三极管导通给第一个数码管供电
          CALL  DELAY                       ;延一段时间,使得十位数据显示一段时间
          SETB  P2.1                        ;P2.1 置 1,使得三极管关断,熄灭第一个数码管
          MOV   A, GEWEI                    ;把 GEWEI 中存储的数据复制给 A
          MOVC  A, @A + DPTR                ;到数据表中取个位对应的显示段码
          MOV   P0, A                       ;将显示段码送到 P0 口处
          CLR   P2.0                        ;P2.0 置 0,使得三极管导通给第二个数码管供电
```

```
        CALL    DELAY               ;延一段时间,使得个位数据显示一段时间
        SETB    P2.0                ;P2.0置1,使得三极管关断,熄灭第二个数码管
        RET
; —————————————————— 延时子程序 ——————————————————
DELAY: MOV    R0,♯50               ;给 R0 赋值 50
   D2: MOV    R1,♯100              ;给 R1 赋值 100
   D1: DJNZ   R1,D1                ;R1 减 1 不等于 0 跳到 D1 处
       DJNZ   R0,D2                ;R0 减 1 不等于 0 跳到 D2 处
       RET                        ;子程序结束返回
; —————————————— 下面的数据表中存储的是显示段码(共阳) ——————————
TAB:  DB    0C0H,0F9H,0A4H,0B0H,99H  ;从 TAB 处开始存储 0、1、2、3、4
      DB    92H ,82H ,0F8H,80H ,90H  ;5、6、7、8、9 对应的显示段码
      END                        ;程序结束
```

4. 互动环节

孝哲:当设置 TMOD 中的 C/T 位为 1 时,就表示让定时器/计数器 T1 工作在计数方式,但在本例中只涉及到了计数容器的低 8 位,高 8 位不用考虑吗? 还有如果本设计是制作一个心率检测仪,那应该有一个时间条件呢,如 1 min 心跳次数是多少次,在上面的程序中好像没有体现出来,而当我去做这个实验时,数码管上的数据一直可以加。

阿范:是这样的,一般人的心跳次数在 1 min 内不会超过 255,所以定时器/计数器 T1 的计数容器虽然是由高 8 位 TH1 和低 8 位 TL1 构成,这里只用低 8 位 TL1 也是够用的,只要在主程序中不断地显示 TL1 中的数据即可;还有,本设计只是让大家先感觉一下定时器/计数器工作在计数方式时是如何应用的,完整的心率检测仪当然要包括定时 1 min 停止继续计心跳次数的功能,甚至会有更多的功能。完整的心率检测仪的程序会在 7.1.3 小节及第 9 章等内容处继续和大家一起将其完善。

7.1.2　没有心率检测传感器怎么做这个实验呢

许多自学的初学者可能会想:传感器如果不是很方便得到,上面的实验就不能做了吧? 当然不是,我们可以找个信号源来模拟心率检测传感器产生脉冲,输入给单片机的 P3.5 引脚。有以下几种方法供大家参考。

1. 单独用一片单片机产生脉冲信号

再设计一个单片机最小系统,用一片单片机专门产生方波信号,把这个信号输入给测量心率的单片机的 P3.5 引脚即可。具体电路如图 7-3 所示。

模拟产生心率信号的单片机的程序比较简单,主要是让 P1.0 口交替地出现高电平和低电平,即产生方波脉冲。程序代码如下(见配套资料:实验现象\ch7\xinlv_moni.flv):

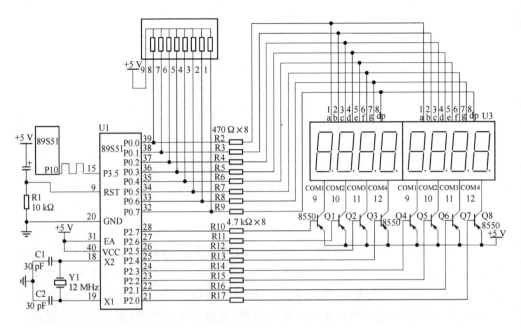

图 7 - 3　单片机提供模拟心率信号

```
        ORG   0000H        ;复位时程序从此开始

        SJMP  START        ;跳到 START 进行初始化

        ORG   0030H        ;初始化程序从 30H 开始

; ――――――――――――― 初始化 ―――――――――――――

START: MOV   SP, #60H      ;给堆栈指针赋值

; ――――――――――――― 主程序 ―――――――――――――

MAIN:  SETB  P1.0          ;将 P1.0 引脚置高电平

       CALL  DELAY         ;调延时子程序

       CLR   P1.0          ;将 P1.0 引脚置低电平

       CALL  DELAY         ;调延时子程序

       SJMP  MAIN          ;程序跳转到 MAIN 处

; ――――――――――――― 延时子程序 ―――――――――――――

DELAY: MOV   R0, #50       ;给 R0 赋值 50

D2:    MOV   R1, #100      ;给 R1 赋值 100

D1:    DJNZ  R1, D1        ;R1 减 1 不等于 0 跳到 D1 处

       DJNZ  R0, D2        ;R0 减 1 不等于 0 跳到 D2 处
```

RET	;子程序结束返回
END	;程序结束

大家如果在实际中用到上面的程序时会注意 2 个细节问题：第一如果用上面这段程序产生的方波当成心率信号提供给计数单片机，那么在数码管上将看不清楚显示的心率次数，因为上面程序产生的方波信号频率较高，其原因是调用的延时程序延时时间太短，所以可以调一个延时时间长一些的延时子程序，下面的这段延时子程序的延时时间约为 1 s；还有一个细节问题就是许多初学者会感觉初始化中就一条指令"MOV SP，♯60H"，会认为该指令没有什么用处。实际上，在本例中确实没有太大用途，在此加上只是让大家注意养成习惯，一般是要加上的，因为在调用子程序和执行中断服务子程序以及保护现场时都要用到堆栈，如果不加此条指令或给堆栈指针 SP 赋值不合适都会引起程序莫名其妙地不正常。

```
;──────────────────── 延时子程序 ────────────────────
DELAY:MOV  R0，♯50          ;给 R0 赋值 50
D3:   MOV  R1，♯100         ;给 R1 赋值 100
D2:   MOV  R2，♯100         ;给 R2 赋值 100
D1:   DJNZ R2，D1           ;R2 减 1 不等于 0 跳到 D1 处
      DJNZ R1，D2           ;R1 减 1 不等于 0 跳到 D2 处
      DJNZ R0，D3           ;R0 减 1 不等于 0 跳到 D3 处
      RET                  ;子程序结束返回
```

2. 用其他硬件制作一个产生方波信号的电路

产生方波信号电路也可以采用 555 定时器，图 7-4 所示电路可以产生周期为 1 s 的方波，将引脚 3 与单片机的 P3.5 引脚连接起来即可完成心率检测仪的实验。

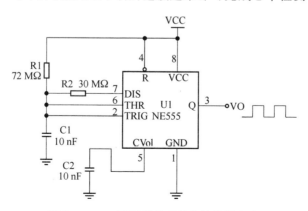

图 7-4 555 定时器构成的方波信号电路

3. 一条杜邦线连接到 GND 上

如果感觉前两种方法比较麻烦,可以用一条杜邦线连接到"地"上,用另一端去碰单片机的 P3.5 引脚,当接触的时候会产生许多脉冲,这时只能看见数码管上的数据会连续的跳变,只能是大致模拟一下心率的信号(当然这个效果更像是心率不齐)。

4. 用定时器 T0 定时中断产生方波脉冲信号

现在用定时器/计数器 T0 工作在定时方式,每过 0.5 s(即 500 ms)就取反单片机的 P1.0 引脚的电平状态,因此每过 1 s 产生一个脉冲,再将这个脉冲通过一条杜邦线输入到单片机的 P3,5 脚,用定时器/计数器 T1 工作在计数方式数脉冲数,这样就达到了模拟测量真正的心跳次数的实验了。硬件电路图见图 7-5,程序流程图见图 7-6(见配套资料:实验现象\ch7\xinlv_timer0_timer1.flv)。

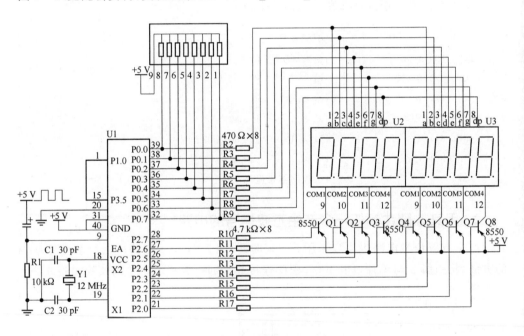

图 7-5　硬件电路图

程序代码如下:

SHIWEI	EQU	31H	;给内存 RAM 空间中的 31H 单元起名 SHIWEI
GEWEI	EQU	32H	;给内存 RAM 空间中的 32H 单元起名 GEWEI
	ORG	0000H	;复位时程序从此开始
	SJMP	START	;跳到 START 进行初始化
	ORG	000BH	;定时器 T0 中断入口

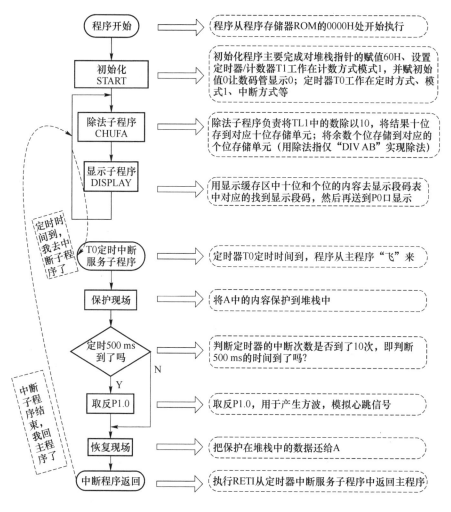

图 7-6　程序流程图

| AJMP | TIMER0 | ;跳转到标号 TIMER0 处(定时器中断服务子程序) |
| ORG | 0030H | ;初始化程序从 30H 开始 |

; ———————————————— 初始化 ————————————————

START:	MOV	SP,♯60H	;给堆栈指针赋值 60H
	MOV	P0,♯0FFH	;让 P0 口输出高电平,小灯熄灭
	MOV	DPTR,♯TAB	;把显示段码数据表头地址赋给 DPTR
	MOV	30H,♯0	;给 30H 赋值 0,(30H 单元存放定时 50ms 的次数)
	MOV	TL1,♯0	;给 TL1 赋值 0
	MOV	TMOD,♯01010001B	;T1 工作在计数方式,模式 1;T0 工作在定时方式

```
            MOV     TH0, ♯3CH              ;给 TH0 赋值 3CH
            MOV     TL0, ♯0B0H             ;给 TL0 赋值 B0H
            SETB    TR0                    ;启动定时器 T0 开始工作
            SETB    TR1                    ;启动定时器 T1 开始计数
            SETB    ET0                    ;开定时器 T0 中断允许
            SETB    EA                     ;开总中断允许
;———————————————————— 主程序 ————————————————————
MAIN:       CALL    CHUFA                  ;调处理子程序完成除法任务
            CALL    DISPLAY                ;调显示子程序
            SJMP    MAIN                   ;程序跳转到 MAIN 处
;———————————————————— CHUFA 子程序 ————————————————————
CHUFA:      MOV     A, TL1                 ;TL1 中的数据复制给 A
            MOV     B, ♯10                 ;给寄存器 B 赋值 10
            DIV     AB                     ;用 A 除以 B,结果在 A 中,余数在 B 中
            MOV     SHIWEI, A              ;十位的结果放在 SHIWEI 中
            MOV     GEWEI, B               ;个位的结果放在 GEWEI 中
            RET                            ;子程序返回
;———————————————————— DISPLAY 子程序 ————————————————————
DISPLAY:    MOV     A, SHIWEI              ;把 SHIWEI 中存储的数据复制给 A
            MOVC    A, @A+DPTR             ;到数据表中取十位对应的显示段码
            MOV     P0, A                  ;将显示段码送到 P0 口处
            CLR     P2.1                   ;P2.1 置 0,使得三极管导通给第一个数码管供电
            CALL    DELAY                  ;延一段时间,使得十位数据显示一段时间
            SETB    P2.1                   ;P2.1 置 1,使得三极管关断,熄灭第一个数码管
            MOV     A, GEWEI               ;把 GEWEI 中存储的数据复制给 A
            MOVC    A, @A+DPTR             ;到数据表中取个位对应的显示段码
            MOV     P0, A                  ;将显示段码送到 P0 口处
            CLR     P2.0                   ;P2.0 置 0,使得三极管导通给第二个数码管供电
            CALL    DELAY                  ;延一段时间,使得个位数据显示一段时间
            SETB    P2.0                   ;P2.0 置 1,使得三极管关断,熄灭第二个数码管
            RET
;———————————————————— 定时器 T0 中断服务子程序 ————————————
TIMER0:     PUSH    ACC                    ;把 ACC 中的数据压入堆栈保护起来
            INC     30H                    ;将 30H 单元中的数据加 1
            MOV     ACC, 30H               ;把 30H 中的内容复制给 ACC
            CJNE    ACC,♯10,FANHUI         ;ACC 中的数据和 10 比较,不相等就跳转到 FANHUI 处
```

```
        MOV         30H，#0              ;给 30H 单元赋值 0(上面的比较如果相等)
        CPL         P1.0                ;取反 P1.0 引脚电平，产生方波模拟心跳信号
FANHUI: POP         ACC                 ;把堆栈中刚才保护的数据还给 ACC
        RETI                            ;中断子程序结束返回到主程序
; ————————————— 延时子程序 —————————————
DELAY:  MOV         R0，#50              ;给 R0 赋值 50
D2:     MOV         R1，#100             ;给 R1 赋值 100
D1:     DJNZ        R1，D1               ;R1 减 1 不等于 0 跳到 D1 处
        DJNZ        R0，D2               ;R0 减 1 不等于 0 跳到 D2 处
        RET                             ;子程序结束返回
; ————————— 下面的数据表中存储的是显示段码(共阳) —————————
TAB:    DB          0C0H,0F9H,0A4H,0B0H,99H   ;从 TAB 处开始存储 0、1、2、3、4
        DB          92H，82H，0F8H,80H，90H    ;5、6、7、8、9 对应的显示段码
        END                             ;程序结束
```

如果将上面这段程序编译后下载到单片机执行，你会发现当数码管上的数据加到 99 以上时就会出现只显示一个个位数据，而十位数码管不亮了，这是什么原因呢？其实前面有相关内容的讲解，简单提示一下吧，原因是我们只显示了两位数，其实我们可以用 3 个数码管显示心跳次数，分别显示百、十、个位。

5. 用信号发生器产生方波信号

如果你在实验室，最简单的方法就是用信号发生器产生方波脉冲信号，而且这时信号的频率还可以调节，可以看到数码管上的数据加的速度是变化的，很有意思！

7.1.3 比较完整的数字人体心率检测仪

现在，假设你手边就可以得到一个心率检测传感器或者在实验室利用信号发生器模拟这个传感器，我们一起完成一个比较完整的简易数字人体心率检测仪的程序。要求用两个数码管以秒的形式显示时间，3 个数码管显示心跳次数，当时间到达 60 s 时，时间和心跳次数数据均停止不变(见配套资料：实验现象\ch7\xinlv_wanzheng. flv)。

1. 硬件电路设计

硬件电路如图 7-1 所示。

2. 软件设计思想

本设计中用到定时器/计数器 T0 和 T1。其中定时器/计数器 T1 工作在计数方式，用于数心跳的次数；定时器/计数器 T0 工作在定时方式，用于定时 60 s，当 60 s 时间到时停止 T1 的计数工作(CLR TR1)，同时停止 T0 自己的定时工作(CLR

TR0)，这样即使心率传感器仍然在人体上放着，TL1 中的数据不会再继续加了，T0 停止工作后就不会再有定时中断发生，因此也就不会再进入中断服务子程序中去了，程序将一直在主程序中执行，显示时间和心跳次数的最终数据信息；当然要想让 T0 和 T1 在开始时正常启动工作，需要在初始化程序中首先进行设置；主程序中主要包括除法子程序和显示子程序，其中除法子程序完成将计数容器 TL1 中的数据分成个位、十位和百位 3 个数据，而显示子程序则实时显示当前的时间和心跳次数。程序流程图如图 7-7 所示。

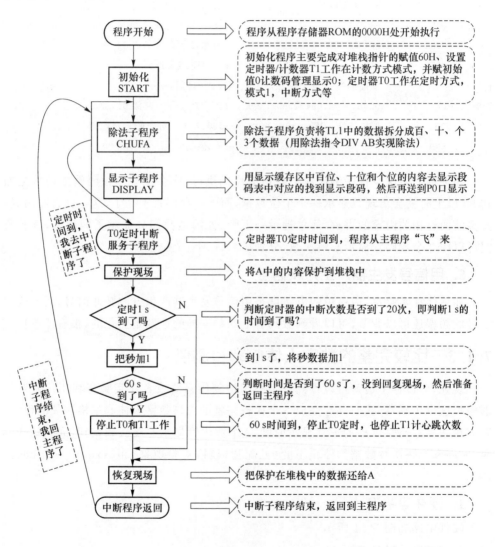

图 7-7 比较完整的心率检测仪程序流程图

3. 程序代码清单

XINLVGEWEI	EQU	31H	;给内存 RAM 空间中的 31H 单元起名 XINLVGEWEI
XINLVSHIWEI	EQU	32H	;给内存 RAM 空间中的 32H 单元起名 XINLVSHIWEI
XINLVBAIWEI	EQU	33H	;给内存 RAM 空间中的 33H 单元起名 XINLVBAIWEI
MIAO	EQU	34H	;给内存 RAM 空间中的 34H 单元起名 MIAO
MIAOGEWEI	EQU	35H	;给内存 RAM 空间中的 35H 单元起名 MIAOGEWEI
MIAOSHIWEI	EQU	36H	;给内存 RAM 空间中的 36H 单元起名 MIAOSHIWEI
	ORG	0000H	;复位时程序从此开始
	SJMP	START	;跳到 START 进行初始化
	ORG	000BH	;定时器 T0 中断入口
	AJMP	TIMER0	;跳转到标号 TIMER0 处(定时器中断服务子程序)
	ORG	0030H	;初始化程序从 30H 开始

; ──────────────── 初始化 ────────────────

START:	MOV	SP, #60H	;给堆栈指针赋值 60H
	MOV	P0, #0FFH	;让 P0 口输出高电平,小灯熄灭
	MOV	DPTR, #TAB	;把显示段码数据表头地址赋给 DPTR
	MOV	30H, #0	;给 30H 赋值 0(30H 单元存放定时 50 ms 的次数)
	MOV	TL1, #0	;给 TL1 赋值 0
	MOV	MIAO, #0	;给秒赋初始值 0
	MOV	TMOD, #01010001B	;T1 工作在计数方式,模式 1;T0 工作在定时方式
	MOV	TH0, #3CH	;给 TH0 赋值 3CH
	MOV	TL0, #0B0H	;给 TL0 赋值 B0H
	SETB	TR0	;启动定时器 T0 开始工作
	SETB	TR1	;启动定时器 T1 开始计数
	SETB	ET0	;开定时器 T0 中断允许
	SETB	EA	;开总中断允许

; ──────────────── 主程序 ────────────────

MAIN:	CALL	CHUFA	;调处理子程序完成除法任务
	CALL	DISPLAY	;调显示子程序
	SJMP	MAIN	;程序跳转到 MAIN 处

; ──────────────── CHUFA 子程序 ────────────────

CHUFA:	MOV	A, TL1	;TL1 中的数据复制给 A
	MOV	B, #100	;给寄存器 B 赋值 100
	DIV	AB	;用 A 除以 B,结果在 A 中(百位),余数在 B 中
	MOV	XINLVBAIWEI, A	;百位的结果放在 XINLVBAIWEI 中

```
        MOV  A，B                        ;把 B 中的余数复制给 A

        MOV  B，#10                      ;给 B 中赋值 10

        DIV  AB                          ;用 A 除以 B,结果在 A 中(十位),余数在 B 中(个位)

        MOV  XINLVSHIWEI，A              ;A 中的数复制给 XINLVSHIWEI

        MOV  XINLVGEWEI，B               ;B 中的数据复制给 XINLVGEWEI

        MOV  A，MIAO                     ;把秒复制给 A

        MOV  B，#10                      ;给 B 中赋值 10

        DIV  AB                          ;用 A 除以 B,结果在 A 中(十位),余数在 B 中(个位)

        MOV  MIAOSHIWEI，A               ;把 A(秒的十位)复制给 MIAOSHIWEI

        MOV  MIAOGEWEI，B                ;把 B(秒个位)复制给 MIAOGEWEI

        RET                              ;子程序返回
;------------------------- DISPLAY 子程序 -------------------------
DISPLAY:MOV  A，MIAOSHIWEI               ;把 MIAOSHIWEI 中存储的数据复制给 A

        MOVC A，@A+DPTR                  ;到数据表中取秒十位对应的显示段码

        MOV  P0，A                       ;将显示段码送到 P0 口处

        CLR  P2.7                        ;P2.7 置 0,使得三极管导通给第一个数码管供电

        CALL DELAY                       ;延一段时间,使得十位数据显示一段时间

        SETB P2.7                        ;P2.7 置 1,使得三极管关断,熄灭第一个数码管

        MOV  A，MIAOGEWEI                ;把 MIAOGEWEI 中存储的数据复制给 A

        MOVC A，@A+DPTR                  ;到数据表中取个位对应的显示段码

        MOV  P0，A                       ;将显示段码送到 P0 口处

        CLR  P2.6                        ;P2.6 置 0,使得三极管导通给第二个数码管供电

        CALL DELAY                       ;延一段时间,使得个位数据显示一段时间

        SETB P2.6                        ;P2.6 置 1,使得三极管关断,熄灭第二个数码管

        MOV  A，XINLVBAIWEI              ;把 XINLVBAIWEI 中存储的数据复制给 A

        MOVC A，@A+DPTR                  ;到数据表中取个位对应的显示段码

        MOV  P0，A                       ;将显示段码送到 P0 口处

        CLR  P2.2                        ;P2.2 置 0,使得三极管导通给第三个数码管供电

        CALL DELAY                       ;延一段时间,使得个位数据显示一段时间

        SETB P2.2                        ;P2.2 置 1,使得三极管关断,熄灭第三个数码管

        MOV  A，XINLVSHIWEI             ;把 XINLVGEWEI 中存储的数据复制给 A

        MOVC A，@A+DPTR                  ;到数据表中取个位对应的显示段码

        MOV  P0，A                       ;将显示段码送到 P0 口处

        CLR  P2.1                        ;P2.1 置 0,使得三极管导通给第四个数码管供电

        CALL DELAY                       ;延一段时间,使得个位数据显示一段时间

        SETB P2.1                        ;P2.1 置 1,使得三极管关断,熄灭第四个数码管

        MOV  A，XINLVGEWEI               ;把 XINLVGEWEI 中存储的数据复制给 A
```

```
        MOVC  A, @A + DPTR           ;到数据表中取个位对应的显示段码
        MOV   P0, A                  ;将显示段码送到 P0 口处
        CLR   P2.0                   ;P2.0 置 0,使得三极管导通给第五个数码管供电
        CALL  DELAY                  ;延一段时间,使得个位数据显示一段时间
        SETB  P2.0                   ;P2.0 置 1,使得三极管关断,熄灭第五个数码管
        RET
; ————————————————— 定时器 T0 中断服务子程序 —————————
TIMER0: PUSH  ACC                    ;把 ACC 中的数据压入堆栈保护起来
        INC   30H                    ;将 30H 单元中的数据加 1
        MOV   ACC, 30H               ;把 30H 中的内容复制给 ACC
        CJNE  ACC, #20, FANHUI       ;ACC 中的数据和 20 比较,不相等就跳转到 FANHUI 处
        MOV   30H, #0                ;给 30H 单元赋值 0(上面的比较如果相等)
        INC   MIAO                   ;把秒加 1
        MOV   ACC, MIAO              ;秒复制给 ACC
        CJNE  ACC, #60, FANHUI       ;判断秒到 60 了吗? 没到跳到 FANHUI 处
        CLR   TR0                    ;(60 s 到了)停止定时器 T0 工作
        CLR   TR1                    ;停止 T1 计心跳次数
FANHUI: POP   ACC                    ;把堆栈中刚才保护的数据还给 ACC
        RETI                         ;中断子程序结束返回到主程序
; ——————————————————— 延时子程序 ———————————————————
DELAY:  MOV   R0, #50                ;给 R0 赋值 50
D2:     MOV   R1, #100               ;给 R1 赋值 100
D1:     DJNZ  R1, D1                 ;R1 减 1 不等于 0 跳到 D1 处
        DJNZ  R0, D2                 ;R0 减 1 不等于 0 跳到 D2 处
        RET                          ;子程序结束返回
; —————————— 下面的数据表中存储的是显示段码(共阳) ———————
TAB:    DB    0C0H,0F9H,0A4H,0B0H,99H ;从 TAB 处开始存储 0、1、2、3、4
        DB    92H,82H,0F8H,80H,90H   ;5、6、7、8、9 对应的显示段码
        END                          ;程序结束
```

4. 互动环节

赵昭:这个程序我编译后下载到单片机中试验了,结果发现数码管上显示的时间和心跳次数的数据都晃动,这是什么原因呢? 前面的程序没有加显示时间这个信息时没有出现这种情况啊!

阿范:是这样的,我们采用的是动态显示方式,这 5 个数码管是轮流发光显示的,如果每个数码管发光时间较长,则每个数码管 2 次发光的时间间隔也较长,那么我们的眼睛就可以区分出来这 5 个数码管不是同时在亮了,所以有晃动的感觉,处理方法

是将上面程序中的延时子程序的延时时间改短些,这样数码管就不晃动了。下面的延时程序供大家参考(见配套资料:实验现象\ch7\xinlv_wanmei.flv)。

```
;———————————————— 延时子程序 ————————————————
DELAY:MOV  R0,#50        ;给 R0 赋值 50
D2:   MOV  R1,#10        ;给 R1 赋值 10
D1:   DJNZ R1,D1         ;R1 减 1 不等于 0 跳到 D1 处
      DJNZ R0,D2         ;R0 减 1 不等于 0 跳到 D2 处
      RET                ;子程序结束返回
```

7.2 计数器进阶

其实,计数器不仅仅只能数出心率次数,也可以完成其他任务。下面通过几个实例提示大家在以后的学习工作中如何利用定时器工作在计数方式实现各种任务。

7.2.1 测量电机转速

利用定时器工作在计数方式时可以测量电机转速,其原理是这样的:在电机的轴上安装一个光电编码器,当电机转动时光电编码器也一起旋转,然后会产生一串脉冲。这时可以利用单片机的定时器工作在计数状态数光电编码器上产生的脉冲数量,从而得知在单位时间内电机转动的周数,进而算出电机的转速。

7.2.2 出租车计价系统

前面已经提到过简易出租车计价系统的实现原理,实际上就是在车轮上安装一个设备,当车开动后,在车轮转动时该设备会产生脉冲,用计数器记录下产生的脉冲数,从而就可以知道车轮的转数,进而可以转化为车的行驶里程,最终可以转换为价钱显示在显示屏上。

7.2.3 每瓶装 100 粒药丸

生产产品时,经常会遇到每多少粒装一瓶,每多少小袋装一大包的问题。其实这些计数的工作都可以让定时器工作在计数方式来帮我们完成,如每瓶装 100 粒药,可以先给定时器赋一个初始值,当在这个初始值的基础上数了 100 个数时就产生中断,在中断处理子程序中,将这瓶药加盖儿,而后准备开始装下一瓶。

第 **8** 章

外部引脚 P3.2 和 P3.3 的特权

对于 51 单片机,有 5 个"人"可以打断主程序执行,分别是定时器/计数器 T0 和 T1、外部引脚 P3.2 和 P3.3 以及串行口,我们称它们为 5 个中断源。今天和大家一起研究一下外部引脚 P3.2 和 P3.3 是如何实现中断主程序执行的以及这样的中断有何意义。为了弄清楚这件事,我们还是先从生活中的那些事儿说起。

8.1　生活中的那些事儿

生活中经常有许多突发的事件打断事先的计划。比如阿范想静静地在家把这个书稿写完,刚写一会儿就有人打电话找我、有人来按门铃、正在烧的一壶水开了等。所以阿范只能暂时把书稿停下来,去处理这些突发事情,处理完了回来继续写书稿。

还有就是阿范在 6.2.4 小节和大家提到的一件事,一个人扔石子把玻璃打破了,我当时正在给单片机培训学员上课,只能简单处理一下窗户就继续上课了。

许多初学者在学习单片机时都普遍存在这样的问题,对自己要设计的作品的功能很清楚,但不知道如何安排各个部分程序,思路不够清晰,也就是不太会设计程序流程图,今天借着说外部引脚 P3.2 和 P3.3 的应用机会,再来举个生活中的例子帮助初学者加强程序流程设计思想,以后遇到用单片机控制的程序就按照这个例子去分析就可以了。

几乎所有的程序都是要有一段初始化程序;然后进入无限循环的主程序,主程序中可能会包含几部分子程序;如果有紧急的事情的话,还需要有中断服务子程序。记得青云曾问过我以下这个问题。

青云:我读别人写的比较短的程序能看懂,可是自己设计时却有点乱,不知道怎么把要完成的任务分块,即使分完块也不知道都放在什么地方;还有就是有些指令记不住,以前编过的程序背不下来。

阿范:程序不是背出来的。是编写出来的。编写之前是要弄清楚究竟想让单片机干什么,即实现什么,也就是流程要清楚。有了流程,剩下的就是分块去写代码。指令也不是背出来的,其实完全可以用到的时候去查就行,当然用得多了就会熟练了。现在就以你每学期的学习生活为例设计一个程序流程图,仔细体会吧。以后设计单片机的程序就可参考着把程序分块安排到图 8-1 中即可。

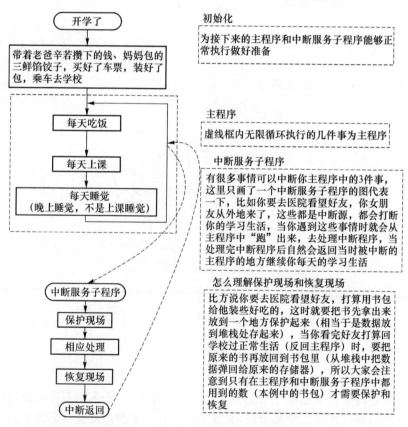

图 8-1 学生生活中的程序流程图

前面说的好像有点跑题了,其实它只是今天的插曲,只是想让大家能够充分理解程序设计的思想和使用中断方式工作的优点。下面书归正传,将和大家一起研究外部中断输入引脚 P3.2 和 P3.3 第二功能的应用。

8.2 谁在控制中断

我们都知道 51 单片机的 P3.2 和 P3.3 引脚和其他引脚一样都具有普通的 I/O 功能,可以接 LED 小灯或者按键等器件,但是更重要的功能是这两个引脚可以给单片机的 CPU 一个信号,并且可以中断 CPU 正在执行的主程序,转而去处理 P3.2 和 P3.3 引脚所引发的事情。那么究竟在什么情况下,P3.2 和 P3.3 引脚具有这种特殊功能呢?请关注中断允许控制寄存器 IE 和控制寄存器 TCON 中相关位的设置。

8.2.1 我可以把手机关了

上文说到阿范想静下心来写书稿,可是总会有一些突发事件(比如有人打手机找他)把他写书稿这个主程序给中断了,后来阿范没有办法就把手机给关了,这下可是真安静啊,把所有的中断都给屏蔽了;但是等晚上一开机发现有短信进来。这说明虽然可以通过关机把中断给屏蔽了,但是引发中断的事件会一直"傻傻地"等待着被响应。下面具体看看是怎么把 P3.2 和 P3.3 引脚的中断信号给屏蔽的,而它们又是在哪儿傻傻地等待的吧?

8.2.2 中断允许控制寄存器 IE

别人能不能拨通阿范的手机取决于阿范是否开机,而单片机的外部引脚 P3.2 和 P3.3 上的信号能否中断主程序取决于在初始化时对单片机的设置,即取决于对中断允许控制寄存器 IE 中相关位的设置。中断允许控制寄存器 IE 如表 8-1 所列。

表 8-1 中断允许寄存器 IE

D7	D6	D5	D4	D3	D2	D1	D0
EA	空	ET2	ES	ET1	EX1	ET0	EX0

1. EX0

当 EX0=1(SETB EX0)时,同时单片机 P3.2 引脚上出现中断信号时,单片机会中断主程序的执行而"飞"往中断服务子程序,执行完后通过中断返回指令 RETI 自动返回主程序。当 EX0=0(CLR EX0)时,即使单片机 P3.2 引脚上出现中断信号,程序也不会从主程序"飞"出去执行,因为此时单片机的 CPU 相当于被"堵上了耳朵",根本接收不到 P3.2 引脚上的中断信号,但是这并不表示这个信号不存在。如果单片机的 CPU 有空查一下 TCON 中的 IE0 位,若为 1 就说明有中断信号出现过。

2. EX1

当 EX1＝1(SETB EX1)时,并且外部 P3.3 引脚上出现中断信号时,单片机的 CPU 会中断主程序而去执行相应的中断服务子程序;当 EX1＝0(CLR EX1)时,即使外部 P3.3 引脚上即使出现中断信号,单片机的 CPU 也不能中断主程序转而去执行中断服务子程序。

因此,可以这样认为,EX0 和 EX1 是决定 CPU 能否感觉到外部引脚 P3.2 和 P3.3 上的中断信号的控制位。

3. EA

EA 为总中断允许控制位,EA 就相当于每家水管的总闸,如果总闸不开,各个水龙头即使开了也不会有水;反过来,如果总闸开了而各个分闸没开也不会有水,所以当我们想让 P3.2 和 P3.3 引脚上的信号能够中断主程序则必须将 EA 位设置为 1 (SETB EA),如果不想让任何中断打断主程序的执行则将 EA 位设置成 0(CLR EA)。

8.2.3 控制寄存器 TCON

上文中提到了 P3.2 和 P3.3 出现的信号可以中断主程序,那么这两个引脚上面出现什么信号可以中断主程序呢? 具体来说有两种信号,一种是低电平信号;另一种就是下降沿信号。那么究竟这两种信号何时起作用呢? 以及出现中断信号时会出现的标志又在哪里呢? 其实它们就在控制寄存器 TCON 中,如表 8－2 所列。

表 8－2　控制寄存器 TCON

D7	D6	D5	D4	D3	D2	D1	D0
TF1	TR1	TF0	TR0	IE1	IT1	IE0	IT0
用于控制 T1		用于控制 T0		控制 P3.3		控制 P3.2	

1. IT0

当 IT0＝1(SETB IT0)时,只有当 P3.2 引脚出现下降沿时才会产生一次中断。当 IT0＝0(CLR IT0)时,表示 P3.2 引脚只要出现低电平就会一直频繁地产生中断。

2. IE0

IE0 位是 P3.2 引脚的信号(此信号可能是下降沿信号也可能是低电平信号,这个取决于 IT0 位)产生中断时的一个标志,当产生中断时该位自动由硬件置 1,在 CPU 响应中断后,再由硬件将 IE0 位清 0;当 P3.2 引脚上没有中断信号时该位为 0。

IT1 和 IE1 的功能与 IT0、TE0 相似,只是它们是控制外部引脚 P3.3 上出现的中断信号的。

8.2.4　谁惹我我找他家去

上文说到有 5 件事可以打断 CPU 正在执行的主程序,那 CPU 大人又是如何找到惹他的人的呢? 其实每一个中断源都有一个固定的住址。比方说外部引脚 P3.2 吧,它的家就在程序存储器 ROM 的 0003H 处,所以一旦 P3.2 引脚出现中断信号,CPU 就会暂时终止执行主程序,跳到 0003H 处去执行,即去执行中断服务子程序。表 8-3 给出了 5 个中断源的入口地址。需要说明的是,这些中断源也存在优先级,自然排序时,P3.2 引脚产生的中断信号是老大,同时发生中断时,CPU 会先去 0003H 处执行,然后再去执行其他的中断服务子程序。

表 8-3　中断入口地址

打断主程序的"人"——中断源	中断入口地址 (谁惹 CPU 就找他家去)	中断发生标志	优先级别
引脚 P3.2 上的低电平或下降沿信号	0003H	TCON 中 IE0 位	高
定时器/计数器 T0 计数容器溢出	000BH	TCON 中 TF0 位	
引脚 P3.3 上的低电平或下降沿信号	0013H	TCON 中 IE1 位	↓
定时器/计数器 T1 计数容器溢出	001BH	TCON 中 TF1 位	
串行口发送或接收完一个字节数据	0023H	SCON 中 TI 或 RI	低

8.3　外部中断控制 LED 闪烁

上面写了一堆全是理论,我们得实际操练一下,看看具体应用时是怎么实现的。有些人爱玩鹰,可是阿范就是喜欢玩灯,可好玩了! 真的! "一闪一闪亮晶晶"。当有人问阿范为啥爱玩灯时,他说灯便宜啊,能练习中断内容就行呗,要啥自行车啊? 给他一个飞机他还控制不了呢!

8.3.1　低电平触发中断控制 LED 闪烁

现在一起来完成一个控制 LED 小灯的实验,要求当 P3.2 引脚接收到低电平信号时引发中断,在中断服务子程序中取反 P0.7 引脚状态,从而达到让接在 P0.7 引脚上的 LED 小灯闪烁的目的。

1. 硬件电路设计

硬件电路设计如图 8-2 所示。给 P3.2 引脚提供低电平的最简单的方式就是用一根杜邦线将 P3.2 引脚连接到 GND 上。

2. 软件设计思想

软件设计如图 8-3 所示。程序包括 3 部分,分别是初始化程序,主程序和中断服务子程序。其中初始化程序负责对 P3.2 引脚能否引发中断进行授权及 P3.2 引脚是以什么信号引发中断的进行设置,此外还要设置堆栈指针及 LED 小灯的初始亮灭状态等;主程序中没有任何事件可做,所以程序只需要停止在一个地方即可;中断服务子程序负责取反 P0.7 引脚状态。

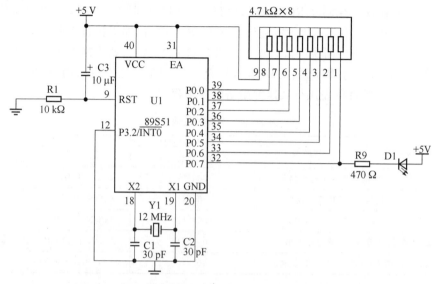

图 8 - 2　P3.2 引脚的低电平信号引发中断控制 LED 小灯

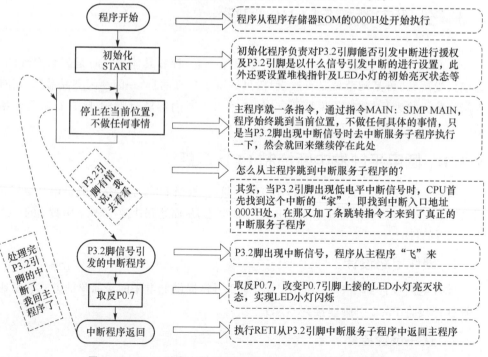

图 8 - 3　P3.2 引脚中断信号控制 LED 小灯闪烁程序流程图

3. 程序代码清单(见配套资料:实验现象\ch8\P3.2_didianping. flv)

```
            ORG   0000H              ;复位时程序从此开始
            SJMP  START              ;跳到 START 进行初始化
            ORG   0003H              ;P3.2 引脚信号中断入口
            AJMP  INTERRUPT0         ;跳转到标号 INTERRUPT0 处(P3.2 中断服务子程序)
            ORG   0030H              ;初始化程序从 30H 开始
; ———————————————— 初始化 ————————————————
START:      MOV   SP, #60H           ;给堆栈指针赋值 60H
            MOV   P0, #0FFH          ;让 P0 口输出高电平,小灯熄灭
            CLR   IT0                ;设置 P3.2 引脚低电平信号可以引发中断
            SETB  EX0                ;开外中断 0,即允许 P3.2 信号中断 CPU
            SETB  EA                 ;开总中断允许
; ———————————————— 主程序 ————————————————
MAIN:       SJMP  MAIN               ;程序跳转到 MAIN 处
; ———————————— P3.2 脚引发的中断服务子程序 ————————————
INTERRUPT0: CPL   P0.7               ;取反 P0.7 口状态
            RETI                     ;中断子程序结束返回到主程序
            END                      ;程序结束
```

4. 互动环节

飞雪:我做这个实验了,但没有看到 P0.7 口接的 LED 小灯闪烁啊?

阿范:是这样的,我们把 P3.2 引脚连接到 GND 上了,而且设置的是低电平信号产生中断,所以一直都满足产生中断的条件,因此程序会高速频繁地响应中断,刚刚从中断服务子程序中返回到主程序就被中断,跳到中断服务子程序去执行。由于单片机执行速度特别快,所以我们根本就感觉不到小灯闪烁,只能看见小灯一直亮着。

飞雪:可是 CPU 响应中断是直接跳到中断服务子程序的,我们也控制不了啊,那怎么才能看见小灯闪烁呢?

阿范:我给你出两个主意。第一种方法是让 CPU 在中断子程序里"逗留"时间长点,把 CPU 从中断服务子程序处"骗"到一段延时程序处执行一段延时程序,然后再让他回到主程序,这样就能使得下次响应中断的速度慢下来,从而可以看到 LED 小灯闪烁的现象了。当然,实际应用中不建议在中断服务程序中加入长延时程序。

飞雪:那另一种方法呢?

阿范:你先别急,先把我说的第一种方法试验一下,看看效果再说吧。

改写后的程序代码如下(见配套资料:实验现象\ch8\P3.2_didianping_delay. flv):

```
                ORG   0000H                    ;复位时程序从此开始
                SJMP  START                    ;跳到 START 进行初始化
                ORG   0003H                    ;P3.2 引脚信号中断入口
                AJMP  INTERRUPT0               ;跳转到标号 INTERRUPT0 处(P3.2 中断服务子程序)
                ORG   0030H                    ;初始化程序从 30H 开始
;———————————————— 初始化 ————————————————
START:          MOV   SP, #60H                 ;给堆栈指针赋值 60H
                MOV   P0, #0FFH                 ;让 P0 口输出高电平,小灯熄灭
                CLR   IT0                       ;设置 P3.2 引脚低电平信号可以引发中断
                SETB  EX0                       ;开外中断 0,即允许 P3.2 信号中断 CPU
                SETB  EA                        ;开总中断允许
;———————————————— 主程序 ————————————————
MAIN:           SJMP  MAIN                      ;程序跳转到 MAIN 处
;———————————— P3.2 脚引发的中断服务子程序 ————————
INTERRUPT0:CPL   P0.7                           ;取反 P0.7 口状态
                CALL  DELAY                     ;调延时子程序 DELAY
                RETI                            ;中断子程序结束返回到主程序
;———————————————— 延时子程序 ————————————————
DELAY:          MOV   R0, #250                  ;给 R0 赋值 250
D2:             MOV   R1, #250                  ;给 R1 赋值 250
D1:             DJNZ  R1, D1                    ;R1 减 1 不等于 0 跳到 D1 处
                DJNZ  R0, D2                    ;R0 减 1 不等于 0 跳到 D2 处
                RET                             ;子程序结束返回
                END                             ;程序结束
```

飞雪:我试验过了,小灯确实闪起来了!那另一种方法呢?快说吧。

阿范:第二种方法是别让 CPU 总是在主程序那里闲着,应该发挥点作用,即控制 P3.2 引脚信号能否引发中断的授权问题,可以给 P3.2 引脚授权开通中断,然后立刻关闭中断,使得 P3.2 引脚的中断信号不能被 CPU 察觉,如此循环。这样 P3.2 上的信号就不能频繁产生中断了,而是隔一段时间才被授权产生中断。具体的程序代码如下(见配套资料:实验现象\ch8\P3.2_didianping_en.flv):

```
                ORG   0000H                    ;复位时程序从此开始
                SJMP  START                    ;跳到 START 进行初始化
                ORG   0003H                    ;P3.2 引脚信号中断入口
                AJMP  INTERRUPT0               ;跳转到标号 INTERRUPT0 处(P3.2 中断服务子程序)
                ORG   0030H                    ;初始化程序从 30H 开始
```

```
;─────────────────── 初始化 ───────────────────
START:      MOV   SP, #60H              ;给堆栈指针赋值 60H
            MOV   P0, #0FFH             ;让 P0 口输出高电平,小灯熄灭
            CLR   IT0                   ;设置 P3.2 引脚低电平信号可以引发中断
            SETB  EX0                   ;开外中断 0,即允许 P3.2 信号中断 CPU
            SETB  EA                    ;开总中断允许
;─────────────────── 主程序 ───────────────────
MAIN:       SETB  EX0                   ;开外中断 0,即允许 P3.2 信号中断 CPU
            NOP                         ;空操作指令
            CLR   EX0                   ;关外中断 0, CPU 将对 P3.2 引脚的信号不理会
            CALL  DELAY                 ;调延时程序,不理 P3.2 的时间持续一段时间
            SJMP  MAIN                  ;程序跳转到 MAIN 处
;─────────── P3.2 脚引发的中断服务子程序 ───────────
INTERRUPT0: CPL   P0.7                  ;取反 P0.7 口状态
            RETI                        ;中断子程序结束返回到主程序
;─────────────────── 延时子程序 ───────────────────
DELAY:      MOV   R0, #250             ;给 R0 赋值 250
D2:         MOV   R1, #250             ;给 R1 赋值 250
D1:         DJNZ  R1, D1                ;R1 减 1 不等于 0 跳到 D1 处
            DJNZ  R0, D2                ;R0 减 1 不等于 0 跳到 D2 处
            RET                         ;子程序结束返回
            END                         ;程序结束
```

飞雪:小灯确实也能闪烁了,现在能够更好的理解 EX0 的作用了,可是为什么在给 P3.2 引脚授权,允许 P3.2 引脚的低电平信号产生中断后,还要在主程序中加一条 NOP 指令呢?

阿范:是这样的,如果刚对 P3.2 引脚授权(SETB EX0)就立刻取消(CLR EX0),那么还没等 CPU 确认中断信号就给禁止了,中断服务子程序就不会得到执行了,也就看不到小灯闪烁了,所以授权后要通过一条空操作指令 NOP 延时 1 μs,然后再禁止 P3.2 引脚的信号产生中断。

8.3.2　下降沿触发中断控制 LED 闪烁

前面和大家分享了 P3.2 引脚的低电平信号引发中断的实验,现在我们一起研究下降沿信号是如何触发中断的。现在的问题是下降沿信号如何能够得到呢? 在 7.1.2 小节曾经介绍了如何产生脉冲的问题,我们可以用实验室的信号发生器,也可以用 555 定时器做一个方波信号发生器,当然最简单的办法就是用杜邦线连接到引脚 P3.2 上,另一端向 GND 上碰触,会产生很多个脉冲信号,自然就有下降沿了。电路图和程序流程图分别参考图 8-2 和图 8-3。程序代码如下(见配套资料:实验现

象\ch8\P3.2_led_clk.flv):

```
        ORG   0000H              ;复位时程序从此开始
        SJMP  START              ;跳到 START 进行初始化
        ORG   0003H              ;P3.2 引脚信号中断入口
        AJMP  INTERRUPT0         ;跳转到标号 INTERRUPT0 处(P3.2 中断服务子程序)
        ORG   0030H              ;初始化程序从 30H 开始
;————————————————— 初始化 —————————————————
START:  MOV   SP,#60H            ;给堆栈指针赋值 60H
        MOV   P0,#0FFH           ;让 P0 口输出高电平,小灯熄灭
        SETB  IT0                ;设置 P3.2 引脚下降沿信号可以引发中断
        SETB  EX0                ;开外中断 0,即允许 P3.2 信号中断 CPU
        SETB  EA                 ;开总中断允许
;————————————————— 主程序 —————————————————
MAIN:   SJMP  MAIN               ;程序跳转到 MAIN 处
;————————————— P3.2 脚引发的中断服务子程序 ———————
INTERRUPT0:CPL   P0.7           ;取反 P0.7 口状态
        RETI                     ;中断子程序结束返回到主程序
        END                      ;程序结束
```

从上面程序的实验现象可以知道只有 P3.2 引脚上的下降沿这一刻能触发中断,而 P3.2 引脚一直为高电平或一直为低电平不会引发中断。需要注意的是,从 P3.2 引脚输入的信号频率不能太高,如果太高,CPU 就"反应"不过来了,因此要求产生下降沿的高电平和低电平分别至少要持续 12 个振荡周期。

8.3.3　2 个外部中断低电平触发控制 2 个 LED 闪烁

总玩一个灯也没什么意思,现在再加一个 LED 小灯,分别用 P3.2 引脚和 P3.3 引脚上的低电平信号产生中断控制 2 个 LED 小灯闪烁。

1. 硬件电路设计

硬件电路设计如图 8-4 所示,给 P3.2 和 P3.3 引脚连接到 GND 上,用来给这 2 个引脚提供低电平信号;2 个 LED 小灯分别接在 P0.0 和 P0.7 引脚上。

2. 软件设计思想

软件设计如图 8-5 所示。程序包括 4 部分,分别是初始化程序、主程序和两个中断服务子程序。其中初始化程序负责对 P3.2 和 P3.3 引脚能否引发中断进行授权及以什么信号引发中断进行设置,此外还要设置堆栈指针及 LED 小灯的初始亮灭状态等;主程序中没有任何事件可做,所以程序只需要停止在一个地方即可;P3.2 引脚低电平信号产生的中断服务子程序负责取反 P0.0 引脚状态,P3.3 引脚低电平信号产生的中断服务子程序负责取反 P0.7 引脚状态。

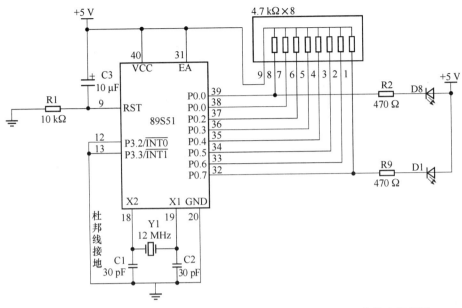

图 8-4　P3.2 和 P3.3 引脚的中断信号分别控制 P0.0 和 P0.7 上的小灯闪烁

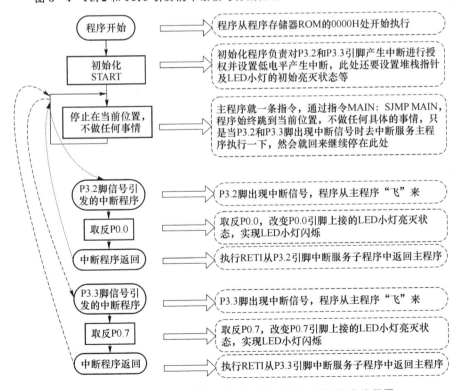

图 8-5　P3.2 和 P3.3 引脚中断信号控制 LED 闪烁程序流程图

3. 程序代码清单(见配套资料:实验现象\ch8\P3.2_P3.3_led.flv)

```
                ORG   0000H            ;复位时程序从此开始
                SJMP  START            ;跳到 START 进行初始化
                ORG   0003H            ;P3.2 引脚信号中断入口
                AJMP  INTERRUPT0       ;跳转到标号 INTERRUPT0 处(P3.2 中断服务子程序)
                ORG   0013H            ;P3.3 引脚信号中断入口
                AJMP  INTERRUPT1       ;跳转到标号 INTERRUPT1 处(P3.3 中断服务子程序)
                ORG   0030H            ;初始化程序从 0030H 开始
;─────────────── 初始化 ───────────────
START:          MOV   SP, #60H         ;给堆栈指针赋值 60H
                MOV   P0, #0FFH        ;让 P0 口输出高电平,小灯熄灭
                CLR   IT0              ;设置 P3.2 引脚低电平信号可以引发中断
                SETB  EX0              ;开外中断 0,即允许 P3.2 信号中断 CPU
                CLR   IT1              ;设置 P3.3 引脚低电平信号可以引发中断
                SETB  EX1              ;开外中断 1,即允许 P3.3 信号中断 CPU
                SETB  EA               ;开总中断允许
;─────────────── 主程序 ───────────────
MAIN:           SJMP  MAIN             ;程序跳转到 MAIN 处
;─────────── P3.2 脚引发的中断服务子程序 ───────
INTERRUPT0:     CPL   P0.0             ;取反 P0.0 口状态
                CALL  DELAY            ;调延时子程序 DELAY
                RETI                   ;中断子程序结束返回到主程序
;─────────── P3.3 脚引发的中断服务子程序 ───────
INTERRUPT1:     CPL   P0.7             ;取反 P0.7 口状态
                CALL  DELAY            ;调延时子程序 DELAY
                RETI                   ;中断子程序结束返回到主程序
;─────────────── 延时子程序 ───────────────
DELAY:          MOV   R0, #250         ;给 R0 赋值 250
D2:             MOV   R1, #250         ;给 R1 赋值 250
D1:             DJNZ  R1, D1           ;R1 减 1 不等于 0 跳到 D1 处
                DJNZ  R0, D2           ;R0 减 1 不等于 0 跳到 D2 处
                RET                    ;子程序结束返回
                END                    ;程序结束
```

4. 互动环节

赵岩:怎么就接在 P0.0 口的小灯闪烁呢? P0.7 口接的小灯一直不亮啊!

阿范:这就对了。上面的程序确实不能实现我们最初的想法,原因就是 P3.2 引脚信号的中断级别高,CPU 一直在忙着"伺候"P3.2 引脚的中断服务子程序,频繁地往返于主程序和 P3.2 引脚信号产生的中断服务子程序;此时的 CPU 根本就没有时间理会 P3.3 引脚的中断请求。给你举个例子,听说过土匪窝儿吧?有一天土匪窝儿里有三个土匪喝酒,一个是大当家的,一个是二当家的,还有一个是小弟。这大当家的有一个外号"千杯不倒",小弟刚给他倒上酒,他就一口干了,连续干了 N 杯,这二当家的就只能拿着个空杯在那等,小弟一直没有机会给他倒酒。原因很简单,二当家的级别没有大当家的高,所以他想中断小弟倒酒这个请求一直没有机会实现。这个小例子和我们单片机的中断系统很类似,好好想想吧。

赵岩:那二当家的就不会想想办法,也不能一直这样啊,有没有什么办法呢?

阿范:办法肯定有啊,给大家介绍两个办法。第一个方法,第二天在没正式开始喝酒前二当家的提议,他说咱们今天玩儿个小游戏,就是每喝完一杯酒咱们就换一下角色,二当家的就变成大当家的,而大当家的就变成二当家的。这大当家的一听有意思,没玩过,就一口答应了。

赵岩:那后来呢?

阿范:你还真想往后听啊?该回到咱们的单片机上来了,我们还是解决一下 P3.3 引脚信号不能被执行导致的 P0.7 口小灯不闪的问题吧。

赵岩:哦,那怎么办呢?

阿范:其实在单片机内部有一个能够改变 5 个中断源优先级别的控制寄存器,这就是 IP。有关 IP 的详细应用请继续向下看。

8.3.4 IP 改变土匪窝儿里二当家的地位

土匪窝儿里有一个自然的级别排序,在单片机中也有一个自然的中断源级别的排序,其实在前面曾经给大家介绍过,5 个中断源自然优先顺序由高到低分别是:

P3.2 引脚中断信号、定时器/计数器 T0、P3.3 引脚中断信号、定时器/计数器 T1、串口收发数据完成中断。那么怎么才能改变它们的优先级别呢？其实，可以通过设置中断优先级寄存器 IP 来改变各个中断源的级别，IP 各位具体的内容见表 8－4。各位对应的含义如下：

　　PX0——外部中断 0(P3.2 引脚)优先级控制。0：低优先级，1：高优先级。

　　PT0——T0(计数或定时溢出)中断优先级控制。0：低优先级，1：高优先级。

　　PX1——外部中断 1(P3.3 引脚)优先级控制。0：低优先级，1：高优先级。

　　PT1——T1(计数或定时溢出)中断优先级控制。0：低优先级，1：高优先级。

　　PS——串行口收、发完成中断优先级控制。0：低优先级，1：高优先级。

当把某一位设置成 1 了，则该位对应的中断优先级别就变成最高的了，但当多位都设置成 1 时，则这些位对应的中断级别就都高于那些没有设置成 1 的中断。在设置成 1 的中断中，它们的顺序又是再按照原来的自然顺序排中断级别。如将 PS 位设置成 1(SETB PS)，则串口中断级别此时最高，如果再将 PX0 位设置成 1(SETB PX0)，则此时外部引脚 P3.2 对应的中断级别最高，然后是串口中断，再向后依次是定时器 T0、外部引脚 P3.3 中断、定时器 T1。

表 8－4　中断优先级寄存器 IP

D7	D6	D5	D4	D3	D2	D1	D0
X	X	X	PS	PT1	PX1	PT0	PX0

　　现在重新完成上面的实验，即要求 P3.2 和 P3.3 引脚的低电平中断信号控制 2 个 LED 小灯闪烁，思想就是当 P3.2 引脚低电平信号产生中断时，程序从主程序"飞"到其对应的中断服务子程序中去执行取反 P0.0 口状态的任务，同时将自己的优先级别设置成低优先级(CLR PX0)，将 P3.3 引脚对应的中断级别设置成高优先级(SETB PX1)，这样 CPU 就有机会响应 P3.3 引脚上的中断请求信号了。同样的道理，当进入 P3.3 引脚对应的中断服务子程序执行取反 P0.7 引脚状态时，再把它们的优先级别改回来，如此交替设置优先级别就可以实现他们的中断请求都有机会被处理了(这回二当家的不就有机会喝到酒了吗？)。具体程序代码如下(见配套资料：实验现象\ch8\p3.2_p3.3_jiaohuanjibie.flv)：

```
ORG  0000H          ;复位时程序从此开始
SJMP START          ;跳到 START 进行初始化
ORG  0003H          ;P3.2 引脚信号中断入口
AJMP INTERRUPT0     ;跳转到标号 INTERRUPT0 处(P3.2 中断服务子程序)
```

```
                ORG    0013H              ;P3.3 引脚信号中断入口
                AJMP   INTERRUPT1         ;跳转到标号 INTERRUPT1 处(P3.3 中断服务子程序)
                ORG    0030H              ;初始化程序从 0030H 开始
; ─────────────── 初始化 ───────────────
START:          MOV    SP, ♯60H           ;给堆栈指针赋值 60H
                MOV    P0, ♯0FFH          ;让 P0 口输出高电平,小灯熄灭
                CLR    IT0                ;设置 P3.2 引脚低电平信号可以引发中断
                SETB   EX0                ;开外中断 0,即允许 P3.2 信号中断 CPU
                CLR    IT1                ;设置 P3.3 引脚低电平信号可以引发中断
                SETB   EX1                ;开外中断 1,即允许 P3.3 信号中断 CPU
                SETB   EA                 ;开总中断允许
; ─────────────── 主程序 ───────────────
MAIN:           SJMP   MAIN               ;程序跳转到 MAIN 处
; ─────────────── P3.2 脚引发的中断服务子程序 ───────
INTERRUPT0:     CPL    P0.0               ;取反 P0.0 口状态
                CLR    PX0                ;将外中断 0(P3.2)设置成低优先级
                SETB   PX1                ; 将外中断 1(P3.3)设置成高优先级
                CALL   DELAY              ;调延时子程序 DELAY
                RETI                      ;中断子程序结束返回到主程序
; ─────────────── P3.3 脚引发的中断服务子程序 ───────
INTERRUPT1:     CPL    P0.7               ;取反 P0.7 口状态
                CLR    PX1                ;将外中断 1(P3.3)设置成低优先级
                SETB   PX0                ; 将外中断 0(P3.2)设置成高优先级
                CALL   DELAY              ;调延时子程序 DELAY
                RETI                      ;中断子程序结束返回到主程序
; ─────────────── 延时子程序 ───────────────
DELAY:          MOV    R0, ♯250           ;给 R0 赋值 250
D2:             MOV    R1, ♯250           ;给 R1 赋值 250
D1:             DJNZ   R1, D1             ;R1 减 1 不等于 0 跳到 D1 处
                DJNZ   R0, D2             ;R0 减 1 不等于 0 跳到 D2 处
                RET                       ;子程序结束返回
                END                       ;程序结束
```

赵岩:上面的代码我编译后下载到单片机中,并将 P3.2 和 P3.3 引脚都连接到
GND 上,用来给两个引脚提供低电平中断信号,这回确实出现了 2 个 LED 小灯交替
闪烁的现象了,可是你刚才不是说有两种方法吗? 那另外一种方法呢? 快告诉我吧!

阿范:好的,是还有一个方法,具体怎么实现请继续看 8.3.5 小节的介绍吧。

8.3.5 土匪窝儿里的新规让二当家的也有喝酒的份儿

上文说到二当家的想了个方法,每喝完一杯酒后改变一次他和大当家的角色(即每取反一次小灯的状态后就改变 P3.2 和 P3.3 引脚中断信号的优先级别),可是这大当家的玩了一会儿心里感觉不爽,心想怎么大当家的突然就变成二当家的了,心想不玩了。二当家的似乎也看出来了大当家的心思,于是他们就展开了下面的对话。

二当家的:大哥,你是大当家的,这游戏不太好玩,我看就算了,咱们还是玩点儿别的。

大当家的:咱这土匪窝儿里有什么可玩的呢?

二当家的:当然还是围绕着喝酒了。现在把小六子和小顺子找来,让他们把小红旗举起来,每当他们一放下小红旗,咱们就干一杯酒。你看这样行不?

大当家的:行,这个能好玩儿,不过他们谁放下旗我喝,谁放下旗你喝呢?

二当家的:小六子一放下旗我喝,小顺子一放下旗你喝,这样行吧?

大当家的:行,就这么定了,快点开始吧。

说到这,大家可能会想两个土匪的对话和单片机有什么关系啊? 小六子和小顺子举旗又有什么作用呢? 其实是这样的,下面我们要设计一个实验,把两路脉冲信号分别送到 P3.2 和 P3.3 引脚上去,并且设置这两个引脚在下降沿时产生中断,在中断中取反接在 P0.0 和 P0.7 引脚上的 LED 小灯的状态,从而实现每有一个下降沿就会让一个 LED 小灯的状态取反。所以才在上面用小六子和小顺子举旗,每当他们把旗一放下就相当于是一个脉冲的下降沿。现在的问题是这两个脉冲信号怎么得到呢? 考虑到许多学生都是在寝室自学,手头不会有信号发生器这个设备,所以我们还是自己动手产生一个脉冲信号吧。怎么产生呢? 在前面我们一起学过了定时器的相关知识,现在我们分别用定时器 T0 和 T1 定时 60 ms 取反 P0.3 和 P0.5 引脚电平状态,再把这两个引脚产生的方波信号连接到 P3.2 和 P3.3 引脚上去,当 P3.2 和 P3.3 引脚接到 P0.3 和 P0.5 引脚的脉冲信号的下降沿时就分别产生中断,在中断服务子程序中取反 P0.0 和 P0.7 引脚的状态,这样就实现了 P0.0 和 P0.7 引脚的小灯闪烁的现象了。一次在本设计中会出现 4 个中断子程序。

1. 硬件电路设计

硬件电路如图 8 – 6 所示。

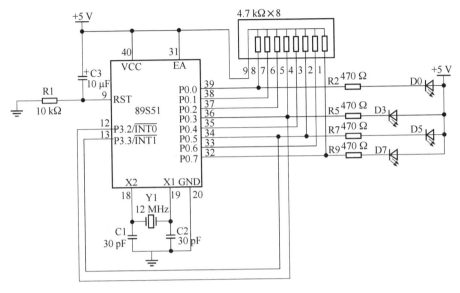

图 8 – 6　定时器产生方波引起 P3.2 和 P3.3 产生中断电路

2. 软件设计思想

具体程序流程图如图 8 – 7 所示。

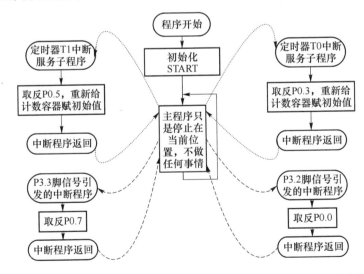

图 8 – 7　定时器 T0、T1 和外部中断 P3.2、P3.3 这 4 个中断混合应用程序流程图

3. 程序代码清单(见配套资料:实验现象\ch8\p3.2_p3.3_clk.flv)

```
                ORG   0000H            ;复位时程序从此开始
                SJMP  START            ;跳到 START 进行初始化
                ORG   0003H            ;P3.2 引脚信号中断入口
                AJMP  INTERRUPT0       ;跳转到标号 INTERRUPT0 处(P3.2 中断服务子程序)
                ORG   000BH            ;定时器 T0 中断入口
                AJMP  TIMER0           ;跳转到标号 TIMER0 处(定时器 T0 中断服务子程序)
                ORG   0013H            ;P3.3 引脚信号中断入口
                AJMP  INTERRUPT1       ;跳转到标号 INTERRUPT1 处(P3.3 中断服务子程序)
                ORG   001BH            ;定时器 T1 中断入口
                AJMP  TIMER1           ;跳转到标号 TIMER1 处(定时器 T1 中断服务子程序)
                ORG   0030H            ;初始化程序从 0030H 开始
;————————————————— 初始化 —————————————————
START:          MOV   SP,#60H          ;给堆栈指针赋值 60H
                MOV   P0,#0FFH         ;让 P0 口输出高电平,小灯熄灭
                MOV   TMOD,#00010001B  ;定时器 T0 和 T1 均工作于定时方式、模式 1
                MOV   TH0,#15H         ;给 T0 计数容器高 8 位赋初始值 15H
                MOV   TL0,#0A0H        ;给 T1 计数容器低 8 位赋初始值 A0H
                MOV   TH1,#15H         ;给 T0 计数容器高 8 位赋初始值 15H
                MOV   TL1,#0A0H        ;给 T1 计数容器低 8 位赋初始值 A0H
                SETB  TR0              ;启动 T0 开始工作
                SETB  TR1              ;启动 T1 开始工作
                SETB  ET0              ;开定时器 T0 中断
                SETB  ET1              ;开定时器 T1 中断
                SETB  IT0              ;设置 P3.2 引脚下降沿信号可以引发中断
                SETB  EX0              ;开外中断 0,即允许 P3.2 信号中断 CPU
                SETB  IT1              ;设置 P3.3 引脚下降沿信号可以引发中断
                SETB  EX1              ;开外中断 1,即允许 P3.3 信号中断 CPU
                SETB  EA               ;开总中断允许
;————————————————— 主程序 —————————————————
MAIN:           SJMP  MAIN             ;程序跳转到 MAIN 处
;————————————— P3.2 脚引发的中断服务子程序 ———————
INTERRUPT0:     CPL   P0.0             ;取反 P0.0 口状态
                RETI                   ;中断子程序结束返回到主程序
;————————————— P3.3 脚引发的中断服务子程序 ———————
INTERRUPT1:     CPL   P0.7             ;取反 P0.7 口状态
                RETI                   ;中断子程序结束返回到主程序
;————————————— 定时器 T0 中断服务子程序 ———————
TIMER0:         CPL   P0.3             ;取反 P0.3 口状态
                MOV   TH0,#15H         ;给 T0 计数容器高 8 位赋初始值 15H
```

```
        MOV   TL0,#0A0H      ;给 T1 计数容器低 8 位赋初始值 A0H
        RETI                 ;中断子程序结束返回到主程序
; ─────────────── 定时器 T1 中断服务子程序 ───────
TIMER1: CPL   P0.5           ;取反 P0.5 口状态
        MOV   TH1,#15H        ;给 T0 计数容器高 8 位赋初始值 15H
        MOV   TL1,#0A0H      ;给 T1 计数容器低 8 位赋初始值 A0H
        RETI                 ;中断子程序结束返回到主程序
        END                  ;程序结束
```

4. 互动环节

秀宇：实验的现象是 4 个 LED 小灯在闪烁，为什么 2 个闪烁得快，2 个闪烁得慢呢？

阿范：是这样的，定时器定时 60 ms 时间一到，程序就从主程序的 MAIN 标号处跳转到定时器中断服务子程序中去，把一个小灯的状态取反一次，当产生 2 次定时器中断时就产生一个完整的脉冲，即会有一个下降沿产生，从而引发一次外部引脚 P3.2 或 P3.3 的中断。简单地说，定时中断服务子程序中的 LED 小灯每亮灭各一次时，外部引脚 P3.2 或 P3.3 产生的中断服务子程序才执行一次取反 LED 小灯操作，所以看上去会出现 2 个小灯闪烁得快，2 个小灯闪烁得慢。

秀宇：还有，在前面 P3.2 或 P3.3 引脚产生的中断服务子程序中也是让 LED 小灯的状态取反，但是当时都在服务子程序中调用一个延时子程序。为了能够看清小灯闪烁，如果不调用延时则中断程序中断得太频繁以至于我们用肉眼都看不出来小灯的闪烁了，可是在本例的中断服务子程序中怎么没有调用延时子程序也能看清小灯在闪烁呢？

阿范：因为在前面我们采用低电平方式产生中断，且我们把 P3.2 和 P3.3 引脚都直接接到 GND 上了，产生中断的条件一直满足，所以中断服务子程序会非常频繁地得到执行，实验效果就会看到小灯似乎是一直亮着，肉眼根本区分不开小灯曾经灭过，为了看清楚所以在中断服务子程序中调用延时程序，让中断服务子程序被执行的频率降下来，从而看上去小灯就是在闪烁。而刚刚我们一起完成的这个实验，让 P3.2 和 P3.3 引脚是在接收到下降沿信号时才响应一次中断，而不是一直处于满足中断条件的状态，所以此时 P3.2 和 P3.3 引脚产生的中断信号就和定时器定时的时间有关了，所以即使不用在外中断服务子程序中调用延时程序也能看出小灯在闪烁。

8.3.6 外中断触发方式与中断级别

现在结合前面的实验内容总结一下外部引脚 P3.2 和 P3.3 上信号的中断触发方式及中断优先级别的问题。外部引脚 P3.2 和 P3.3 引起的中断简称外部中断 INT0 和外部中断 INT1。如果采用低电平方式触发中断，那么 P3.2 引脚上一旦出现低电平，其他中断源的中断将不能够得到 CPU 的处理，如外部中断 INT1、定时器 T0 与 T1 的中断等。如果 INT0 一直"霸占"着 CPU，则此时定时器所定的时间就不准确了,因此需要合理设置各个中断的中断优先级别或者将外部 INT0、INT1 中断的触发方式设置成为下降沿触发。关于这个问题请仔细体会前面的例程及分析。

8.3.7　P3.2 和 P3.3 的特权不是只能用来控制 LED 小灯

今天的内容和大家分享到这,可能有些初学者会想:P3.2 和 P3.3 引脚的中断信号就只是控制两个小灯吗? 绝对不是这样的,前面控制小灯只是让大家了解外部中断的使用方法而已,P3.2 和 P3.3 引脚的作用主要是把单片机外部的一些紧急情况立刻通报给 CPU,让 CPU 暂时放下主程序正在执行的任务,在第一时间赶到中断服务子程序中去处理这个紧急事件。这样使得 CPU 既能轻松地执行"日常事务",又不会耽误"紧急事务"的处理。举几个例子,如锅炉水位如果低于一定的高度就报警,当水位高度正常时可以给 P3.2 引脚提供高电平,当水位低于警戒水位时就使得 P3.2 引脚出现低电平,这样就会产生中断,CPU 会立刻从主程序跳到中断服务子程序执行铃响程序报警。还有煤气报警系统、温度控制系统等均可采用这个设计思想。这里就不和大家啰嗦了,我们还是继续学习下面的内容吧。

8.4　外部中断再做心率检测仪

在 7.1.1 小节中我们利用定时器的计数工作方式设计了简易数字心率检测仪,现在大家想一想可不可以用外部中断 INT0(P3.2 引脚)来数心率检测传感器传来的脉冲数呢?

1. 硬件电路设计

硬件电路设计如图 8-8 所示。心率传感器检测的心率脉冲信号输入 P3.2 引脚。

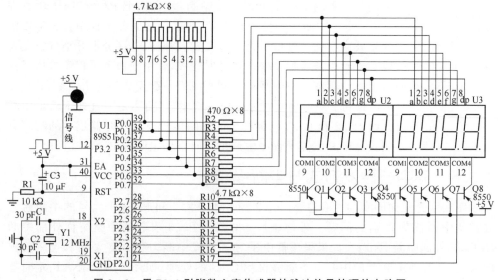

图 8-8　用 P3.2 引脚数心率传感器的脉冲信号的硬件电路图

2. 软件设计思想

程序主要包括初始化、主程序、外部中断 INT0 服务子程序、定时器中断服务子程序 4 部分。初始化程序用于设置各个功能寄存器,保证整个程序正常执行;外部中断服务子程序用于对心率脉冲信号的下降沿进行计数;定时器中断服务子程序用于定时 1 min 停止计数;主程序主要用于完成除法处理和显示任务。具体的程序流程图如图 8－9 所示。

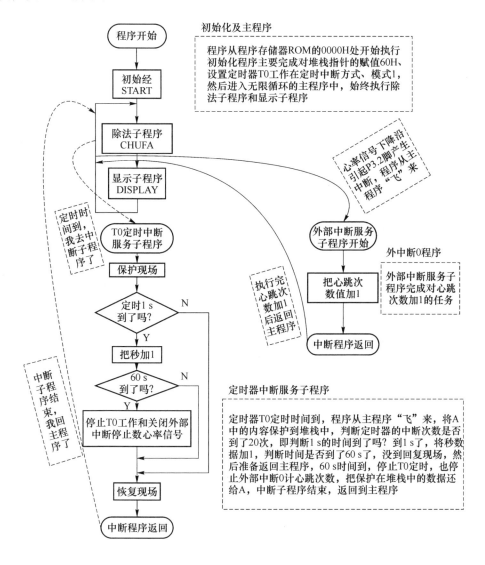

图 8－9 用外中断做心率检测仪程序流程图

3. 程序代码清单(见配套资料:实验现象\ch8\xinlv_p3.2.flv)

```
XINLVGEWEI   EQU  31H                 ;给内存 RAM 空间中的 31H 单元起名 XINLVGEWEI
XINLVSHIWEI  EQU  32H                 ;给内存 RAM 空间中的 32H 单元起名 XINLVSHIWEI
XINLVBAIWEI  EQU  33H                 ;给内存 RAM 空间中的 33H 单元起名 XINLVBAIWEI
MIAO         EQU  34H                 ;给内存 RAM 空间中的 34H 单元起名 MIAO
MIAOGEWEI    EQU  35H                 ;给内存 RAM 空间中的 35H 单元起名 MIAOGEWEI
MIAOSHIWEI   EQU  36H                 ;给内存 RAM 空间中的 36H 单元起名 MIAOSHIWEI
XINLVSHU     EQU  37H                 ;给 37H 单元起名 XINLVSHU(存储心跳次数)
             ORG  0000H               ;复位时程序从此开始
             SJMP START               ;跳到 START 进行初始化
             ORG  0003H               ;外部引脚 P3.2 中断入口
             AJMP INT0                ;跳转到标号 INT0 处(外部中断服务子程序)
             ORG  000BH               ;定时器 T0 中断入口
             AJMP TIMER0              ;跳转到标号 TIMER0 处(定时器中断服务子程序)
             ORG  0030H               ;初始化程序从 30H 开始
;--------------------初始化--------------------
START:   MOV  SP,#60H                 ;给堆栈指针赋值 60H
         MOV  P0,#0FFH                ;让 P0 口输出高电平,小灯熄灭
         MOV  DPTR,#TAB               ;把显示段码数据表头地址赋给 DPTR
         MOV  30H,#0                  ;给 30H 赋值 0,(30H 单元存放定时 50 ms 的次数)
         MOV  XINLVSHU,#0             ;给 XINLVSHU 赋值 0
         MOV  MIAO,#0                 ;给秒赋初始值 0
         MOV  TMOD,#00000001B;        T0 工作在定时方式,模式 1
         MOV  TH0,#3CH                ;给 TH0 赋值 3CH
         MOV  TL0,#0B0H               ;给 TL0 赋值 B0H
         SETB TR0                     ;启动定时器 T0 开始工作
         SETB ET0                     ;开定时器 T0 中断允许
         SETB EX0                     ;开外部 P3.2 引脚中断
         SETB IT0                     ;P3.2 引脚下降沿产生中断信号
         SETB EA                      ;开总中断允许
;-------------------主程序--------------------
MAIN:    CALL CHUFA                   ;调处理子程序完成除法任务
         CALL DISPLAY                 ;调显示子程序
         SJMP MAIN                    ;程序跳转到 MAIN 处
;------------------CHUFA 子程序---------------
CHUFA:   MOV  A,XINLVSHU              ;XINLVSHU 中的数据复制给 A
```

```
        MOV   B, #100          ;给寄存器 B 赋值 100
        DIV   AB               ;用 A 除以 B,结果在 A 中(百位),余数在 B 中
        MOV   XINLVBAIWEI, A   ;百位的结果放在 XINLVBAIWEI 中
        MOV   A, B             ;把 B 中的余数复制给 A
        MOV   B, #10           ;给 B 中赋值 10
        DIV   AB               ;用 A 除以 B,结果在 A 中(十位),余数在 B 中(个位)
        MOV   XINLVSHIWEI, A   ;A 中的数复制给 XINLVSHIWEI
        MOV   XINLVGEWEI ,B    ;B 中的数据复制给 XINLVGEWEI
        MOV   A, MIAO          ;把秒复制个 A
        MOV   B, #10           ;给 B 中赋值 10
        DIV   AB               ;用 A 除以 B,结果在 A 中(十位),余数在 B 中(个位)
        MOV   MIAOSHIWEI, A    ;把 A(秒的十位)复制给 MIAOSHIWEI
        MOV   MIAOGEWEI, B     ;把 B(秒个位)复制给 MIAOGEWEI
        RET                    ;子程序返回
;----------------------DISPLAY 子程序--------------------
DISPLAY: MOV   A, MIAOSHIWEI   ;把 MIAOSHIWEI 中存储的数据复制给 A
        MOVC  A, @A + DPTR     ;到数据表中取秒十位对应的显示段码
        MOV   P0, A            ;将显示段码送到 P0 口处
        CLR   P2.7             ;P2.7 置 0,使得三极管导通给第一个数码管供电
        CALL  DELAY            ;延一段时间,使得十位数据显示一段时间
        SETB  P2.7             ;P2.7 置 1,使得三极管关断,熄灭第一个数码管
        MOV   A, MIAOGEWEI     ;把 MIAOGEWEI 中存储的数据复制给 A
        MOVC  A, @A + DPTR     ;到数据表中取个位对应的显示段码
        MOV   P0, A            ;将显示段码送到 P0 口处
        CLR   P2.6             ;P2.6 置 0,使得三极管导通给第二个数码管供电
        CALL  DELAY            ;延一段时间,使得个位数据显示一段时间
        SETB  P2.6             ;P2.6 置 1,使得三极管关断,熄灭第二个数码管
        MOV   A, XINLVBAIWEI   ;把 XINLVBAIWEI 中存储的数据复制给 A
        MOVC  A, @A + DPTR     ;到数据表中取个位对应的显示段码
        MOV   P0, A            ;将显示段码送到 P0 口处
        CLR   P2.2             ;P2.2 置 0,使得三极管导通给第三个数码管供电
        CALL  DELAY            ;延一段时间,使得个位数据显示一段时间
        SETB  P2.2             ;P2.2 置 1,使得三极管关断,熄灭第三个数码管
        MOV   A, XINLVSHIWEI   ;把 XINLVGEWEI 中存储的数据复制给 A
        MOVC  A, @A + DPTR     ;到数据表中取个位对应的显示段码
        MOV   P0, A            ;将显示段码送到 P0 口处
```

```
        CLR   P2.1                ;P2.1 置 0,使得三极管导通给第四个数码管供电
        CALL DELAY                ;延一段时间,使得个位数据显示一段时间
        SETB P2.1                 ;P2.1 置 1,使得三极管关断,熄灭第四个数码管
        MOV   A, XINLVGEWEI       ;把 XINLVGEWEI 中存储的数据复制给 A
        MOVC A，@A + DPTR         ;到数据表中取个位对应的显示段码
        MOV   P0, A               ;将显示段码送到 P0 口处
        CLR   P2.0                ;P2.0 置 0,使得三极管导通给第五个数码管供电
        CALL DELAY                ;延一段时间,使得个位数据显示一段时间
        SETB P2.0                 ;P2.0 置 1,使得三极管关断,熄灭第五个数码管
        RET
;-------------------------定时器 T0 中断服务子程序-----------
TIMER0: PUSH ACC                  ;把 ACC 中的数据压入堆栈保护起来
        INC   30H                 ;将 30H 单元中的数据加 1
        MOV   ACC, 30H            ;把 30H 中的内容复制给 ACC
        CJNE ACC,♯20,FANHUI       ;ACC 中的数据和 20 比较,不相等就跳转到
                                  ;FANHUI 处
        MOV   30H,♯0              ;给 30H 单元赋值 0(上面的比较如果相等)
        INC   MIAO                ;把秒加 1
        MOV   ACC, MIAO           ;秒复制给 ACC
        CJNE ACC,♯60,FANHUI       ;判断秒到 60 了吗? 没到跳到 FANHUI 处
        CLR   TR0                 ;(60 s 到了)停止定时器 T0 工作
        CLR   EX0                 ;关外部中断 0,停止计心跳次数
FANHUI: POP   ACC                 ;把堆栈中刚才保护的数据还给 ACC
        RETI                      ;中断子程序结束返回到主程序
;-------------------------外部引脚 P3.2 中断服务子程序--------
INT0:   INC   XINLVSHU            ;把 XINLVSHU 中存储的心跳次数加 1
        RETI                      ;中断子程序结束返回到主程序
;-------------------延时子程序--------------------
DELAY: MOV   R0,♯50               ;给 R0 赋值 50
D2:    MOV   R1,♯10               ;给 R1 赋值 10
D1:    DJNZ R1, D1                ;R1 减 1 不等于 0 跳到 D1 处
       DJNZ R0, D2                ;R0 减 1 不等于 0 跳到 D2 处
       RET                        ;子程序结束返回
;-----------下面的数据表中存储的是显示段码(共阳)---------
TAB:    DB   0C0H,0F9H,0A4H,0B0H,99H     ;从 TAB 处开始存储 0、1、2、3、4
        DB   92H,82H,0F8H,80H ,90H       ;5、6、7、8、9 对应的显示段码
        END                       ;程序结束
```

8.5　智能小车寻线跑的背后

想必大家玩心率检测仪已经玩够了吧？下面一起研究许多初学者都很感兴趣的智能小车,这也是全国大学生电子大赛设计竞赛常出的一个题目。初学者往往会想小车怎么就会沿着黑线跑呢？它为什么这么聪明呢？究竟是谁在为它指引前进的道路呢？

8.5.1　小车顺着黑线跑

首先,设计一个小车,要求小车可以沿着黑线"跑",即要求小车可以完成巡线功能。

> 驱动电路相当于杠杆的作用,我们人就相当于单片机;而我们要撬动的石头就相当于本例中的电动机!

1. 硬件电路设计

要求小车完成巡线跑的功能,所以车上就要安装有识别黑线的"视觉"电路;此外要求小车能跑,所以要有电动机,而单片机没有这么大的力量直接给电动机供电,所以还要有一个驱动电路,这个驱动电路会根据单片机发出的指示决定电动机的停或转,从而完成小车跑的动作。

电动机驱动电路如图 8-10 所示。驱动电路采用的芯片型号是 L293,驱动电路与单片机的 P3.0、P1.0、P1.1、P3.1、P1.2、P1.3 引脚相连,其中 P3.0、P1.0、P1.1 用于控制接在 293 的 3 脚和 6 脚上的电动机(下面称电动机 1);P3.1、P1.2、P1.3 用于控制接在 293 的 11 脚和 14 脚上的电动机(下面称电动机 2)。其中 293 芯片的 1 脚(ENA)和 9 脚(ENB)是使能引脚,即只有当 ENA 为高电平时,293 芯片才会"听单片机的话",根据指令控制电机 1 正反转;如果 ENA 为低电平,无论单片机发什么指令,293 都不予理会,此时就不能控制电机 1 了。对于电动机 2 的控制也一样,必须是在 ENB 为高电平时才可以控制电机 2。表 8-5 给出 293 输入电平控制信号和电动机工作状态的关系,其中"H"代表高电平;"L"代表低电平。此外还需要说明一点,图中 VCC 是逻辑电源电压,即此电压值和单片机的供电电压相同,一般为 5 V;

而 VDD 是给电动机供电的电源，如果电机采用 12 V 直流电动机，则此电压值为 12 V。有关芯片 293 的更多资料或用法请自行查阅相关资料。顺便说明一下，电机的驱动电路有很多种，如用芯片 298 也可以驱动电机，或者用三极管设计一个电机驱动电路也可以。

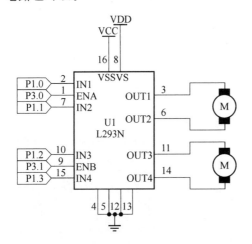

图 8 - 10　电动机驱动电路

表 8 - 5　L293N 输入/输出逻辑关系

EN A(B)	IN1(IN3)	IN2(IN4)	电机运行情况
H	H	L	正转
H	L	H	反转
H	IN1 与 IN2 电平相同 IN3 与 IN4 电平相同		快速停止
L	X	X	停止

　　下面再说说小车是怎么"看见"黑线并能顺着黑线向前"跑"的。这个主要是因为智能小车系统上有一个巡线电路，电路如图 8 - 11 所示。现在以左侧巡线电路为例讲解。图中的核心元件是红外对管传感器（型号为 RPR220），这个传感器能够监测黑线和白线，它由红外发光二极管和光敏三极管组成，红外发光二极管发出红外光，当红外光照射到黑线时，红外光被黑线吸收，不能够反射到光敏三极管上，光敏三极管接收不到红外光，因此光敏三极管处于截止状态，电阻 R3 中没有电流，R3 两端也不会有电压，即 R3 电阻上端电位为 0，而电阻 R3 的上端与运算放大器 LM324 的 2 脚是连着的，所以 LM324 的 2 脚电压为 0 V，而 LM324 的 3 脚电压是经过电位器分压后提供的电压，所以 3 脚的电压一定大于 0 V，又由于 LM324 工作在开环比较状态，所以经过 LM324 比较后，输出端的电压为高电平；如果红外对管传感器照射到白纸上时，红外光会反射到光敏三极管上，此时光敏三极管会导通，因此 R3 中会有电流，R3 两端也会有电压，即 R3 的上端会有一定的电位值，这样运算放大器 2 脚的电压就比 3 脚电压高（当然需要把与运算放大器 3 脚相连的电位器调节到合适的位置），此时运算放大器的 1 脚会输出低电平信号。

　　简单总结一下：以上这段内容就是为了说明一个问题，即红外对管照到黑线上时，运算放大器 1 脚输出高电平；而当红外对管照射到白纸上时运算放大器 1 脚会输出低电平，或者可以这样说，当红外对管照射的位置从黑线上移动到白色物体表面时会使得运算放大器 1 脚输出一个下降沿信号。

　　右侧寻迹电路的工作原理与左侧的工作原理完全相同，这里就不啰嗦了。有关运放的使用请参考附录 E。

　　到此为止,小车巡线电路和直流电机驱动电路已经介绍完毕,只需要把这两个电路与单片机最小系统电路连接起来即可,与单片机的连接关系图中也已经标明,在此不多说了。

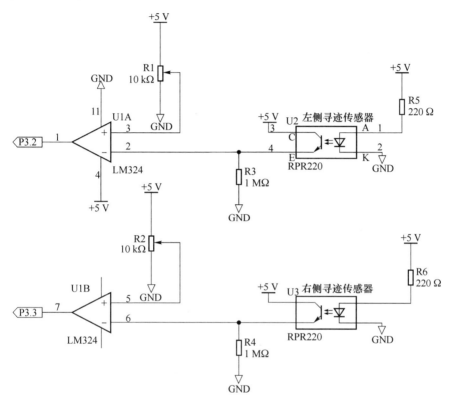

图 8－11　小车巡线电路

2. 软件设计思想

　　小车巡线跑的原理就是第一时间知道小车的哪一侧跑出了黑线,然后这一侧的电动机就开始转动,而另一侧的电动机停止或减速,这样小车就会很快回到黑线上去;一旦小车回到了黑线上去,就让两个直流电动机同时同速前进。那么如何才能够让小车第一时间得知它的一侧已经跑出了黑线呢?可以设置单片机 P3.2 和 P3.3 引脚工作在下降沿触发的中断方式,将图 8－11 小车巡线电路中运算放大器的 1 脚和 7 脚分别连接到单片机的 P3.2 和 P3.3 上,这样一旦小车的哪一侧跑出了黑线,就会有一个下降沿信号输入到单片机的外部中断输入引脚,从而引发中断,在中断中控制电机驱动电路,使得一个电动机转,另一个电动机停,从而可以控制小车拐回到黑线上。具体的程序流程如图 8－12 所示。

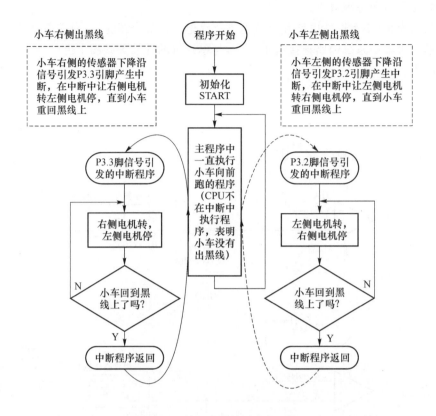

图 8-12　小车巡黑线跑程序流程图

3. 程序代码清单(见配套资料:实验现象\ch8\car_xunji.flv)

```
QIANJIN     EQU   31H         ;给内存 RAM 空间中的 31H 单元起名为 QIANJIN

ZUOZHUAN    EQU   32H         ;给内存 RAM 空间中的 32H 单元起名为 ZUOZHUAN

YOUZHUAN    EQU   33H         ;给内存 RAM 空间中的 33H 单元起名为 YOUZHUAN

TINGZHI     EQU   34H         ;给内存 RAM 空间中的 34H 单元起名为 TINGZHI

            ORG   0000H       ;复位时程序从此开始

            SJMP  START       ;跳到 START 进行初始化

            ORG   0003H       ;外部引脚 P3.2 中断入口

            AJMP  INT00       ;跳转到标号 INT0 处(外部中断服务子程序)

            ORG   0013H       ;外部引脚 P3.3 中断入口

            AJMP  INT11       ;跳转到标号 INT1 处(外部中断服务子程序)

            ORG   0030H       ;初始化程序从 30H 开始

;------------------------初始化------------------------
```

```
START;MOV    SP, #60H              ;给堆栈指针赋值 60H
      MOV    TINGZHI, #11111111B   ;给 TINGZHI 单元装入 #11111111B,此数据可使电动机停
止转动
      MOV    QIANJIN, #11110101B   ;(结合图 8-10)此数据使得两个电动机都正转
      MOV    ZUOZHUAN, #11110111B  ;此数据使得左侧电动机不转,右侧电动机正转
      MOV    YOUZHUAN, #11111101B  ;此数据使得右侧电动机不转,左侧电动机正转
      MOV    P1,TINGZHI            ;控制小车初始状态为停止状态
      SETB   EX0                   ;开外部 P3.2 引脚中断
      SETB   P3.0                  ;使能芯片 293ENA
      SETB   P3.1                  ;使能芯片 293ENB
      SETB   IT0                   ;P3.2 引脚下降沿产生中断信号
      SETB   EX1                   ;开外部 P3.3 引脚中断
      SETB   IT1                   ;P3.3 引脚下降沿产生中断信号
      SETB   EA                    ;开总中断允许
;------------------主程序------------------
MAIN: MOV    P1,QIANJIN            ;给单片机 P1 口赋值,驱动 293 控制两个电动机正转
      SJMP   MAIN                  ;程序跳转到 MAIN 处
;--------小车左侧出黑线——外部引脚 P3.2 中断服务子程序--------
INT00;MOV    P1,YOUZHUAN           ;小车左侧出黑线,所以右转
WAIT0;JNB    P3.2,WAIT0            ;判断 P3.2 如果为低电平,表明小车还没有回到黑
                                   ;线上,所以跳到 WAIT0 处继续等待小车返回黑线
      RETI                         ;中断子程序结束返回到主程序
;--------小车右侧出黑线——外部引脚 P3.3 中断服务子程序--------
INT11;MOV    P1,ZUOZHUAN           ;小车右侧出黑线,所以左转
WAIT1;JNB    P3.3,WAIT1            ;判断 P3.3 如果为低电平,表明小车还没有回到黑
                                   ;线上,所以跳到 WAIT1 处继续等待小车返回黑线
      RETI                         ;中断子程序结束返回到主程序
      END                          ;程序结束
```

4. 互动环节

任锴:我觉得主程序中没有什么需要特别处理的,还让 CPU 一直给 P1 口送电动机正转的的控制数据(QIANJIN 中存放的数据),这样 CPU 也太辛苦了。能不能让 CPU 平时就处于什么都不干的状态,只是在小车出了黑线时,即外部引脚 P3.2 或 P3.3 产生中断时再让 CPU 出面处理一下,让小车拐回到黑线上来?当小车已经回到了黑线上后(P3.2 或 P3.3 引脚的电平又由低电平变成高电平时),且在 CPU 中断返回主程序前再给驱动电路 293 发控制指令,命令 293 可以前进了。这样行么?

阿范:这个想法非常棒。其实我们也要把 CPU 当成"人"看,只要 CPU 能够把事情做好了,平时可以给它多放点儿假。这个有点类似于有些单位没什么事还要求职员必须坐班,这样人就做了许多无用的事情,如果让职员可以没事的时候回家,当有事情要做时能够第一时间赶到单位并且能够及时处理事情这不是很好吗?关于单位坐班的事情就不多谈了,这个不是你我能够解决得了的事情。还是想想办法让单片机的 CPU 怎

么能够轻松下来吧。这需要设置一个寄存器的一位来实现,这就是电源控制寄存器 PCON(该寄存器不可以位操作),PCON 寄存器如表 8 - 6 所列。其中 IDL 位为待机方式位,设置该位为"1",此时振荡器仍在运行,并向中断逻辑、定时器、串行口提供时钟,CPU 时钟被阻断,CPU 不工作,中断功能存在。只需要在主程序中将 IDL 位置 1,然后 CPU 就休息了。当小车跑出黑线时,中断唤醒 CPU,此时 CPU 亲自跳转到中断子程序执行小车拐弯动作,当小车回到了黑线上后,再一次给 293 下令驱动两个电机同时正转,当 CPU 回到主程序时执行一下"MOV PCON,♯01H"指令,再一次让自己休息下来。具体改写后的程序代码如下,关于 PCON 寄存器的其他位的含义会在后面应用中和大家分享。

表 8 - 6　电源控制寄存器 PCON

D7	D6	D5	D4	D3	D2	D1	D0
SMOD				GF1	GF0	PD	IDL

```
QIANJIN     EQU    31H                ;给内存 RAM 空间中的 31H 单元起名为 QIANJIN

ZUOZHUAN    EQU    32H                ;给内存 RAM 空间中的 32H 单元起名为 ZUOZHUAN

YOUZHUAN    EQU    33H                ;给内存 RAM 空间中的 33H 单元起名为 YOUZHUAN

TINGZHI     EQU    34H                ;给内存 RAM 空间中的 34H 单元起名为 TINGZHI

            ORG    0000H              ;复位时程序从此开始

            SJMP   START              ;跳到 START 进行初始化

            ORG    0003H              ;外部引脚 P3.2 中断入口

            AJMP   INT00              ;跳转到标号 INT0 处(外部中断服务子程序)

            ORG    0013H              ;外部引脚 P3.3 中断入口

            AJMP   INT11              ;跳转到标号 INT1 处(外部中断服务子程序)

            ORG    0030H              ;初始化程序从 30H 开始

;------------------------初始化------------------------
START:      MOV    SP,♯60H            ;给堆栈指针赋值 60H

            MOV    TINGZHI,♯11111111B ;给 TINGZHI 装入♯11111111B,此数据可使电动
机停止转动

            MOV    QIANJIN,♯11110101B ;(结合图 8-10)此数据使得两个电动机都正转

            MOV    ZUOZHUAN,♯11110111B;此数据使得左侧电动机不转,右侧电动机正转

            MOV    YOUZHUAN,♯11111101B;此数据使得右侧电动机不转,左侧电动机正转

            MOV    P1,TINGZHI         ;控制小车初始状态为停止状态

            SETB   EX0                ;开外部 P3.2 引脚中断

            SETB   P3.0               ;使能芯片 293ENA

            SETB   P3.1               ;使能芯片 293ENB

            SETB   IT0                ;P3.2 引脚下降沿产生中断信号

            SETB   EX1                ;开外部 P3.3 引脚中断

            SETB   IT1                ;P3.3 引脚下降沿产生中断信号

            SETB   EA                 ;开总中断允许
```

```
;----------------------主程序--------------------
MAIN:  MOV    PCON,#01H            ;给 PCON 中的 IDL 位置 1,CPU 进入待机状态
       SJMP   MAIN                 ;此时这条跳转指令都不能执行了,因为 CPU 待机
                                   ;SJMP MAIN 指令是当 CPU 从中断中回来时可能执行
                                   ;跳到 MAIN 处执行 MOV PCON,#01 让 CPU 待机
;------------小车左侧出黑线——外部引脚 P3.2 中断服务子程序-------
INTO0: MOV    P1,YOUZHUAN          ;小车左侧出黑线,所以右转
WAIT0: JNB    P3.2,WAIT0           ;判断 P3.2 如果为低电平,表明小车还没有回到黑
                                   ;线上,所以跳到 WAIT0 处继续等待小车返回黑线
       MOV    P1,QIANJIN           ;小车已经回到了黑线上,重新让小车前进
       RETI                        ;中断子程序结束返回到主程序
;------------小车右侧出黑线——外部引脚 P3.3 中断服务子程序-------
INT11: MOV    P1,ZUOZHUAN          ;小车右侧出黑线,所以左转
WAIT1: JNB    P3.3,WAIT1           ;判断 P3.3 如果为低电平,表明小车还没有回到黑
                                   ;线上,所以跳到 WAIT1 处继续等待小车返回黑线
       MOV    P1,QIANJIN           ;小车已经回到了黑线上,重新让小车前进
       RETI                        ;中断子程序结束返回到主程序
       END                         ;程序结束
```

孟隽:其实可以不用改变 P1 口的数据,只要给 P1 口赋一个让两个电机都一直正转的数据就可以了,当某一时刻假设小车左侧跑出了黑线,我们可以通过"CLR P3.1"把芯片 293 的使能位 ENB 给清零。根据表 8-5 可知,小车右侧的电机就会停止,而左侧的电机还是正转;当小车右侧跑出黑线,可以通过"CLR P3.0"实现,道理是一样的。

阿范:你太聪明了,这个方法完全可以。只是别忘了,在从中断服务子程序返回到主程序前再把 P3.0 或 P3.1 位给设置成 1,重新使能芯片 293 的 ENA 和 ENB,保证小车继续前进。下面只给出中断服务子程序,初始化和主程序不用修改即可。

```
;------------小车左侧出黑线——外部引脚 P3.2 中断服务子程序-------
INTO0:CLR    P3.1                  ;小车左侧出黑线,所以右转,把芯片 293ENB 位清零
WAIT0:JNB    P3.2,WAIT0            ;判断 P3.2 如果为低电平,表明小车还没有回到黑
                                   ;线上,所以跳到 WAIT0 处继续等待小车返回黑线
      SETB   P3.1                  ;小车已经回到了黑线上,重新让小车前进,恢复 293ENB 使能位
      RETI                         ;中断子程序结束返回到主程序
;------------小车右侧出黑线——外部引脚 P3.3 中断服务子程序-------
INT11:CLR    P3.0                  ;小车左侧出黑线,所以右转,把芯片 293ENA 位清零
WAIT1:JNB    P3.3,WAIT1            ;判断 P3.3 如果为低电平,表明小车还没有回到黑
                                   ;线上,所以跳到 WAIT1 处继续等待小车返回黑线
      SETB   P3.0                  ;小车已经回到了黑线上,重新让小车前进,恢复 293ENA 使能位
      RETI                         ;中断子程序结束返回到主程序
```

8.5.2 小车上显示行驶时间

通过上面内容的分析,现在小车已经可以巡线跑了,现在我们一起研究一下如何才能让小车在跑的过程中把行驶的时间显示出来呢? 其实这并不是件难事,只需要在硬件电路上加上数码管显示电路部分,在软件上把定时器打开,每过 1 s 刷新一次显示数据,这样就会看到车上显示行驶时间了。下面具体介绍硬件和软件是如何实现的。

1. 硬件电路设计

电机驱动电路、红外对管传感器电路及其于单片机的连接关系保持不变,在此基础上加上显示电路。各个部分电路原理前面都已经详细介绍过,这里就不再重复了。具体电路图如图 8 - 13 所示。

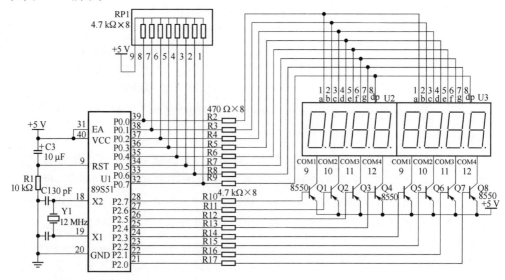

图 8 - 13 小车上的显示电路

2. 软件设计思想

程序主要包括 5 部分,分别是:初始化程序、主程序、外部中断 INT0(P3.2)服务子程序、外部中断 INT1(P3.3)服务子程序及定时器 T0 定时中断服务子程序。其中初始化程序用于设置外部中断、定时器等的工作方式;主程序负责执行小车的两个电机一起正转向前跑的任务、除法子程序和显示当前小车行驶时间的任务;两个外部中断服务子程序负责当小车跑到黑线时把小车拐回到黑线的任务;定时器负责准确定时,当 1 s 到时把秒加 1。具体的程序流程图如图 8 - 14 所示。一般情况下,CPU 只是在主程序中执行小车向前跑、除法子程序和调用显示子程序显示当前小车行驶时间,但是当定时时间到或小车跑出黑线时,CPU 就暂时离开主程序"飞"往相应的中断服务子程序去处理,然后再返回到主程序继续执行(图中没有用箭头画,因为中断服务子程序多,画上箭头就太乱了)。

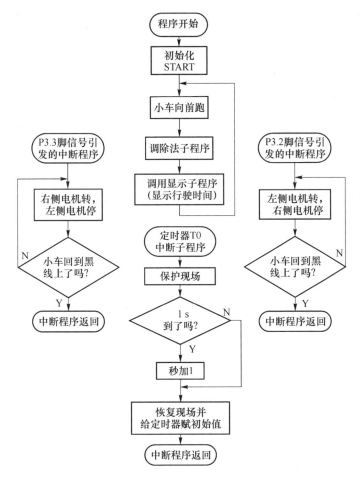

图 8-14　智能小车巡线且显示行驶时间程序流程图

3. 程序代码清单

QIANJIN	EQU	31H	;给 RAM 中 31H 单元起名 QIANJIN,存小车前进控制指令
ZUOZHUAN	EQU	32H	;给 RAM 中 32H 单元起名 ZUOZHUAN,存小车左转控制指令
YOUZHUAN	EQU	33H	;给 RAM 中 33H 单元起名 YOUZHUAN,存小车右转控制指令
TINGZHI	EQU	34H	;给 RAM 中 34H 单元起名 TINGZHI,存小车停止控制指令
MIAO	EQU	35H	;给 RAM 中 35H 单元起名 MIAO,存储当前时间秒
MIAOSHIWEI	EQU	36H	;给 RAM 中 36H 单元起名 MIAOSHIWEI,存储秒的十位
MIAOGEWEI	EQU	37H	;给 RAM 中 37H 单元起名 MIAOGEWEI,存储秒的个位
WUSHIMSCISHU	EQU	38H	;给 38H 单元起名 WUSHIMSCISHU,存储定时器中断 50 ms 次数
	ORG	0000H	;复位时程序从此开始
	SJMP	START	;跳到 START 进行初始化

	ORG	0003H	;外部引脚 P3.2 中断入口
	AJMP	INT00	;跳转到标号 INT0 处(外部中断服务子程序)
	ORG	000BH	;定时器 T0 中断入口
	AJMP	TIMER0	;跳到标号 TIMER0 处执行定时器中断服务子程序
	ORG	0013H	;外部引脚 P3.3 中断入口
	AJMP	INT11	;跳转到标号 INT1 处(外部中断服务子程序)
	ORG	0030H	;初始化程序从 30H 开始

;-------------------初始化-------------------

START:	MOV	SP,＃60H	;给堆栈指针赋值 60H
	MOV	TINGZHI,＃11111111B	;给 TINGZHI 装入＃11111111B,此数据可使电动机停止转动
	MOV	QIANJIN,＃11110101B	;(结合图 8-10)此数据使得两个电动机都正转
	MOV	ZUOZHUAN,＃11110111B	;此数据使得左侧电动机不转,右侧电动机正转
	MOV	YOUZHUAN,＃11111101B	;此数据使得右侧电动机不转,左侧电动机正转
	MOV	P1,TINGZHI	;控制小车初始状态为停止状态
	SETB	P3.0	;使能芯片 293ENA
	SETB	P3.1	;使能芯片 293ENB
	MOV	MIAO,＃0	;给秒赋初始值 0
	MOV	WUSHIMSCISHU,＃0	;把记录定时器定时中断 50 ms 的次数单元赋 0
	MOV	DPTR,＃TAB	;给 DPTR 赋值目的是把数据指针 DPTR 指向 TAB 表头处
	MOV	TMOD,＃00000001B	;设置定时器 T0 工作在定时方式,模式 1
	MOV	TH0,＃3CH	;给定时器计数容器赋初始值 3CH
	MOV	TL0,＃0B0H	;给定时器计数容器赋初始值 B0H
	SETB	ET0	;开定时器中断,让定时器工作在中断方式
	SETB	TR0	;启动定时器 T0 开始工作
	SETB	EX0	;开外部 P3.2 引脚中断
	SETB	IT0	;P3.2 引脚下降沿产生中断信号
	SETB	EX1	;开外部 P3.3 引脚中断
	SETB	IT1	;P3.3 引脚下降沿产生中断信号
	SETB	EA	;开总中断允许

;-------------------主程序-------------------

MAIN:	MOV	P1,QIANJIN	;给单片机 P1 口赋值,驱动 293 控制两个电动机正转
	CALL	CHUFA	;调用除法子程序,把秒分成个位和十位
	CALL	DISPLAY;	;调显示子程序,显示当前小车行驶时间
	SJMP	MAIN	;程序跳转到 MAIN 处

;-------------------PROCESS 子程序-------------------

CHUFA:	MOV	A,MIAO	;MIAO 中的数据复制给 A
	MOV	B,＃10	;给寄存器 B 赋值 10
	DIV	AB	;用 A 除以 B,结果在 A 中,余数在 B 中
	MOV	MIAOSHIWEI,A	;十位的结果放在 MIAOSHIWEI 中
	MOV	MIAOGEWEI,B	;个位的结果放在 MIAOGEWEI 中

```
             RET                         ;子程序返回
;-----------------------DISPLAY 子程序-----------------
DISPLAY:     MOV    A, MIAOSHIWEI        ;把 MIAOSHIWEI 中存储的数据复制给 A
             MOVC   A, @A + DPTR         ;到数据表中取十位对应的显示段码
             MOV    P0, A                ;将显示段码送到 P0 口处
             CLR    P2.7                 ;P2.7 置 0,使得三极管导通给第一个数码管供电
             CALL   DELAY                ;延一段时间,使得十位数据显示一段时间
             SETB   P2.7                 ;P2.7 置 1,使得三极管关断,熄灭第一个数码管
             MOV    A, MIAOGEWEI         ;把 MIAOGEWEI 中存储的数据复制给 A
             MOVC   A, @A + DPTR         ;到数据表中取个位对应的显示段码
             MOV    P0, A                ;将显示段码送到 P0 口处
             CLR    P2.6                 ;P2.6 置 0,使得三极管导通给第二个数码管供电
             CALL   DELAY                ;延一段时间,使得个位数据显示一段时间
             SETB   P2.6                 ;P2.6 置 1,使得三极管关断,熄灭第二个数码管
             RET
;-----------小车左侧出黑线——外部引脚 P3.2 中断服务子程序--------
INT00:       MOV    P1,YOUZHUAN          ;小车左侧出黑线,所以右转
WAIT0:       JNB    P3.2,WAIT0           ;判断 P3.2 如果为低电平,表明小车还没有回到黑
                                         ;线上,所以跳到 WAIT0 处继续等待小车返回黑线
             RETI                        ;中断子程序结束返回到主程序
;-----------小车右侧出黑线——外部引脚 P3.3 中断服务子程序--------
INT11:       MOV    P1,ZUOZHUAN          ;小车右侧出黑线,所以左转
WAIT1:       JNB    P3.3,WAIT1           ;判断 P3.3 如果为低电平,表明小车还没有回到黑
                                         ;线上,所以跳到 WAIT1 处继续等待小车返回黑线
             RETI                        ;中断子程序结束返回到主程序
;----------------定时器 T0 中断服务子程序----------------------
TIMER0:      PUSH   ACC                  ;把 ACC 中的数据压入堆栈保护起来
             INC    WUSHIMSCISHU         ;WUSHIMSCISHU 单元中的数加 1
             MOV    ACC, WUSHIMSCISHU    ;WUSHIMSCISHU 单元中的数据复制给 ACC
             CJNE   ACC,♯20,JIXU         ;ACC 中的数据与 20 比较不相等就跳转到 JIXU 处
             MOV    WUSHIMSCISHU,♯0      ;(如果 WUSHIMSCISHU 单元计满 20 了)就清零
             INC    MIAO                 ;把 MIAO 中的秒钟数加 1
JIXU:        POP    ACC                  ;把刚才压入堆栈中的数据还给 ACC
             MOV    TH0,♯3CH             ;给计数容器的高 8 位 TH0 赋初始值 3CH
             MOV    TL0,♯0B0H            ;给计数容器的低 8 位 TL0 赋初始值 B0H
             RETI                        ;中断子程序返回主程序
;----------------延时子程序--------------------
DELAY:       MOV    R0, ♯25             ;给 R0 赋值
D2:          MOV    R1, ♯25             ;给 R1 赋值
D1:          DJNZ   R1, D1              ;R1 减 1 不等于 0 跳到 D1 处
```

```
      DJNZ   R0,D2                   ;R0 减 1 不等于 0 跳到 D2 处
      RET                            ;子程序结束返回
;-------------下面的数据表中存储的是显示段码(共阳)------
TAB:  DB     0C0H,0F9H,0A4H,0B0H,99H ;从 TAB 处开始存储 0、1、2、3、4
      DB     92H,82H,0F8H,80H,90H    ;5、6、7、8、9 对应的显示段码
      END                            ;程序结束
```

4. 互动环节

大洋:发现小车在跑的过程中数码管几乎一直处于熄灭状态,要么就是总闪烁,还有我发现数码管上显示的小车行驶时间和我手机上计的时间不一样啊,小车上的时间也太慢了,这是怎么回事呢?

阿范:其实这个内容正是我在下一小节要和你们一起探讨的。请继续往后看吧!

8.5.3 小车上的数码管时而熄灭且时间不准

首先研究一下数码管闪烁且时而熄灭的问题,这说明主程序中调用显示子程序 DISPLAY 不够及时,因为我们采用的是动态显示,如果不及时调显示子程序,那么就会出现熄灭现象,问题是为什么会出现调用显示子程序不及时呢? 原来小车在行驶的过程中时常会跑出黑线,所以此时 CPU 就离开了主程序,跳转到外部中断服务子程序中去执行小车拐回到黑线上的指令,而且要一直等到小车回到黑线上后才会返回到主程序执行,这是导致数码管时而熄灭的真正原因,那该如何解决呢? 我们可以在外部中断中调用显示子程序,只要小车没有拐回到黑线上就执行调用显示子程序。具体改写后的外部中断服务子程序如下:

```
;-------------小车左侧出黑线——外部引脚 P3.2 中断服务子程序-------
INT00:MOV  P1,YOUZHUAN            ;小车左侧出黑线,所以右转
WAIT0:CALL DISPLAY                ;调用显示子程序
      JNB  P3.2,WAIT0             ;判断 P3.2 如果为低电平,表明小车还没有回到黑
                                  ;线上,所以跳到 WAIT0 处继续等待小车返回黑线
      RETI                        ;中断子程序结束返回到主程序
;-------------小车右侧出黑线——外部引脚 P3.3 中断服务子程序-------
INT11:MOV  P1,ZUOZHUAN            ;小车右侧出黑线,所以左转
WAIT1:CALL DISPLAY                ;调用显示子程序
      JNB  P3.3,WAIT1             ;判断 P3.3 如果为低电平,表明小车还没有回到黑
                                  ;线上,所以跳到 WAIT1 处继续等待小车返回黑线
      RETI                        ;中断子程序结束返回到主程序
```

现在再研究另一个问题,为什么小车上显示的时间有些慢呢? 原因还是小车跑出黑线后,CPU 会跳转到外中断子程序中执行,直到小车回到黑线上为止,由于外部

中断 INT0 的中断级别比定时器中断级别高,所以当 CPU 在外中断 INT0 服务子程序中执行时,定时器所定的时间即使到了也不会得到 CPU 的处理,所以秒不能够及时加 1,所以时间显示不准确。分析清楚了原因,那么该如何解决呢?我们可以把定时器 T0 的中断优先级别设置为最高,这样即使 CPU 在外部中断中执行小车拐弯程序也要把这件事放一放,去处理定时器的任务,处理完了再回到外部中断服务子程序中执行,当把小车拐回到黑线上后再返回到主程序中执行常规任务(上面的这种情况称之为中断嵌套,即首先一个中断把主程序给中断了,然后又有一个级别更高的中断又把这个中断给中断了)。具体怎么修改程序才能将定时器 T0 的中断级别设置为最高呢?如果大家忘了,请回头看看 8.3.4 小节中有关中断优先级控制寄存器 IP 的相关内容。想让定时器定时准确,数码管显示正确,其实程序修改比较简单,只需要在程序的初始化部分加上一条指令即可,这条指令就是:

```
MOV  IP,♯02H        ;定时器 T0 设置为最高中断级别
```

大洋:我又发现一个问题,在小车跑出黑线后,它执行外部中断服务子程序拐弯时,数码管是不熄灭了,可是数码管上面显示的时间也停止了。当小车拐回到黑线上时数码管上的时间一下就跳变好几秒,感觉好像有一段时间定时器不工作,然后数码管上的时间又突然跳到正常数值了,这是怎么回事呢?

阿范:这是因为将定时器的中断级别设置为最高,当小车跑出黑线时,CPU 就去外部中断服务子程序执行程序,当定时器时间到时,CPU 又会跳转到定时器中断服务子程序执行,所以时间是正常在"走",但是在这个过程中主程序一直都没有得到机会执行,所以没有及时调用除法子程序,即没有把最新的 MIAO 中的数据处理成个位和十位 2 个数据,所以会出现 MIAO 在正常加,而秒的个位和十位数据不变,于是数码管上的数据有一段时间不变,然后又突然跳变到正常值。那么该如何处理呢?在外部中断服务子程序中执行小车向黑线上拐的指令时,不要只是执行小车拐回到黑线上和调用显示子程序,还要执行一个调用除法子程序。具体外部中断部分的程序修改如下:

```
;------------小车左侧出黑线——外部引脚 P3.2 中断服务子程序-------
INT0:  MOV  P1,YOUZHUAN      ;小车左侧出黑线,所以右转
WAIT0: CALL CHUFA             ;调用除法子程序
       CALL DISPLAY           ;调用显示子程序
       JNB  P3.2,WAIT0        ;判断 P3.2 如果为低电平,表明小车还没有回到黑线上,
                              ;所以跳到 WAIT0 处继续等待小车返回黑线
       RETI                   ;中断子程序结束返回到主程序
;------------小车右侧出黑线——外部引脚 P3.3 中断服务子程序-------
INT1:  MOV  P1,ZUOZHUAN      ;小车右侧出黑线,所以左转
WAIT1: CALL CHUFA             ;调用除法子程序
```

CALL	DISPLAY	;调用显示子程序
JNB	P3.3,WAIT1	;判断 P3.3 如果为低电平,表明小车还没有回到黑 ;线上,所以跳到 WAIT1 处继续等待小车返回黑线
RETI		;中断子程序结束返回到主程序

8.5.4 智能车还可以数出沿途遇到的铁片数量

2006 年黑龙江省大学生电子设计竞赛中有一个有关小车的题目,其中要求小车在行进的过程中遇到铁片时能够检测出来,并且在数码管上能够显示出来检测到的铁片数量(少于 10 个)和小车行驶的时间,并且要加一个按键控制小车启动。

1. 硬件电路设计

电机驱动电路和巡线电路及其与单片机的接口保持不变,只需要在单片机的显示电路的基础上加上铁片检测电路和一个小车启动按键即可。而铁片检测传感器可以在市场上买到,这里就不给出具体的硬件电路了,只是用一个符号表示。当检测到铁片时会在信号线上出现一个脉冲信号,具体电路如图 8-15 所示。

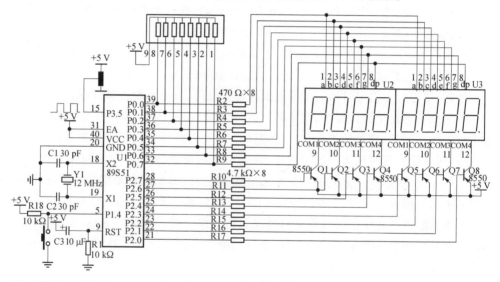

图 8-15 小车检测铁片及显示电路

2. 软件设计思想

本设计与 8.5.2 小节中的设计思想非常相近,只是需要加上检测出铁片数量和显示铁片数量的部分。定时器 T0 仍然工作在定时方式用于确定小车行驶时间;而外部中断 INT0(P3.2)和 INT1(P3.3)仍然用于小车检测黑白线;铁片数量该如何检测出来呢? 有 3 种方法可选,一种是查询法(如图 8-15 所示),铁片检测信号接到了 P3.5 引脚上,可以采用查询法查询 P3.5 引脚的电平是否为低电平,如果是则表明小车遇到铁片了;第二种方法是利用定时器 T1 工作在计数方式,在主程序中把 TL1 中的数据显示出来即为检测到的铁片数量;第三种方法是利用定时器 T1 工作在计数方式、中断方式,并且给计数容器 TH1、TL1 均赋值 FFH,只要外部引脚 P3.5 上输入一个脉冲信号,就会使定时器 T1 计数溢出而产生中断,此时计数器就改装成了外部中断,这也是解决外部中断不够用的一种方法。在本设计中采用第三种方法,也可以练习计数器是如何当成外部中断的。具体的程序流程图如图 8 - 16 所示。注意:程序流程图一定要看,别急于看下面的程序代码。只有程序流程图看清楚了,然后按照流程图分块儿看程序,这样就非常清晰了!

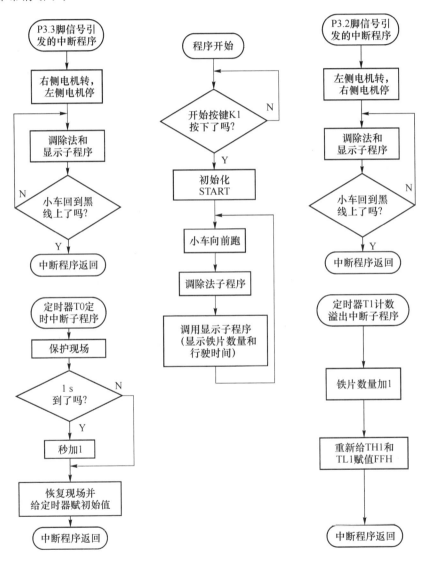

图 8 - 16　智能小车巡线、显示行驶时间及检测铁片程序流程图

> **锦囊**：注意要设置定时器 T0 和 T1 的中断级别高于外部中断 INT0 和 INT1 的中断级别。因为车一旦出了黑线，需要"很久"才能回到黑线上，如果 INT0 和 INT1 的级别高，就会影响定时时间的准确性，同时也会出现一种情况就是有时会有些铁片检测不到。还有，前面讲过了外部中断 INT0 和 INT1 也可以改装成计数器用；今天要告诉你外部计数器也可以改装成外部中断用。

3. 程序代码清单

```
QIANJIN          EQU   31H        ;给 RAM 中 31H 单元起名 QIANJIN,存小车前进控制指令
ZUOZHUAN         EQU   32H        ;给 RAM 中 32H 单元起名 ZUOZHUAN,存小车左转控制指令
YOUZHUAN         EQU   33H        ;给 RAM 中 33H 单元起名 YOUZHUAN,存小车右转控制指令
TINGZHI          EQU   34H        ;给 RAM 中 34H 单元起名 TINGZHI,存小车停止控制指令
MIAO             EQU   35H        ;给 RAM 中 35H 单元起名 MIAO,存储当前时间秒
MIAOSHIWEI       EQU   36H        ;给 RAM 中 36H 单元起名 MIAOSHIWEI,存储秒的十位
MIAOGEWEI        EQU   37H        ;给 RAM 中 37H 单元起名 MIAOGEWEI,存储秒的个位
WUSHIMSCISHU     EQU   38H        ;给 38H 单元起名 WUSHIMSCISHU,存储定时器中断 50 毫秒次数
TIEPIANSHULIANG  EQU   39H        ;给 39H 起名为 TEIPIANSHULIANG,用于存检测的铁片数
                 ORG   0000H      ;复位时程序从此开始
                 SJMP  ANJIAN     ;跳到 ANJIAN 进行初始化
                 ORG   0003H      ;外部引脚 P3.2 中断入口
                 AJMP  INT0       ;跳转到标号 INT0 处(外部中断服务子程序)
                 ORG   000BH      ;定时器 T0 溢出中断入口
                 AJMP  TIMER0     ;跳到标号 TIMER0 处执行定时器中断服务子程序
                 ORG   0013H      ;外部引脚 P3.3 中断入口
                 AJMP  INT1       ;跳转到标号 INT1 处(外部中断服务子程序)
                 ORG   002BH      ;定时器 T1 溢出中断入口
                 AJMP  TIMER1     ;跳到标号 TIMER1 处执行定时器中断服务子程序
                 ORG   0030H      ;初始化程序从 30H 开始
ANJIAN:          JB    P1.4,ANJIAN ;P1.4 引脚接的按键 K1 如果没按下就跳到 ANJIAN 处等
;------------------------初始化-------------------------
START:           MOV   SP,#60H    ;给堆栈指针赋值 60H
                 MOV   TINGZHI,#11111111B;给 TINGZHI 装入#11111111B,此数据可使电动机
                                      停止转动
                 MOV   QIANJIN,#11110101B   ;(结合图 8-10)此数据使得两个电动机都正转
                 MOV   ZUOZHUAN,#11110111B   ;此数据使得左侧电动机不转,右侧电动机正转
                 MOV   YOUZHUAN,#11111101B   ;此数据使得右侧电动机不转,左侧电动机正转
```

```
        MOV    P1,TINGZHI              ;控制小车初始状态为停止状态
        SETB   P3.0                    ;使能芯片 293ENA
        SETB   P3.1                    ;使能芯片 293ENB
        MOV    MIAO,#0                 ;给秒赋初始值 0
        MOV    TIEPIANSHULIANG,#0      ;铁片数量初始值赋 0
        MOV    WUSHIMSCISHU,#0         ;把记录定时器定时中断 50 ms 的次数单元赋 0
        MOV    DPTR,#TAB               ;给 DPTR 赋值目的是把数据指针 DPTR 指向 TAB 表头处
        MOV    TMOD,#01010001B         ;定时器 T0 工作在定时方式,模式 1;T1 计数方式 1
        MOV    TH0,#3CH                ;给定时器计数容器赋初始值 3CH
        MOV    TL0,#0B0H               ;给定时器计数容器赋初始值 B0H
        MOV    TH1,#0FFH               ;给定时器计数容器赋初始值 FFH
        MOV    TL1,#0FFH               ;给定时器计数容器赋初始值 FFH
        SETB   ET0                     ;开定时器 T0 中断,让定时器 T0 工作在中断方式
        SETB   ET1                     ;开定时器 T1 中断,让定时器 T1 工作在中断方式
        SETB   TR0                     ;启动定时器 T0 开始工作
        SETB   TR1                     ;启动定时器 T1 开始工作
        SETB   EX0                     ;开外部 P3.2 引脚中断
        SETB   IT0                     ;P3.2 引脚下降沿产生中断信号
        SETB   EX1                     ;开外部 P3.3 引脚中断
        SETB   IT1                     ;P3.3 引脚下降沿产生中断信号
        MOV    IP,#0AH                 ;定时器 T0 和 T1 设置为高优先级
        SETB   EA                      ;开总中断允许
;-------------------- 主程序--------------------
MAIN:   MOV    P1,QIANJIN              ;给单片机 P1 口赋值,驱动 293 控制两个电动机正转
        CALL   CHUFA                   ;调用除法子程序,把秒分成个位和十位
        CALL   DISPLAY;                ;调显示子程序,显示当前小车行驶时间
        SJMP   MAIN                    ;程序跳转到 MAIN 处
;------------------PROCESS 子程序------------
CHUFA:  MOV    A,MIAO                  ;MIAO 中的数据复制给 A
        MOV    B,#10                   ;给寄存器 B 赋值 10
        DIV    AB                      ;用 A 除以 B,结果在 A 中,余数在 B 中
        MOV    MIAOSHIWEI,A            ;十位的结果放在 MIAOSHIWEI 中
        MOV    MIAOGEWEI,B             ;个位的结果放在 MIAOGEWEI 中
        RET                            ;子程序返回
;------------------DISPLAY 子程序------------------
DISPLAY:MOV    A,MIAOSHIWEI            ;把 MIAOSHIWEI 中存储的数据复制给 A
        MOVC   A,@A+DPTR               ;到数据表中取十位对应的显示段码
```

```
        MOV     P0, A                   ;将显示段码送到 P0 口处
        CLR     P2.7                    ;P2.7 置 0,使得三极管导通给第一个数码管供电
        CALL    DELAY                   ;延一段时间,使得十位数据显示一段时间
        SETB    P2.7                    ;P2.7 置 1,使得三极管关断,熄灭第一个数码管
        MOV     A, MIAOGEWEI            ;把 MIAOGEWEI 中存储的数据复制给 A
        MOVC    A, @A + DPTR            ;到数据表中取个位对应的显示段码
        MOV     P0, A                   ;将显示段码送到 P0 口处
        CLR     P2.6                    ;P2.6 置 0,使得三极管导通给第二个数码管供电
        CALL    DELAY                   ;延一段时间,使得个位数据显示一段时间
        SETB    P2.6                    ;P2.6 置 1,使得三极管关断,熄灭第二个数码管
        MOV     A,TIEPIANSHULIANG      ;铁片数量复制给 A(铁片数小于 10,不用除法了)
        MOVC    A ,@A + DPTR           ;到数据表中取十位对应的显示段码
        MOV     P0, A                   ;将显示段码送到 P0 口处
        CLR     P2.0                    ;P2.0 置 0,使得三极管导通给第三个数码管供电
        CALL    DELAY                   ;延一段时间,使得铁片数显示一段时间
        SETB    P2.0                    ;P2.0 置 1,使得三极管关断,熄灭第三个数码管
        RET
;-------------小车左侧出黑线——外部引脚 P3.2 中断服务子程序--------
INT0:   MOV     P1,YOUZHUAN            ;小车左侧出黑线,所以右转
WAIT0:  CALL    CHUFA                  ;调用除法子程序
        CALL    DISPLAY                ;调用显示子程序
        JNB     P3.2,WAIT0             ;判断 P3.2 如果为低电平,表明小车还没有回到黑
                                        ;线上,所以跳到 WAIT0 处继续等待小车返回黑线
        RETI                            ;中断子程序结束返回到主程序
;-------------小车右侧出黑线——外部引脚 P3.3 中断服务子程序--------
INT1:   MOV     P1,ZUOZHUAN            ;小车右侧出黑线,所以左转
WAIT1:  CALL    CHUFA                  ;调用除法子程序
        CALL    DISPLAY                ;调用显示子程序
        JNB     P3.3,WAIT1             ;判断 P3.3 如果为低电平,表明小车还没有回到黑
                                        ;线上,所以跳到 WAIT1 处继续等待小车返回黑线
        RETI                            ;中断子程序结束返回到主程序
;----------------定时器 T0 中断服务子程序-----------------------
TIMER0: PUSH    ACC                     ;把 ACC 中的数据压入堆栈保护起来
        INC     WUSHIMSCISHU           ;WUSHIMSCISHU 单元中的数加 1
        MOV     ACC, WUSHIMSCISHU      ;WUSHIMSCISHU 单元中的数据复制给 ACC
        CJNE    ACC,#20,JIXU           ;ACC 中的数据与 20 比较不相等就跳转到 JIXU 处
        MOV     WUSHIMSCISHU,#0        ;(如果 WUSHIMSCISHU 单元计满 20 了)就清零
```

```
        INC     MIAO                    ;把 MIAO 中的秒钟数加 1
JIXU:   POP     ACC                     ;把刚才压入堆栈中的数据还给 ACC
        MOV     TH0,#3CH                ;给计数容器的高 8 位 TH0 赋初始值 3CH
        MOV     TL0,#0B0H               ;给计数容器的低 8 位 TL0 赋初始值 B0H
        RETI                            ;中断子程序返回主程序
;——————————定时器 T1 中断服务子程序——————————
TIMER1: INC     TIEPIANSHULIANG         ;(检测到一块儿铁片)把铁片数量加 1
        MOV     TH1,#0FFH               ;给定时器计数容器赋初始值 FFH
        MOV     TL1,#0FFH               ;给定时器计数容器赋初始值 FFH
        RETI                            ;中断子程序返回主程序
;——————————延时子程序——————————
DELAY:  MOV     R0,#25                  ;给 R0 赋值
D2:     MOV     R1,#25                  ;给 R1 赋值
D1:     DJNZ    R1,D1                   ;R1 减 1 不等于 0 跳到 D1 处
        DJNZ    R0,D2                   ;R0 减 1 不等于 0 跳到 D2 处
        RET                             ;子程序结束返回
;——————————下面的数据表中存储的是显示段码(共阳)——————
TAB:    DB      0C0H,0F9H,0A4H,0B0H,99H ;从 TAB 处开始存储 0、1、2、3、4
        DB      92H,82H,0F8H,80H,90H    ;5、6、7、8、9 对应的显示段码
        END                             ;程序结束
```

4. 互动环节

维哲:我对用定时器 T1 改成外部中断计铁片数量这个用法不太理解,能不能再说说呢?

阿范:其实就是利用 T1 工作在计数功能,即外部引脚 P3.5 每次输入一个脉冲信号,T1 的计数容器就加 1。当把 TH1 和 TL1 都加成 FFH 时,这时只要从外部引脚 P3.5 再输入一个脉冲信号,定时器 T1 的计数容器就会溢出,从而产生一个中断;此时如果 CPU 不是正在处理比 T1 中断级别高的 T0 的中断服务子程序,则 CPU 会跳转进入 TIMER1 中断服务子程序中,将存储铁片数量的存储器 TIEPIANSHU-LIANG 加 1 即可,然后为了下一次遇到铁片还能够把铁片数量加 1,则需要把定时器 T1 的初始值再重新设置为最大。其原理相当于把一个水盘的水装得满满的,这时只要再向这个盆里滴一滴水,水盆就会发生溢出中断。又由于此时定时器 T1 的中断是由于外部信号引起的,所以可以把 T1 改装成外部中断用,即外部引脚 P3.5 一旦出现脉冲信号就引发一次溢出中断。

8.5.5 需要更多外部中断该怎么办

通过上面的方法可以设置定时器工作在外部计数方式,从而把定时器改装成一

个外部中断用,如果还有其他的外部信号需要进行紧急处理,那该怎么办呢? 下面给

出一种可以扩展外部中断的方法,如图 8-17 所示。正常情况下,A、B、C 和 D 这 4 个信号都是处于高电平状态,这 4 个信号经过四输入与门后输入到单片机 P3.2 引脚的信号也是高电平信号,所以正常时不会引发中断;但是当 A、B、C 和 D 中任何一个信号变为低电平时,它们经过与门后都会输入到单片机 P3.2 引脚低电

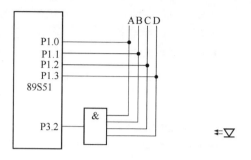

图 8-17 外部中断扩展

平,从而引发中断。但是不知道是谁引起的中断,所以在中断子程序中还要加上判断程序,即将 P1.0、P1.1、P1.2 和 P1.3 这 4 个引脚的电平状态读入到单片机判断哪个引脚为低电平,则此次中断就是哪路输入信号引发的,从而做出不同的处理,所以这样就达到了扩展外部中断的目的。

8.6 外部中断进阶

到此为止,有关外部中断的知识基本就学完了。可能大家会想:难道外部中断就能用于做小车的巡线判断吗? 其实,只要是非常紧急的事情都可以用外部中断来处理。关键是掌握这个思想,当以后遇到具体的控制对象时,懂得该将哪部分程序放到主程序中处理,哪部分程序放到外部中断服务子程序中处理,哪部分程序又该放到定时器中断服务子程序中处理,这些才是最重要的。

锦囊:1. 例如锅炉水位不可以太低,当太低时要求系统报警,系统怎么知道水位低了呢? 所以要有水位检测电路,正常时输入单片机 P3.2 引脚的电平信号为高电平,当水位过低时输入的是低电平信号,所以可以引发中断,在中断子程序中执行报警程序即可。

2. 再如温度报警系统、电压、电流过高或过低报警系统等。总之,就是一个"如果怎么样,那么就怎么样"。正常时是一种信号,发生问题时又是一种信号。

## 第 9 章

串行口及其应用

计算机和外界的信息交换称为通信。今天的核心内容就是和大家一起分析如何应用 51 单片机串行口与外界通信。

9.1 了解几点知识

在没有正式讲解 51 单片机串行口如何与外界通信之前,先和大家分享几个知识:第一,并行通信与串行通信;第二,同步通信与异步通信;第三,串行通信的制式。

9.1.1 并行通信与串行通信

通信方式有并行通信(见图 9-1)和串行通信(见图 9-2)两种。什么是并行通信呢?"并行"顾名思义就是一起的意思,也就是说数据以字或字节的形式同时发送出去或者同时接收,很明显这种方式的传输速度比较快,但是也存在缺点,如通信线较多、成本高、传输距离短,一般都用在短距离传输的场合。那么串行通信相信大家就很好明白了,就是数据一位一位地发送出去或者是接收,很明显这种方式传输的速度比较慢,但是有弊也有利,这种方式通信线少、传输距离比较长、成本较低,一般都用在远距离传输的场合。

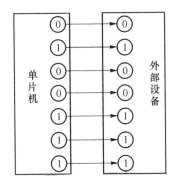

图 9-1 并行通信

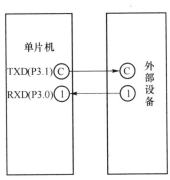

图 9-2 串行通信

9.1.2　异步通信与同步通信

　　串行通信又有两种方式:一种是异步通信,另一种是同步通信。

　　异步通信:它用一个起始位表示字符的开始,用停止位表示字符的结束。其每帧的格式为:在一帧格式中,先是一个起始位 0,然后是 8 个数据位(规定低位在前,高位在后)接下来是奇偶校验位(可以省略),最后是停止位 1。用这种格式表示字符,则字符可以一个接一个地传送。在异步通信中,CPU 与外设之间必须有两项规定,即字符格式和波特率。字符格式的规定是双方能够在对同一种 0 和 1 的理解是相同的。原则上字符格式可以由通信的双方自由制定,但从通用、方便的角度出发,一般还是使用一些标准为好,如采用 ASCII 码标准。波特率即数据传送的速率,其定义是每秒钟传送的二进制数的位数。例如,数据传送的速率是 120 字符每秒,而每个字符如上述规定包含 10 数位,则传送波特率为 1 200。

　　同步通信是一种比特同步通信技术,要求发收双方具有同频同相的同步时钟信号,只需在传送报文的最前面附加特定的同步字符,使发收双方建立同步,此后便在同步时钟的控制下逐位发送或接收。没有数据发送时,传输线处于 MARK(1)状态。为了表示数据传输的开始,发送方先发送一个或两个特殊字符,该字符称为同步字符。当发送方和接收方达到同步后,就可以一个字符接一个字符地发送大量数据,而不再需要用起始位和停止位了,这样可以明显地提高数据的传输速率。采用同步方式传送数据时,在发送过程中收发双方还必须用一个时钟进行协调,用于确定串行传输中每一位的位置。接收数据时,接收方可利用同步字符使内部时钟与发送方保持同步,然后将同步字符后面的数据逐位移入,并转换成并行格式,供 CPU 读取,直至收到结束符为止。

　　由于 51 单片机采用的是异步通信方式,对于同步通信只作一般性的了解即可。

9.1.3　串行通信的制式

　　串行通信按通信的方向分为单工通信和双工通信。在串行通信中,通信接口只能发送或接收的单向传送方法叫单工通信;而把数据在甲乙两机之间的双向传递,称之为双工通信。在双工传送方式中又分为半双工通信和全双工通信。半双工通信是两机之间不能同时进行发送和接收,任一时刻,只能发或者只能收信息,实际中内部有个开关来回切换到接收端和发送端。全双工方式是两机可以同时收发,接收和发送完全独立,51 单片机采用全双工通信。

9.2　由传球悟串行通信

　　在讲课时很多同学对串行、并行不是很理解,我常常举这个例子:传球。两个人在传球时,发球方一个一个把球传给接球方,这个球就像一位二进制数,即使发球方有 8 个球,他也没办法一次全部把球传给接球方,这就是串行通信的意思。而并行通信就相当于发球的是 8 个人,接球的也是 8 个人,发球方一次可以发 8 个球给接球方。

串行通信还涉及波特率。很多同学不理解,什么是波特率?为什么要设置波特率?真是很麻烦啊!是的,但你要想硬件听你的话,你就必须按它的意思设置它,它才能正常工作。波特率实际就是规定通信双方的通信速度。我们还是以传球为例,甲方将球传给乙方,如果他们之间不事先协商好传球的速度,一个快一个慢,那可就糟了,甲以很快的速度传球给乙,可是乙的接球速度跟不上,这样就会出现球接不住掉到地上的现象。对于通信也是同样的道理,双方速度不一致就会出现传输错误。

9.3　51 单片机串行口

51 单片机的串行口为 P3.1 和 P3.0,其中 P3.1 是发送端口,P3.0 是接收端口。做全双工通信时,只需将甲、乙两个单片机的端口进行交叉连接即可。除了硬件上的连接外,我们还要进行串口的初始化操作,需要将一些关于串口通信的特殊功能寄存器进行设置,这些寄存器有串行口控制寄存器(SCON)、定时方式寄存器(TMOD)、定时计数器(TH1、TL1)、定时控制寄存器(TCON),电源控制寄存器(PCON)。如果想让串行口工作在中断方式,还需要设置 IE 寄存器。这些寄存器的设置究竟有什么意义呢?我们接着往下看。

9.3.1　数据格式的设置

串行口控制寄存器 SCON(见表 9 - 1)的地址为 98H,由于地址末尾是以 8 结尾,所以可以进行位寻址,也就是可以用位操作指令 SETB、CLR 操作其中的每一位,当然了也可以用 MOV 指令进行单元操作。那么这个寄存器的各个位都是什么意思呢?

表 9 - 1　串行口控制寄存器 SCON

D7	D6	D5	D4	D3	D2	D1	D0
SM0	SM1	SM2	REN	TB8	RB8	TI	RI

SM0、SM1:串行口工作方式选择位,其定义如表 9-2 所列。从中我们可以看出串行口共有 4 种工作方式。

表 9-2　工作方式的选择

SM0、SM1	工作方式	功能描述	波特率
0　0	方式 0	8 位移位寄存器	$F_{osc}/12$
0　1	方式 1	10 位 UART	可变,由定时器控制
1　0	方式 2	11 位 UART	$F_{osc}/64$ 或 $F_{osc}/32$
1　1	方式 3	11 位 UART	可变,由定时器控制

1. 方式 0

方式 0 为 8 位移位寄存器方式,此时串口相当于一个 8 位的移位寄存器。TXD 端口作为时钟线输出时钟脉冲信号,RXD 端口作为数据线在移位时钟的作用下可以将单片机内部的并行数据转换为串行数据发送出去;也可以接收外部设备发送过来的串行数据,然后进入单片机转变为并行数据。最典型的应用就是用串口驱动数码管,这里不做详细讲解,感兴趣的话大家可以查看相关资料。

发送操作——当执行"MOV SBUF,A"指令时,启动发送操作,TXD 输出移位脉冲,RXD 串行发送 SBUF 中的数据。发送完 8 位数据后自动置 TI=1,请求中断。要继续发送时,TI 必须由指令清零。

接收操作——在 RI=0 条件下,且 SCON 中的 REN 位为 1(即接收数据允许),启动一帧数据的接收,由 TXD 输出移位脉冲,由 RXD 接收串行数据到 A 中,接受完一帧自动置位 RI,请求中断。想继续接收时,要用指令清零 RI。

2. 方式 1

方式 1 是 10 位异步通信方式,通信的帧格式为 1 个起始位 0、8 个数据位,最后是停止位 1,共 10 个二进制位。此方式波特率可以改变,也就是说可以通过定时器 1 或者定时器 2(对于 52 单片机)进行设置。

发送操作——当执行一条"MOV SBUF,A"指令时,启动发送操作,A 中的数据从 TXD 端实现异步发送。发送完 8 位数据后自动置 TI=1,请求中断。要继续发送时,TI 必须由指令清零。

接收操作——当置 REN=1 时,串行口采样 RXD,当采样为 1 至 0 的跳变时,确认串行口数据帧的起始位,开始接收一帧数据,直到停止位到来时,把停止位送入 RB8 中。置位 RI,请求中断,CPU 取走数据后用指令清 RI。

3. 方式 2

方式 2 是 11 位方式,通信的帧格式为 1 个起始位 0、9 个数据位,最后是停止位 1,共 11 个二进制位。此方式可以用在点对点的单机通信中,比如两个单片机之间进行通信。此时,第9位数据作为奇偶校验位。但是更多的是用在多机通信中,那么第9位数据作为地址和数据位的标志位。因为多机通信涉及到从机的地址问题,主机要发送数据首先要发送从机地址,那么从机如何判断发过来的是地址还是数据呢?那么就需要靠接收到的第9位数据是0还是1来判断,如果是1就要和自身地址比较,若匹配则说明主机要和我进行通信,准备接收下面要发送过来的数据;否则认为主机不是要与其进行通信,那么就不接收主机发过来的数据。方式2波特率比较固定,只有两个值可选,一个是$F_{osc}/64$,另一个$F_{osc}/32$。那么我们到底是选择前面的还是后面的呢?这就要看你如何设置PCON寄存器了,该寄存器的最高位为SMOD,它叫波特率加倍位,即可以使波特率加倍,如果该位为1选择是$F_{osc}/32$;如果该位为0选择的是$F_{osc}/64$。

发送操作——发送的串行数据由TXD端输出一帧信息为11位,附加的第9位来自SCON寄存器的TB8位,用软件置位或复位。它可作为多机通信中地址/数据信息的标志位,也可以作为数据的奇偶校验位。当CPU执行一条数据写入SBUF的指令时,就启动发送器发送。发送一帧信息后,置位中断标志TI。

接收操作——在(REN)=1时,串行口采样RXD引脚,当采样为1至0的跳变时,确认是开始位0,就开始接收一帧数据。在接收到附加的第9位数据后,当(RI)=0或者(SM2)=0时,第9位数据才进入RB8,8位数据才能进入接收寄存器,并由硬件置位中断标志RI;否则信息丢失。且不置位RI。再过一位时间后,不管上述条件是否满足,接收电路即复位,并重新检测RXD上从1到0的跳变。

4. 方式3

方式3和方式2一样也是11位的,用在多机通信中,而且比方式2要好,因为可以灵活地设置波特率,不像方式2那样只有2个值可以选择,这种方式在实际应用中用得较多,此外与方式2完全一样。

SM2单机通信时为0,多机通信时置1;REN允许接收标志,当该位为1时单片机可以接收外来的数据,否则不接收;TB8为发送的第9位数据;RB8为接收的第9位数据;TI发送完成标志,当TI=1时,表示发送完成,发送缓冲寄存器SBUF为空,可以将新的数据放入到SBUF中继续发送;RI接收完成标志,当RI=1时,表示接收了一帧数据,可以读取接收缓冲寄存器SBUF中的数据。SBUF实际上是2个,但是这2个地址都是99H:一个称为发送缓冲区,放发送的数据;一个称为接收缓冲区,接收发过来的数据。

9.3.2 波特率的设置

方式1和方式3波特率可以改变,那么如何设置波特率(定时器T1设置波特率)呢?我们可以用下面的公式进行计算,公式中有个定时器T1的溢出率,什么是定时器溢出率呢?定时器溢出率实际上就是定时时间的倒数。比如说:定时器初始化时TH1、TL1为0FDH,则只要定时器接到3个脉冲就会溢出,如果选择11.059 2 MHz的晶振,则3个脉冲的时间是3.255 μs,定时器溢出率就是$1\times1\,000\,000/3.255$

＝307 219.66，如果 SMOD＝0，那么波特率为9 600。需要强调的是定时器1此时必须工作在方式2即8位自动重载模式。

$$波特率＝\frac{2^{SMOD}}{32}×定时器\ T1\ 溢出率$$

关于波特率的设置，理论上来说理解了就可以了，具体的应用大家只要上网下载个波特率计算器就可以轻松搞定。在本书的配套资料中也提供了软件，只要简单设置便会自动生成串行口初始化的程序。

9.3.3　成功设置串口初始化的步骤总结

下面以设置单机通信波特率9 600为例，总结串口初始化步骤。如果串口不工作在中断方式则可以省略步骤⑥。

① 设置定时器1工作方式2：MOV TMOD，♯20H。

② 设置定时器1的初始值：MOV TL1，♯0fdH；

　　　　　　　　　　　　　　MOV TH1，♯0fdH。

③ 启动定时器1工作（TCON）：SETB TR1。

④ 设置串行口工作方式：MOV SCON，♯50H。

⑤ 设置波特率加倍位 SMOD：MOV PCON，♯00H。

⑥ 开中断开关 IE：SETB ES；

　　　　　　　　　SETB EA。

9.4　两片51单片机"眉来眼去"

两片51单片机之间的串行通信，可以采用查询方式和中断方式实现。查询方式需要 CPU 经常的查询标志位 TI 或 RI，这样比较占用 CPU 的时间，利用率不高，就好像我一边给大家讲课，一边在烧开水，可是我的水壶没有报警装置，没办法我必须每隔一段时间就去看看，如果没有烧开就回来继续给大家讲课，这样我就必须得拿出时间来处理烧水这件事情，当然给你们讲课也就无法安心进行了，这就是查询方式。中断方式相对查询方式就比较好，不用一会去看看水是否烧开，因为我的水壶有报警装置，如果水烧开了它会"鸣笛"通知我去处理，很显然 CPU 的利用率很高，也能够安心给大家讲课了，这样是不是更好呢？下面分别采用查询法和中断法举例实现串行口的应用。

9.4.1　查询方式收发数据

利用查询方式实现两个单片机之间的通信，一个单片机作为主机发送数据给从机，同时用接在自己 P0 口的 LED 小灯显示发送的数据；另一个作为从机接收数据，然后将接收到的数据送给接在从机 P0 口的 LED 小灯显示。

1. 硬件电路设计

具体的硬件电路如图 9 - 3 所示。

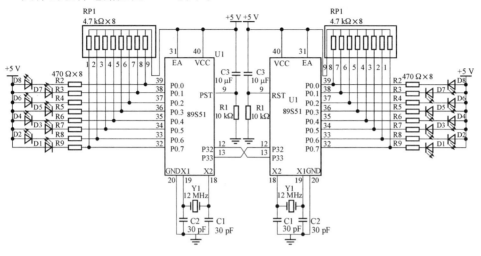

图 9 - 3　两片单片机之间串行通信

2. 软件设计思想

由于采用的是查询方式而不是中断方式,因此不需要设置中断入口地址也不需要开串口中断。查询方式需要在主程序中循环查询标志位,看发送完成标志和接收完成标志是否为 1。如果 TI 为 1,即表示发送完成,发送缓冲区 SBUF 已经是空的,可以将下一个数据放到发送缓冲区 SBUF 中;如果 RI 为 1,即表示接收数据完成,接收缓冲区 SBUF 中已经有接收到的数据,可以将数据取回来进行处理。程序流程图如图 9 - 4 所示。

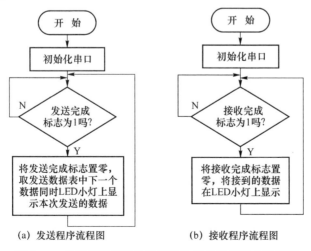

(a) 发送程序流程图　　(b) 接收程序流程图

图 9 - 4　串行口采用查询法发送和接收数据程序流程图

3. 程序代码清单(见配套资料:实验现象\ch9\tongxin_two.flv)

```
;主机发送程序:将流水灯数据发送给从机,同时用 LED 显示
ORG     0000H
SJMP    START               ;可以看到没有中断入口地址即没有 ORG 0023H
ORG     0030H
START:
MOV     TMOD,#20H           ;设置定时器1工作在方式 2,作为波特率发生器使用
MOV     TH1,#0FDH           ;定时器高 8 位赋值 0FDH,波特率为 9 600
MOV     TL1,#0FDH           ;定时器低 8 位赋值 0FDH,波特率为 9 600
SETB    TR1                 ;启动定时器1,这是初学者容易忘记的
MOV     SCON,#50H           ;设置串行口工作在方式 1,10 位异步收发,同时允许接收数据(REN = 1)
MOV     PCON,#00H           ;波特率不加倍(SMOD = 0)
MOV     DPTR,#TAB           ;数据指针指向表格首地址
MOV     R0,#0               ;用来取表格中的第几个数据,也就是通常说的偏移量
SETB    TI                  ;将 TI 置 1,假设已经发送完一个数据,以便启动接下来的数据发送
MAIN:
JBC     TI,SEND             ;如果 TI 等于1跳转到 SEND 标号处,同时将 TI 清零
SJMP    MAIN                ;主程序构成死循环,反复查询标志位(实际上可以在这里做些具体工作)
SEND:
MOV     A,R0                ;将偏移量送给累加器 A
MOVC    A,@A + DPTR         ;取表格中偏移量所对应的数据送到累加器 A 中
MOV     SBUF,A              ;将表格中的数据放入发送缓冲区中等待发送
MOV     P0,A                ;同时用 LED 显示要发送的数据
CALL    DELAY               ;为了能清楚的在 LED 上看到要发送的数据,调用延时
INC     R0                  ;偏移量加1指向下一个数据
CJNE    R0,#8,MAIN          ;判断是否是最后一个数据,如果不是跳转到 MAIN,否则接着往下执行
MOV     R0,#0               ;清偏移量,指向第1个数据
SJMP    MAIN                ;重新开始取表格中的数据
DELAY:                      ;延时函数
MOV     R1,#255
D1:     MOV R2,#200
DJNZ    R2,$
DJNZ    R1,D1
RET
TAB:DB 0FEH,0FDH,0FBH,0F7H,0EFH,0DFH,0BFH,7FH;表格中放了流水灯的代码
    END
```

```
; ****************************************************************
;从机接收程序:接收到的数据送到 P0 口的 LED 上显示
ORG      0000H
SJMP     START
ORG      0030H
START:
MOV      TMOD,#20H          ;设置定时器 1 工作在方式 2,作为波特率发生器使用
MOV      TH1,#0FDH          ;定时器高 8 位赋值 0FDH,波特率为 9 600
MOV      TL1,#0FDH          ;定时器低 8 位赋值 0FDH,波特率为 9 600
SETB     TR1                ;启动定时器 1,这是初学者容易忘记的
MOV      SCON,#50H          ;设置串行口工作在方式 1,10 位异步收发,同时允许接收数据(REN =
1)
MOV      PCON,#00H          ;波特率不加倍(SMOD = 0)
MAIN:
JBC      RI,RCV             ;如果 RI 等于 1 跳转到标号 RCV 处,同时将标志位清零
SJMP     MAIN               ;构成死循环,反复查询标志位
RCV:
MOV      A,SBUF             ;将接收到的数据读到累加器中
MOV      P0,A               ;将累加器中的数据送到 P0 口显示
SJMP     MAIN               ;重新查询标志位
END
```

4. 互动环节

少永:在发送程序的初始化程序中有一条指令"SETB TI",TI 是发送完成标志,为什么还没有开始发送数据就将发送完成标志设置为 1 了呢?

阿范:这样是为了启动串口开始发送下一个真正要发送的数据。将 TI 置 1 是假设已经发送完一个数据了,这样在查询发送标志 TI 时,发现 TI 为 1 了就开始发送下一个数据,而这下一个数据是我们要发送的数据表中的第一个数据。如果不将 T1置 1,这时在程序中去查询 TI 位是否为 1,结果是 TI 位永远都不会是 1,因为根本就没有启动发送过数据,除非用"MOV SBUF,A"指令随便发送一个数据,这样就可以启动发送下一个了,但是这样做时要事先和从机协商好,让从机知道第一个接到的数据是随机发的,要舍弃。

少永:在主机发送程序中查询发送完成标志是否为 1 时(JBC TI)以及在从机程序中查询接收完成标志是否为 1 时(JBC RI),为什么用 JBC 指令呢?

阿范:用 JBC 这个指令有两个作用,一是判断标志位 TI 或 RI 是否为 1,二是如果判断的标志位为 1 就跳转,同时将标志位置 0。当串行口工作在查询方式时,如果在发送完成后或接收数据完成后不将 TI 或 RI 置 0,则串口将停止继续发送或接收

数据,因为它的发送或接收标志为 1,它会认为自己已经完成了发送或接收任务。因此要在发送或接收完成后及时将发送完成标志 TI 和接收完成标志 RI 位置 0。

少永:在上面的程序中我发现发送数据时用"MOV SBUF ,A",接收数据时用"MOV A,SBUF",这是必须的吗? 比如我想把寄存器 B 中的数据发送出去,可不可以用"MOV SBUF ,B"来实现呢?

阿范:发送和接收程序必须用 A 和 SBUF 来实现,如果想把其他数据发送出去,只能先将数据复制到累加器 A 中,再用"MOV SBUF,A"指令发送出去;同样如果想把接收到的数据存储在 B 中,则必须先通过"MOV A,SBUF"指令将数据接收到 A 中,再通过"MOV B,A"将 A 中的数据复制给 B。

9.4.2 中断方式收发数据

中断方式收发数据需要设置中断入口地址,也就是在程序的开头用伪指令"ORG 0023H"进行说明,此外还需要将串口中断的小开关 ES 和 CPU 的总开关 EA 打开。如果有数据接收过来或者由数据发送完成都会产生中断请求,CPU 可以相应地做出处理。下面是用中断法实现的两个单片机之间的通信程序,实现功能与9.4.1 小节中的完全相同,硬件电路图也完全相同,这里就不具体给出了。

```
主机发送程序:将流水灯数据发送给从机,同时用 LED 显示
ORG      0000H
SJMP     MAIN
ORG      0023H               ;定义中断的入口地址
SJMP     SERIAL              ;产生中断后执行中断程序 SERIAL
ORG      0030H
MAIN:
MOV      TMOD,#20H           ;设置定时器 1 工作在方式 2,作为波特率发生器使用
MOV      TH1,#0FDH           ;定时器高 8 位赋值 0FDH,波特率为 9 600
MOV      TL1,#0FDH           ;定时器低 8 位赋值 0FDH,波特率为 9 600
SETB     TR1                 ;启动定时器 1,这是初学者容易忘记的
MOV      SCON,#50H           ;设置串行口工作在方式 1,10 位异步收发,同时允许接收数据(REN=1)
MOV      PCON,#00H           ;波特率不加倍(SMOD=0)
SETB     ES                  ;开串口中断的小开关
SETB     EA                  ;开 CPU 的总开关
MOV      DPTR,#TAB           ;数据指针初始化,指向表格数据的首地址
MOV      R0,#0               ;清偏移量,指向第 1 个数据
SETB     TI                  ;置 1,如果不置 1 无法发送表格中的数据,因为 TI 一直是 0
LOOP:
```

```
SJMP    LOOP            ;等待中断的产生,实际上这里可以做些其他的具体工作
SERIAL:                 ;中断程序
MOV     A,R0            ;将偏移量送给累加器 A
MOVC    A,@A+DPTR       ;取表格中偏移量所对应的数据送到累加器中
MOV     SBUF,A          ;将表格中的数据放入发送缓冲区中等待发送
MOV     P0,A            ;同时用 LED 显示要发送的数据
CALL    DELAY           ;为了能清楚的在 LED 上看到要发送的数据,调用延时
INC     R0              ;偏移量加 1 指向下一个数据
CJNE    R0,#8,RT        ;判断是否是最后一个数据,如果不是跳转到 RT,否则接着往下执行
MOV     R0,#0           ;将偏移量清零
RT:     RETI            ;中断返回,千万不要忘记是 RETI
DELAY:                  ;延时函数
MOV     R1,#255
D1:     MOV     R2,#200
        DJNZ    R2,$
        DJNZ    R1,D1
        RET
TAB:    DB 0FEH,0FDH,0FBH,0F7H,0EFH,0DFH,0BFH,7FH
        END
;从机接收程序:接收到的数据送到 P0 口的 LED 上显示
ORG     0000H
SJMP    MAIN
ORG     0023H           ;定义中断的入口地址
SJMP    SERIAL          ;产生中断后执行中断程序 SERIAL
ORG     0030H
MAIN:
MOV     TMOD,#20H       ;设置定时器 1 工作在方式 2,作为波特率发生器使用
MOV     TH1,#0FDH       ;定时器高 8 位赋值 0FDH,波特率为 9 600
MOV     TL1,#0FDH       ;定时器低 8 位赋值 0FDH,波特率为 9 600
SETB    TR1             ;启动定时器 1,这是初学者容易忘记的
MOV     SCON,#50H       ;设置串行口工作在方式 1,10 位异步收发,同时允许接收数据(REN=1)
MOV     PCON,#00H       ;波特率不加倍(SMOD=0)
SETB    ES              ;开串口中断的小开关
SETB    EA              ;开 CPU 的总开关
LOOP:
SJMP    LOOP            ;等待中断的产生,实际上这里可以做些其他的具体工作
SERIAL:
CLR     RI              ;必须用软件清标志
```

```
MOV   A,SBUF            ;读取缓冲区中接收到的数据
MOV   P0,A              ;将接收到的数据送给 P0 显示
RETI                   ;中断返回
END
```

刘超：无论是查询法还是中断法在发送程序中都调用了延时，而在接收程序中却没用调用延时，这是为什么呢？

阿范：我们做这个实验的目的是让大家能够看见主机 P0 口所接的 LED 小灯显示的状态和从机上接的 LED 小灯的显示状态是一样的。如果在发送程序中不调用延时，数据将发送得非常快，我们用肉眼看不出主机接的 LED 小灯和从机接的 LED 小灯的点亮状态了，只要在主机发送时调用延时程序就可以让发送数据慢下来，而从机只是在接收到数据时改变一次 LED 小灯的亮灭状态，因此从机不需要调用延时。

9.5 上位机与单片机相"恋"

不仅单片机之间可以互相通信，单片机和 PC 机同样也可以进行通信，但是需要注意的是由于 PC 机中的高电平是－12 V，低电平是＋12 V；而单片机中高电平是＋5 V，低电平是 0 V，因此必须进行电平转换，否则单片机和上位机（PC 机）彼此不能理解对方高低电平所代表的信息的含义，怎么相"恋"呢？ MAX232 芯片在此就起到翻译的作用，它负责电平转换任务，从而使上位机和单片机双方能够互相理解收发的电平信息，电平转换原理图如 9－5 所示。左侧 9 芯的接口接到上位机的 COM1 串口上，标号 P3.0 和 P3.1 分别接到单片机的 P3.0 和 P3.1 引脚上，这里没有画出单片机。需要说明的是，现在许多笔记本电脑已经没有串行 COM1 口了，不过可以买到用 USB 转串口的转接线。

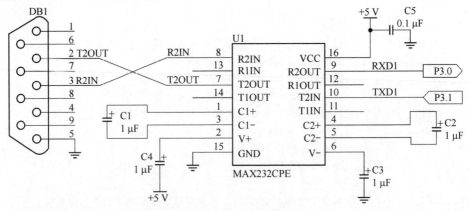

图 9－5 串行通信原理

9.5.1 心率检测仪数据上传 PC 机

心率检测仪是我们生活中不可缺少的,通过它我们可以随时了解心脏的状态,以便及时就医。那么如何测量心率呢?首先得有传感器,我们的传感器采用的是合肥华科电子技术研究所研发的 HK_2000A 型脉搏传感器。传感器有 3 根引线即红色、黑色、白色,红色是电源的正极,黑色是电源的负极,电源电压为 3～12 V,白色线为信号线。脉搏传感器可以将脉搏的跳动转变为数字信号,然后将这个数字信号加到外部中断 0 端口 P3.2 上,外部中断的触发方式为下降沿触发,脉搏每跳动一次就会进入外部中断将计数变量加 1,当定时器 0 定时 1 min 时间到后,此时计数变量中的值就是 1 min 心跳次数。程序使用数码管显示脉搏跳动的次数和时间,1 min 时间到后通过串口将脉搏跳动次数传送到上位机,上位机通过串口调试助手软件接收数据并显示和存储。硬件电路图如图 9 - 6 所示。串口调试助手软件界面如图 9 - 7 所示。

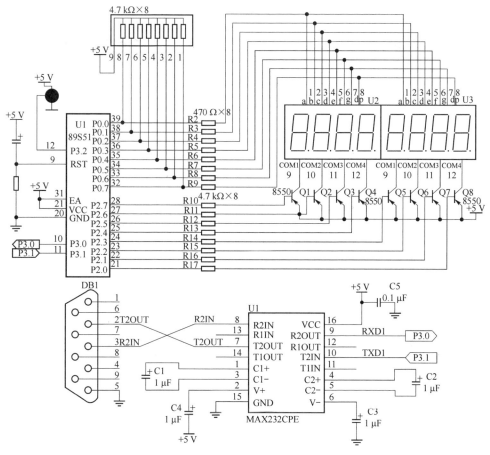

图 9 - 6   心率检测仪完整电路

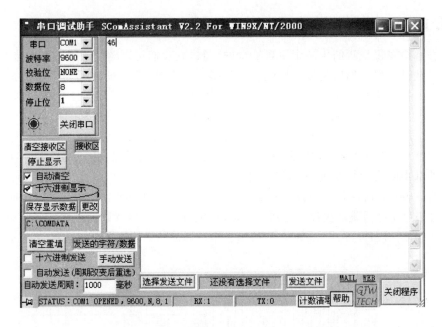

图9-7 上位机串口助手显示心率（十六进制显示）

程序代码清单如下：

XINLVGEWEI	EQU	31H	;给内存 RAM 空间中的 31H 单元起名 XINLVGEWEI
XINLVSHIWEI	EQU	32H	;给内存 RAM 空间中的 32H 单元起名 XINLVSHIWEI
XINLVBAIWEI	EQU	33H	;给内存 RAM 空间中的 33H 单元起名 XINLVBAIWEI
MIAO	EQU	34H	;给内存 RAM 空间中的 34H 单元起名 MIAO
MIAOGEWEI	EQU	35H	;给内存 RAM 空间中的 35H 单元起名 MIAOGEWEI
MIAOSHIWEI	EQU	36H	;给内存 RAM 空间中的 36H 单元起名 MIAOSHIWEI
XINLVSHU	EQU	37H	;给 37H 单元起名 XINLVSHU(存储心跳次数)
	ORG	0000H	;复位时程序从此开始
	SJMP	START	;跳到 START 进行初始化
	ORG	0003H	;外部引脚 P3.2 中断入口
	AJMP	INT0	;跳转到标号 INT0 处(外部中断服务子程序)
	ORG	000BH	;定时器 T0 中断入口
	AJMP	TIMER0	;跳转到标号 TIMER0 处(定时器中断服务子程序)
	ORG	0030H	;初始化程序从 30H 开始
;----------------------初始化----------------------			
START:	MOV	SP, #60H	;给堆栈指针赋值 60H
	MOV	P0, #0FFH	;让 P0 口输出高电平,数码管熄灭

```
        MOV    DPTR, #TAB              ;把显示段码数据表头地址赋给 DPTR
        MOV    30H, #0                 ;给 30H 赋值 0(30H 单元存放定时 50ms 的次数)
        MOV    XINLVSHU, #0            ;给 XINLVSHU 赋值 0
        MOV    MIAO, #0                ;给秒赋初始值 0
        MOV    TMOD, #21H              ;定时器 0 方式为方式 1,定时器 1 为计数器方式 2
        MOV    SCON, #50H              ;工作在方式 1,允许接收(REN=1)
        MOV    PCON, #00H              ;波特率不加倍 SMOD=0
        MOV    TH0, #4CH               ;定时器 0 高 8 位初始化为 4CH
        MOV    TL0, #00H               ;定时器 0 低 8 位初始化为 00H
        MOV    TH1, #0FDH              ;定时器 1 赋初始值,作为波特率发生器
        MOV    TL1, #0FDH              ;定时器 1 赋初始值,作为波特率发生器
        SETB   TR1                     ;启动定时器 1 工作
        SETB   TR0                     ;启动定时器 T0 开始工作
        SETB   ET0                     ;开定时器 T0 中断允许
        SETB   EX0                     ;开外部 P3.2 引脚中断
        SETB   IT0                     ;P3.2 引脚下降沿产生中断信号
        SETB   EA                      ;开总中断允许
;------------------------主程序--------------------
MAIN:   CALL   CHUFA                   ;调处理子程序完成除法任务
        CALL   DISPLAY                 ;调显示子程序
        SJMP   MAIN                    ;程序跳转到 MAIN 处
;-------------------------CHUFA 子程序--------------
CHUFA:  MOV    A, XINLVSHU             ;XINLVSHU 中的数据复制给 A
        MOV    B, #100                 ;给寄存器 B 赋值 100
        DIV    AB                      ;用 A 除以 B,结果在 A 中(百位),余数在 B 中
        MOV    XINLVBAIWEI, A          ;百位的结果放在 XINLVBAIWEI 中
        MOV    A, B                    ;把 B 中的余数复制给 A
        MOV    B, #10                  ;给 B 中赋值 10
        DIV    AB                      ;用 A 除以 B,结果在 A 中(十位),余数在 B 中(个位)
        MOV    XINLVSHIWEI, A          ;A 中的数复制给 XINLVSHIWEI
        MOV    XINLVGEWEI, B           ;B 中的数据复制给 XINLVGEWEI
        MOV    A, MIAO                 ;把秒复制给 A
        MOV    B, #10                  ;给 B 中赋值 10
        DIV    AB                      ;用 A 除以 B,结果在 A 中(十位),余数在 B 中(个位)
        MOV    MIAOSHIWEI, A          ;把 A(秒的十位)复制给 MIAOSHIWEI
```

```
      MOV  MIAOGEWEI, B              ;把 B(秒个位)复制给 MIAOGEWEI

      RET                           ;子程序返回
;-------------------DISPLAY 子程序-------------------
DISPLAY;MOV  A, MIAOSHIWEI           ;把 MIAOSHIWEI 中存储的数据复制给 A

      MOVC A, @A + DPTR             ;到数据表中取秒十位对应的显示段码

      MOV  P0, A                    ;将显示段码送到 P0 口处

      CLR  P2.7                     ;P2.7 置 0,使得三极管导通给第一个数码管供电

      CALL DELAY                    ;延一段时间,使得十位数据显示一段时间

      SETB P2.7                     ;P2.7 置 1,使得三极管关断,熄灭第一个数码管

      MOV  A, MIAOGEWEI             ;把 MIAOGEWEI 中存储的数据复制给 A

      MOVC A, @A + DPTR             ;到数据表中取个位对应的显示段码

      MOV  P0, A                    ;将显示段码送到 P0 口处

      CLR  P2.6                     ;P2.6 置 0,使得三极管导通给第二个数码管供电

      CALL DELAY                    ;延一段时间,使得个位数据显示一段时间

      SETB P2.6                     ;P2.6 置 1,使得三极管关断,熄灭第二个数码管

      MOV  A, XINLVBAIWEI          ;把 XINLVBAIWEI 中存储的数据复制给 A

      MOVC A, @A + DPTR             ;到数据表中取个位对应的显示段码

      MOV  P0, A                    ;将显示段码送到 P0 口处

      CLR  P2.2                     ;P2.2 置 0,使得三极管导通给第三个数码管供电

      CALL DELAY                    ;延一段时间,使得个位数据显示一段时间

      SETB P2.2                     ;P2.2 置 1,使得三极管关断,熄灭第三个数码管

      MOV  A, XINLVSHIWEI          ;把 XINLVGEWEI 中存储的数据复制给 A

      MOVC A, @A + DPTR             ;到数据表中取个位对应的显示段码

      MOV  P0, A                    ;将显示段码送到 P0 口处

      CLR  P2.1                     ;P2.1 置 0,使得三极管导通给第四个数码管供电

      CALL DELAY                    ;延一段时间,使得个位数据显示一段时间

      SETB P2.1                     ;P2.1 置 1,使得三极管关断,熄灭第四个数码管

      MOV  A, XINLVGEWEI          ;把 XINLVGEWEI 中存储的数据复制给 A

      MOVC A, @A + DPTR             ;到数据表中取个位对应的显示段码

      MOV  P0, A                    ;将显示段码送到 P0 口处

      CLR  P2.0                     ;P2.0 置 0,使得三极管导通给第五个数码管供电

      CALL DELAY                    ;延一段时间,使得个位数据显示一段时间

      SETB P2.0                     ;P2.0 置 1,使得三极管关断,熄灭第五个数码管

      RET
```

```
;----------------------定时器 T0 中断服务子程序----------
TIMER0:PUSHA ;把 A 中的数据压入堆栈保护起来
INC 30H ;将 30H 单元中的数据加 1
MOVA，30H ;把 30H 中的内容复制给 A
CJNEA，#20,FANHUI ;A 中的数据和 20 比较,不相等就跳转到 FANHUI 处
        MOV   30H,#0              ;给 30H 单元赋值 0(上面的比较如果相等)
        INC   MIAO               ;把秒加 1
        MOV   A，MIAO            ;秒复制给 A
        CJNE  A，#60,FANHUI      ;判断秒到 60 了吗? 没到跳到 FANHUI 处
        CLR   TR0               ;(60 秒到了)停止定时器 T0 工作
        CLR   EX0               ;关外部中断 0,停止计心跳次数
        MOV   A，XINLVSHU        ;将一分钟内测得的心跳次数复制给 A
        MOV   SBUF,A            ;通过串口将心跳次数上传给上位 PC 机
FANHUI: POP   A                 ;把堆栈中刚才保护的数据还给 A
        RETI                    ;中断子程序结束返回到主程序
;----------------------外部引脚 P3.2 中断服务子程序-------
INT0:  INC   XINLVSHU           ;把 XINLVSHU 中存储的心跳次数加 1
        RETI                    ;中断子程序结束返回到主程序
;----------------------延时子程序----------------------
DELAY: MOV   R0，#50            ;给 R0 赋值 50
D2：   MOV   R1，#10            ;给 R1 赋值 10
D1：   DJNZ  R1，D1             ;R1 减 1 不等于 0 跳到 D1 处
        DJNZ  R0，D2             ;R0 减 1 不等于 0 跳到 D2 处
        RET                     ;子程序结束返回
;----------------下面的数据表中存储的是显示段码(共阳)--------
TAB:   DB 0C0H,0F9H,0A4H,0B0H,99H   ;从 TAB 处开始存储 0、1、2、3、4
        DB 92H ,82H ,0F8H,80H ,90H   ;5、6、7、8、9 对应的显示段码
        END                         ;程序结束
```

9.5.2 上位机控制电机起停

利用上位机串口助手控制电机的起停,这个实验虽然没有什么太大的意义,但是作为初学者可以用来练练手。上位机与单片机的连接电路如图 9-5 所示。图 9-8 是电机驱动电路,使能端 ENA、ENB,高电平使能;P1.0、P1.1 控制左电机;P1.2、P1.3 控制右电机。输入输出逻辑关系如表 9-3 所列。当通过串口调试助手给单片机发送控制命令,单片机每次查询接到最新控制指令时都会立刻把数据送到 P1 口进而控制电机转动状态。当通过串口调试助手给单片机发送 0A 时电机就前进(正

转);当给单片机发送 05 时电机就后退(反转);当给电机发送 00 时电机就停止转动。串行通信控制如图 9-9 所示。

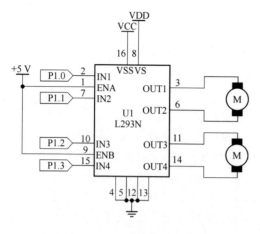

图 9-8 电机驱动电路

表 9-3 L293N 输入输出逻辑关系

EN A(B)	IN1(IN3)	IN2(IN4)	电机运行情况
H	H	L	正转
H	L	H	反转
H	同 IN2(IN4)	同 IN1(IN3)	快速停止
L	X	X	停止

单片机接收上位机命令控制电机程序如下:

```
ORG     0000H
SJMP    MAIN
ORG     0030H
MAIN:
MOV     TMOD,#20H
MOV     TH1,#0FDH
MOV     TL1,#0FDH
SETB    TR1
MOV     SCON,#50H
MOV     PCON,#00H
LOOP:
JBC     RI,RCV
SJMP    LOOP
RCV:
MOV     A,SBUF
MOV     P1,A
SJMP    LOOP
END
```

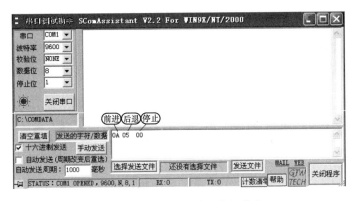

图 9-9　串口助手控制电机状态

9.6　串口进阶

　　大家了解了串口的应用,那么在实际中串口应用是否广泛呢？其实串口的应用非常普遍。比如我们做个数字示波器,下位机用单片机采集模拟信号,转变为数字信号,然后用串口将采集到的数据上传到 PC 机,PC 机可以显示其值,也可以绘出曲线,并进行存储、打印等操作。再举个例子,我们可以做个多路温度监控系统监控温度的变化,然后将温度数据上传到 PC 机,实时监控温度的变化。大家可以尝试做一些关于串口的小制作,对串口的理解会更加深入。

9.6.1　简易数字示波器

　　简易数字示波器,首先要设计下位机的采集电路,传感器和其调理电路是必选的,如果采集到的是一个非电量(如温度、湿度、光照等),那么就需要一个传感器将其转变为电信号,然后经调理电路进行放大、滤波处理,再送给模/数转换器 ADC。可采用的模/数转换器比较多(如 TLC2543、ADC0832 等),经模/数转换后的信号是一个数字量,然后可以通过串口上传到 PC 机,PC 机上可以用面向对象的编程语言 VB、VC 等软件做个通信界面,将其数值显示出来,或者绘制出波形。

9.6.2　多路温度监控系统

　　多路温度监控系统首先也要选择温度传感器。如果选择的是模拟传感器(如 AD590 温度传感器),这个传感器输出的是电流信号,且电流随着温度不同而不同,这样就建立起来了温度和电流之间的关系,我们再通过电阻转变为电压信号,然后进行调理,送入模/数转换器转变为数字量送入上位机中。当然了,你也可以直接选择数字温度传感器,比如 DS18B20 直接将温度转变为数字量送入单片机中,省去了传感器调理电路和模/数转换器,同样可以实现多路温度的采集、上传、处理等操作。对于控制电路大家可以根据具体应用进行设计,我们这里只是简单地给大家讲解了实现方案,感兴趣的同学可以查找详细资料进行设计。

第 10 章

我在 Keil 环境下开始学习 C51

最近上网浏览一些单片机论坛时看到了一些大侠们发的帖子,不由地对大侠们在单片机方面的造诣深感佩服。要想成为大侠不仅要掌握正确的学习方法,更重要的是持之以恒的精神。大侠们刚开始学习单片机都是从 51 开始的,但是当他们学习了一段时间后发现汇编语言比较麻烦,编写一个很简单的功能需要很多的指令代码,如果要做一个小项目可能要编写几百上千条代码;读别人编写的程序可能需要花费很长的时间才能看懂;在 51 单片机上编写的汇编程序很难移植到其他单片机中。人们常说"工欲善其事,必先利其器",为何不找一个比较先进的工具呢? 上网浏览了一番,发现 Keil 不错,用的人特别多,既支持汇编语言,又可以用 C 语言编程,还有许多库函数可以直接使用。下面介绍一下 Keil 软件(界面见图 10 - 1)。

编者寄语:
如果觉得软件的安装很简单,那么就请略过。但对于初学者来说,却很可能派得上用场啊。

图 10 - 1　Keil 软件的界面

10. 1　Keil μVision2 集成开发环境

μVision2 IDE 是德国 Keil Software 公司的产品,它集项目管理、编译工具、代码编写工具、代码调试以及仿真于一体,适合个人开发或人数少、对开发过程的管理还不成熟的开发团体。这一功能强大的软件提供简单易用的开发平台,可以让开发者在开发过程中集中精力于项目本身,加快开发速度。

10.1.1　Keil 软件的安装

推出 Keil 软件的德国 Keil 公司已经在中国设有代理公司,即周立功公司。读者可从 http://www.zlgmcu.com/KeilC51/keil_website.asp 或直接从 Keil 公司的网站 http://www.keil.com 下载 Eval 版本,该版本有 2 KB 代码的限制,也就是说如果您的程序代码大于 2 KB 将无法完成编译。

如果不是购买的商业软件,请选择 Eval Vision 安装;如果是购买的商业软件,请选择 Full Vision 安装,需要输入序列号。下面的安装以 Full Vision 版本为例来讲解安装过程。

打开 Keil 文件夹,文本文件"安装说明.txt"里面是关于 Keil 软件的安装说明,如图 10-2 所示,其中有个 SN 序列号是我们在安装的时候所需要的。打开 setup 文件夹,双击执行其中的 setup.exe 文件,出现图 10-3 所示的界面。

图 10-2　Keil 软件文件夹

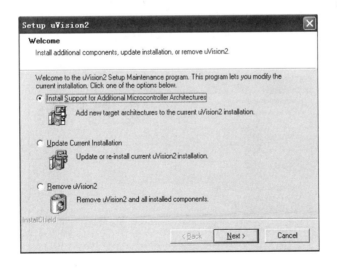

图 10-3　开始安装 Keil

按图 10-3 所示选中第一项,然后单击 Next 按钮,然后按图 10-4 所示的选择安装的版本默认为 Eval Version,这里我们选择 Full Version。

图 10 - 4   选择安装版本

连续单击 Next 按钮进入图 10 - 5 所示界面,选择安装路径,默认为 C:\Keil。这里我们采用默认路径。

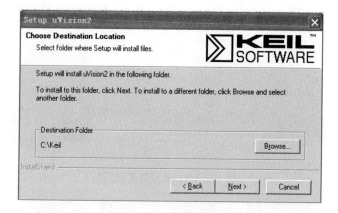

图 10 - 5   选择安装路径

单击 Next 按钮进入图 10 - 6 所示界面,输入需要的序列号与用户名(用户名可

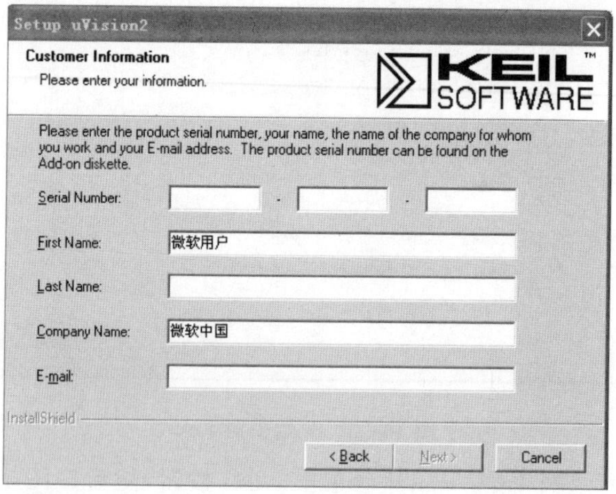

图 10 - 6   序列号的输入

以随便输入），输入完毕后 Next 按钮变成可用状态，然后单击即可完成整个软件的
安装过程。

10.1.2　Keil 软件的使用

Keil 软件安装完以后，会在桌面上生成 μV2 快捷图标■，双击该图标或者选择
"开始"→"程序"→Keil μVision2 选项，即可进入 Keil 软件的集成开发环境。Keil
软件的使用可以分为 4 步：建立工程、建源文件、工程设置、编译链接。

1. 建立工程

开发项目首先要建立项目（Project）或者叫工程，以后我们创建的所有文件都保
存在工程中。许多软件都采用工程的管理模式，集中管理各种文件。

首先学习如何创建工程。选择 Project→New Project 选项即出现"创建新的工
程"的对话框（如图 10-7 所示），要求输入一个工程名称并保存。一般把工程建立在
一个文件夹中，不必加扩展名，单击"保存"按钮即可。例如：我先建了个"我的设计"
文件夹，然后将工程保存在文件夹中。

图 10-7　创建新的工程

在随后出现的图 10-8 所示窗口中选择生产厂家及单片机型号，我们选择 At-
mel 公司的 AT89S51。单击"确定"按钮后，即出现如图 10-9 所示对话框，询问是否
要将 51 的标准启动代码的源程序复制到工程所在的文件夹并将该文件加入到工程
中。这是新版本 Keil 软件增加的功能，便于用户修改启动代码。在刚刚开始学习 C
语言时，不知道如何修改启动代码，可以选择"否"；如果选择"是"，只要不修改启动代
码，就不会对工程产生影响。这里我们选择"是"，随后返回到主界面，这时工程管理
窗口出现一些提示信息。目前该工程中已有一个"STARTUP. A51"文件，这是 Keil
C 的启动代码源文件（如图 10-10 所示）。下一步的工作就是为工程建立一个源程
序文件。

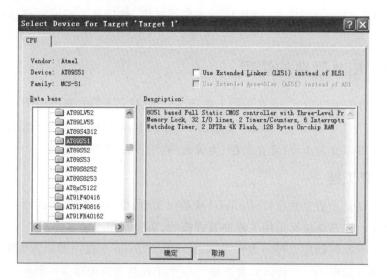

图 10 - 8　选择生产厂家及单片机型号

图 10 - 9　询问是否将启动代码源文件复制到文件夹中

2. 建立源文件

选择 File→New 选项新建一个空白文件,然后选择 File→Save 选项将文件保存到项目文件夹"我的设计"中。保存时需要给文件起个名,我们叫它"main"吧,千万别忘记加扩展名呀！因为我们是用 C 语言编写的程序,所以扩展名就是".C"。接下来就可以在新建的文档中编写程序了,程序代码如下：

图 10 - 10　STARTUP. A51 启动文件

```
/ *********** P0.0 小灯的闪烁 ***************************************** /
# include < reg51.h>                     //加入头文件,头文件中定义了 51 单片机的端口
地址
# define uchar unsigned char             //伪指令 # define 给 unsigned char 起个名叫 uchar
# define uint unsigned int               //伪指令 # define 给 unsigned int 起个名叫 uint
/ *********************** 延时函数 ****************************** /
```

```
void delay(unsigned int i)              //延时子程序,为了能够看到灯的闪烁,需要调用延时
{
  unsigned int j;                       //定义一个无符号整型变量
  for(;i>0;i--)                         //for 语句的嵌套循环
  for(j=0;j<1000;j++);                  //注意:此 for 语句没有语句,但是分号必须写上
}
/ ****************************** 主函数 ****************************** /
void main()                             //主函数名必须是 main
{
  while(1)                              //由 while 构成的死循环
{
  P0 = 0XFE;                            // P0.0 = 0,小灯亮
  delay(100);                           //调用延时程序
  P0 = 0XFF;                            // P0.0 = 1,小灯灭
  delay(100);                           //调用延时程序
}
}
```

那么我们如何将编写好的程序文件添加到项目中呢？单击 Target1 下一层的 Source Group 1 使其反白显示，然后右击该行即出现如图 10 - 11 所示的快捷菜单，选择 Add File Group'Source Group'1 即出现如图 10 - 12 所示的对话框。

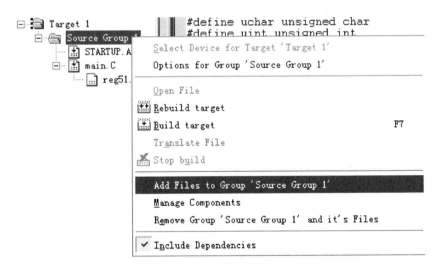

图 10 - 11　加入源程序

图 10-12　加入源程序的对话框

双击要加入的文件名,或者单击要加入的文件名后再单击 Add 按钮,即可将该文件加入工程中。如要把 main.c 文件加入到工程中,就可以双击 main.c 文件。加入了一个文件后对话框并不消失,可以加入其他文件到工程中。如果不需要加入其他文件,则直接关闭该对话框即可完成源程序文件向工程中添加的工作。

关闭对话框后将回到主界面。此时,该文件名就出现在工程管理的 Source Group 1 的下一级。双击该文件名,即可在编辑窗口将其打开。

锦囊:由于文件加入工程后,这个对话框并不消失,所以开始使用该软件时,常会误认为文件加入没有成功。再次双击文件或再次单击 Add 按钮,就会出现提示对话框,提示这个文件已加入到工程中,不需要再次添加。此时只要单击"确定"按钮回到对话框,然后关闭对话框即可。

3. 工程的设置

工程建好以后,还要对工程进行进一步的设置,以满足设计要求。

首先,在 μVision IDE 界面中右击工程管理窗口中的 Target 1,然后选择 option for Target 'Target 1'打开工程设置对话框。单击打开 output 选项卡(如图 10-13 所示),将 Create HEX File 选中,这样程序编译后就能够生成十六进制代码文件,也就是我们要下载到单片机中的文件。

4. 编译、链接

设置好工程后,即可进行编译、链接。图 10-14 所示为有关编译、链接、工程设置的工具栏按钮。

•194•

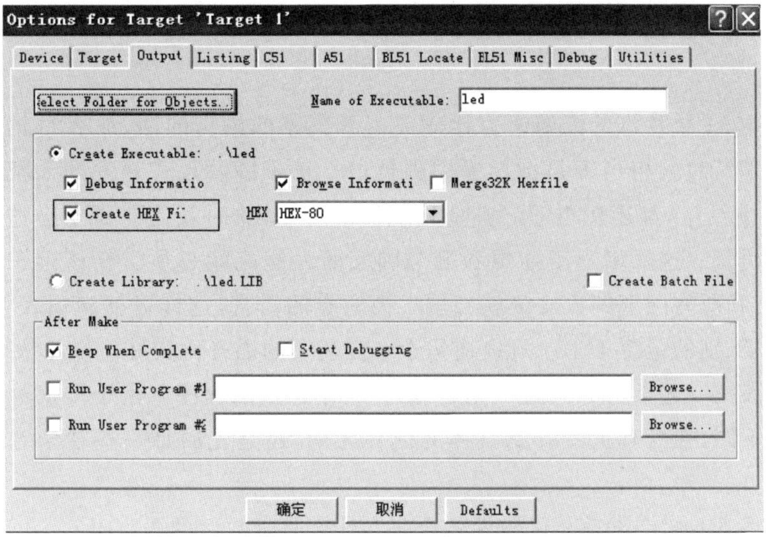

Options for Target 'Target 1'

Device | Target | Output | Listing | C51 | A51 | BL51 Locate | EL51 Misc | Debug | Utilities

Select Folder for Objects.   Name of Executable: led

⊙ Create Executable: .\led
　　☑ Debug Informatio　　☑ Browse Informati　☐ Merge32K Hexfile
　☑ Create HEX Fil:　　HEX HEX-80

○ Create Library: .\led.LIB   ☐ Create Batch File

After Make
☑ Beep When Complete   ☐ Start Debugging
☐ Run User Program #1 [   ] Browse...
☐ Run User Program #2 [   ] Browse...

确定   取消   Defaults

图 10-13　Output 选项卡

编译或汇编
当前文件　　重建全部　　下载到Flash

Target 1

建立目标文件　　停止编译　　设置工程

图 10-14　有关编译、链接、工程设置的工具栏

　　这些按钮中用得最多的是第一个。如果源程序有错误,会有错误报告。双击错误报告行,可以定位到出错行;然后对源程序进行修改之后,最终出现"0Error(s),0 Warning(s)"字样。图 10-15 中报告本次对 STARTUP. A51 文件进行了汇编,对 main. c 进行了编译,以及报告链接后生成的程序代码量为 68 字节(code=68)、内部 RAM 使用量 9 字节(data=9)、外部 RAM 使用量 0 字节(xdata=0),提示生成了名为"led"的 HEX 格式的文件。

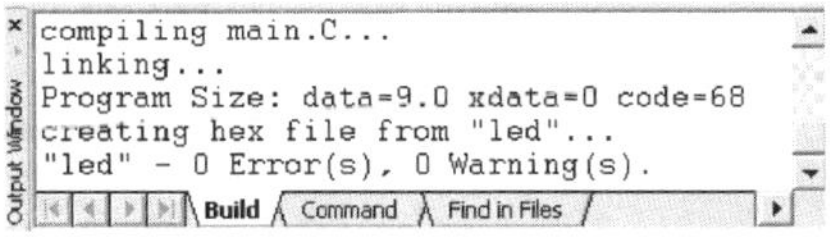

```
compiling main.C...
linking...
Program Size: data=9.0 xdata=0 code=68
creating hex file from "led"...
"led" - 0 Error(s), 0 Warning(s).
```
Build / Command / Find in Files /

图 10-15　有关编译、链接、工程设置的工具栏

10.2 C 语言的基本结构

如果把 51 单片机的汇编语言比喻成一个国家的语言的话,那么 C 语言在单片机程序的编写时就相当于是世界通用的英语。每个搞嵌入式开发的人都不想学完 51 单片机就结束,都还想再学习其他处理器的应用,这时就需要再学会这个新处理器的汇编语言。这就相当于你想和哪个国家的人交流就必须学会该国家的语言一样,如果想和所有国家的人交流就必须学会所有的语言,这样可就麻烦大了,这辈子就学语言了,别的甭想干了。所以还是学一门通用的语言比较好。因此从现在开始,我们就和大家一起学习如何用 C 语言编写 51 单片机的程序。由于大家对 C 语言掌握的情况不同,在没有正式开始具体的内容之前,还是先回答一些初学者的常见问题吧。

大维:人们说"C 语言是函数性的语言",什么是函数性的语言呢?

阿范:其实通俗地讲就是说 C 语言程序中每个功能模块,都是一个函数,能完成一定的功能。我们可以把他们看成积木,所谓主函数就是将这些函数像堆积木一样,按照一定的先后次序,将它们排列起来,实现特定的功能。我们编写的任何程序都具有如下的结构(只看形式即可,具体的内容后面有详细讲解):

```
/ ****************** 头文件 ****************************** /
# include < reg51.h >                    // 预处理命令,将头文件包含进来
# define uchar unsigned char
# define uint unsigned int
/ ****************** 函数声明 ****************************** /
uchar Fun1(uchar );                      // 如果用到的函数在调用函数之后定义,必须加函数
声明
int Fun2(uint );                         // 如果用到的函数在调用函数之后定义,必须加函数
声明
/ ****************** 函数 1(积木 1) ****************************** /
uchar Fun1(uchar i)                      // 如果有形式参数必须要写上
{
    函数体… ;                             // 函数体是一些语句,每个语句后别忘记加分号
}
/ ****************** 函数 2(积木 2) ****************************** /
int Fun2(uint j)                         // 如果有形式参数必须要写上
{
    函数体… ;                             // 函数体是一些语句,每个语句后别忘记加分号
```

```
}
/ ****************************** 主函数 ****************************** /
main()
{
   函数 1…;                           //将函数像积木一样堆积起来,完成一个功能
   函数 2…;
}
```

大维:为什么在程序中要加入头文件,如开始的"#include <reg51.h>"?

阿范:预处理命令"#include"将头文件"reg51.h"包含进来参加编译,即相当于是将文件 reg51.h 复制到本文件中。例如 reg51.h 是 51 单片机的头文件,定义了单片机内部寄存器(如 P0、TMOD 等)的地址,如果不将这个文件复制到程序中就无法使用内部的寄存器,头文件比较多,用到哪个头文件将它包含进来就可以了。任何一个 51 单片机的 C 语言程序都需要对寄存器进行操作,不必在每个程序中都重新输入这段定义寄存器的程序,因此把有关寄存器的端口地址声明的内容单独存放在一个名为 reg51.h 的文件中,只在编写其他程序时用预处理命令"#include"将 reg51.h 包含进来即可。

大维:我对函数还不是很明白,能不能细细讲一下呢?

阿范:这也是很多初学者不容易理解的地方。总体来说,C 语言是由函数组成的,C 语言程序应包含一个主函数 main(),主函数可以调用其他功能函数,而不能被其他功能函数所调用,程序执行总是从主函数开始执行,主函数名必须是 main。一个函数由"函数定义"和"函数体"两部分组成,函数定义部分包括函数返回值的类型、函数名、形式参数说明等,例如上面的 uchar Fun1(形式参数)函数:uchar 是函数返回值的类型;Fun1 是函数名;括号()里面的就是形式参数说明,函数体是用{}括起来的部分,里面有各种语句,每个语句的末尾千万别忘记要加上分号。其实 C 语言编写的函数和前面学习的汇编语言中编写的子程序是一样的,就是若干条语句的集合,只不过这些语句结合到一起可以完成一个特定的功能,就相当于把单个的汉字有机的组织起来可以表达不同的意思一样。图10-16给出了程序流程图和 C 语言程序的大体对照关系,程序都从 main()函数开始执行,首先执行初始化程序,然后进入一个无限循环的主程序部分,在主程序中循环调用各个功能子函数,这些功能子函数通常在主函数 main()前要声明,如"uchar Fun1(uchar i);"和"int Fun2(uint j);",具体的子函数内容在主函数 main()下面编写。和前面学过的汇编语言程序非常类似。说到这儿,没有一点 C 语言功底的初学者可能就晕了,不用在意,详细内容后面细说。

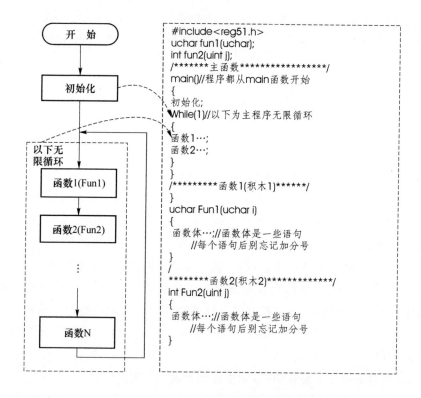

图 10-16 流程图与 C 语言程序对照图

10.3 标识符和关键字

文涛:10.2节中函数的函数名、参数等的命名有什么规定吗?

阿范:函数名、参数、变量等都有自己的一个名字,这是我们给它们取的名,名字不同才可以把它们区分开来。我们称之为标识符,用来标识源程序中以上对象的名字。一个标识符由字符串、数字、下划线等组成,第一个字符必须是字母或下划线,通常以下划线开头的是编译系统专用的,因此不要以下划线开头定义标识符,但是下划线可以作为分段符,如:max_value。

舒阳:我编写了小灯闪烁的程序,发现程序中字体的颜色是不一样的。这是为什么呢?

阿范:这是因为 Keil 软件已经进行了语法检测,除了一些蓝色字体外,其余都是黑色的,这些蓝色字体是我们说的关键字。关键字是有特殊含义的字符,也就是我们说的保留字,是编译系统专用。在编写程序时不能将变量或函数的名字取的与关键字的名字相同。表 10-1 给出了 ANSIC 标准的关键字。

表 10 - 1　ANSIC 标准的关键字

关键字	用　途	说　明
auto	存储种类说明	用以说明局部变量,缺省值为此
break	程序语句	退出最内层循环体
case	程序语句	switch 语句中的选择项
char	数据类型说明	单字节整型数或字符型数据
const	存储类型说明	在程序执行时不能更改的常量值
continue	程序语句	转向下一次循环
default	程序语句	switch 语句中的失败选择项
do	程序语句	do…while 循环结构
double	数据类型说明	双精度浮点数
else	程序语句	构成 if…else 选择结构
enum	数据类型说明	枚举
extern	存储种类说明	在其他程序模块中说明了的全局变量
float	数据类型说明	单精度浮点数
for	程序语句	构成 for 循环结构
goto	程序语句	构成 goto 转移结构
if	程序语句	构成 if…else 选择结构
int	数据类型说明	基本整形数
long	数据类型说明	长整形数
register	存储种类说明	是用 CPU 内部寄存的变量
return	程序语句	函数返回
short	数据类型说明	短整数
signed	数据类型说明	有符号数,二进制数据的最高位为符号位
sizeof	运算符	计算表达式或数据类型的字节数
static	存储种类说明	静态变量
struct	数据类型说明	结构类型数据
swicth	程序语句	构成 switch 选择结构
typeof	数据类型说明	重新进行数据类型定义
union	数据类型说明	联合类型数据
unsigned	数据类型说明	无符号数数据
void	数据类型说明	无类型数据
volatile	数据类型说明	该变量在程序执行中可被隐含地改变
while	程序语句	构成 while 和 do…while 循环结构

C51 编译器除了支持标准的关键字外,还扩展了一些关键字,如表 10-2 所列。

表 10-2 C51 编译器的扩展关键字

关键字	用 途	说 明
bit	位变量声明	声明一个位变量或位类型的函数
sbit	位变量声明	声明一个可位寻址变量
sfr	特殊功能寄存器声明	声明一个 8 位特殊功能寄存器
sfr16	特殊功能寄存器声明	声明一个 16 位特殊功能寄存器
data	存储器类型说明	直接寻址的 51 内部数据存储器
bdata	存储器类型说明	可位寻址的 51 内部数据存储器
idata	存储器类型说明	间接寻址的 51 内部数据存储器
pdata	存储器类型说明	"分页"寻址的 51 外部数据存储器
xdata	存储器类型说明	51 外部数据存储器
code	存储器类型说明	51 程序存储器
interrupt	中断函数声明	定义一个中断函数
reentrant	再入函数声明	定义一个再入函数
using	寄存器组定义	定义工作寄存器组

立新:上面这些关键字也记不住啊,怎么背下来呢?

阿范:现在不用特意去背,在用的过程中就自然记住了。就算记不住也没有关系,可以现查。

 锦囊:千万不要把关键字作为标识符来使用呀! 关键字一般都是以特殊颜色的字体来显示的,普通的我们自己定义的标识符都是正常的字体颜色,这是它们比较容易区分的特点。

10.4 从储物盒想到数据类型

储物盒能够存储大小不同的物品,有的储物盒比较大能够放体积比较大的东西,有的储物盒比较小只能放体积比较小的东西。数据类型和储物盒是一个道理,如果用到的数比较大就选择一个能够存放比较大数据的数据类型,如果用到的数比较小就选择小一点的数据类型,有的初学者可能会想如果都用大的数据类型来存放数据不就可以了么？理论上是可以的,但是会很浪费空间,程序执行起来速度也会慢很多,并且 51 单片机片内的数据存储器 RAM 只有 128 个字节可供用户使用,所以要根据我们使用的数据大小的不同选择合适的数据类型进行存储,尽量节约使用 51 单片机内部珍贵的数据存储空间。

10.4.1　C 语言中的数据类型

C 语言中数据类型有整型、字符型、实型等。C 语言的数据类型也有常量与变量之分,它们分别属于以上不同的数据类型。由以上基本的数据类型还可以构成复杂的数据类型,因此在程序中用到的所有数据都必须先为其指定类型。图 10 - 17 列出了 C 语言的数据类型。

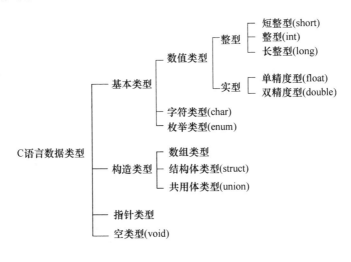

图 10 - 17　C 语言的数据类型

10.4.2　常量与变量

常量就是恒定不变的量,在程序运行过程中不能改变常量的值;变量就是可以改变的量,在程序运行过程中可以改变变量的值。

1. 常量

使用常量时可以直接给出常量的值,如 10、0x0a 等(0x0A 是 C 语言中的十六进制表示法,此数据就是 10,C 语言中十六进制数据前要加"0x");也可以用一个符号代替常量,这个符号称为"符号常量"。下面给出一段程序实现点亮单片机 P0 口接的 LED 小灯(具体硬件电路参考图 3 - 2,这里不给出了)。

```
# include <reg51.h>
# define LED7 0X7F              // 这里 LED7 就是一个符号常量,代表了 0x7F
void main()
{ while(1)
    {
    P0 = LED7; //相当于 P0 = 0x7F;
    }
}
```

程序经过 Keil 软件编译后生成可执行文件 led. hex,然后打开编程器软件将其下载到单片机中。可以看到开发板上的最高位 LED 被点亮了。程序中用"# define LED7 0X7F"来定义符号常量 LED7,以后出现 LED7 的地方均会用 0x7F 来替代,这里的 define 是 C 语言中常用的伪指令。因此,这个程序的执行结果就是 P0 = 0x7F,即接在 P0.7 上的 LED 被点亮了。

大伟:可是使用符号常量有什么好处呢?

阿范:使用符号常量当然有好处了。首先,见名知义。比如本例中的 LED7 很容易就知道是第 7 个 LED 小灯,所以当要点亮第 7 个灯时,用"P0=LED7;"这条语句即可。其次,便于修改。还以上面的程序为例,如果这个程序较长,并且在多处出现 LED7,现在我们的要求改变了,想点亮第 0 个 LED 小灯了,最快的方法是将"# define LED7 0x7F"改写成"# define LED7 0xFE",这样在程序中所有出现"LED7"的位置就都变成了"0xFE"了。

2. 变量

变量在内存中占据一定的存储单元,该单元中存放变量的值,那么应该为存储单元命名。我们在介绍汇编程序时,经常需要使用一些内存单元作为临时存储空间。比如我们做了一个时钟的程序,定义 hour、minute、sec 这 3 个变量就代表了内存的 3 个存储单元 20H、21H、22H。

例如:

```
hour        equ      20H
minute      equ      21H
sec         equ      22H
```

那么在 C 语言中如何定义和使用变量呢?

格式:类型说明符 变量名

例如:"char i;int j;"这里我们定义了一个字符型变量 i 和一个整形变量 j,类型说明符说明了变量的类型,也就是变量在内存中占据的存储单元的数量,字符型变量占据 1 个存储单元,整形变量占据了 2 个存储单元,存储单元越多,说明该变量存储的数据越大。使用变量比较简单,只要给变量赋值就可以了,如 i=20。

锦囊:变量一定要先定义后使用;常量的值在程序运行过程中不可以修改,而变量的值可以修改;此外要注意符号常量和变量的区别,符号常量也是常量,在程序运行过程中是不可以修改的。

10.4.3 整型数据

1. 整型常量

飞翔:我们在编程时如何表示整型常数呢?

阿范:整型常量即整常数。C 语言的整常数可用以下 3 种形式表示:

(1) 十进制整数:十进制整常数没有前缀,其数码为 0~9,如 237、−568 等。

(2) 八进制整数:八进制整常数必须以"0"开头,即以 0 作为八进制数的前缀。数码取值为 0~7。如 0224 表示八进制数 224,其值为 $2\times8^2+2\times8^1+4\times8^0=148$。−024 表示八进制数 −24,相当于十进制的 −20。

(3) 十六进制整数:十六进制整常数的前缀为"0x"或"0X"。其数码取值为 0~9、A~F(或 a~f)。如 0x2A,其值为 $2\times16^1+10\times16^0=42$。−0x23 表示十六制数 −23,相当于十进制的 −35。

2. 整型变量

大维:整型变量能够装很大的数,它在内存中是如何存放的呢?

阿范:整型变量的确是个大容器。举个例子:如果有一个整型变量 i=10,那么这个数字 10 在内存中如何存放的呢? 在 Keil C 中规定使用 2 个字节表示 int 型数据,变量 i 在内存中的实际占用情况如下:

高 8 位								低 8 位							
0	0	0	0	0	0	0	0	0	0	0	0	1	0	1	0

玉龙:最近我在网上看了一些程序,其中也用到了整型变量,但是奇怪的是他们在定义整型变量时在 int 前又加了个 long 或者是 unsigned,这是什么意思呢?

阿范:这些都是修饰符,也就是说整型变量可以进一步分类,加上修饰符可以控制保存到变量中的数据大小。修饰符分两类,一类是 short 和 long,另一类是 signed 和 unsigned。

对于 Keil C 来说,加不加 short 是一样的。如果在 int 前加 long 修饰符,那么这个数是"长整数"。在 Keil C 中长整数用 4 个字节来存放,而基本 int 型用 2 个字节。显然,长整数的表示范围比整数更大。

第二类修饰符是 signed 和 unsigned,其中 signed 修饰符表示该整数类型可具有正整数和负整数,成为有符号整数;对于 unsigned int 而言,表示的是非负整数,称为无符号整数,这个无符号整数也是用 2 字节表示一个数,但其数值范围是 0~65 535;对于 unsigned long int 而言,是 4 字节表示一个数,但其数值范围是 0~4 294 967 295。下面将整型数据做个总结,如表 10-3 所列。

表 10-3　整型变量的数据类型

数类型	符　号	字节数/byte	数据长度/bit	表示形式	数值范围
整数型	带符号	2	16	int	−32 768~+32 767
		2	16	short	−32 768~+32 767
		4	32	long	−2 147 483 648~+2 147 483 647
	无符号	2	16	unsigned int	0~65 535
		2	16	unsigned short	0~65 535
		4	32	unsigned long	0~4 294 967 295

下面举例说明如何定义一个整形变量。

```
int i,j;                /*定义两个整型变量 i 和 j*/
long a,b;               /*定义两个长整型变量 a 和 b*/
unsigned int x;         /*定义无符号整型变量 x*/
unsigned long int y;    /*定义无符号长整型变量 y*/
```

 锦囊:一般来说,如果不是需要负整数,尽量使用无符号整数表示,这样可以减少系统处理符号的工作,从而提高程序的执行效率。

10.4.4　字符型数据

字符型数据主要用于程序的输入和输出,如表示文字、格式符号等。

定义字符型变量的修饰符是 char。例如:"char i,j;"它表示 i、j 为字符型变量,可以各放一个字符。可以是用下面语句对其进行赋值:"i='a'; j='b'; "。字符在单片机中仍然以数字的形式表示,这个数字就是该字符的 ASCII 码。将一个字符常量放入一个字符型变量,实际上是将该字符的 ASCII 码放到存储单元中。例如"char c='a';"该语句用来定义一个字符型变量 c,然后将字符 a 赋给该变量。实际上是将 a 的 ASCII 码 97 赋给变量 c,因此完成后 c 的值是 97。既然字符最终也是以数值来存储的,那么同语句"int i=97;"有什么区别呢? 实际上它们是非常类似的,其区别仅仅在于 i 是 16 位的,而 c 是 8 位的。当 i 的值不超过 255 时,两者可以在程序中互换。C 语言字符数据做这样的处理增加了程序设计的自由度。

由于 51 系列单片机是 8 位机,做 16 位数的运算要比做 8 位数的运算慢很多。

因此,在程序设计中只要预知变量的值不会超过 8 位所能表示的范围,就可以用 char 来定义变量。

> 锦囊:实际上字符型变量存储的是字符所对应的 ASCII 码,长度为 1 个字节,因此,我们在单片机中可以定义字符型变量用来存储任意一个 8 个二进制位的数据,也就是一个字节的数据。本质上来说,字符型和整型都可以用来存储数据,区别是数据的大小不同,在内存中占用的存储单元数量不同。

字符型变量的修饰符 unsigned,即无符号修饰符。对于一个字符型变量来说,其表达范围为 $-128\sim+127$;而加上了 unsigned 后,其表达范围为 $0\sim255$。

```
char a,b;            /* 定义两个字符型变量 a 和 b,分别存放的数据范围是 - 128～ + 127 */
unsigned char x;     /* 定义无符号字符型变量 x,表示的数据范围是 0～255 */
```

> 锦囊:无论是 char 型还是 int 型,都要尽可能采用 unsigned 型的数据。因为在处理有符号数时,程序要对符号进行判断和处理,运算速度会减慢;而且对于单片机而言,速度比不上 PC 机,又工作于实时状态,所以任何提高效率的方法都要考虑。

10.4.5 实型数据

实型变量是一个海量容器,用得最多的地方就是数据处理。例如:我用 adc0832 测量直流电压的大小,模/数转换后的数字量要还原成实际的模拟量,这样就必须进行数据处理,为了保证处理后的精度必须使用实型变量。实型变量定义方式如下:

格式:修饰符　变量名

定义实型变量的修饰符是 float,如"float i,"这里定义的 i 是实型数据。一个实型数据一般在内存中占 4 字节(32 位)。

> 锦囊:尽量不要用浮点数,因为浮点数会降低程序执行的速度和增加程序长度;如要表示 $0.001\sim9.999$ 这个范围的一个数,可以用一个 $1\sim9\,999$ 之间的一个整数来表示,只要最后把计算结果除以 $1\,000$ 就可以。

10.4.6　Keil 增加的数据类型

除了标准的 C 语言数据类型外,为了更有效地使用 51 单片机,Keil 中还增加了一些数据类型。

1. 位型数据

位型数据用 bit 来定义,如定义一个位型数据"bit startmark",这样就定义了一个位型变量 startmark。位型变量的值只有"0"和"1"两种,位类型变量存储在内存中的"可位寻址区"中。51 单片机的可位寻址区在内存中的地址 0x20～0x2F,一共有 16 个存储单元,每个存储单元都是 8 位的,一共有 128 位,每一位又有位地址,地址范围 0x00～0x7F。那么我们在汇编程序中是如何定义位变量的呢?例如:

```
Startmark bit 00H　或　startmark equ 00H
```

这两个伪指令都可以定义汇编程序中的位变量,这里的 startmark 变量就是一个位变量,其位地址是内存 20H 单元中的第 0 位。

> **锦囊**:位数据类型不能作为数组;位数据类型不能作为指针。

2. sfr 型数据

我们在编写程序时,常常需要加上＜reg51.h＞或"reg51.h",这个文件是一个 C 语言程序头文件。打开该文件(如图 10-18 所示),里面全部是一些特殊功能寄存器地址的定义,比如"sfr P0 = 0x80"、"sfr16 DPTR = 0x82"等。只有定义了相应的特殊功能寄存器地址,我们在程序中才能使用寄存器。sfr 定义 8 位寄存器,而 sfr16 定义 16 位寄存器。

```
C:\KEIL\C51\INC\ATMEL\REG...
#ifndef __REG51_H__
#define __REG51_H__
/*   BYTE Register   */
sfr P0    = 0x80;
sfr P1    = 0x90;
sfr P2    = 0xA0;
sfr P3    = 0xB0;
sfr PSW   = 0xD0;
sfr ACC   = 0xE0;
sfr B     = 0xF0;
sfr SP    = 0x81;
sfr DPL   = 0x82;
```

图 10-18　reg51.h 文件内容

3. sbit 型数据

在语言程序中,如果直接写 P0.0 则 C 编译器不能识别,而且 P0.0 也不是一个合法的表示符,所以给它另起了个名字。如下面的例程,我们用 sbit P0_0＝P0^0 给 P0.0 起了个别名 P0_0,以后我们在程序中就可以使用别名代表 P0.0 口。下面的程序实现的是 P0.0 所接的 LED 灯的闪烁实验。

```
/ * 一个 LED 的闪烁实验 * /
# include < reg51.h >
sbit P0_0 = P0^0;                    //给 P0.0 口起个别名,注意有";"
void delay(unsigned int i)           //延时子程序,为了能够看到灯的闪烁,需要调用延时
{
 unsigned int j;                     //定义一个无符号整型变量
 for(;i>0;i--)                       //for 语句的嵌套循环
 for(j=0;j<1000;j++);                //注意:此 for 语句没有语句,但是分号必须写上
}
void main()
{
 while(1)
 {
  P0_0 = ~P0_0;                      //~为按位取反运算符
  delay(100);                        //调用延时此程序
 }
}
```

10.4.7 从仓库谈到数据的存储类型

我们都知道仓库可以存放东西,不同的仓库可以存放不同的东西。单片机内有两个仓库:一个是 RAM(随机存储器),也就是我们所说的内存;另一种是 Flash ROM(程序存储器),用于存放程序,或者是存放一些在程序执行过程中不需要修改的数据,例如存储在程序存储器 ROM 中的数码管显示所需要的段码数据。下面进行更详细的介绍。

1. 永久存放东西的仓库

程序存储器只能读不能写,这种类型的存储器就是我们说的 FLASH ROM。在汇编程序中我们如何读取程序存储器中的数据呢? 也许大家能够想起来,我们使用了 MOVC 指令,这个指令也是传数指令,但是在普通的传数指令中多了个代码 C,表示我们所取的数据存储在程序存储器中。一般来说,程序存储器存放的是我们的程序,为什么又存放数据了呢? 这里存放的数据是在程序执行过程中不需要修改的数据。比如我们要做个流水灯的实验,就可以把小灯闪烁花样的数据存放在 ROM 中,而且一旦编程下载到了单片机后,这些数据在程序执行的过程中就不可以修改了,除

非我们重新编程,重新下载程序。下面介绍汇编程序和 C 程序是如何读取程序存储器中存储的数据的。

```
;汇编程序实现流水灯
      ORG     0000H          ;复位时程序从此开始
      SJMP    START          ;跳到 START 进行初始化
      ORG     0030H          ;初始化程序从 30H 开始
; ***************** 初始化程序 *********************
START:MOV     SP,#60H        ;给堆栈指针赋值 60H
      MOV     P0,#0FFH       ;给 P0 赋值 FFH(十进制 255)
      MOV     R2,#00H        ;给 R2 赋 0
;------------------主程序-------------------
MAIN: MOV     A,R2           ;R2 里的数据复制给 A
      MOV     DPTR,#TAB      ;给 DPTR 数据指针赋#TAB
      MOVC    A,@A+DPTR      ;A 和 DPTR 中的数加一起作为地址
                            ;把此地址中的数据取出来再存到 A 中
      MOV     P0,A           ;将数据送 P0 显示
      INC     R2             ;R2 中的数据加 1
      CALL    DELAY          ;调延时子程序 DELAY
      CJNE    R2,#8,MAIN     ;R2 和 8 比较不相等就跳转到 MAIN 处
      MOV     R2,#00H        ;给 R2 重新赋 0
      SJMP    MAIN           ;跳转到 MAIN 处
;------------------延时子程序-------------------
DELAY:MOV     R0,#250        ;给 R0 赋值
D2:   MOV     R1,#250        ;给 R1 赋值
D1:   DJNZ    R1,D1          ;R1 减 1 不等于 0 跳到 D1 处
      DJNZ    R0,D2          ;R0 减 1 不等于 0 跳到 D2 处
      RET                    ;子程序结束返回
; ***************** 数据表 **********************
TAB:  DB      11111110B 11111101B,11111011B,11110111B
      DB      11101111B,11011111B,10111111B,01111111B
      END
```

在这个流水灯程序中我们建立了一个 TAB 表格,其中存放了一些流水灯所需要的代码,而且这些代码在程序中都是以二进制来表示的,其中的每一位都和 P0.7～P0.0 的 LED 小灯对应,比较直观。那么我们取表格中的数据用的是哪条指令呢?只要你认真观察不难发现使用的是"MOVC A,@A+DPTR"这条指令。从这段程序中可以看出,标号 TAB 处开始存放的数据是固定存储在了 ROM 中,在程序执行

过程中是不可以修改的,只可以读取。下面给出 C 语言版本的流水灯程序,实现的功能和上面的汇编语言程序一样。

```
/*C程序实现流水灯*/
#include<reg51.h>
void delay(unsigned int i);                    //函数声明
unsigned char code dis[]={0xfe,0xfd,0xfb,0xf7,0xef,0xdf,0xbf,0x7f};
                                               //数组中的数据存放到 Flash ROM 中
void main(void)
{ unsigned char i;
   while(1)
   {
    for(i=0;i<8;i++)
    { P0=dis[i];                               //取 Flash ROM 中的流水灯数据,送给 P0
      delay(10);                               //调用延时函数以便我们能观察到流水现象
    }
   }
}
void delay(unsigned int i)
{
 unsigned int j;
 for(;i!=0;i--)                                //for 循环,下一个 for 循环及其函数体都属于该
 for 的函数体
   for(j=3000;j!=0;j--)                        //for 循环
     ;
}
```

这里我们定义一个无符号字符型数组 dis[](该数组的相关知识在后面详细讲解),在此大家只要知道数组里面存放了一些数据,相当于是汇编程序中标号 TAB 处开始存放的数据。数组中的每个元素都用 unsigned char 定义为无符号字符型,除了定义数组类型外,还有一个修饰符 code,这个修饰符是 Keil 软件下特有的,用于表示该数组中的数据存储类型的,也就是这个数组中的数据存储到什么位置。code 表示将数组中的数据存储在程序存储器中,这和我们上面讲的 TAB 表格是一个道理。进入单步调试,如图 10 - 19 所示。在变量窗口中添加 dis[]到变量窗口,可以发现"C:0x0045[…]",这个是什么意思呢? 它表示该数组在程序存储器中存放的起始地址为 0x0045。然后打开程序存储器,在 Address 栏输入"C:0x0045",可以发现在连续的 8 个存储单元中存放的数据和变量窗口中的数据是一样的,分别是 0xFE、0xFD…

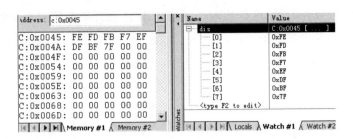

图 10 - 19　单步调试程序时存储器窗口和变量窗口

> **锦囊**：特别需要强调的是：定义在 code 空间的数组或者变量只能读出而不能写入，如"dis[0]＝0x55;"是错误的。

2. 临时存放东西的仓库

临时仓库数据存储器能读能写，就像我们在黑板上写粉笔字一样，非常方便。51 系列单片机有 128 字节的数据存储器；而对于 52 系列而言，共有 256 字节的数据存储器。52 系列中地址从 0x80～0xFF 的高 128 位 RAM 只能采用间址寻址的方式进行访问，以便与同一地址范围的 SFR 区分开来。低地址的 128 个存储器中，地址范围从 0x20～0x2F 的存储器是可以位寻址的。为了充分表示内部数据存储器 3 种不同的部分，c51 引入了关键字：data、idata、bdata。下面分别举例说明各个数据存储空间的使用。

```
/ * 观察 data 空间使用情况 * /
# include < reg51. h >
void delay(unsigned int i);
unsigned char data dis[118];
void main(void)
{ unsigned char i;
  while(1)
  {
  for(i = 0;i < 8;i ++ )
  {
  P0 = dis[i];
  delay(10);
  }
  }
}
```

编译结果如图 10－20 所示。程序中定义了一个包含 118 个成员的无符号字符型数组(数组我们将在 12.1 节中讲解),这里定义了 118 个数组成员,一共占用 118 个字节,这些数据存放到内存低 128 个存储单元中。编译后 Output Window 显示程序中共用 128 个存储单元,也就是说低 128 个内存空间全部占用了。讲到这里,有的初学者可能产生疑惑,数组不是定义了 118 个成员吗? 怎么会占用了 128 个存储单元呢? 其实只要细心,你就会发现程序中还定义了一些变量,这些变量也要占用存储单元。此外,如果将"118"改为"119",会产生怎样的效果呢? 编译出现了错误,并且显示内存 129 个字节,很显然超过了范围。

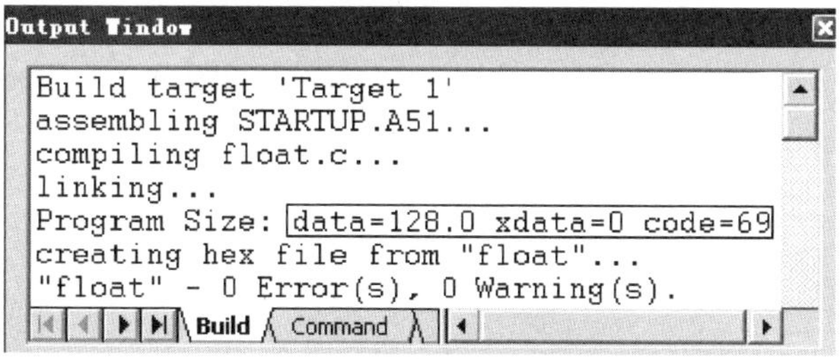

```
Output Window                                    ×
Build target 'Target 1'
assembling STARTUP.A51...
compiling float.c...
linking...
Program Size: data=128.0 xdata=0 code=69
creating hex file from "float"...
"float" - 0 Error(s), 0 Warning(s).
|◄ ◄ ► ►|\Build ∧ Command ∧ |◄          ►|
```

图 10－20 正确的程序及编译效果

如果定义的变量与位操作有关,要使用 bdata 来定义。使用 bdata 将其全部放在了 0x20～0x2F 的地址空间。将数组定义在了可位寻址区,并且长度为 16 个字节,正好占用了所有的可位寻址区。如果将"16"改为"17"同样会出现编译错误。

```
/＊观察 bdata 存储空间＊/
＃include＜reg51.h＞
void delay(unsigned int i);
unsigned char bdata dis[16] = { };//将数组放在了可位寻址区中,长度为 16
void main(void)
{
 unsigned char i;
 while(1)
 {
  for(i = 0;i＜8;i ++ )
  {
  P0 = dis[i];
  delay(10);
  }
 }
}
```

如果单片机内部的数据存储器不够用,我们常常需要在单片机外部扩展数据存储器。C51 提供了两个关键字 pdata 和 xdata，用于对外部数据存储器进行读/写操作。

pdata 用于只有一页(256 字节)的情况。使用时首先由 P2 口输出高 8 位地址即页地址确定使用的具体是哪一页，然后由 P0 口输出低 8 位地址用于选择该页中的具体存储单元，共有 256 个单元。

那么在 C 语言中如何实现对外部页存储器进行读/写操作的呢？实现方法如下：

```
unsigned char pdata a;
```

定义了一个无符号字符型变量，该变量存储在外部数据存储器中。实现读/写操作和普通变量一样，如 a＝0x01。

xdata 可用于外部存储器最多可达 64 KB 的情况，如：

```
unsigned int xdata i;
```

定义了一个无符号整型数据，存储到外部数据存储器中。表 10 - 4 列出了 Keil C51 编译器所能识别的存储器类型。

表 10 - 4　Keil C51 编译器所能识别的存储器类型

存储器类型	说　明
data	可直接访问的单片机内部数据存储器(低 128 字节)，访问速度最快
bdata	可位寻址的内部数据存储器(16 字节，0x20～0x2F)，允许位与字节混合访问
idata	可间接访问的内部数据存储器(256 字节，含高 128 字节)，即全部内存
pdata	可分页访问的外部数据存储器(256 字节)，可用汇编指令"MOVX @Ri"访问
xdata	外部数据存储器(64 KB)，可用汇编指令"MOVC @ DPTR"访问
code	程序存储器 ROM 空间(64 KB)，可用汇编指令"MOVC @ A+DPTR"访问

10.4.8　巧用 typedef 定义类型

C 语言不仅提供了丰富的数据类型，而且还允许由用户自己定义类型说明符，也就是说允许由用户为数据类型取"别名"。类型定义符 typedef 即可用来完成此功能。例如整型量 a、b 说明如下：

int a,b；

其中 int 是整型变量的类型说明符。int 的完整写法为 integer，为了增加程序的可读性，可把整型说明符用 typedef 定义为：

typedef int INTEGER

以后就可用 INTEGER 来代替 int 作整型变量的类型说明了。

例如：

  INTEGER a,b；

它等效于：

  int a,b；

typedef 定义的一般形式为：

  typedef 原类型名　新类型名

其中,原类型名是本来就存在的,一般用小写表示,而新类型名一般用大写表示,以便于区别。

第 **11** 章

运算符、表达式及程序基本结构

一个完整的 C 语言程序由若干个函数构成,函数由语句构成,语句由表达式和";"构成,而表达式由运算符和运算对象构成。今天就学习一些关于运算符、表达式和程序基本结构的相关知识。

11.1 运算符

C 语言中运算符比较多,按其在表达式中所起的作用,可分为赋值运算符、算术运算符、增量与减量运算符、关系运算符、逻辑运算符、位运算符、符合运算符、逗号运算符、条件运算符、指针和地址运算符、强制类型转换运算符和 sizeof 运算符等。

运算符按其在表达式中与运算对象的关系,又可分为单目运算符、双目运算符和三目运算符等。单目运算符只需要有 1 个对象,双目运算符要求有 2 个运算符对象,三目运算符要求有 3 个运算对象。

11.1.1 赋值运算符

圣杰:C 语言中的"="和"=="有什么区别呢?

阿范:区别非常大!我们常用的符号"="不是等号而是赋值运算符,这和我们的习惯不同了。赋值运算符有点像我们汇编语言中的 MOV 指令,作用是将一个数据的值复制给一个变量,利用赋值运算符将一个变量与一个表达式连接起来的式子称为赋值表达式,在赋值表达式的后面加一个分号";"便构成了赋值语句。

一个赋值语句的格式如下:

变量=表达式;

该语句的意义是将表达式的值传给变量。那么首先要计算出该表达式的值,然后将该值赋给左边的变量。上式表达式可以是一个赋值表达式,即 C 语言允许进行多重赋值。例如:

```
x = 10;     /将常数 10 赋给变量 */
x = y = 12; /将常数 12 赋给变量 y 和 x */
```

> **锦囊：**在使用赋值运算符"＝"时应注意不要与关系运算符"＝＝"相混淆，"＝"用来给变量赋值，"＝＝"用来进行相等关系判断。

11.1.2 算术运算符

算术运算符有：

＋	加或取正值运算符；
－	减或取负值运算符；
＊	乘法运算符；
／	除法运算符；
％	取余运算符。

算术运算符不仅在日常生活中经常用到，在单片机 C 语言中用的也非常广泛。加、减、乘、除为双目运算符，要求有两个运算对象。其中的加、减、乘运算符合一般的算术运算规则。除法运算比较特殊：如果有两个数相除，结果为整数，舍去小数部分，如 10/3 结果为 3，余数是 1。这一点很重要，和我们计算机中的计算器可不一样。取余运算和除法运算则正好相反，运算结果取的是余数，如 10％3 的结果是 1。取正值和取负值为单目运算符，它们的运算对象只有一个，分别是取运算对象的正值和负值。用算术运算符将运算对象连接起来的式子即为算术表达式。算术表达式的一般形式为：

表达式 1 算术运算符 表达式 2

例如：a＋b/(x＋y)。C 语言规定了运算符的优先级和结合性。在求一个表达式的值时，要按运算符的优先级别进行。算术运算符的优先级由高到低排列如下：

取负值(－)→乘法(＊)→除法(/)→取余(％)→加法和减法

11.1.3 增量和减量运算符

化龙：最近上网看了一些大侠编写的程序，用了不少的＋＋、－－运算符，这是什么意思呢？

阿范：这是增量和减量运算符，用不好会很麻烦的！接着往下看吧。

＋＋	增量运算符；
－－	减量运算符。

作用是对运算对象作加 1 和减 1 运算。例如：＋＋i,i＋＋,－－j,j－－等。看起来＋＋i 和 i＋＋的作用都是使变量 i 的值加 1，但是由于运算符＋＋所处的位置不

同,使变量 i 加 1 的运算过程也不同。++i(或——i)是先执行 i+1(或 i-1)操作,再使用 i 的值;而 i++(或 i——)则是先使用 i 的值,再执行 i+1(或 i-1)操作。

用 printf 函数通过串口将结果上传到上位机中,上位机用串口助手可以接收到运算结果。

如果大家对串口初始化不是很明白可暂时不用考虑,照样打上就可以了,因为我们的重点是要掌握运算符。对于 printf 函数的详细讲解可以参考其他相关的 C 语言教材。

```c
/ * 增量和减量运算符的例子 * /
# include < reg51.h >
# include < stdio.h >              //头文件中定义了 printf 函数
# define uint unsigned int
main()
{ uint x,y,z;
/ *********************** 串口初始化 *********************** /
    SCON = 0x50;                  //串口模式 1,允许接收
    TMOD = 0x20;                  //定时器 1 为模式 2,8 - bit 自动装载方式
    PCON = 0x00;                  //波特率不倍增
    TL1 = 0xfd;
    TH1 = 0xfd;                   //波特率 9600
    TI = 1;                       //TI 置 1,以发送第一个字节
    TR1 = 1;                      //启动定时器 T1
/ *************************************************** /
    x = 8;
    y = 8;
    z = ++x;
    printf("\n %d %d %d",y,z,x);  //执行结果为 8 9 9,%d - 以十进制形式输出
/ *************************************************** /
    x = 8;
    y = 8;
    z = x++;
    printf("\n %d %d %d",y,z,x);  //执行结果为 8 8 9
/ *************************************************** /
    x = 8;
    y = 8;
    z = -- x;
    printf("\n %d %d %d",y,z,x);  //执行结果为 8 7 7
/ *************************************************** /
```

```
x = 8;
y = 8;
z = x－－;
printf("\n %d %d %d",y,z,x);        //执行结果为 8 8 7
/ ******************************************************** /
while(1);                           //等待(相当于程序停在此处)
}
```

锦囊:说明一下,上面这段程序中包含一段 C 语言版的串口初始化程序和一个 printf( )函数。在串口初始化程序中有一条"TMOD = 0x20";语句,相当于是汇编指令"MOV TMOD,♯20H";printf( )函数是在<stdio.h>头文件里的,是现成的,不用我们再自己编写了,只要包含进本文件用就可以了;如果想观察运算结果,还要用一条串口线把单片机和计算机的串口连接起来,打开串口调试助手软件就可以看到运算结果,进而理解运算符的用法。

11.1.4 关系运算符

彦龙:在 if、while(if 和 while 的用法 11.2 节介绍)等语句中有时需要判断条件是否满足,常用到关系运算符。那么都有哪些关系运算符呢?

阿范:的确是这样,关系运算符共有 6 种,都是编写程序时常用的,千万要掌握。

>	大于吗?
<	小于吗?
>=	大于等于吗?
<=	小于等于吗?
==	是否相等呢?
!=	不相等吗?

前 4 种关系运算符具有相同的优先级,后 2 种关系运算符也具有相同的优先级;但前 4 种的优先级高于后 2 种。用关系运算符将两个表达式连接起来即成为关系表达式。

关系表达式的一般形式:

表达式 1 关系运算符 表达式 2

例如:x > y、x＋y > z。

关系运算符通常用来判断某个条件是否满足,关系运算符的结果只有 0 和 1 两种。0 表示所判断的关系不满足;1 表示所判断的关系满足。

```
/ * 关系运算符应用实例 * /
# include < reg51. h >
# include < stdio. h >
# define uint unsigned int
main()
{  uint x,y,z;
/ ***************************** 串口初始化 ********************* /
  SCON = 0x50;                //串口模式 1,允许接收
  TMOD = 0x20;                //定时器 1 为模式 2,8 - bit 自动装载方式
  PCON = 0x00;                //波特率不倍增
  TL1 = 0xfd;
  TH1 = 0xfd;                 //波特率 9600
  TI = 1;                     //TI 置 1,以发送第一个字节
  TR1 = 1;                    //启动定时器 T1
/ ************************************************** /
  x = 8;
  y = 9;
  z = x > y;
  printf("   % d",z);        //执行结果为逻辑 0,带有空格的十进制格式输出
/ ************************************************** /
  z = x < y;
  printf("   % d",z);        //执行结果为逻辑 1
/ ************************************************** /
  z = x >= y;
  printf("   % d",z);        //执行结果为逻辑 0
/ ************************************************** /
  z = x <= y;
  printf("   % d",z);        //执行结果为逻辑 1
/ ************************************************** /
  z = x == y;
  printf("   % d",z);        //执行结果为逻辑 0
/ ************************************************** /
  z = x != y;
  printf("   % d",z);        //执行结果为逻辑 1
/ ************************************************** /
  while(1);
}
```

锦囊:上面的程序只是让大家理解关系运算符的,但很多初学者可能会觉得关系运算符的优先级别记不住,还有当判断两个表达式的关系时弄不清是先计算加法还是先判断谁大谁小,还是先赋值,或是先执行自加运算?其实这没关系,不要被这些细节给绊住了,我们的方法是多加些"()",如 x +y>z 可以写成(x+y)>z。总之这些都没有记住也没关系,等到后面学到具体应用(如控制小车是否该前进或者该后退等)时,就会用到关系运算符了。现在只要有个印象就可以了。

11.1.5 逻辑运算符

我们平时的应用中除了需要计算加、减、乘、除,有时还要判断是否相等、是否大于等关系,有时也要做一些逻辑运算。举例说明一下逻辑运算,例如有一个运水机器人,只有当机器人装满了水且按下按键后机器人才出发,那么此时装满水和按键按下必须同时满足机器人才出发,也就说这两个条件是逻辑与的关系。下面就详细讲解逻辑运算符及其使用方法。

```
||    逻辑或;
&&    逻辑与;
!     逻辑非。
```

逻辑运算符用来求某个条件式的逻辑值。用逻辑运算符将关系表达式或逻辑量连接起来就是逻辑表达式。逻辑表达式的一般形式为:

```
逻辑与:条件式 1 && 条件式 2
逻辑或:条件式 1 || 条件式 2
逻辑非:! 条件式
```

与:进行逻辑与运算时,首先对条件式 1 进行判断,如果结果为真(非 0 值),则继续对条件式 2 进行判断,当结果也为真时,表示逻辑运算的结果为真(值为 1);反之,如果条件式 1 的结果为假,则不再判断条件式 2,而直接给出逻辑运算的结果为假(值为 0)。

或:进行逻辑或运算时,只要两个条件式中有一个为真,逻辑运算的结果便为真(值为 1);只有当条件式 1 和条件式 2 均不成立时,逻辑运算的结果才为假(值为 0)。

非:进行逻辑非运算时,对条件式的逻辑值取反。

逻辑运算符的优先级为:!(非)→&&(与)→||(或),逻辑非的优先级最高。

```
/ * 逻辑运算应用实例 * /
# include < reg51. h>
# include < stdio. h>
# define uint unsigned int
main()
{   uint x,y,z;
/ ********************** 串口初始化 ************************** /
  SCON = 0x50;              //串口模式 1,允许接收
  TMOD = 0x20;              //定时器 1 为模式 2,8 - bit 自动装载方式
  PCON = 0x00;              //波特率不倍增
  TL1 = 0xfd;
  TH1 = 0xfd;               //波特率 9 600
  TI = 1;                   //TI 置 1,以发送第一个字节
  TR1 = 1;                  //启动定时器 T1
/ *********************************************************** /
  x = 8;
  y = 9;
  z = x||y;
  printf("  % % d",z);      //执行结果为逻辑 1
/ *********************************************************** /
  x = 8;
  y = 0;
  z = x||y;
  printf("  % d",z);        //执行结果为逻辑 1
/ *********************************************************** /
  x = 0;
  y = 9;
  z = x||y;
  printf("  % d",z);        //执行结果为逻辑 1
/ *********************************************************** /
  x = 0;
  y = 0;
  z = x||y;
  printf("  % d",z);        //执行结果为逻辑 0
/ *********************************************************** /
  x = 8;
  y = 9;
  z = x&&y;
  printf("  % d",z);        //执行结果为逻辑 1
```

```
/ ****************************************** /
  x=8;
  y=0;
  z=x&&y;
  printf(" %d",z);          //执行结果为逻辑 0
/ ****************************************** /
  x=0;
  y=9;
  z=x&&y;
  printf(" %d",z);          //执行结果为逻辑 0
/ ****************************************** /
  x=8;
  y=0;
  z=!x;
  printf(" %d",z);          //执行结果为逻辑 0
/ ****************************************** /
  x=8;
  y=0;
  z=!y;
  printf(" %d",z);          //执行结果为逻辑 1
/ ****************************************** /
  while(1);                 //等待
    }
```

11.1.6 位运算符

美龙:汇编中有位操作指令"SETB CLR"方便操作端口,那么 C 语言中有类似操作吗?

阿范:当然有了,C 语言有位运算符,能进行按位操作,从而具有汇编语言的特点。

C 语言共有 6 种位运算符。位运算符的作用是按位对变量进行运算,并不改变参与运算的变量的值。若希望按位改变运算变量的值,则应利用相应的赋值运算。

有了位运算符我们可以很方便地对单片机的某个端口置位和清零。比如:P1=P1|0X01 将 P1.0 变成了高电平 1;P1=P1&0XFE 将 P1.0 变成了低电平 0。

位运算符的优先级从高到低依次是:

按位取反(~)→左移(<<)和右移(>>)→按位与(&)→按位异或(∧)→按位或(|)。

表 11-1 为按位取反、按位与、按位或和按位异或的逻辑运算表。

表11-1　按位取反、按位与、按位或和按位异或的逻辑运算表

x	y	~x	~y	x&y	x|y	x^y
0	0	1	1	0	0	0
0	1	1	0	0	1	1
1	0	0	1	0	1	1
1	1	0	0	1	1	0

位运算的一般形式为：

变量1　位运算符　变量2

下面举例说明各种位运算的应用：

a = 0x55(相当于是二进制数 01010101),b = 0x0f(相当于是二进制数 00001111)。则：

a&&b	结果为1;
a&b	结果为00000101;
a||b	结果为1;
a|b	结果为01011111;
! a	结果为0;
~a	结果为10101010;
a^b	结果为01011010;
a<<2	结果为01010100(将最高两位移动"没了",低两位用"0"补)。

锦囊:这里强调几点：

1. 位运算符不能用来对浮点型数据进行操作。

2. 本节讲的是位运算符,注意与逻辑运算相区别,如位与的符号是"&",而逻辑与是"&&"。那么这两种运算有何区别呢? 举例说明:如有 a 和 b 两个变量,其中a=0x4B,b=0xC8,则 a&&b 的结果是真值即逻辑1,而 a&b 的结果是0x48。为什么是这样的结果呢? 原因是逻辑与"&&"是两个数据整体与,结果要么是 0,要么是 1;而按位与"&"是将两个数据变成二进制后对应的逐位进行与。

3. 需要说明异或"^"的应用,异或运算是指两个数据对应位如果不同则为 1,相同则为 0。如二进制数 0101 和 1100 异或,结果为 1001。

4. 移位运算符"<<"和">>"将数据移位,被移"没"的位用"0"补。

11.1.7 复合赋值运算符

在赋值运算符"＝"的前面加上其他运算符,就构成了复合赋值运算符:

＋＝	加法赋值;	＞＞＝	右移位赋值;
－＝	减法赋值;	＆＝	逻辑与赋值;
＊＝	乘法赋值;	|＝	逻辑或赋值;
/＝	除法赋值;	^＝	逻辑异或赋值;
%＝	取模赋值;	～＝	逻辑非赋值;

＜＜＝　左移位赋值。

复合赋值运算首先对变量进行某种运算,然后将运算的结果再赋给该变量。复合运算的一般形式为:

变量　复合赋值运算符　表达式

例如:"i＋＝5;"相当于是将 i 加上 5 所得到的结果再赋值给 i;"j ≪＝1;"相当于是将 j 左移一位,然后将所得到的新结果再赋值给 j。

11.1.8 条件运算符

条件运算符"?:"是 C 语言中唯一的一个三目运算符,有 3 个运算对象,用它可以将 3 个表达式连接构成一个条件表达式。条件表达式的一般形式如下:

逻辑表达式?　表达式1:表达式2

其功能是首先计算逻辑表达式,当其值为真(非 0 值)时,将表达式 1 的值作为整个条件表达式的值;当逻辑表达式的值为假(0 值)时,将表达式 2 的值作为整个条件表达式的值。例如条件表达式"max＝(a＞b)? a:b",这条语句执行完后 max 的值是多少呢? 怎么得到的呢? 是这样的,首先计算(a＞b)这个逻辑表达式的值是否为真,即是否成立。如果成立,则把 a 的值赋给 max;如果(a＞b)这个逻辑表达式的值为假,即 a 大于 b 不成立,就把 b 的值赋给 max。

11.1.9 指针和地址运算符

指针是 C 语言中一个十分重要的概念,是 C 语言的精髓。不过很多学习 C 的人都很头痛,指针变量、指针变量指向的变量、取地址、取内容等,想弄明白真是很费劲儿。下面我把我的学习经验介绍给大家,指针本身也是一个变量,我称它为特殊变量。特殊变量里面放的是地址,打个比方:就好像我让你帮我到科技大厦 101房间取个东西,但是你不知道具体的地址啊,那么我拿了一张纸在上面写了详细的地址,你拿着我写的地址就可以找到 101 房间,取出我想要的东西。这张纸就是一个指针,或者叫特殊变量,特殊变量里(纸上)存放的东西就是地址,101 房间就是指针所指向的变量,也就是一个普通变量,101 房间的东西就是这个普通变量里面放的东西,我们称为内容,那么我将科技大厦 101 房间的地址写到纸上,就是取地址。为了表示指针变量和它所指向的变量地址之间的关系,C 语言提供了两个专门的运算符:

　　*　　　取内容;

　　&　　　取地址。

取内容和取地址运算的一般形式分别为:

变量 = * 指针变量

指针变量 = & 目标变量

取内容运算的含义是将指针变量所指向的目标变量的值赋给左边的变量;取地址运算的含义是将目标变量的地址赋给左边的变量。需要注意的是,指针变量中只能存放地址,不要将一个非指针类型的数据赋给一个指针变量。

11.1.10　强制类型转换运算符

　　c 语言中的圆括号"()"也可以作为一种运算符使用,这就是强制类型转换运算符,它的作用是将表达式或变量的类型强制转换成所指定的类型。强制类型转换运算符的一般使用形式为:

　　(类型)　(表达式)

　　例如:

```
(float) a          ;把 a 强制转换为实型数据
(int)(x + y)        ;把 x + y 这个结果强制转换为整型数据
(int) x + y         ;把 x 强制转换为整型数据再和 y 相加
```

锦囊:这里需要注意的是在强制类型转换时,得到一个所需类型的中间变量,原来变量的类型没有发生变化。例如:"(int) x",如果原来 x 是 float 型,进行强制类型运算后得到一个 int 型的中间变量,它的值等于 x 的整数部分,而 x 的类型不变,仍然是 float 型;如:"x = 3.6;i = (int)x;",则 x 还是 3.6,而 i 却等于 3。

　　此外,在数据之间的运算过程中,如果几个变量的类型不同,即使不用强制类型转换"()"对某个变量进行转换,也会先自动转换为同一类型,然后进行运算。由低向高转换的规则:char→int→unsigned→float。注意箭头方向只表示数据类型级别的高低,由低向高转换,并不是什么类型的数据最终都变成了 float型,要看出现的数据最高级别的是什么类型。比如有两个数据,一个是 char 型,一个是 int 型,那么最终的结果就是 int 型,而非 float 型。

现在将前面讲过的运算符整理总结如表 11 - 2 所列。部分没有讲到的在后面详细讲解。

表 11 - 2　运算符优先级和结合型

优先级	类　别	运算符名称	运算符	结合型
1	强制转换数组结构、联合	强制类型转换 下标 存取结构或联合成员	( ) [ ] －>.	右结合
2	逻辑字位	逻辑非 按位取反	! ~	左结合
	增量减量	增 1 减 1	++ －－	
	指针	取地址 取内容	& *	
	算术长度计算	单目减 长度计算	－ sizeof	
3	算术	乘除取模	* / %	
4	算术和指针运算	加减	+ －	
5	字位	左移 右移	<< >>	
6	关系	大于等于 大于 小于等于 小于	>= > <= <	右结合
7		恒等于 不等于	== !=	
8	字位	按位与	&	
9		按位异或	^	
10		按位或	|	

优先级	类 别	运算符名称	运算符	结合型
11	逻辑	逻辑与	&&	
12		逻辑或	|	左结合
13	条件	条件运算	?:	
14	赋值	赋值	=	
		复合赋值	op=	
15	逗号	逗号运算	,	右结合

11.2　C51 程序的基本结构

袁洋:我学习了变量和运算符但是对整个程序的执行过程还不是很了解啊?

阿范:是的,前面的内容只是"庐山一角",我们还没看到整个庐山的真面目。现在我们要一起加油,看看一个完整程序的的基本结构究竟是怎样的。首先要了解程序的基本流程。

从程序流程的角度来看,程序可以分为 3 种基本结构,即顺序结构、选择结构、循环结构。这 3 种基本结构可以组成所有的复杂程序。C 语言提供了多种语句来实现这些程序结构。

11.2.1　按部就班——顺序结构

顺序结构是一种最基本、最简单的编程结构。在这种结构中程序从低地址开始向高地址端按顺序执行指令代码。

11.2.2　人生的十字路口——选择结构

其实人每天都在选择,从小到大,从读哪所小学到读哪所大学,从早上选择穿什么衣服到中午在哪个饭店吃饭等。

在单片机程序设计中也存在一种结构就是选择结构,选择结构就是有选择地执行程序,而不像顺序结构那样按部就班地逐条语句地执行。选择结构的程序首先要判断条件,如果条件满足则执行一些语句,如果条件不满足则执行另一些语句。选择结构主要有 if 语句、if 的嵌套语句及 swith/case 语句等。下面一起详细研究如何用这几个语句实现选择结构程序的设计。

1. if 语句

用 if 语句可以构成分支结构。它根据给定的条件进行判断,以决定执行某个分支程序段。C 语言的 if 语句有 3 种基本形式:

第一种形式为基本形式 if:

```
if(表达式) 语句
```

其语义是:如果表达式的值为真,则执行其后的语句,否则不执行该语句,继续执行这条语句的下一条。其过程可表示为图 11 - 1。

第二种形式为 if - else:

```
if(表达式)
     语句1;
else
     语句2;
```

其语义是:如果表达式的值为真,则执行语句 1,否则执行语句 2。

其执行过程可表示为图 11 - 2。

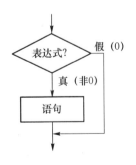

图 11 - 1　if 结构流程 1

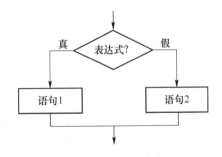

图 11 - 2　if 结构流程 2

第三种形式为 if - else - if:

前两种形式的 if 语句一般都用于 2 个分支的情况。当有多个分支选择时,可采

用 if-else-if 语句,其一般形式为:

```
if(表达式 1)
    语句 1;
else if(表达式 2)
    语句 2;
    else if(表达式 3)
        语句 3;
        ...
        else if(表达式 m)
            语句 m;
            else
                语句 n;
```

其语义是:依次判断表达式的值,只要出现某个表达式的值为真时,则执行其对应的语句,然后跳到整个 if 语句之外继续执行程序。如果所有的表达式均为假,则执行最后一条语句 n,然后继续执行后续程序。if-else-if 语句的执行过程如图 11-3 所示。

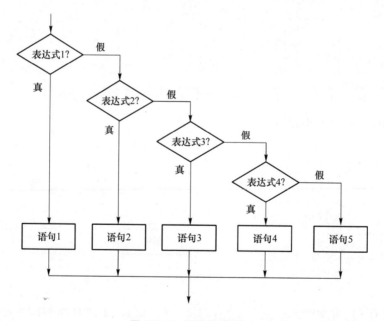

图 11-3 if 结构流程 3

```
/* 利用 if 语句判断端口的状态 */
/* 当有按键按下时,点亮一个 LED 小灯,当没有任何按键按下时,把所有小灯熄灭 */
/* 本例中 P1.4、P1.5、P1.6、P1.7 引脚接了 4 个按键;P0 口接了 8 个 LED 小灯,低电平点亮 */
# include < reg51.h>
int main(void)
{
  while(1)                    //while(1)死循环语句
/*****"&"为按位与逻辑运算符*****
{
  if((P1&0X10) == 0)         //检测 P1.4 端口的状态,如果为 0 说明有按键被按下
  P0 = 0XFE;                 //点亮 P1.0 小灯
  else if((P1&0X20) == 0)    //检测 P1.5 端口的状态,如果为 0 说明有按键被按下
  P0 = 0XFD;                 //点亮 P1.1 小灯
  else if((P1&0X40) == 0)    //检测 P1.6 端口的状态,如果为 0 说明有按键被按下
  P0 = 0XFB;                 //点亮 P1.2 小灯
  else if((P1&0X80) == 0)    //检测 P1.7 端口的状态,如果为 0 说明有按键被按下
  P0 = 0XF7;                 //点亮 P1.3 小灯
  else                       //没有一个表达式成立,即无键按下,则执行最后一条语句 P0
= 0XFF;
  P0 = 0XFF;                 //给 P0 口赋值 0XFF,即 8 个 1,所以 8 个 LED 灯都熄灭
  }
    }
```

注意:不要把 "==" 写成 "="!

2. switch 语句

switch 语句有的书中管它叫开关语句,它是一个多分支选择的语句,其一般形式为:

```
switch(表达式)
{
   case 常量表达式 1:语句 1;
   case 常量表达式 2:语句 2;
   _____
   case 常量表达式 n:语句 n;
   default          :语句 n+1;
}
```

其语义是:计算表达式的值,并逐个与其后的常量表达式值相比较,当表达式的值与某个常量表达式的值相等时即执行其后的语句,然后不再进行判断,继续执行后面所有 case 后的语句。如表达式的值与所有 case 后的常量表达式均不相同时,则只

执行 default 后的语句。

需要说明的是,执行完某个 case 语句后,该 case 后面的所有语句都会被执行,如果读者不想采用这样的执行方式,可以采用 break 语句。采用 break 的 switch 语句形式为:

```
switch(表达式){
  case 常量表达式 1:语句 1;Break;
  case 常量表达式 2:语句 2;Break;
  case 常量表达式 3:语句 3;Break;
  --------------------
  case 常量表达式 n:语句 n;Break;
  default          :语句 n+1;
}
```

锦囊:case 后面常量表达式的值不能相等,否则会出现矛盾。

下面完成一个流水灯的实验,进一步理解 switch 语句的应用。LED 小灯仍然接在 P0 口,具体的接法与前面用汇编语言编写时的硬件电路是一样的。这里就不给出硬件电路图了(见配套资料:实验现象\ch11\led_horse.flv)。

```
/ * 用 switch 语句实现暗点流动流水灯 * /
# include < reg51.h>
# define uchar unsigned char        //定义伪指令,uchar 代表了 unsigned char
# define uint unsigned int          //定义伪指令,uint 代表了 unsigned int
/ ********************* 延时子程序 ************************ /
void DelayMs(uint i)
{
  uint j;
    for (;i! = 0;i--)                //两层 for 循环嵌套实现延时
  {
    for (j = 100;j! = 0;j--);        //分号表示 for 循环体是空语句
  }
}
/ ***********************************************************
功能说明:根据 i 值执行相应的功能,遇到 Break 语句跳出开关函数。
       "~"为按位取反运算符。
 *********************************************************** /
```

```
void Ledlight(uchar i)
{
  switch(i)
  {
    case 0:P0 = ~0x01; break;        //取反码,LED 是共阳极接法,低电平点亮,P0.0 小灯亮
    case 1:P0 = ~0x02; break;        //取反码,LED 是共阳极接法,低电平点亮,P0.1 小灯亮
    case 2:P0 = ~0x04; break;        //取反码,LED 是共阳极接法,低电平点亮,P0.2 小灯亮
    case 3:P0 = ~0x08; break;        //取反码,LED 是共阳极接法,低电平点亮,P0.3 小灯亮
    case 4:P0 = ~0x10; break;        //取反码,LED 是共阳极接法,低电平点亮,P0.4 小灯亮
    case 5:P0 = ~0x20; break;        //取反码,LED 是共阳极接法,低电平点亮,P0.5 小灯亮
    case 6:P0 = ~0x40; break;        //取反码,LED 是共阳极接法,低电平点亮,P0.6 小灯亮
    case 7:P0 = ~0x80; break;        //取反码,LED 是共阳极接法,低电平点亮,P0.7 小灯亮
    default:break;                   //无匹配值返回
  }
}
int main(void)
{
  uchar i;                           //无符号字符型变量最大值为 255
  while(1)                           //while 死循环,主函数必须是死循环
  {
    for(i = 0;i < 8;i++)             //for 循环语句 i 从 0~7 变化
    {
      Ledlight(i);                   //调用灯亮函数
      DelayMs(100);                  //延时,以便能够观察到灯亮灭效果
    }
  }
}
```

> **锦囊：**在 DelayMs() 延时函数里和主函数 main(void) 里都定义了变量 i,但是它们不同的,而且只在自己的函数体内"好使",相当于两个城市的"老大",都只在自己的那片儿好使。还有关于 for 循环语句在后面讲解,如果没有 C 语言基础不要盯住上面的 for 不放,学完 for 语句再回头来看上面就可以了。

11.2.3　小毛驴拉完磨就放你回去——循环结构

下图是一个驴拉磨的情景。想想在没有完成拉磨任务前,能放驴出去吗? 只有当驴把活儿干完这件事成立了,才能放它走。在单片机的 C51 程序设计中有一种结构就是循环结构。循环结构是程序中一种很重要的结构。其特点是,在给定条件成立时,反复执行某程序段,此时 CPU(驴)甭想离开这段程序,要一直执行,直到条件不成立为止。给定的条件称为循环条件,反复执行的程序段称为循环体。C 语言提供了多种循环语句,可以组成各种不同形式的循环结构。

1. goto 语句以及用 goto 语句构成循环

goto 语句是一种无条件转移语句,也就是说 goto 语句可以跳转到程序的任何地方。goto 语句的使用格式为:

```
goto 语句标号;
```

其中标号是一个有效的标识符,其后加上一个“:”一起出现在函数内某处,执行 goto 语句后,程序将跳转到该标号处并执行其后的语句。通常 goto 语句与 if 条件语句连用,当满足某一条件时,程序跳到标号处运行。

注意:由于 goto 语句跳转的范围非常广,程序的流向也很容易被打乱,所以在现代的结构化设计方法中,应该尽量限制 goto 语句的使用,有人提出要取消 goto 语句。笔者建议尽量不使用 goto 语句,而是使用下面介绍的几条循环语句,它们具有很好的结构化特性。

> 锦囊：goto 语句所能跳转到的标号必须与 goto 语句同处于一个函数中,但可以不在一个循环层中。

2. while 语句

while 语句的一般形式为:

while(表达式) 语句

其中表达式是循环条件,语句为循环体。

while 语句的表达式可以是常量、变量和各种表达式,while 语句计算表达式的值,只要这个表达式所描述的事情成立或该表达式经过计算后的值是非 0 值,就一直循环执行其后面的语句;当表达式所描述的事情不成立或经过计算后表达式的值为 0 时,就不再执行其后面的语句,并跳出 while 循环,如图 11 - 4 所示。while 的语句部分可以是单条语句,也可以是由大括号"{}"扩起来的语句体。

例如:

while(1) P0 = 0x00；

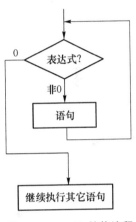

图 11 - 4　while 结构流程

上面的语句中,表达式的位置是一个常量 1,该数据是个非 0 值,也就是条件一直成立,所以将一直循环执行语句 P0＝0x00。

例如:

```
...
char i, j;
i = 3;
j = 5
while(j > i)
    {
    P0 = 0x00;
    j = j - 1;
    }
...
```

在上面这段程序中,定义了两个变量 i 和 j,并且给它们赋了初始值,分别为 3 和 5。接下来判断表达式 j>i 是否成立。只要 j>i 成立就执行一遍循环体中的内容,在循环体中每次将 j 减 1,当执行两次循环体的内容后,j 的值变成了 3,此时 j>i 已经不再成立了,所以循环体中的内容将不再执行了,而是继续执行下面的程序(见配套资料:实验现象\ch11\led_while.flv)。

```c
/* 练习用 while 语句,当表达式成立时(值为非 0 时)执行循环体的内容 */
/* 让 LED 小灯的亮灭状态取反,小灯闪烁 */
#include <reg51.h>
#define uchar unsigned char
#define uint unsigned int
/****************** 延时子程序 ****************************** /
void DelayMs(uint i)
{
  uint j;
  for(;i!=0;i--)
  {
    for(j=100;j!=0;j--);
  }
}
void main(void)
{  uchar i=10;            //变量 i 控制 LED 闪烁次数
   P0 = 0X55;            //给 P0 口赋初始值,让 LED 小灯隔一个亮一个
   while(i--)            //当条件为真时执行函数体,变量 i 自减,然后重新判断条件是否为真
   {
     P0 = ~P0;            //P0 端口按位取反,高电平变低电平,低电平变高电平
     DelayMs(100);        //调用延时函数 DelayMs()
     if(i==0)             //为了使 LED 连续闪烁,需要用 if 语句判断恢复变量 i 的初始值
     i=10;                //重新给 i 赋值 10
   }
}
```

3. do-while 语句

do-while 语句的一般形式为:

do

    语句;

while(表达式);   注意这里有个";"

这个循环与 while 循环的不同之处在于：它先执行循环中的语句，然后再判断表达式是否为真，如果为真则继续循环；如果为假，则终止循环。因此，do-while 循环至少要执行一次循环语句。其执行过程可用图 11-5 表示。

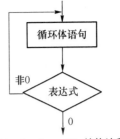

图 11-5　do-while 结构流程

把上面的小灯取反闪烁程序的 while() 语句控制的循环体改为"do {} while()"控制的循环体后，程序如下。通过程序体会"do {} while()"的应用。

```
/*练习用 do {} while();控制程序执行,当表达式成立时(值为非 0 时)执行循环体的内容,
让 LED 小灯的亮灭状态取反灯的闪烁*/
#include<reg51.h>
#define uchar unsigned char
#define uint unsigned int
/******************延时子程序******************************************/
void DelayMs(uint i)
{
  uint j;
  for(;i!=0;i--)
    {
    for(j=100;j!=0;j--);
    }
}
void main(void)
{  uchar i=10;        //变量 i 控制 LED 闪烁次数
   P0=0x55;           //给 P0 口赋初始值,让 LED 小灯隔一个亮一个
                      //当条件为真时执行函数体,变量 i 自减,然后重新判断条件是否为真
do
{
   P0=~P0;            //P0 端口按位取反,高电平变低电平,低电平变高电平
   DelayMs(100);      //调用延时函数 DelayMs()
   if(i==0)           //为了使 LED 连续闪烁,需要用 if 语句判断恢复变量 i 的初始值
   i=10;              //重新给 i 赋值 10
} while(i--);         //注意这里有个";"
```

4. for 语句

在 C 语言中，for 语句的使用最为灵活，它的一般形式为：

for(表达式 1;表达式 2;表达式 3) 语句

for 语句执行过程如下：

① 先求解表达式 1。
② 求解表达式 2。若其值为真(非 0)，则执行语句，然后执行第③步；若其值为假(0)，则结束循环，转到第⑤步。
③ 求解表达式 3。
④ 转回第②步继续执行。
⑤ 循环结束，执行 for 语句下面的一个语句。

其执行过程可用图 11 - 6 表示。

也可以用下面的形式描述 for 语句：

for(循环变量赋初值;循环条件;循环变量增量) 语句

循环变量赋初值总是一个赋值语句，它用来给循环控制变量赋初值；循环条件是一个关系表达式，它决定什么时候退出循环；循环变量增量用于定义循环控制变量每循环一次后按什么方式变化。这三部分之间用";"分开。

例如：

```
for(i = 1; i < = 100; i + + ) sum = sum + i;
```

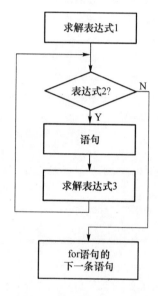

图 11 - 6　for 循环结构流程

先给 i 赋初值 1，判断 i 是否小于等于 100，若是则执行"sum＝sum＋i;"语句，之后 i 值增加 1，再重新判断，直到条件为假即 i＞100 时，结束循环，就不再执行语句"sum＝sum＋i 了;"。

可以用 while 语句将上面的程序改写如下：

```
i = 1;
while( i < = 100)
{
 sum = sum + i;
 i + + ;
}
```

对于 for 循环中语句的一般形式，就是如下的 while 循环形式：

```
表达式 1;
while(表达式 2)
{语句
表达式 3;
}
```

本节讨论：

阿宽：for 循环中的表达式是否可以省略呢？

阿范：当然可以了，循环中的"表达式 1（循环变量赋初值）"、"表达式 2（循环条件）"和"表达式 3（循环变量增量）"都是选择项，可以缺省，但是需要注意的是";"不能缺省。

阿宽：如果省略了表达式 1 会产生怎样的效果呢？

阿范：省略表达式 1 表示不对循环变量初始值进行控制，可能会对程序产生影响。

小红：那么如果省略表达式 2 会怎么样？

阿范：如果省略了 2 更加糟糕，程序成了死循环。当然有时你可以利用死循环。

春旭：如果省略了表达式 3 会产生什么影响呢？

阿范：如果省略了表达式 3 则不对循环变量进行增减控制。

下面用 for 语句和 while 语句完成一个方波发生器的程序，代码如下：

```
/*方波发生器*/
#include <reg51.h>
#define uchar unsigned char
#define uint unsigned int
/********************** 延时程序 *************************************/
void delay500(void)
{
  uint i;
  for(i=3000;i>0;i--)          //i的初始值为3000,当i>0时,执行一条空语句i--减量
控制
         ;
}
/********************** 主函数 *************************************/
main()
{
  uchar j;
  P1 = 0X00;
  while(1)
```

```
{
  for(j=200;j>0;j--)
    {
    P1=~P1;                        //输出频率1 kHz
    delay500();                    //延时500 μs
    }
  for(j=200;j>0;j--)
    {
    P1=~P1;                        //输出频率500 Hz
    delay500();                    //延时1 ms
    delay500();
    }
  }
}
```

程序分析:上面的程序从 main()主函数开始执行,首先进行初始化,在初始化时定义了一个变量 j 并给 P0 口赋初始值 0x00。然后程序进入一个无限循环的循环体中(因为 while 语句中的表达式为 1,这是永远成立的),在 while 循环体中又包含两个 for 语句循环,分别用于产生频率为 1 kHz 和 500 Hz 的方波,因为单片机的 CPU"跑"得太快了,所以在每次取反 P1 口状态(通过过 P1=~P1 取反 P1 口状态,从而产生方波)后都要调用延时函数(目的是把 CPU 弄到延时函数那里去转两圈,达到延时的目的);延时函数 delay500()是通过一个 for 循环语句实现让 CPU 在那里循环的,只要 i 大于 0,就执行一次空语句,这个空语句就是一个";",没有具体内容,但是这里不能省略";",因为省略了";"就相当于是 for 语句中没有循环体了。

本节讨论:

春旭:有这么多种循环,我真不知道该用哪个了!

阿范:这也是初学者容易迷糊的地方。其实 4 种循环都可以用来处理同一个问题,可以互相代替。但一般不提倡用 goto 型循环。while 和 do-while 循环的循环体中应包括使循环趋于结束的语句。for 语句功能最强。用 while 和 do-while 循环时,循环变量初始化的操作应在 while 和 do-while 语句之前完成,而 for 语句可以在表达式 1 中实现循环变量的初始化。

5. break 语句与 continue 语句

(1) break 语句

break 语句通常用在循环语句和开关语句中。当 break 用于开关语句 switch 中时,可使程序跳出 switch 而执行 switch 以后的语句。break 在 switch 中的用法已经在前面介绍开关语句的例子中介绍了,这里不再举例。

当 break 语句用于 do－while、for、while 循环语句中时,可使程序终止循环而执行循环后面的语句。通常 break 语句通常与 if 语句在一起使用,当满足条件时便跳出循环,结构如下。对应的流程图如图 11-7 所示。

```
while(表达式1)
  {…
    if(表达式2) break;
    …
  }
…
```

当遇到"break"时,程序就逃出了循环体,继续执行"{}"外的语句!

锦囊:1. break 语句对 if-else 的条件语句不起作用。
　　　2. 在多层循环中,一个 break 语句只向外跳一层。

(2) continue 语句

continue 语句的作用是跳过循环体中剩余的语句而强行执行下一次循环。continue 语句只用在 for、while、do-while 等循环体中,常与 if 条件语句一起使用,用来加速循环。结构如下。程序流程图如图 11-8 所示。

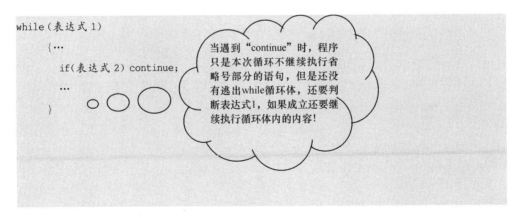

```
while(表达式1)
  {…
    if(表达式2) continue;
    …
  }
```

当遇到"continue"时,程序只是本次循环不继续执行省略号部分的语句,但是还没有逃出while循环体,还要判断表达式1,如果成立还要继续执行循环体内的内容!

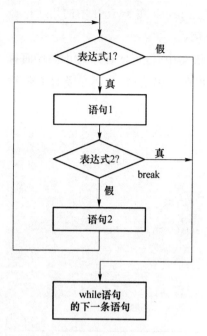

图 11 - 7 　 break 循环终止循环

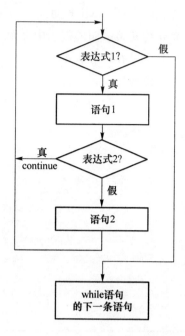

图 11 - 8 　 continue 执行下次循环

第 **12** 章

C51 构造数据类型与函数

除了基本的数据类型如字符型(char)、整型(int)和浮点型(float)以外,C 语言中还扩展了一些数据类型,如数组、指针、结构体和共用体等,今天就和大家一起学习 C51 构造数据类型;函数虽然已经在前面的部分内容中用到了,但是有关函数的知识没有详细分析,今天在此和大家一起研究研究。

12.1 数 组

人们常说:"物以类聚,人以群分",也就是说具有相同特点的人或物往往会聚在一起,他们有共同的特点,比如:勤劳、善良、朴实等。现实生活中这种现象比较多,我们把具有相同类型特点的数据组合在一起就构成了一种新的数据类型,我们把它叫做数组。数组中的每个成员都是数组的一分子,都有其在这个家庭中的作用,也都会享受到它们共有的特点。

12.1.1 一维数组让我想到一行大树

我们应该如何组建这个新的数据类型呢?其实方法很简单,如下所示:

```
类型说明符 数组名 [常量表达式];
```

一个数组要有一个类型说明符,这是为什么呢?我们说过数组中的成员具有相同的特点,这个共同的特点是如何表示的呢?我们就是用"类型说明符"来进行说明的。

例如:

```
unsigned char a[10];
```

这里我们定义一个数组，它的名字叫 a；它的类型是无符号字符型（unsigned char），即数组中的每个成员都是无符号字符型数据，每个成员在内存中占一个字节的存储单元；[ ] 表示我们定义的是数组，常量表达式表示我们定义的数组长度，也就是这个数组一共有多少个成员。我们定义的数组 a 一共有 10 个成员，那么我们如何来使用数组中的成员呢？

例如：

```
unsigned int i,j,k;
unsigned char a[10];
```

我们在程序中引用可以用"i＝a[0];j＝a[1];k＝a[2];"来引用数组中的第一个成员、第二个成员、第三个成员……以此类推。需要强调的是：我们在引用数组成员时，数组有一个下标[n]，这里的 n 是从 0 开始的，比如我们定义的数组 a[10]，一共有 10 个元素，数据的下标为 0～9。如果还是有些不清楚，那么就请大家看看上面这幅图片，这几棵大树就相当于是数组中的成员，当想找第四棵树时，就从头数到 4 就找到想要的那棵树了，但是要注意要找数组中的第 4 个数据，并把这个数据复制给 i，则应该是 i＝a[3]。

如何给数组赋初始值呢？可以采用下面的方法：

```
unsigned char dis[] = {0xfe,0xfd,0xfb,0xf7,0xef,0xdf,0xbf,0x7f};
```

在上例中定义了一个名 dis 的无符号行数组，这里没有指定数组的成员数量，此时数组成员的数量由"{ }"内的数据个数决定。

下面举一个例子说明一下数组在程序设计中是如何应用的，电路如图 12－1 所示。

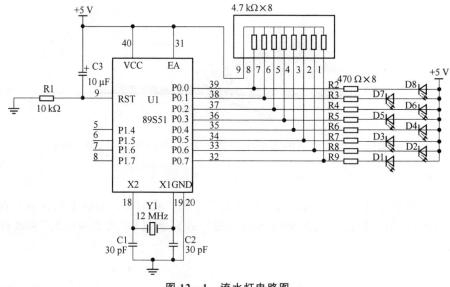

图 12－1　流水灯电路图

具体程序代码如下(见配套资料:实验现象\ch12\led_horse.flv):

```
/*下面的程序完成流水灯实验,P0口接了8个LED发光二极管,在程序中,顺序的从数组dis中
取出数据送到P0口,然后调用相应的延时程序,即可实现流水灯实验*/
        #include <reg51.h>
        void delay(unsigned int i);//声明函数delay(),然后就可以把delay()函数的具体内容放
                            在下面了
        unsigned char dis[] = {0xfe,0xfd,0xfb,0xf7,0xef,0xdf,0xbf,0x7f};
        void main(void)
        {unsigned char i;
        while(1){
          for(i = 0;i<8;i++)
          {P0 = dis[i];
           delay(10);
          }
        }
        }
        void delay(unsigned int i)
        {
        unsigned int j;
        for(;i! = 0;i--)
        for(j = 3000;j! = 0;j--);
        }
```

由于for循环语句中i的值每次加1,所以"P0=dis[i];"就每次都取数组中的下一个数据复制给P0口!

别忘了这里有个";"哦

12.1.2 二维数组让我想到几排民房

在实际应用中很多情况用一维数组很难表达。比如我想表示出 x、y 轴上的横、纵坐标,根据横纵坐标绘制出曲线,如果用一维数组很难实现,这样就引入了二维数组和多维数组的概念。

应该如何组建二维数组呢?其形式如下:

类型说明符　数组名［常量表达式］［常量表达式］;

例如:

```
unsigned char b[3][3];
```

这里我们定义了一个二维数组,它的类型说明符是 unsigned char,数组名为 b。这和一维数组完全一致,所不同的是数组有两个常量表达式,第一个常量表达式表示二维数组一共有 3 行,第二个常量表达式表示一共有 3 列。

那么如何给二维数组赋初始值呢?可以给数组中的全部成员赋值,也可以给部分成员赋值。首先介绍一下如何给全部成员赋值,有两种方法:

第一种:

```
int display[2][3] = {{0,1,2},{3,4,5}};
```

第二种:

```
int display[2][3] = { 0,1,2,3,4,5};
```

上面定义的二维数组是两行三列的,所以赋值是可以把全部的 6 个数据都放在一个大括号里;也可以分成两行,把每行的元素放在一个大括号里,然后再在外边加一个"{ }"。

对部分成员赋值,如:

```
int display[2][3] = {{1},{3}};
```

则赋值后的情况如下:

| 1 | 0 | 0 |
| 3 | 0 | 0 |

定义和赋值都明白了,但是怎么使用二维数组中的各个成员数据呢?也就是如何找到想用的那个数据呢?还是先给大家讲个故事吧,记得有一个人到我们村子找一户人家,我爱做好事啊,我就告诉他怎么走能找到他想找的人家。我是这样和他说的,"你找的那个人家住在村子的第二行民房从头数第 3 户人家就是了。"那个人按我说的果然找到了。

> 锦囊:这里需要注意,定义了一个两行三列的整型数组时,如"int display [2][3]={{0,1,2},{3,4,5}};",若想把第 2 行第 2 个数据复制个变量 i,应该是 i=display[1][1],而非 i=display[2][2],这是为什么呢? 因为[]的下标是从 0 开始的。

下面举个小灯闪烁的例子让大家体会二维数组是如何应用的,电路如图 12-1 所示。

具体程序代码如下(见配套资料:实验现象\ch12\shuzu_twoled. flv):

```
/* 将 dis 数组中的第一个数据和最后一个数据交替的取出来复制给 P0,实现 P0.0 口和 P0.7 口接
的 LED 小灯交替闪烁 */
# include < reg51.h>
void delay(unsigned int );          //延时函数的声明
/ ****************************************************************** /
//定义一个二维数组,5 行 8 列,存储 40 个彩灯数据
  ****************************************************************** /
unsigned char dis[5][8] =
{
{0xfe,0xfd,0xfb,0xf7,0xef,0xdf,0xbf,0x7f}
,{0x7f,0xbf,0xdf,0xef,0xf7,0xfb,0xfd,0xfe}
,{0x00,0xff,0x00,0xff,0x00,0xff,0x00,0xff}
,{0x7f,0x3f,0x1f,0x0f,0x07,0x03,0x01,0x00}
,{0x00,0x01,0x03,0x07,0x0f,0x1f,0x3f,0x7f}
};
```

> 数组中这40个数据就存放在单片机片内数据储存器的低 128 字节中的40个单元里。

```
/ ********************************* 主函数 ********************************* /
void main(void)
{unsigned char i;
 unsigned char j;
while(1)
    {
    P0 = dis[0][0];                //数组中第一个数据复制给 P0
    delay(10);                     //调用延时函数
    P0 = dis[4][7];                //把数组中最后一个数据复制给 P0
    delay(10);                     //调用延时函数
    }
```

> while语句的执行条件永远成立,所以无限循环执行while下面{}内的内容。

```
}
/ *********************************** 延时函数 *********************************** /

void delay(unsigned int i)
{
 unsigned int j;
 for(;i! = 0;i - - )
 for(j = 3000;j! = 0;j - - )
      ;
}
/ *********************************** 程序结束 *********************************** /
```

> 这里的";"号是for语句的循环判断条件成立时的执行语句,不可以省略。

下面再用二维数组实现古老神灯的多样化闪烁,电路如图 12 - 1 所示。软件实现的思想是将二维数组中的数据依次取出来送到接有 LED 小灯的 P0 口,不断地取二维数组中的下一个数据,小灯自然亮灭状态不同,所以看上去就是多样化闪烁。程序代码如下(见配套资料:实验现象\ch12\led_erweishuzu. flv):

```
# include < reg51. h >
void delay(unsigned int );          //延时函数的声明
/ ********************************************************** /
定义一个二维数组,5 行 8 列,存储 40 个彩灯数据
  ********************************************************** /
unsigned char dis[5][8] =
{
{0xfe,0xfd,0xfb,0xf7,0xef,0xdf,0xbf,0x7f}
,{0x7f,0xbf,0xdf,0xef,0xf7,0xfb,0xfd,0xfe}
,{0x00,0xff,0x00,0xff,0x00,0xff,0x00,0xff}
,{0x7f,0x3f,0x1f,0x0f,0x07,0x03,0x01,0x00}
,{0x00,0x01,0x03,0x07,0x0f,0x1f,0x3f,0x7f}
};
/ *********************************** 主函数 *********************************** /
void main(void)
{unsigned char i;
 unsigned char j;
 while(1)
 {
  for(j = 0;j < 5;j + + )
  for(i = 0;i < 8;i + + ) {
```

> 用两个for循环语句改变i和j的值,从而达到取数组dis中不同数据的目的,第一个for用来改变数组的行,第二个for用于改变某一行中的不同数据。

```
        P0 = dis[j][i];              //二维数组的引用方式，"双下标"
        delay(10);
      }
    }
}
/ ********************************* 延时函数 ********************************* /
void delay(unsigned int i)
{
    unsigned int j;
    for(;i! = 0;i-- )
    for(j = 3000;j! = 0;j-- );
}
/ ********************************* 程序结束 ********************************* /
```

程序分析:这是一个比较常用的多样化彩灯实现方案,我们定义一个二维数组,里面存放了 40 个彩灯数据,在主函数中主要的工作就是将数组中的数据取出来送给 LED 显示。我们是用了"unsigned char dis[5][8]"来定义一个 5 行 8 列的数组,并且在定义数组时进行了初始化操作,用{}括起来的数据表示的是一行中的数据,每行之间要用","号进行隔离。那么如何引用数组中的元素呢? 我们是用了双下标,"P0 = dis[j][i];",在程序中通过两个 for 循环来不断地改变 i 和 j 的值,从而达到取数组 dis 中不同数据的目的。将数组中获得的彩灯数据送给单片机 P0 口,由 P0 口控制 LED 灯的显示状态。

12.2 指　针

什么是指针呢? 还是先讲个故事吧。有一次我让一个学生帮我取一份文件,他说找不到,于是我就拿了一张纸在上面写清楚了文件存放的具体地址,他根据地址就帮我把文件取来了。这张纸就相当于一个指针变量,纸上面写的文字就相当于是指针变量里存放的数据(其实指针变量里存放的数据是地址),而这个纸上写的地址并不是我真正想要的,我想要的是由这个地址所能确定出来的文件,因此一般来说指针变量里存储的数据并不是我真正想得到的,我是想用指针变量里的数据作为地址,根据这个地址找到我真正想得到的数据。在 C 程序中,地址和数据都是以数的形式存在的,因此许多初学者都搞不清楚指针是如何使用的,导致许多人都会谈"指"色变,对指针产生了恐惧心里,其实没那么可怕,下面我们一起来研究指针的应用。

12.2.1　环顾左右而言它——指针究竟在指谁

其实指针变量和普通变量一样,也都要占数据存储空间的某个单元地址用来存储数据,只不过普通的变量里面存储的确实是真正的数据,而指针变量里存储的这个数据比较特殊,指针变量存储的数据是其他某个变量在内存中所占的存储单元的地址。下面结合图 12-2 给大家分析一下普通变量和指针变量的区别。现在有两个字符型（char）变量 a 和 b 以及一个指针型变量 p。从图 12-2 中可以看出,普通变量 a 和 b 以及指针变量 p 都占用内存空间,a 占用内存空间 0x05 这个单元,并在这个单元中存储了数据 0xAA;变量 b 在内存中占用了 0x07 这个单元,并在这个单元存储了数据 0x55;指针变量 p 在内存中占用 0x09 这个存储单元,并在这个单元中存储了数据 0x05。现在还看不出来指针变量和普通变量之间的区别。下面还是先研究一下如何定义指针变量,然后再说他们之间的区别以及指针变量的使用吧。

内存空间地址	内存空间	变量
0X05	0xAA	a
0X06		
0X07	0x55	b
0X08		
0X09	0x05	p
0X0A		

图 12-2　普通变量与指针变量在内存中的存放情况

指针变量的定义与一般变量的定义类似,其一般形式如下:

数据类型　　*指针变量名

数据类型说明了该指针变量所指向的变量的类型;指针变量名称前要加"*"表示定义的该变量是指针变量。需要注意的是指针变量中只能存放地址,不能将一个整型量（或任意其他非地址类型的数据）赋给一个指针变量。如:

```
char  *p;
char a = 100;
p = a;          //这是绝对不可以的
```

在上面这段程序中定义了一个字符型变量 a 并给赋初始值 100,又定义了一个指针变量 p,这都没有错,但是把 a 中的数据 100 复制给指针变量 a,这就错了,这是不允许的。但是如果将变量 a 所占的内存地址赋给指针变量 p,这是可以的。那么怎么才可以把变量 a 所占的内存地址赋给指令变量 p 呢?下面介绍两个运算符:

&:取地址运算符;

*:指针运算符（或称"间接访问"运算符）。

下面给出几条语句练习一下这两个运算符的应用（假设 a 所占的内存地址是 0x05 单元）:

```
char    *p;
char    b;
char    a = 0xAA;
p = &a;
b = *p;
```

通过执行上面的程序,最终的结果是 p 等于 0x05;b 等于 0xAA。为什么是这样的结果呢? 开始时定义了一个指针变量 p 和两个字符型变量 a 和 b,给 a 赋初始值

0xAA,并假设 a 在内存中占用 0x05 这个单元,也就是变量 a 所在的地址是 0x05,a 中(也就是内存 0x05 这个地方)存的数据是 0xAA。通过 p＝&a 语句把变量 a 所占的内存单元的地址复制给了指针变量 p,也就是把 0x05 这个数复制给了指针变量 P,最后通过 b＝＊p 给 b 赋了一个值,这个值是 0xAA。为什么是这个数呢? 其实 b＝＊p 这条语句的意思是把指针变量 p 中存储的数据(0x05)作为地址,把这个地址里存放的数据复制给变量 b,也就是把内存 0x05 单元中的数据 0xAA 复制给 b。

> **锦囊:**现在感觉有点儿乱了吧,好好从头捋一捋。开始定义指针变量时,在指针变量名字前要加一个"＊"号,如"char ＊p"定义完成后,在后面如果再出现 ＊p 就表示指针变量所指向的内容(回到本小节开始处看看,＊p 就相当于是那个文件,而 p 中存储的相当于是纸上写的地址,而 p 本身就相当于是那张纸)。

12.2.2 万能 LED 闪烁的实现

为了进一步加深对指针变量的理解和应用,下面再做一遍流水灯这个简单易懂的实验,从而理解如何用指针变量把事先存储在数组中的数据取出来并送到单片机的 P0 口。电路如图 12 - 3 所示。

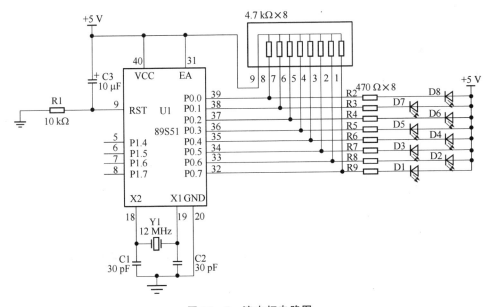

图 12 - 3 流水灯电路图

```
// 用指针到数组里把数据取出来用来点亮 LED 小灯,实现流水灯现象
# include < reg51.h >
void delay(unsigned int);      // 声明延时函数
/ ************************ 流水灯代码 ********************************** /
unsigned char dis[] = {0xfe,0xfd,0xfb,0xf7,0xef,0xdf,0xbf,0x7f};
void main(void)
{unsigned char i, * p;
                    //定义一个无符号字符型变量 i 和一个指向无符号字符型变量的指针变量 p
while(1)
    {
    p = &dis[0];          //把数组中第一个成员数据(0xFE)所占的内存地址赋给指针变量 p
    for(i = 0;i < 8;i + + )   //在此循环 8 次
        {
        P0 = * p;           //取指针指向的数组元素,并复制给单片机的 P0 口
        p + + ;             //指针加 1,指向数组的下一个元素
        delay(10);          //调用延时函数
        }
    }
}
/ ************************ 延时函数 ********************************** /
void delay(unsigned int i)
{
 unsigned int j;
 for(;i! = 0;i − − )
    for(j = 3000;j! = 0;j − − )
        ;
}
```

程序分析:程序中建立了一个 dis[]数组,数组中存放了流水灯显示码。主函数循环取数组中的显示码,然后将其送入 P0 口,实现小灯流水效果。程序中最关键的是使用了指针,在程序的开头部分定义了指针变量 * p,在 while 循环程序中将数组的首地址放到指针中,即"p = &dis[0];"。dis[0]代表数组的第一个成员数据,&dis[0]代表了第一个成员数据所占的内存地址,也就是数组的首地址。在 for 语句中,* p表示指针所指向的变量(即数组中的成员数据),p + +表示指针递增,指向下一个元素的地址。

注意:"p = &dis[0];"这条语句我们可以改写成"p = dis;",为什么呢? p 中不是存放数组首地址吗? 的确是这样,因为数组的首地址可以有多种表示方法,数组名也代表了数组的首地址,所以可以替换。

12.2.3   数码管显示数组中的内容

下面在应用指针的相关知识完成点亮数码管实验,要求数码管上面循环显示0～9这十个数字。电路如图 12－4 所示。

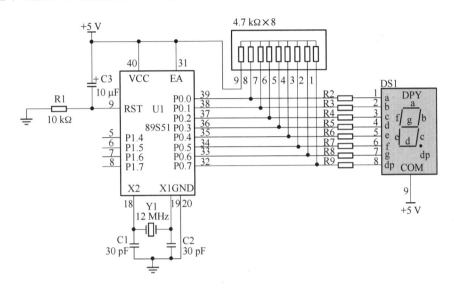

图 12－4   单片机控制单个共阳数码管电路

具体程序代码如下(见配套资料:实验现象\ch12\smg_shuzu.flv):

```
# include < reg51.h >
void delay(unsigned int);              //延时函数声明
/ *******************************************************************
数码管显示段码(共阳),0、1、2、3、4、5、6、7、8、9。
******************************************************************* /
unsigned char data dis[] = {0xc0,0xf9,0xA4,0xb0,0x99,0x92,0x82,0xf8,0x80,0x90};
void main(void)
{unsigned char i, * p;
while(1)
{
  p = dis;                             //取数组的首地址赋给指针 p,数组名代表了数组的首地址
  for(i = 0;i < 10;i ++)
    {
      P0 = * p ++ ;                    //取数组中的元素,同时指针加1指向下一个元素
      P2 = 0xfe;                       //打开位选口,点亮 P2.0 对应的数码管
```

```
    delay(10);                    //调用延时函数
    }
}
}
/ ************************** 延时函数 ************************** /
void delay(unsigned int i)
{
 unsigned int j;
 for(;i! = 0;i--)
   for(j = 3000;j! = 0;j--)

     ;

}
```

程序分析:这个程序实现的是在一个数码管上显示 0～9 变化的数字。程序中定义一个数组 dis[],里面存放了 0～9 共 10 个数字对应的的共阳极数码管显示段码。在主函数中依次取出段码送给单片机的 P0 口。细心的读者可能会发现,这段程序和上面流水灯实验的原理非常相似,并且在本例中的程序中有一条"P0 = ＊ p＋＋;",这条语句与前面流水灯实验程序中的中的作用是一样的。即一条"P0 = ＊ p＋＋;"与两条两条语句"P0 = ＊ p;"和"p＋＋;"是完全等价的。

12.2.4　具体程序(指针与二维数组共同演绎万能流水灯)

具体程序代码如下(见配套资料:实验现象\ch12\led_erweishuzu. flv):

```
# include < reg51.h>
void delay(unsigned int );         //延时函数的声明
/ ******* 定义一个二维数组,存储 40 个彩灯数据 *********** /
unsigned char dis[5][8] =
{
{0xfe,0xfd,0xfb,0xf7,0xef,0xdf,0xbf,0x7f}
,{0x7f,0xbf,0xdf,0xef,0xf7,0xfb,0xfd,0xfe}
,{0x00,0xff,0x00,0xff,0x00,0xff,0x00,0xff}
,{0x7f,0x3f,0x1f,0x0f,0x07,0x03,0x01,0x00}
,{0x00,0x01,0x03,0x07,0x0f,0x1f,0x3f,0x7f}
};
/ *************************** 主函数 *************************** /
void main(void)
```

```
{unsigned char i;
 unsigned char j;
 unsigned char * p;              //定义一个指向无符号字符型的指针变量
while(1)
{ p = &dis[0][0];               //取数组的首地址,也就是第 0 个元素的所在的地址
  for(j = 0;j < 5;j + + )        //用两层嵌套循环引用彩灯数组中的数据,行引用,一共 5 行
  for(i = 0;i < 8;i + + )        //用两层嵌套循环引用彩灯数组中的数据,列引用,一共 8 列
{
  P0 = * p + + ;                 //取数组中数据,同时指针加 1
  delay(10);                     //调用延时函数
  }
}
}
/ ********************** 延时函数 ***************************** /
void delay(unsigned int i)
{
unsigned int j;
for(;i! = 0;i − −)
for(j = 3000;j! = 0;j − −);
}
/ ********************** 程序结束 ***************************** /
```

程序分析:这个程序是我们讲过的古老花样彩灯,不同的是采用了指针方式实现。首先,大家不难发现这条语句"p = &dis[0][0];"是给指针赋值的语句。二位数组中如何给指针赋值呢? 其实和一维数组没有区别,可以用数组的名字或者是 & 加上数组的第一个元素。在该程序中我们采用了 &dis[0][0]实现指针的赋值操作,我们也可以改写成 dis 完成指针的赋值。

12.3　百家争鸣说结构体

结构体就相当于一个"团体",团体中的成员都有自己的角色,都在团体中起到独特的作用,只有一个团体才能取得事业上的成功。我们知道:数组中成员都具有相同的特点,它们有相同的数据类型,但是有的时候我们需要成员中的数据类型不同,包含了"诸子百家",每个成员都有其独到的特点,都起到别人无法替代的作用。比如:我们想表示学生的基本信息,学生的基本信息包含:学号、姓名、性别、年龄、成绩等,这些信息不完全是同一种类型,那么我么如何表达呢? 因此,这里我们引入了新的数据类型——结构体,让结构体中的"诸子百家"各显其能。

12.3.1　结构体类型的声明和变量的定义

结构体这种数据类型比较特殊,相当于将各种数据类型融为一体,是一种复合的

数据类型。那么我们如何进行结构体类型的声明和结构体变量的定义呢？结构体类型的声明实际上相当于定义一个新的数据类型，不像我们以前使用的 char、int 等直接拿过来就可以定义变量，结构体必须要先声明，之后我们才可以进行结构体变量的定义。

声明结构体类型的一般形式为：

struct 结构体名
{成员列表};

结构体声明中包含了结构体名和成员列表，结构体名表示一种新的数据类型，成员列表表示这种类型中包含了哪些具体的信息。

例如：

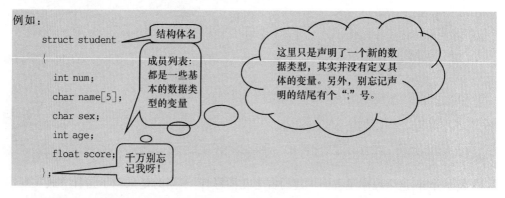

这里我们声明了 student 这种新的结构体类型，结构体中包含了学生姓名、性别、年龄、成绩信息。成员列表中各成员的类型声明和常用的基本数据类型是一样的。

了解了结构体类型的声明，那么如何定义结构体变量呢？结构体变量的定义有3种方法。

第一种：先声明结构体类型再定义变量名。

例如：

```
    struct student
    {
        int num;
        char name[5];
        char sex;
        int age;
        float score;
    };
再定义变量：
    struct student stu;
```

这里先声明了一个新的数据类型，然后用新的数据类型定义了一个变量stu，那么这个变量就具有了结构体的类型。

第二种:在声明类型的同时定义变量。

例如:

```
struct student
{
  int num;
  char name[5];
  char sex;
  int age;
  float score;
}stu;
```

这里在声明一个新的数据类型的同时定义了一个变量stu,那么这个变量就具有了结构体的类型。

第三种:直接定义结构体类型变量。

例如:

```
struct
{
  int num;
  char name[5];
  char sex;
  int age;
  float score;
}stu;
```

没有结构体"名"

这种方法和第二种好像是一样的,但只要细心你就会发现区别,这种方法在声明时没有结构体名。

12.3.2 打印 3 个学生的基本信息

利用结构体实现学生信息的显示,执行结果如图 12-5 所示。

```
# include < reg51.h >
# include < intrins.h >          // _nop_( )函数在该头文件中进行了定义,必须将头文件包含进来
# include < stdio.h >            // printf( )函数在该头文件中进行了定义,必须将头文件包含进来
# define uchar unsigned char
# define uint unsigned int
void delay(int ms)              //定义一个函数
{
  uchar i;
  while(ms -- )                 //while(ms -- )构成了循环,每次 ms 减1,如不为 0 执行循环体
  {
```

```
    for(i = 0;i < 250;i + + )        //for 构成了内层循环,循环次数为 250 次
      {
        _nop_();                    //空操作函数,相当于汇编中的 nop 指令
        _nop_();
        _nop_();
        _nop_();
      }
  }
}
/ ****************** 结构体数据类型的声明和结构体数组的定义 ****************** /
struct student             //结构体类型的声明,struct 代表结构体类型,student 代表结构体名
{
  int num;                 //结构体中包含一个整型变量 num,用来存放"学号"
  char name[5];            //结构体中包含一个字符型数组 name[5],用来存放"名字"
  char sex;                //结构体中包含一个字符型变量 sex,用来存放"性别"
  int age;                 //结构体中包含一个整型变量 age,用来存放"年龄"
  float score;             //结构体中包含一个单精度型变量 score,用来存放"分数"
}stu[3] = {
                  //定义了一个结构体数组 stu[3],数组中的每个成员都具有上述结构体的类型
                  //其实数组就相当于定义了 3 个变量,每个变量都具有结构体类型
{1001,"wxh",'m',23,78.5},//定义结构体数组时,进行了第 1 个成员的初始化操作
{1002,"lxh",'f',25,87.6},//定义结构体数组时,进行了第 2 个成员的初始化操作
{1003,"fhg",'m',27,94.8},//定义结构体数组时,进行了第 3 个成员的初始化操作
    };
/ ************************** 主函数 ************************** /
void main(void)
{
  SCON = 0x50;         //串口模式 1,允许接收
  TMOD = 0x20;         //定时器 1 为模式 2,8 - bit 自动装载方式
  PCON = 0x00;         //波特率不倍增
  TL1 = 0xfd;          //定时器 1 的低 8 位进行初始化设置,设置波特率 9600
  TH1 = 0xfd;          //定时器 1 的高 8 位进行初始化设置,设置波特率 9600
  TI = 1;              //TI 置 1,以发送第一个字节
  TR1 = 1;             //启动定时器 T1,作为波特率发生器
  while(1)
```

```
{
uchar i;
for(i = 0;i < 3;i + + )              //循环 3 次,将数组中的成员数据发送到 PC 机中,用串口助手
显示数据
printf("%d %s %c %d %f\n",stu[i].num,stu[i].name,stu[i].sex,stu[i].age,stu[i].
score);
                                      // printf()函数包含格式说明、输出参数两部分,具体可查阅
相关书籍
delay(500);                           //调用延时函数
}
}
```

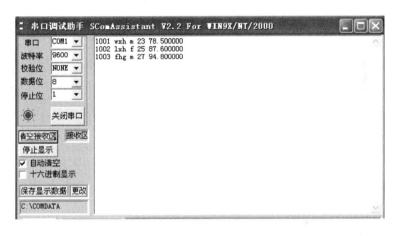

图 12 - 5　用串口助手显示学生的基本信息

　　程序分析:定义了 stu[3]结构体数组,包含了 3 个学生成员,在定义时对每个学生的信息进行初始化操作,那么如何打印出学生的详细信息呢? 我们使用了单片机的串口通信,将信息上传到 PC 机中。也许细心的同学注意到我们使用了 printf()函数,该函数定义在头文件 stdio.h 中,因此用"＃i nclude ＜stdio.h＞"将头文件包含进来。我们找到 Keil 软件的安装目录,打开安装盘:\Keil\C51\INC\stdio.h 文件,可以看到"extern int printf (const char * , ...);"这样的声明。extern 表示该函数在stdio.h 以外的文件中进行了定义;int 表示该函数的返回类型为整型;printf 参数中第一个参数为字符串常量,通常是字符的输出格式。比如上面的程序中"printf("%d %s %c %d %f\n",….);",%d 表示以十进制格式输出,%s 表示以字符串格式输出,%c 表示以字符格式输出,%f 表示以单精度实行格式输出。最后探讨的是如何引用结构体变量,"stu[i].num"、"stu[i].sex"、"stu[i].age"及"stu[i].score"分别表示学生的学号、性别、年龄、成绩信息。i 在 for 循环语句中从 0～2 变化,分别表示第1、2、3 个学生的信息。注意:结构体变量引用中的"."千万不要忘记填上。

12.3.3 如何用指针操作结构体变量

```
# include < reg51.h >
# include < intrins.h >    // _nop_()函数在该头文件中进行了定义,必须将头文件包含进来
# include < stdio.h >      // printf()函数在该头文件中进行了定义,必须将头文件包含进来
# define uchar unsigned char
# define uint unsigned int
void delay(int ms)         //定义一个函数
{
  uchar i;
  while(ms -- )            //while(ms -- )构成了循环,每次 ms 减1,如不为 0 执行循环体
  {
   for(i = 0;i < 250;i ++ )//for 构成了内层循环,循环次数为 250 次
   {
   _nop_();               //空操作函数,相当于汇编中的 nop 指令
   _nop_();
   _nop_();
   _nop_();
   }
  }
}
/ *************** 结构体数据类型的声明和结构体数组的定义 *************** /
struct student
                //结构体类型的声明,struct 代表结构体类型,student 代表结构体名
{
int num;                 //结构体中包含一个整型变量 num,用来存放"学号"
char name[5];            //结构体中包含一个字符型数组 name[5],用来存放"名字"
char sex;                //结构体中包含一个字符型变量 sex,用来存放"性别"
int age;                 //结构体中包含一个整型变量 age,用来存放"年龄"
float score;             //结构体中包含一个单精度型变量 score,用来存放"分数"
}stu[3] = {
                //定义了一个结构体数组 stu[3],数组中的每个成员都具有上述结构体的类型
                //其实数组就相当于定义了 3 个变量,每个变量都具有结构体类型
{1001,"wxh",'m',23,78.5},//定义结构体数组时,进行了第 1 个成员的初始化操作
{1002,"lxh",'f',25,87.6},//定义结构体数组时,进行了第 2 个成员的初始化操作
{1003,"fhg",'m',27,94.8},//定义结构体数组时,进行了第 3 个成员的初始化操作
   };
```

```
/ ********************************** 主函数 ********************************** /
void main(void)
{
    SCON = 0x50;                //串口模式 1,允许接收
    TMOD = 0x20;                //定时器 1 为模式 2,8 - bit 自动装载方式
    PCON = 0x00;                //波特率不倍增

    TL1 = 0xfd;                 //定时器 1 的低 8 位进行初始化设置,设置波特率 9600
    TH1 = 0xfd;                 //定时器 1 的高 8 位进行初始化设置,设置波特率 9600
    TI = 1;                     //TI 置 1,以发送第一个字节
    TR1 = 1;                    //启动定时器 T1,作为波特率发生器
    while(1)
{

    uchar i;
    struct student * p;        //定义一个指向结构体变量的指针
    p = stu;
    for(i = 0;i < 3;i + + )
/ **************************************************************************
用结构体数组打印出 3 个学生的信息:学号、姓名、性别、年龄、分数
************************************************************************** /
    printf("%d %s %c %d %f\n",stu[i].num,stu[i].name,stu[i].sex,stu[i].age,stu[i].
score);
    delay(500);                //调用延时函数
    printf("\n");              //打印换行符
    for(i = 0;i < 3;i + + )
    {
/ **************************************************************************
//用结构体指针打印出 3 个学生的信息:学号、姓名、性别、年龄、分数
************************************************************************** /
    printf("%d %s %c %d %f\n",( * p).num,( * p).name,( * p).sex,( * p).age,( * p).score);
    p + + ;
    }
    delay(500);                //调用延时函数
    while(1);                  //等待,目的是观察上位机上串口助手接收到的结果,发现两者一致
    }
}
```

程序分析:程序中用两种方法打印出 3 个学生的基本信息,第一种方法和 12.3.2 小节中的例子完全一样;第二种方法使用了指针,是我们重点研究的内容。

我们在主函数中定义了一个指向结构体的指针变量(struct student * p),并且在指针初始化时将结构体数组的首地址赋给了指针变量(p=stu),(* p). num 等价于 stu[i]. num,其他成员的访问以此类推。最终程序的执行结果如图 12-6 所示。图 12-7 详细说明了结构体变量及其指针间的关系,有助于对指针、变量间关系的理解。"printf ("%d %s %c %d %f\n",p -> num,p -> name,p -> sex,p -> age,p -> score)"代替上面程序中的"printf("%d %s %c %d %f\n",(* p). num,(* p). name,(* p). sex,(* p). age,(* p). score)"可以实现同样的功能,大家可以尝试一下。

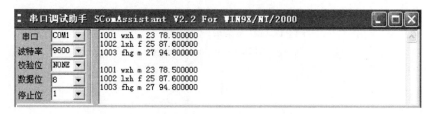

图 12-6　结构体变量访问的两种形式的比较

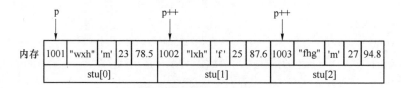

图 12-7　内存中结构体变量与指针的关系

互动环节:

俊峰:图 12-7 中指针 p++指向的位置好像不对啊?

阿范:这是许多同学不理解的地方,指针 p 是我们定义的一个指针变量,这个指针变量所指向的变量类型为"结构体类型",在程序中将结构体数组的首地址放到了指针变量中,那么指针变量就指向了结构体数组的第 1 个成员中的第一个数据的位置。p++是将指针变量加 1 使之指向下一个成员,比如假设 3 个学生的信息在内存中存放的起始地址为 0x30,并且其信息是连续存储的,p = stu 执行完后 p 中的值就是 0x30,执行 p++后 p 中的值不是 0x31 而是下一个成员的第 1 个数据所在的地址,这一点很重要,大家要好好理解啊。

12.4　内存共享说共用体

我们如今进入到信息时代,网络上很容易实现信息的共享。比如你在某个论坛上发表言论,你的言论很快被别人看到,如果具备权限,别人也可以修改你的言论内容,这样就实现了信息的共享。"共用体"实现了内存信息共享的一种方法。这在生活中也时常会发生,如我们在体育馆里多个老师共用一个铁柜子。

共用体定义的一般形式如下：

union　共用体名

{成员列表

}变量列表；

下面举例说明共用体：

```
union led          //共用体类型的声明,声明一种新的数据类型
{
 uint i;            //共用体中包含了一个无符号整型变量 i
 uchar ch[2];       //共用体中包含了一个无符号字符型数组 ch[2]
}flash;             //声明类型的同时定义了一个共用体变量 flash
```

　　union:是关键字;led:是共用体名称。共用体中包含了两个成员。一个是无符号整型变量 i;另一个是无符号字符型数组 ch。同时定义了一个共用体变量 flash。

12.4.1　用共用体变量点亮小灯

```
# include < reg51.h >
# include < intrins.h >
# define uchar unsigned char
# define uint unsigned int
/ *********************************** 延时函数 ****************************
******** /
void delay(int ms)
{ uchar i;
    while(ms -- )                //while 循环语句构成外层循环
    {
```

```
        for(i = 0;i < 250;i + + )                 //for 循环语句构成内层循环
        {
            _nop_();                              //该函数定义在< intrins. h>头文件中
            _nop_();
            _nop_();
            _nop_();
        }
    }
}
```

/ ************************************ 共用体定义及变量声明 ************************
****
union:是关键字,led:是共用体名称。共用体中包含了两个成员一个是无符号整型变量 i;另一个
是无符号字符型数组 ch。同时定义了一个共用体变量 flash
****
******* /

```
union led                                   //共用体类型的声明,声明一种新的数据类型
{
    uint i;                                 //共用体中包含了一个无符号整型变量 i
    uchar ch[2];                            //共用体中包含了一个无符号字符型数组 ch[2]
}flash;                                     //声明类型的同时定义了一个共用体变量 flash

void main(void)
{   uchar i;
    flash. i = 0x55aa;                      //共用体变量 flash 成员 i 赋初始值
while(1)
    {
    for(i = 0;i < 8;i + + )
        {
        P0 = flash.ch[0];                   //引用变量 flash 成员 ch 数组的第一个元素:0X55
        delay(100);
        P0 = flash.ch[1];                   //引用变量 flash 成员 ch 数组的第二个元素:0Xaa
        delay(100);
        }
    }
}
```

程序分析:程序中建立了一个共用体变量 flash,变量中包含了两个成员:一个是无符号整型变量 i;另一个是无符号字符数组 ch[2]。在主函数初始化时将变量中的 i 初始化为 0x55aa(flash. i=0x55aa),然后在 for 循环中引用 flash 变量的另一个成

员 ch[2],将其值分时送给 P0 口,观察小灯的变化,我们也可以利用 Keil 软件单步运行调试,调试结果如图 12－8 所示。flash 变量的两个成员共享同一内存空间,当修改任何一个成员时,其他成员随之变化。共用体的建立和结构体类似,不同的是结构体变量成员不共享内存空间,这一点是非常重要的。

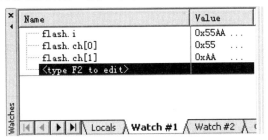

图 12－8　单步调试观察共用体变量成员间的关系

12.4.2　共用体在 TCL2543 中的应用

模/数转换芯片 TLC2543 在实际工程中用的比较多。它是 12 位的 AD 转换芯片,一共有 11 个通道,可以采集 11 路的模拟电压信号,图 12－9 为其电路原理图,其中 CLK 为时钟引脚;DIN 为数据输入引脚;DOUT 为数据输出引脚;$\overline{CS}$为片选引脚,4 个引脚都接了上拉电阻,防止信号衰减。TLC2543 的参考电压来自 2.5 V 的稳压管 TL431,TLC2543 和单片机的接口处接了 TLP521 光耦,目的是隔离模拟信号和数字信号防止高频的数字信号给模拟电路带来干扰。由于光耦的存在使单片机的输出电平进行了反相,为了保证单片机输出的逻辑电平和进入 2543 的电平保持一致引入了 2004 反相器芯片。

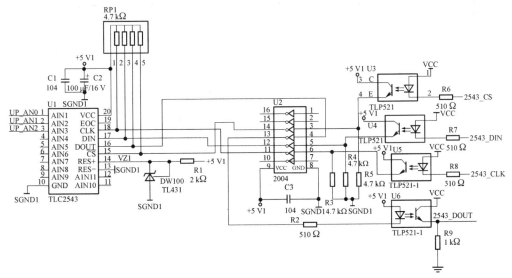

图 12－9　TLC2543 数据采集电路

硬件连接不是我们重点研究的内容,如果你在实际中用到可以查阅相关的资料。我们主要精力是放在了如何用程序读取 TLC2543 采集的数字信号,程序中我们使用了共用体,TLC2543 的操作时序如图 12 - 10 所示,这是我们编程的基础,我们必须用单片机的 I/O 端口模拟时序读取采集的数字量。这样做的目的是使大家对共用体有更深入的了解。

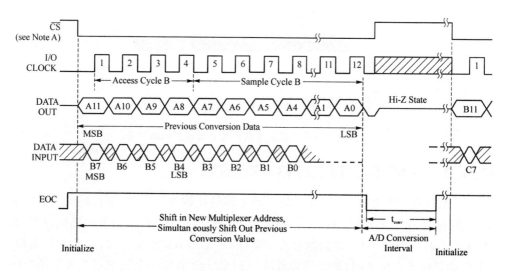

图 12 - 10　TLC2543 12 位转换时序图

```
/ ********************* 12 位模/数转换芯片 TLC2543 ********************* /
# define uchar unsigned char
# define uint unsigned int
bdata uchar ab;            //ab 变量定义在 RAM 的可位寻址区。
sbit abit0 = ab^0;sbit abit1 = ab^1;sbit abit2 = ab^2;sbit abit3 = ab^3;  //给 ab 的各位取名
sbit abit4 = ab^4;sbit abit5 = ab^5;sbit abit6 = ab^6;sbit abit7 = ab^7;  //
sbit      ad43_cs = P1^3;        //TLC2543 的片选脚接到了 P1.3
sbit      clk43 = P1^0;          //TLC2543 的时钟脚接到了 P1.0
sbit      din43 = P1^1;          //TLC2543 的数据输入脚接到了 P1.1
sbit      dout43 = P1^4;         //TLC2543 的数据输出脚接到了 P1.4
/ ********************* TLC2543 采集函数 ********************* /
int AD_2543(uchar n)             //参数 n 为通道、输出数据长度、输出格式、极性选择
{
data uchar i,j;                  //定义无符号整型变量存放循环次数
idata union{                     //声明了一个共用体类型,存到了间接寻址区
  uchar ch[2];                   /* ch[0]为高 8 位,ch[1]为低 8 位 */
```

```
    uint i;                       /*定义一个无符号整型变量i,和数组ch共用同一个内存空间*/
    }u;                           //定义共用体类型的同时定义了一个变量u
clk43 = 0;                        //时钟为低电平0
ad43_cs = 0;                      //片选为有效状态
ab = n<<4;                        //n中低4位为通道选择,移到高4位中,以便移位输出
for(j=0;j<10;j++);                //延时
for(i=0;i<8;i++)                  //8次循环后,通道输入输入到2543中,同时采集数据读到了ab中
{
    din43 = abit7;                //通道选择的最高位放到2543的输入线上,准备写入
    ab<<=1;                       //左移1位
    abit0 = dout43;               //2543的输出数据放到ab变量的最低位
    clk43 = 1;                    //时钟线拉高,通道数据移入2543的同时,采集数据移入到了ab中
    for(j=0;j<10;j++);            //延时
    clk43 = 0;                    //时钟线拉低,恢复初始状态,为读/写数据做准备
    for(j=0;j<10;j++);            //延时
    }
    u.ch[0] = ab;                 //将采集的数据放到u.ch[0]中
ab = 0;                           //ab清零
for(i=0;i<4;i++)                  //读低4位数据
{
    ab<<=1;                       //准备读采集的低4位数据
    abit0 = dout43;               //2543输出数据放到ab的第0位
    clk43 = 1;                    //时钟线拉高,通道数据移入2543的同时,采集数据移入到了ab中
    for(j=0;j<10;j++);            //延时
    clk43 = 0;                    //时钟线拉低,恢复初始状态,为读/写数据做准备
    for(j=0;j<10;j++);            //延时
    }
u.ch[1] = ab<<4;                  //ab中采集的低4位数据移到高4位,并保存到u.ch[1]中
u.i >>= 4;                        //u.i中采集到的数据右移4位,此时u.i的低12位数据就是采集
                                  //的数字量
ad43_cs = 1;                      //片选线为高电平,芯片不被选中
return u.i;                       //返回采集的数据
}
void main(void)
{
uint adc;                         //定义一个无符号整型变量abc存放采集的数据,以便以后处理
adc = AD_2543(0x00);              //输出通道选择数据的同时读出采集的数字量
...
    }
```

程序分析:程序中用单片机 I/O 模拟 TLC2543 的时序,因为 TLC2543 是 SPI 总线,但是 51 单片机没有总线控制器,因此必须用端口模拟。片选引脚是低电平有效,即低电平时芯片处于工作状态,在开始准备读/写数据时要将该引脚拉高,读完后再拉低使芯片处于无效状态。从时序图中我们可以看出在时钟线的低电平时我们应该把要发送的逻辑电平状态放到 TLC2543 的输入引脚上,同时 TLC2543 输出引脚的逻辑电平状态读到单片机的 ab 变量的最低位,然后进行左移操作,为下次数据的移入做好准备,然后将时钟线拉高,延时后再将时钟线拉低,就完成了一次读/写操作;一共循环 12 次,读回采集的数字量。程序中我们使用了共用体,定义共用体变量 u,共用体变量中有两个成员:一个是无符号数组 ch[2];另一个是无符号整型变量 i。无符号数组和整型变量"共享"内存空间,其中 ch[0]是 i 的高 8 位,ch[1]是 i 的低 8位。我们在读/写操作中使用了数组,但是最后结果是通过无符号整型变量 i 返回的。

第 13 章

51 单片机内部资源的应用

51 单片机的内部资源相对比较少,除了 4 个 I/O 口以外,还有 2 个 16 位的定时器/计数器(52 单片机有 3 个定时器/计数器)、2 个外部中断、1 个串行口中断。下面结合具体实例讲解内部资源的 C 语言编程。

13.1 I/O 口应用简介

单片机有 4 个 I/O 口,每个 I/O 口都包含了 8 个引脚,一共是 32 个引脚。这些引脚是我们对外联系的通道,可以接一些外部器件,比如发光二极管、数码管、按键等。这 4 个 I/O 口都有自己的名字,分别为 P0、P1、P2、P3;每个口的 8 个引脚也有各自的名字,例如:P0 口的 8 个引脚分别为 P0.0~ P0.7,其他口依次类推。需要强调的是这些 I/O 作为普通 I/O 时没有什么特殊,都可以当成输入或输出端口,但是 P0 口由于内部没有上拉电阻,因此必须外接上拉电阻。除了普通 I/O 的作用外,P3 口还有自己独特的第二功能,比如:P3.0、P3.1 可以作为串行通信用;P3.2、P3.3 可以作为外部中断来使用;P3.4、P3.5 可以作为计数器端口使用,P3.6、P3.7 可以作为读/写信号。首先,利用普通 I/O 来做一些实验吧。

13.1.1 古老神灯再现

神灯就是我们所说的发光二极管,或者叫 LED。它具有正向导通反向截止的特性,当处于正向导通状态时 LED 发光,处于反向截止时不发光。这是什么道理呢?首先来认识一下 LED 吧。

发光二极管简称为 LED。由镓(Ga)、砷(AS)与磷(P)的化合物制成的二极管,当电子与空穴复合时能辐射出可见光,因而可以用来制成发光二极管,在电路及仪器中作为指示灯,或者组成文字或数字显示。磷砷化镓二极管发红光,磷化镓二极管发绿光,碳化硅二极管发黄光。

它是半导体二极管的一种,可以把电能转化成光能。发光二极管与普通二极管一样是由一个 PN 结组成的,具有单向导电性。常用的是发红光、绿光或黄光的二极管,它们的材料和主要特性大致如表 13-1 所列。

表 13-1　发光二极管的类型及其电气特性

类　型	发光颜色	最大工作电流/mA	一般工作电流/mA	正向压降
磷化镓红色 LED	红	50	10	2.3
磷砷化镓 LED	红	50	10	1.5
碳化硅 LED	黄	50	10	6
磷化镓绿色 LED	绿	50	10	2.3

发光二极管的反向击穿电压约 5 V。它的正向伏安特性曲线很陡,使用时必须串联限流电阻以控制通过管子的电流。限流电阻 R 可用下式计算:

$$R=(F-U_F)/I_F$$

式中,V 为电源电压,U_F 为 LED 的正向压降,I_F 为 LED 的一般工作电流。那么现在我们开始做神灯的实验吧。我们实验开发板用 P0 口接了 8 个 LED,限流电阻为 470 Ω,发光二极管的阳极接在了 5 V 电源上,也就是通常我们所说的采用"共阳极接法",如图 13-1 所示。那么我们如何才能点亮 LED 呢? 只要使单片机的 P0 口对应的各个引脚变成低电平 0 V,LED 处于正向导通状态,就会导通发光。

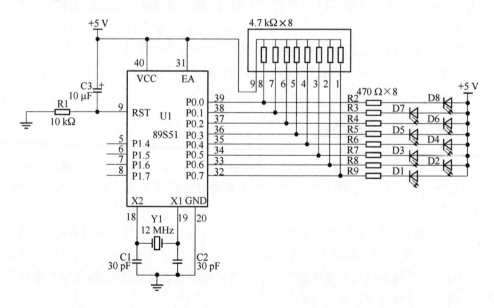

图 13-1　流水灯硬件电路图

```
/ ******** 古老的流水灯程序 ********* /
/ ************************** 头文件 ************************** /
# include < reg51.h >
# include < intrins.h >
/ ************************** 伪指令起名字 ************************** /
# define uchar unsigned char
# define uint unsigned int
/ ************************** 延时函数 ************************** /
void delay( int ms)
{
    uchar i;
while(ms -- )
{
for( i = 0;i < 250;i ++ )
{
_nop_();                        //该函数在头文件< intrins.h>中进行了声明
 _nop_();
 _nop_();
 _nop_();
 }
 }
}
void main()
{
    while(1)
    {
    uchar i,led = 0xfe;          //定义循环次数变量 i,小灯显示码变量 led
     for( i = 0;i < 8;i ++ )
     {
     P0 = led;                   //将小灯的显示码送给 P0 端口
     led = (led << 1)|0x01;      //用移位运算符实现流水灯代码的变换
     delay(100);                 //调用延时函数,延时时间的长短决定了小灯显示的频率
    }
 }
}
```

程序分析：流水灯程序我们在前面已经讲过，可以使用各种方法实现流水显示，该程序使用移位运算符实现流水显示。大家可能已经注意到这样的语句“led＝(led＜＜1)｜0x01”，led 是我们建立的无符号字符型变量，初始化为 0xFE，然后将该变量的值送给 P0 口，即可点亮相应的 LED。由于我们采用的是共阳极接法，低电平亮，执行 P0＝led 后，P0.0 所接的 LED 亮，其他端口的 LED 灭，然后执行 led＝(led＜＜1)｜0x01 这条语句，先将 led 代码左移一位，再或上 0x01，再将其值赋给 led，产生新的流水代码，循环送给 P0 口，就可以实现流水灯效果。

13.1.2 数码管显示我的生日

数码管是常用的显示器件，可以显示 0～9 数字，它的每段都是一个条形的发光二极管。数码管根据 LED 的接法有共阳极和共阴极两种接法：共阳极接法即内部的发光二极管阳极接在一起；共阴极数码管即内部的发光二极管阴极接在一起。我们的开发板采用 4 位一体的共阳极数码管，驱动电路如图 13－2 所示，单片机 P0 输出段码，低电平表示该段点亮，也就是数码管显示什么数；P2 口的各位是位选口，也就是控制 8 个数码管哪个是亮的。驱动电路采用 8550PNP 型三极管驱动，三极管的发射极接到了 5 V 电源上，集电极接在 4 位一体数码管的 com 口上，基极接在 4.7 kΩ 电阻上，然后由 P2 进行驱动，低电平三极管处于饱和导通状态，导通后集电极电位为 5 V。

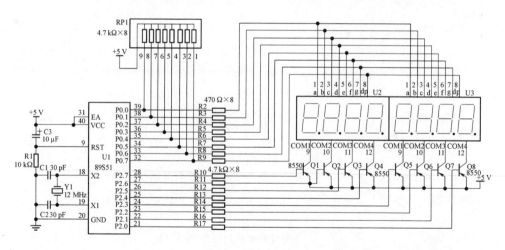

图 13－2 实验开发板数码管驱动电路图

数码管的原理我们弄清楚了，那么我们如何让数码管亮起来呢？下面我用数码管做了个显示生日的程序，我的生日是 1977 年 8 月 6 日，我希望数码管能够显示 1977-8-6，怎么办呢？我们必须建立一个无符号数组 bir[8]，将生日的数字存放到数组中，细心的初学者可能发现我们在该数组中不仅存放了生日数字，还存放了‘－’，它是干什么的呢？其实它没有任何意义,我们也没有将这个字符输出去,它所起到的作用是占位。然后,我们还建立了个 Table[10]数组,里面存放了共阳极 10 个显示段码,在显示生日时需要将生日数字取出来,然后到 Table 数组中找到对应的显示段码送到 P0 口,控制 P2 口显示相应的生日数字。我们是如何让数码管显示'一'的呢？我们知道'一'所对应的段码为 0xBF,我们只要判断出当前位置为 2 或 5 就将0xBF 送给 P0 口即可,否则送出生日数字段码。

```c
显示我的生日程序
#include < reg51.h >
#include < intrins.h >
#define uchar unsigned char
#define uint unsigned int
uchar bir[8] = {1,9,'-',7,7,'-',8,6};        //将生日数字保存到数组中,'-'只是占位的作用
uchar Table[10] = {0xc0,0xf9,0xa4,0xb0,0x99,0x92,0x82,0xf8,0x80,0x90};
                                    //显示段码
/ ****************************** 延时函数 ****************************** /
void delay(int ms)
{
    uchar i;
    while(ms --)
      {
        for(i = 0;i < 50;i + +)
        {
        _nop_();                        //该函数在头文件< intrins.h>中进行了声明
        _nop_();
        _nop_();
        _nop_();
        }
      }
}
void main(void)
{  while(1)
  {
uchar i,dis = 0x7f;                   //首先点亮的是最高位的数码管
  for(i = 0;i < 8;i + +)
  {
```

```
if(i==2||i==5)              //判断是否为第 2 个和或第 5 个数码管,如果是数码管显示"-"(横)
  P0 = 0xbf;                 //数码管显示"-",横的段码为 0xBF
  else
P0 = Table[bir[i]];          //根据生日数组中的数找到相应的显示段码送给 P0 口
  P2 = dis;                   //开相应的位选口,也就是选中那个数码管亮
  dis = (dis>>1)|0x80;        //数码管位选口移位,同时高位置 1,处于熄灭状态
  delay(1);                   //调用延时函数,时间短的话数码管亮度不够,长的话会出现逐个点
亮的效果
  }
  }
}
```

13.1.3　活学活用独立按键

　　独立按键在工程中应用非常广泛,掌握独立按键的编程方法非常重要。什么是独立按键呢? 独立按键就是按键的一端接地,另一端接单片机的 I/O 口,如图 13-3 所示。由于单片机 P1 口内部有上拉电阻,因此也可以去掉外部的上拉电阻,外部上拉电阻一般为 10 kΩ,当然了也可以用 4.7 kΩ 的电阻排。上拉电阻的作用就是当没有按键按下时可以将该端口的电位拉高,这样当按键按下时是低电平,当按键释放时恢复为可靠的高电平。

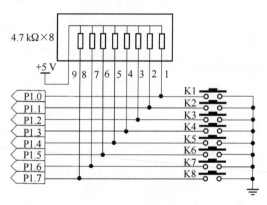

图 13-3　独立按键

　　我们的开发板设计了 4 个独立按键,分别接在了单片机的 P1.4～P1.7 口上。由于 P1 口内部带有上拉电阻,所以外部没有接上拉电阻。我们经常使用的按键都是机械式按键,当按键按下或者松开时都会产生抖动,前人总结"松开时"的抖动我们可以不予考虑,但是按下时的抖动必须考虑,因为我们按下按键的时候一般都要抖动一段时间,然后才能稳定。抖动的时间在 10 ms 以上,在这段时间内单片机已经扫描按键程序 N 次,当 N 为奇数时相当于 1 次按下的结果,当 N 为偶数时相当于 2 次按

下的结果,这样在抖动时会产生多次按下按键的结果,因此必须考虑如何去抖。去抖的方法有硬件去抖和软件去抖。硬件去抖需要硬件额外的开支。软件去抖不需要额外的开支。我们主要使用软件去抖。程序流程如图 13-4 和图 13-5 所示(见配套资料:实验现象\ch13\count_0~9999.flv)。

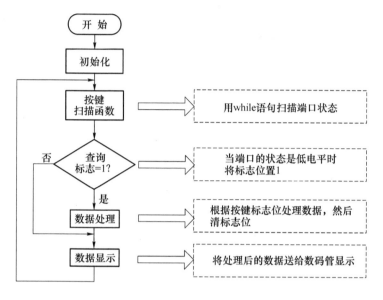

图 13-4　主程序流程图

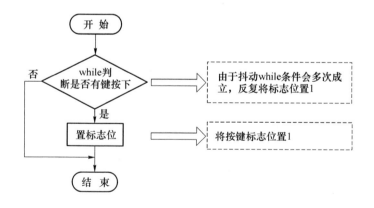

图 13-5　按键扫描流程图

```
/ ********** 0000~9999 计数——按键去抖方法— ************ /
# include < reg51.h>
# define uchar unsigned char
# define uint unsigned int
```

```
uchar Table[10] = { 0xc0,0xf9,0xa4,0xb0,0x99,0x92,0x82,0xf8,0x80,0x90 };
                                    //数码管段码
uchar Data[4] = {0,0,0,0};          //显示初始值
uint CNT = 0;                       //初始计数值
uchar Key_Up;                       //加计数按键标志
uchar Key_Down;                     //减计数按键标志
/ ************************** 延时函数 ************************** /
void DelayMs(uint i)
{
uint j;                             //定义成整型变量可以实现更长的延时
for ( ;i! = 0;i-- )
  {
  for (j = 500;j! = 0;j-- ){;}      //for 语句没有语句体,但是";"号不能省略
  }
}

/ ************************** 数码管显示函数 ************************** /
void Display(uchar * p)             //动态显示函数,指针变量 P 为待显示的数组名
{
 uchar i,sel = 0xF7;                //i是循环次数 0~3 变化,sel用选中数码管那个亮的
   for(i = 0;i < 4;i ++ )
     {
     P2 = sel;                      //开 sel 对应的数码管,使之点亮
     P0 = Table[p[i]];              //取数组中的各个数对应的显示段码送给 P0 口
     DelayMs(1);                    //延时 1 ms 时间,时间过长会出现逐个点亮的效果
     sel = (sel >> 1)|0x80;         //右移 1 位,高位置 1,准备点亮下一个数码管
     }
}

/ ************************** 数据处理函数 ************************** /
void Process(uint i,uchar * p)
{
 p[0] = i/1000;                     //取 i 的千位,保存到数组 p[0]中
 i = i%1000;                        //取 i 除以 1000 后的余数,保存到 i 中
 p[1] = i/100;                      //取 i 的百位,保存到数组 p[1] 中
 i = i%100;                         //取 i 除以 100 后的余数,保存到 i 中
 p[2] = i/10;                       //取 i 的十位,保存到数组 p[2] 中
 i = i%10;                          //取 i 的个位
 p[3] = i;                          //i 的个位,保存到数组 p[3] 中
```

```
}
/ *************************** 按键扫描程序 ********************************* /
void Get_Key(void)
{
while((P1&0X10) == 0)        //这里用的可是等号,千万不要弄错了
    {
    Key_Up = 1;             //当按键有抖动时处理的是标志位,这样就不会产生 n 次按下的结果
    Display(Data);          //调用显示函数,目的是当按键一直处于按下时数码管不熄灭
    }
while((P1&0X20) == 0)        //这里用的可是等号千万不要弄错了
    {
    Key_Down = 1;           //当按键有抖动时处理的是标志位,这样就不会产生 n 次按下的结果
    Display(Data);          //调用显示函数,目的是当按键一直处于按下时数码管不熄灭
    }
}
/ *************************** 主函数 ********************************* /
void main(void)
{
  while(1)
    {
    Get_Key();              //调用按键扫描函数
    if(Key_Up == 1)         //如果标志位为 1 表示有键按下
      {
      if(CNT! = 9999)       //如果 CNT 不等于 9999,将 CNT 加 1
        {
        CNT = CNT + 1;
        Key_Up = 0;         //别忘记将标志位清除,否则会产生多次按下的结果,不断加 1
        }
      }
    if(Key_Down == 1)       //如果标志位为 1 表示有键按下
      {
      if(CNT! = 0)          //如果 CNT 不等于 0,将 CNT 减 1
        {
        CNT = CNT - 1;
        Key_Down = 0;       //别忘记将标志位清除,否则会产生多次按下的结果,不断减 1
        }
      }
```

```
Process(CNT,Data);          //处理 CNT 变量,求出千、百、十、个位保存到 Data 中
Display(Data);              //显示数组 Data 中的数
}

}
```

程序分析:该程序实现 0000～9999 计数,当按下 P1.4 按键时计数值加 1,当按下 P1.5 按键时计数值减 1。主函数中调用了按键扫描程序 Get_Key(),用 while((P1&0X10)==0)判断 P1.4 按键是否按下。当 P1.4 按下时,(P1&0X10)==0 成立即值为真,这样在抖动时间内,尽管扫描了 N 次按键,但是始终执行 Key_Up=1,将标志位置 1,并没有执行按键按下时的加 1 程序,所以也相当于按键延时去抖了。这种按键去抖的方法是不是很简单呀?

```
/ ************* 0000～9999 计数——按键去抖方法二 ************ /
# include < reg51.h>
# define uchar unsigned char
# define uint unsigned int
sbit   K3 = P1^5;
sbit   K4 = P1^4;
uchar Table[10] = {0xc0,0xf9,0xa4,0xb0,0x99,0x92,0x82,0xf8,0x80,0x90};
                               //显示段码
uchar Data[4] = {0,0,0,0};      //显示初始值
uint CNT = 0;                   //初始计数值
/ ***************************** 延时子程序 ***************************** /
void delayms(uchar ms)
{  uchar i;
   while(ms-- )
     { for(i = 0; i < 120; i++ );}



}
/ ***************************** 显示函数 ***************************** /
void Display(uchar * p)          //动态显示函数,参数 P 为待显示的数组名
{
uchar i,sel = 0xF7;             //i 是循环次数 0～3 变化,sel 用选中数码管那个亮的
for(i = 0;i < 4;i++ )
{
P2 = sel;                       //打开 sel 对应的数码管
P0 = Table[p[i]];               //取数组中的各个数对应的显示段码给 P0 口
delayms(1);                     //延时函数,动态显示,延时过长会出现逐个点亮的效果
sel = (sel>>1)|0x80;            //左移 1 位同时最高位置 1,准备点亮下一个数码管
```

```
}
}
/ *************************** 数据处理 ***************************** /
void Process(uint i,uchar  * p)
{
  p[0] = i/1000;              //取 i 的千位,保存到数组 p[0]中
  i = i % 1000;               //取 i 除以 1000 后的余数,保存到 i 中
  p[1] = i/100;               //取 i 的百位,保存到数组 p[1]中
  i = i % 100;                //取 i 除以 100 后的余数,保存到 i 中
  p[2] = i/10;                //取 i 的十位,保存到数组 p[2]中
  i = i % 10;                 //取 i 的个位
  p[3] = i;                   //i 的个位,保存到数组 p[3]中
}
/ *************************** 按键处理 ***************************** /
void Horse(uchar i)
{
  switch(i)                   //根据按键扫描的结果,执行不同的功能
  {
  case 0x01:                  //如果等于 1,说明 K3 按下,然后判断 CNT 变量,CNT 不等于
                              //9999,则加 1
  if(CNT! = 9999) CNT ++ ;break;  //遇到 break 语句从 Horse 函数中返回
  case 0x02:                  //如果等于 2,说明 K4 按下,然后判断 CNT 变量,CNT 不等于 0,则减 1
  if(CNT! = 0) CNT -- ;break;     //遇到 break 语句从 Horse 函数中返回
  default:break;              //如果没有匹配值执行 default 后面的语句 break,从 Horse 函
                              //数中返回
  }
}
/ ************************ 按键扫描函数,读取按键状态 ********************** /
uchar keyscan(void)
{
uchar key = 0x00;             //初始化,按键扫描结果变量 key
key = key|K4;                 //读取 K4 按键状态,保存到变量 key 中
key << = 1;                   //按键状态变量左移 1 为,准备读取下一个按键
key = key|K3;                 //读取 K3 按键状态,保存到变量 key 中
return(key);                  //返回按键状态,如果没有键按下则 key = 0x0f;如果有键按下则
key! = 0x0f
}
/ ************************ 按键扫描及处理函数 *********************** /
void keyproc(void)
```

```
{
uchar key1;
key1 = keyscan();              //调用按键扫描函数,返回扫描结果给变量 key1
if(key1! = 0x03)               //如果 key1 不等于 0x03 说明"可能"有键按下
 {
  delayms(12);                 //延时 12ms 的时间,让按键处于稳定状态,去掉了前沿抖动
  key1 = keyscan();            //再次调用按键扫描函数,返回扫描结果给变量 key1
  if(key1! = 0x03)             //如果 key1 不等于 0x03 则说明"确实"有键按下
  {
/ ****************** 等待按键释放,如果释放调用显示函数,防止数码管熄灭 ********* /
  while(keyscan()! = 0x03) Display(Data);
  Horse(key1);                 //如果按键得到了释放,处理按键值
 }
   }
}
/ ************************* 主函数 ***************************** /
void main(void)
{
  while(1)                     //主函数是由 while 构成的死循环
  {
  keyproc();                   //按键扫描处理函数,查看是否有键按下
  Process(CNT,Data);           //计数值处理函数,将 CNT 分理出千位、百位、十位、个位
  Display(Data);               //计数值显示函数,将 Data 数组中的数在数码管上显示出来
  }
}
```

第二种按键去抖方法程序流程如图 13 - 6 和图 13 - 7 所示。

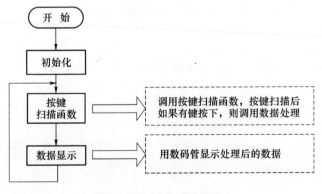

图 13 - 6　主程序流程图

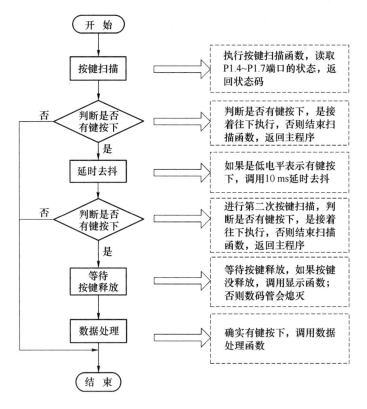

图 13 - 7　按键扫描流程图

程序分析:程序实现的功能完全相同,但是采用了不同的按键扫描方法。这个按键扫描方法采用了汇编中讲的按键扫描思想,整个过程看起来很复杂,但是仍然很好用,实现同一功能可能有 N 种方法,大家只要掌握一种就可以。我们在主函数中调用了 keyproc()函数,在执行该函数时又调用了 keyscan(),这个函数有什么用呢?让我们慢慢分析。这个函数中定义了一个无符号字符型变量 key=0x00,然后执行key=key|K4 这条语句,K4 在程序开头已经定义为 P1.4 口,将该口的状态"或"到key 中,如果 P1.4 按键没有按下,K4 是高电平,"或"完结果是 0x01,再将 key 左移一位(key<<=1),此时 key=0x02;然后再执行 key=key|K3,K3 代表 P1.5 口,将P1.5 口按键状态读到 key 中,如果 P1.5 按键没有按下,K3 是高电平,"或"完结果是0x03;最后将结果通过 return(key)返回到主调函数中。在 keyscan()中用 if 语句判断如果返回值不等于 0x03 表示有键按下,否则无键,结束函数。如果有键按下,调用10 ms 的延时程序,目的是将抖动的时间让过,然后再进行判断,如果还是不等于0x03 表示的确有键按下,再执行等待按键释放程序,按键释放后再调用键码识别及数据处理函数,完成键盘的扫描识别。

13.2 定时器/计数器

在电影中我们经常看到这样的镜头,某个恐怖分子拿了个定时炸弹装在了某个地方,然后将定时器开启,定时时间一到炸弹就爆炸。这种不需要人工引爆的炸弹就是使用了定时器。定时器和计数器本质没有区别,其实都是查数,只不过定时器查数的频率固定,能够算出时间,而计数器查数的频率不固定,无法计算出时间而已。

13.2.1 定时器控制小灯的闪烁

用定时器实现小灯的闪烁:

```
#include <reg51.h>
#define uchar unsigned char
#define uint unsigned int
/************************* 定时器中断函数,定时 50 ms *************************/
interrupt 1:说明使用了中断 1,定时器 0 中断。interrupt 是关键字
using 1:说明使用第 1 组寄存器。using 是关键字
timer0:定时器 0 中断名称,可以按照取名规则进行
 *****************************************************************************/
void timer0(void) interrupt 1 using 1
{
P0 = ~P0;                //定时时间到后将 P0 口取反
TH0 = 0x3C;              //定时器高 8 位恢复初始值
TL0 = 0xB0;              //定时器高低 8 位恢复初始值
}
/***************************** 主函数 *****************************/
void main(void)
{
P0 = 0XFF;               //初始化 P0 为 0xff,关闭 P0 口
TMOD = 0X01;             //设置定时器 0,定时器,工作在方式 1,16 位方式
TH0 = 0X3C;              //定时器的高 8 位赋初始值
TL0 = 0XB0;              //定时器的低 8 位赋初始值
ET0 = 1;                 //开定时器 0 的中断小开关,允许中断
EA = 1;                  //开 CPU 的总中断开关
TR0 = 1;                 //启动定时器 0 工作
while(1)
```

```
{
    ;                              //等待中断的产生,实际上可以做一些具体的工作
    }
}
```

程序分析:这个程序是不是很简单呀!不过学习单片机就应该从简单开始入手,此程序利用定时器 0 实现了小灯的闪烁。用定时器首先要初始化,我们在主函数中首先设置定时器的工作方式 TMOD=0x01,使用定时器 0 工作在方式 1(16 位方式),计数范围为 0~65535,一共 65536 个数,如果我们使用 12 MHz 晶振,计数的周期是 1 μs,一共 65536 μs,也就是 65.536 ms。定时器定时时间是不是很短啊!的确是这样的,51 单片机只能这样了。然后我们要给定时器赋初始值,为什么要赋初始值呢?举个例子,我们家的水龙头最近坏了,即使关闭阀门,水还是一滴一滴往下流,我只能在下面放个水盆,让水流到水盆里。估计这个盆能装 5000 滴水才会满,如果我希望水盆装 1000 滴水就会满,怎么办呢?我们可以事先往盆里放 4000 滴水。这个 4000 滴水就是初始值。使用定时器也要事先往定时器寄存器中放一些数。这个程序定时时间是 50 ms,小灯亮灭各 50 ms,最大定时 65.536 ms,我们给定时器初始化为"TH0=0x3C;TL0=0xB0;",定时器是 16 位的,但是我们的单片机是 8 位的,只能 8 位操作,TH0 是定时器的高 8 位,TL0 是定时器的第 8 位。

TH0:TL0

0	0	1	1	1	1	0	0	1	0	1	1	0	0	0	0

定时器初始值我们可以用计算器算出十进制为 15536,计数值 65536-15536=50000,也就是 50 ms。由于定时器通常是工作在中断方式,因此要将定时器小开关打开即 ET0=1,CPU 总开关也要打开 EA=1,小开关只管本身中断,总开关管理所有的中断。最后,还要启动定时器 TR0=1,此时定时器才开始工作,当计数到最大值时将产生中断,给 CPU 一个信号,CPU 可以处理中断。

处理中断必须有个明确的地点,CPU 如何找到这个地点呢?我们知道,每个中断都有中断入口地址,定时器 0 中断入口地址是 0x000B,我们在 C 程序中这样表示中断程序:

```
void timer0(void) interrupt 1 using 1
{
    ...
}
```

任何程序都是函数,中断程序也不例外,timer0 是函数名,可以任意取,但是不要和关键字重复。interrupt 1 是非常重要的,其中 interrupt 是关键字,表示中断;1

表示 1 号中断,即定时器 0 中断。中断号 0~4,分别表示外部中断 0、定时器 0、外部中断 1、定时器 1、串口中断。using 1 表示使用第 1 组寄存器,51 单片机中一共有 4 组寄存器,每组寄存器是 R0~R7。当定时时间到后进入中断程序,将 P0 口取反,然后恢复定时器初始值。这个程序比较简单,如果细心你会注意到主函数什么都没干,只是等待定时器中断到后执行中断程序,这好像浪费了 CPU。的确是这样的,我们可以在主函数中做些事情。下面在主函数中调用了蜂鸣器程序:

```c
//用定时器实现小灯的闪烁 + 蜂鸣器
#include <reg51.h>
#define uchar unsigned char
#define uint unsigned int
sbit BEEP = P3^7;
/ ****************************** 延时子函数 ****************************** /
void delayms(unsigned char ms)
{
    uchar i;
    while(ms -- )
    {
     for(i = 0; i < 120; i++);
    }
}
/ ****************************** 定时器中断函数,定时 50 ms ****************************
interrupt 1:说明使用了中断 1,定时器 0 中断。interrupt 是关键字
using 1:说明使用第 1 组寄存器。using 是关键字
timer0:定时器 0 中断名称,可以按照取名规则进行
  ****************************************************************** /
void timer0(void) interrupt 1 using 1
{
P0 = ~P0;
TH0 = 0x4c;
TL0 = 0x00;
}
void beep(void)
{
 BEEP = ~BEEP;             //蜂鸣器端口取反,改变 P3.7 端口的电平状态
 delayms(5);               //调用延时函数
}
/ ****************************** 主函数函数 ****************************** /
void main(void)
```

```
{
TMOD = 0X01;              //定时器 0 工作在方式 1,16 位方式
ET0 = 1;                  //开定时器的小开关
EA = 1;                   //开 CPU 的总开关
TH0 = 0X4C;               //定时时间为 50 ms,设置初始值的高 8 位 0X4C
TL0 = 0X00;               //设置初始值的低 8 位 0X00
TR0 = 1;                  //启动定时器 0 工作
while(1)
  {
    beep();
  }
}
```

13.2.2 延长定时器时间的方法

上面两个程序实现了小灯亮灭各 50 ms 的功能,有的初学者会问定时器定时时间很短,能不能让小灯亮灭各 1 s 呢? 不错,可以实现。我们可以用软件变量和定时器配合延长定时时间,定时器定时时间 50 ms。我们在程序中建立一个计数变量 count,每次定时中断后在中断程序中将该变量加 1。如果 count 不等于 20,说明 1 s 时间没到,恢复定时器初始值,从中断中返回;如果等于 20,说明 1 s 时间到了,改变 P0 口的状态,实现小灯的闪烁。程序如下:

```
//延长定时时间的程序
# include < reg51. h >
# define uchar unsigned char
# define uint unsigned int
sbit BEEP = P3^7;                    //蜂鸣器端口定义
uchar count;                         //计数变量,用来计中断次数
/ ***************************** 延时子程序 ***************************** /
void delayms(unsigned char ms)
{
  uchar i;
  while(ms -- )
  {
    for(i = 0; i < 120; i ++);
  }
}
/ ***************************** 定时器中断函数,定时 50 ms ***************************** /
```

interrupt 1:说明使用了中断 1,定时器 0 中断。interrupt 是关键字

using 1:说明使用第 1 组寄存器。using 是关键字

timer0:定时器 0 中断名称,可以按照取名规则进行

```
    ************************************************************************** /
void timer0(void) interrupt 1 using 1
{
count ++ ;                    //50 ms 时间到 count 加 1
if(count! = 20)               //判断 count 是否等于 20,不等说明 1 s 定时未到,恢复定时器初值
{
TH0 = 0x4c;                   //恢复定时器初值
TL0 = 0x00;
}
else                          //count 等于 20,说明 1 s 时间到,P0 按位取反,同时将 count 清零
{
P0 = ~P0;
count = 0;
}
}
void beep(void)
{
BEEP = ~BEEP;
delayms(5);
}
/ ***************** 主函数函数 ********************* /
void main(void)
{
TMOD = 0X01;                  //定时器 0 工作在方式 1——16 位
ET0 = 1;                      //开定时器的小开关,如果不是工作在中断方式可以不用设置
EA = 1;                       //开 CPU 的总开关,如果总开关不开,产生中断后无法通知 CPU 去处理
TH0 = 0X4C;                   //定时器初始值设置,定时时间为 50 ms,高 8 位初始值为 0X4C
TL0 = 0X00;                   //低 8 位初始值设置 0X00
TR0 = 1;                      //启动定时器开始工作,如果不启动,定时器不会工作
while(1)
  {
  beep();                     //主函数调用 beep(),蜂鸣器发出声音
  }
}
```

13.2.3　用计数器计脉搏跳动的次数

定时器大家已经掌握,那么什么是计数器呢? 顾名思义就是能够计数的器件,能够对外部的脉冲信号进行计数,这个脉冲信号可以用 555 定时器搭建,也可以用信号发生器产生,或者采用其他方式实现。如果想测量脉搏跳动的次数,首先要有脉搏传感器。我们的传感器采用的是合肥华科电子技术研究所研发的 HK_2000A 型脉搏传感器(如图 13-8),用数字脉搏传感器作为计数信号,脉搏每跳动一次,计数器计数值加 1,当计到最大值时可以产生中断。下面的程序实现 0~99 计数,计数值用两位数码管显示,采用查询方式。传感器有 3 根引线,分别为红色、黑色、白色:红色是电源的正极;黑色是电源的负极,电源电压为 3~12 V;白色线为信号线,输出脉冲波形,接在单片机的 P3.5 上。

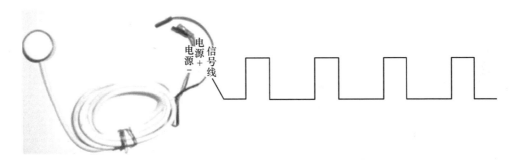

图 13-8　脉搏传感器及其输出波形

用计数器 1 计脉搏次数(计数值 00~99):

```c
# include < reg51.h>
# include < intrins.h>
# define uchar unsigned char
# define uint unsigned int
unsigned char   dis[] = {0xc0,0xf9,0xa4,0xb0,0x99,0x92,0x82,0xf8,0x80,0x90};
/ ***************************** 延时函数 ***************************** /
void delayms(unsigned char ms)
{
 uchar i;
 while(ms − −)
 {
 for(i = 0; i < 120; i + +);      //由于没有 for 循环的语句体,所以为空,但是";"不能省略
 }
}
```

```
void display(void)
{if(TL1 == 100)                    //如果计数值为 100 将其清零
  TL1 = 0;
  P0 = dis[TL1/10];                //取计数值的十位段码
  P2 = 0xfd;
  delayms(2);
  P0 = dis[TL1%10];                //取计数值的个位段码
  P2 = 0xfe;
  delayms(2);
}
/ ******************************** 主函数 ******************************** /
void main(void)
{
  P0 = 0xff;
  P2 = 0xff;
  TMOD = 0x50;                     //定时器 1 工作模式 1,16 位计数方式
  TH1 = 0;                         //计数器初始化为 0,即从 0 开始计数
  TL1 = 0;
  TR1 = 1;                         //启动计数器,开始计数
  while(1)
  {
    display();                     //显示计数值
  }
}
```

13.3 实用的外部中断

外部中断是由外部的触发信号引起的,51 单片机有两个外部中断,中断 0 的入口地址为 0x0003,外部中断 1 的入口地址为 0x0013。外部中断触发信号来自外部设备,触发方式有两种:一种是低电平触发,另一种是下降沿触发。下面的程序实现的功能仍然是 0~99 计数显示,采用外部中断 0 实现,传感器的白色信号线接在单片机的 P3.2 上,如果采用外部中断 1 实现,接在 P3.3 上。当脉搏每跳动一次产生一个下降沿,触发外部中断 0,执行中断 0 程序,如果 count 不等于 100,将 count 加 1,否则清零。然后回到主函数判断脉搏次数是否大于 75,如果大于 75 进行报警,并调用显示函数,显示当前脉搏次数。

```c
//用外部中断0实现带有报警功能的0~99计数器
# include <reg51.h>
# include <intrins.h>
# define uchar unsigned char
# define uint unsigned int
sbit beep = P3^7;
uchar count;
unsigned char  dis[] = {0xc0,0xf9,0xa4,0xb0,0x99,0x92,0x82,0xf8,0x80,0x90};
void delayms(unsigned char ms)
{
 unsigned char i;
 while(ms--)
 {
 for(i = 0; i < 120; i++);
 }
}
/******************************* 报警程序 ******************************* /
void BEEP(void)
{ uchar i;
  for(i = 0;i < 10;i++)
  {
  beep = ~beep;              //将蜂鸣器端口取反,产生方波波形
  delayms(1);
}
delayms(5);
}
/******************************* 外部中断程序 ******************************* /
void ex0(void) interrupt 0 using 0
{
if(count == 100)            //如果计数变量count = 100,将其清零
{
count = 0;
}
else                       //如果不等于100,将count进行加1操作
count++;
}
void display(void)
```

```
{
    P0 = dis[count/10];              //取 count 的十位段码送给 P0 口
    P2 = 0xfd;
    delayms(2);
    P0 = dis[count % 10];
    P2 = 0xfe;
    delayms(2);
}
/ *************************** 主函数 *************************** /
void main(void)
{   P0 = 0xff;
    P2 = 0xff;
    IT0 = 1;                         //IT0 = 1下降沿触发,IT0 = 0 低电平触发
    EX0 = 1;
    EA = 1;
    while(1)
    {if(count > 75) BEEP();          //如果脉搏次数大于 75 则报警
        display();
    }
}
```

13.4　重温串行通信

　　单片机之间、单片机和 PC 机之间如何进行"信息的交换"呢? 采用的通信方式之一就是串行通信。"串行通信"是指单片机之间或单片机和 PC 间使用一根数据信号线,在一根数据信号线上逐位进行传输,每一位数据都占据一个固定的时间长度。这种通信方式使用的数据线少,在远距离通信中可以节约通信成本,当然其传输速度比并行传输慢。通信方式为异步通信,每传送一个数据包叫一帧,一帧包括 1 个起始位 0,然后是 8 个数据位(规定低位在前,高位在后),接下来是奇偶校验位(可以省略),最后是停止位 1。在串行通信中,用"波特率"来描述数据的传输速率。所谓波特率,即每秒钟传送的二进制位数,其单位为 b/s(bit per second)。它是衡量串行数据速度快慢的重要指标。51 单片机利用定时器 1 工作在方式 2 作为波特率发生器,52 单片机可以利用定时器 2 作为波特率发生器。国际上规定了一个标准波特率系列:110 b/s、300 b/s、600 b/s、1 200 b/s、1 800 b/s、2 400 b/s、4 800 b/s、9 600 b/s、14.4 Kb/s、19.2 Kb/s、28.8 Kb/s、33.6 Kb/s、56 Kb/s。例如:9 600 b/s,指每秒传送 9 600 位,包含字符的数位和其他必须的数位,如奇偶校验位等。通信线上所传输的字符数据是逐位传送的,1 个字符由若干位组成,因此每秒钟所传输的字符数(字符速率)和波特率是两种概念。在串行通信中,所说的传输速率是指波特率,而不是指字符速率,它们两者的关系是:假如在异步串行通信中,传送一个字符,包括 10 个位(其中有 1 个起始位,8 个数据位,1 个停止位),其传输速率是 1 200 b/s,每秒所能传送的字符数是 1 200/(1+8+

1)=120 个。下面的程序实现了单片机串口中断方式向 PC 发送正弦波数据,正弦波数据可以用正弦波软件生成,如图 13－9 所示;PC 机用 avr terminal 软件绘出正弦曲线,如图 13－10 所示。

输出点数:64 输出精度:8

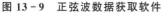

图 13－9 正弦波数据获取软件

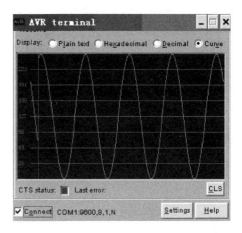

图 13－10 正弦波曲线绘制软件

```c
//单片机和PC机之间的串口通信
# include < reg51. h >
# include < intrins. h >
# define uchar unsigned char
# define uint unsigned int
uchar sin[] =
{
0x7F,0x8B,0x98,0xA4,0xB0,0xBB,0xC6,0xD0,0xD9,0xE2,0xE9,0xEF,0xF5,0xF9,0xFC,0xFE,
0xFE,0xFE,0xFC,0xF9,0xF5,0xEF,0xE9,0xE2,0xD9,0xD0,0xC6,0xBB,0xB0,0xA4,0x98,0x8B,0x7F,
0x73,0x66,0x5A,0x4E,0x43,0x38,0x2E,0x25,0x1C,0x15,0x0F,0x09,0x05,0x02,0x00,0x00,0x00,
0x02,0x05,0x09,0x0F,0x15,0x1C,0x25,0x2E,0x38,0x43,0x4E,0x5A,0x66,0x73,0x7F
};
/ ****************************** 串口中断程序 ****************************** /
void es0(void) interrupt 4 using 1
{static uchar i;              //建立一个静态变量
  SBUF = sin[i];              //将正弦表格中的数据发送出去
  i++ ;                       //指向下一个数据
  if(i==63) i = 0;            //如果64个数据发送完,清零重新发送
  TI = 0;                     //发送完成标志,必须用软件清除
}
void main(void)
```

```
{
    SCON = 0x50;        //选择方式 1 \容许接收数据(REN = 1)
    TMOD = 0x20;        //定时器 1 工作在、定时、方式 2(自动重装)
    TH1 = 0xFD;         //波特率为 9 600
    TL1 = 0xFD;
    PCON = 0x00;        //SMOD = 0,波特率不加倍
    TR1 = 1;            //别忘记启动定时器
    ES = 1;             //串口中断小开关打开
    EA = 1;             //CPU 总中断开关打开
    TI = 1;             //发送完标志置 1,否则第一次无法进入中断程序
    while(1)
    {
        ;               //等待中断的产生,可以在这里做些具体的事情
    }
}
```

　　单片机和 PC 间的通信(如图 13 - 11),通常用于数据采集,单片机将采集到的数据上传到 PC 机,PC 机上可以用软件编写数据库,将接收到的数据保存到数据库中,以便进行查询或处理。实际应用中除了单片机和 PC 间的通信外,还有就是单片机和单片机之间的点对点通信,图 13 - 12 是点对点通信时的连接图,一共用了 5 根线:1 根电源线、1 根地线、1 根发送线(P3.1)、1 根接收线(P3.0)。接收线和发送线要交叉连接。将下面的程序分别下载到两个单片机中,连线后观察现象,需要强调的是我在做这个实验时,两个单片机程序中 led[]数组中的数据存放的流水灯码是相反的,一个是正向流水,另一个是反向流水。

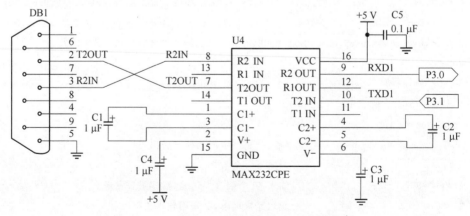

图 13 - 11　单片机和 PC 串行通信硬件电路图

图 13 - 12   单片机点对点通信

```
//单片机和单片机之间的串口通信(全双工通信)
# include < reg51.h>
# include < intrins.h>
# define uchar unsigned char
# define uint unsigned int
uchar led[] = {0xfe,0xfd,0xfb,0xf7,0xef,0xdf,0xbf,0x7f};//可以放不同的流水代码
/ *********************************** 延时函数 *****************************
********* /
void delay(uchar ms)
{
    uchar j;
    while(ms -- )
    {
        for(j = 0;j < 250;j ++ )
        {
            ;                        //分号不能省略
        }
    }
}
/ ************************************ 外部中断 0 ***************************
***** /
void es0(void) interrupt 4 using 0
{static uchar i;                    //建立了一个静态变量,i 中的值在离开时仍然保留
    delay(100);                     //调用延时,为了能够在 led 上显示对方发送过来的数据
```

```
if(TI == 1)                //查询 TI 是否等于 1,如果等于 1,表示数据发送完成
{
    SBUF = led[i];         //取数组中的数据,送到发送缓冲区,准备发送
    i++;                   //数据索引值加 1
    if(i == 8) i = 0;      //如果 i 等于 8 表示数组中的数据全部发送完成,重新发送
    TI = 0;                //TI 标志清零,否则无法发送缓冲区中的数据
}
if(RI == 1)                //如果 RI 等于 1,表示接收了一个数据
{
    P0 = SBUF;             //取接收缓冲区的数据送给 P0 口显示
    RI = 0;               //标志位清零,否则认为缓冲区满,无法接收新的数据
}
}
/ *************************** 主函数 *************************** /
void main(void)
{
    SCON = 0x50;          //选择方式 1,允许接收数据(REN = 1)
    TMOD = 0x20;          //定时器 1 工作在、定时、方式 2(自动重装)
    TH1 = 0xFD;           //波特率为 9 600
    TL1 = 0xFD;
    PCON = 0x00;          //波特率不加倍
    TR1 = 1;              //启动定时器 1
    ES = 1;               //打开串口的小开关
    EA = 1;               //开 CPU 的总开关
    TI = 1;               //TI 标志置位,否则不能进入中断程序
    while(1)
    {
        delay(250);
    }
}
```

13.5　内部资源的综合实验

　　虽然我们对 51 单片机内部的资源都已经了解了,但是要想达到灵活应用的目的,必须靠实践、综合练习才能做到。下面的程序是综合了单片机内部资源的应用实例。

13.5.1 数字电子时钟(一)

1. 硬件电路设计

电路如图 13-13 所示。

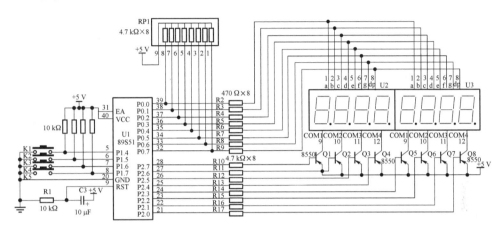

图 13-13 数字电子时钟电路图

2. 程序代码清单

```
/ *********************** 头文件包含 51 内部寄存器及端口定义 *********************** /
# include < reg51.h>              //51 芯片引脚定义头文件
# include < intrins.h>            //内部包含延时函数 _nop_()
/ ********************** 伪指令方便变量的定义而采用 ********************** /
# define uchar unsigned char
# define uint unsigned int
/ ********************** 定义位变量,P1.4~P1.7 接 4 个独立按键 ********************** /
sbit  K1 = P1^4;
sbit  K2 = P1^5;
sbit  K3 = P1^6;
sbit  K4 = P1^7;
/ *********************************************************** 
discode[]数码管段码,data2[]定义时、分、秒的十位和个位
data1[]定义 3 个数据变量时、分、秒
*********************************************************** /
```

```
uchar discode[] = {0xc0,0xf9,0xa4,0xb0,0x99,0x92,0x82,0xf8,0x80,0x90};
uchar data2[6] = {0,0,0,0,0,0};
uchar data1[3] = {0,0,0};          //分别保存小时、分、秒的数据
uchar count;              //定义中断次数,定时器 0 中断时间是 50 ms,中断次数是 20 次,50 * 20 = 1 s
/ ***************************** 函数声明 *****************************
函数声明,如果你用到的函数是在当前调用函数之后定义的,要如此声明
  ***************************************************************** /
void delayms(unsigned char ms);
void display(void);
void process(void);
uchar keyscan(void);
void Horse(uchar i);
/ *****************************************************************
数据处理函数,分离时、分、秒的十位和个位并保存到数组 data2[]中
  ***************************************************************** /
void process(void)
{
 data2[0] = data1[0]/10;       //分离小时的十位
 data2[1] = data1[0] % 10;      //分离小时的个位
 data2[2] = data1[1]/10;       //分离分钟的十位
 data2[3] = data1[1] % 10;      //分离分钟的个位
 data2[4] = data1[2]/10;       //分离秒的十位
 data2[5] = data1[2] % 10;      //分离秒的个位
}
/ **************************** 数据显示函数 **************************** /
void display(void)
{
uchar i = 0xdf,j;
for(j = 0;j < 6;j ++ )
 {
  P0 = discode[data2[j]];      //取段码送给 P0 口
  P2 = i;               //开相应的位选口
  i = (i >> 1)|0x80;         //左移为下一个数码管点亮做准备
  delayms(2);             //延时,让数码管亮一会
 }
}
/ ******************** 定时器中断函数,定时 50 ms ******************** /
```

```
void timer0(void) interrupt 1 using 1
{
count ++ ;                      //50 ms 时间到后进入定时器 0 中断,将中断次数变量加 1
if (count == 20)                //如果 20 次中断到,说明定时时间 1 s 到了
{count = 0;                     //将中断次数变量清零,为下次中断计数做准备
  data1[2] ++ ;                 //将秒变量加 1
if (data1[2] == 60)             //判断是否 60 s 到,如果到了,则接着执行下面的程序
{
  data1[2] = 0;                 //将秒变量清零,重新开始计秒
  data1[1] ++ ;                 //同时产生进位,将分变量加 1
  if(data1[1] == 60)            //判断是否 60 min 到,如果到了,接着执行下面的程序
  {
  data1[1] = 0;                 //将分变量清零,重新开始计分
  data1[0] ++ ;                 //同时产生进位,将时变量加 1
  if(data1[0] == 24) data1[0] = 0; //如果等于 24 h,将小时变量清零
  }
}
}
else                            //如果 1 s 时间没到,恢复定时器初始值
TH0 = 0x4c;                     //恢复高 8 位值
TL0 = 0x00;                     //恢复低 8 位值
}
/ ***************************** 延时子程序 *********************************
** /
 void delayms(unsigned char ms)
{
   unsigned char i;
   while(ms -- )
   {
     for(i = 0; i < 120; i ++); //for 语句体为空,但是不能省略分号
   }
}
/ ********************* 按键扫描函数,读取按键状态 ************************** /
uchar keyscan(void)
{
uchar key = 0x00;               //保存按键状态码
key = key|K4;                   //读取 K4 按键状态
key <<= 1;                      //左移 1 位,为读取 K3 按键做准备
```

```
key = key|K3;                         //读取 K3 按键状态
key <<= 1;                            //左移 1 位,为读取 K2 按键做准备
key = key|K2;                         //读取 K2 按键状态
key <<= 1;                            //左移 1 位,为读取 K1 按键做准备
key = key|K1;                         //读取 K1 按键状态
return(key);          //返回按键状态,如果没有键按下则 key = 0x0f;如果有键按下则 key!= 0x0f
}
/ ***************************** 按键处理 ***************************** /
void Horse(uchar i)                   //根据按键键码执行相应的功能
{
switch(i)
{
case 0x0e:                            //如果 K1 键按下,将小时变量加 1
data1[0]++ ;
if(data1[0]==24) data1[0]=0;break;    //如果小时等于 24 将小时变量清零
case 0x0d:                            //如果 K2 键按下,将小时变量减 1
data1[0]-- ;
if(data1[0]==255) data1[0]=23;break;  //如果小时变量等于 255 将小时变量恢复 23
case 0x0b:                            //如果 K3 键按下,将分变量加 1
data1[1]++ ;
if(data1[1]==60) data1[1]=0; break;   //如果分变量等于 60 将分变量清零
case 0x07:                            //如果 K4 键按下,将分变量减 1
data1[1]-- ;
if(data1[1]==255) data1[1]=59;break;  //如果分变量等于 255 将小时变量恢复 59
default:break;}                       //如果键码没有匹配的从 switch 语句中跳出,接着往下执行
}
/ ***************************** 按键扫描及处理函数 ***************************** /
void keyproc(void)
{
uchar key1;
key1 = keyscan();                     //扫描按键返回键码给变量 key1
if(key1!= 0x0f)                       //如果 key1 不等于 0x0f 表示有键按下
{
 delayms(12);                         //延时 10 ms 左右去抖
 key1 = keyscan();                    //第二次扫描按键,返回键码给变量 key1
 if(key1!= 0x0f)                      //如果 key1 不等于 0x0f 表示确实有键按下
```

```
{
    while(keyscan()! = 0x0f) display();        //等待按键释放,如没释放调用显示函数
    Horse(key1);}                               //释放后进行按键处理
}

}
/ ***************************** 主函数函数 ***************************** /
void main(void)
{
TMOD = 0X01;                                   //设置定时器 0 工作在方式 1
ET0 = 1;                                        //开定时器的小开关
EA = 1;                                         //开定时器的总开关
TH0 = 0X4C;                                     //恢复定时器初始值的高 8 位
TL0 = 0X00;                                     //恢复定时器初始值的低 8 位
TR0 = 1;                                        //启动定时器 0
while(1)
    {
    keyproc();                                  //调用按键扫描函数
    process();                                  //调用数据处理函数
    display();                                  //调用显示函数
    }

}
```

13.5.2 数字电子时钟(二)

下面用指针处理,完成时钟程序,硬件电路同图 13 - 13。

```
/ ********************* 头文件包含 51 内部寄存器及端口定义 ********************* /
# include < reg51.h>                            //51 芯片引脚定义头文件
# include < intrins.h>                          //内部包含延时函数 _nop_()
/ ********************* 伪指令方便变量的定义而采用 ********************* /
# define uchar unsigned char
# define uint unsigned int
/ ********************* 定义位变量,P1.4～P1.7 接 4 个独立按键 ********************* /
sbit  K1 = P1^4;
sbit  K2 = P1^5;
sbit  K3 = P1^6;
sbit  K4 = P1^7;
```

```
/ ********************************************************************
     discode[]数码管段码,data2[]定义时、分、秒的十位和个位
     data1[]定义三个数据变量时、分、秒
  ******************************************************************** /
uchar discode[] = {0xc0,0xf9,0xa4,0xb0,0x99,0x92,0x82,0xf8,0x80,0x90};
uchar data2[6] = {0,0,0,0,0,0};
uchar data1[3] = {0,0,0};      //hour min sec
uchar count;
                    //定义中断次数,定时器 0 定时时间是 50 ms,中断次数是 20 次,50 * 20 = 1 s
/ ********************************************************************
     函数声明,如果你用到的函数是在当前调用函数之后定义的,要加此声明。否则会产生错误
  ******************************************************************** /
void delayms(unsigned char ms);
void display(uchar * p2);
void process(uchar * p1,uchar * p2);
uchar keyscan(void);
void Horse(uchar i);
/ ******** 数据处理函数,分离时分秒的十位和个位并保存到数组 data2[]中 ************* /
void process(uchar * p1,uchar * p2)
{
  * p2 ++ = * p1/10;           //分离小时的十位
  * p2 ++ = * p1 ++ % 10;      //分离小时的个位
  * p2 ++ = * p1/10;           //分离分的十位
  * p2 ++ = * p1 ++ % 10;      //分离分的个位
  * p2 ++ = * p1/10;           //分离秒的十位
  * p2 = * p1 % 10;            //分离秒的个位
}
/ *************************** 数据显示函数 ***************************/
void display(uchar * p2)
{
uchar i = 0xdf,j;
for(j = 0;j < 6;j ++ )
{
  P0 = discode[ * p2 ++ ];
  P2 = i
  i = (i >> 1)|0x80;
  delayms(2);
}
}
```

```
/ *************************** 定时器中断函数,定时 50 ms ********************** /
void timer0(void) interrupt 1 using 1
{
count ++ ;
if (count == 20)
{count = 0;
 data1[2] ++ ;
 if (data1[2] == 60)
  {
   data1[2] = 0;
   data1[1] ++ ;
   if(data1[1] == 60)
    {
      data1[1] = 0;
      data1[0] ++ ;
      if(data1[0] == 24) data1[0] = 0;
    }
  }
 }
else
THO = 0x4c;
TLO = 0x00;
}
/ ******************************* 延时子程序 ******************************* /
void delayms(unsigned char ms)
{
    unsigned char i;
    while(ms -- )
    {
      for(i = 0; i < 120; i ++);
    }
}
/ *********************** 按键扫描函数,读取按键状态 ********************* /
uchar keyscan(void)
{
uchar key = 0x00;
key = key|K4;
key << = 1;
key = key|K3;
key << = 1;
```

```
key = key|K2;
key <<= 1;
key = key|K1;
return(key);//返回按键状态,如果没有键按下则 key = 0x0f;如果有键按下则 key! = 0x0f
}
/ **************************** 按键处理 ****************************/
void Horse(uchar i)
{
 switch(i)
    {
 case 0x0e:
 data1[0] ++;
 if(data1[0] == 24) data1[0] = 0;break;
 case 0x0d:
 data1[0] -- ;
 if(data1[0] == 255) data1[0] = 23;break;
 case 0x0b:
 data1[1] ++;
 if(data1[1] == 60) data1[1] = 0; break;
 case 0x07:
 data1[1] -- ;
 if(data1[1] == 255) data1[1] = 59;break;
 default:break;}
}
/ **************************** 按键扫描及处理函数 **************************** /
void keyproc(void)
{
uchar key1;
key1 = keyscan();
if(key1! = 0x0f)
{
delayms(12);
key1 = keyscan();
if(key1! = 0x0f)
{
while(keyscan()! = 0x0f) display(data2);
Horse(key1);}
}
}
/ **************************** 主函数函数 **************************** /
```

```
void main(void)
{
TMOD = 0X01;
ET0 = 1;
EA = 1;
TH0 = 0X4C;
TL0 = 0X00;
TR0 = 1;
while(1)
{
    keyproc();
    process(data1,data2);
    display(data2);
}
}
```

13.5.3 心率测试仪器

下面用 C 语言重新完成心率检测仪的设计,混合应用数码管、定时器、计数器和按键等知识。

1. 硬件电路设计

电路如图 13 - 14 所示。

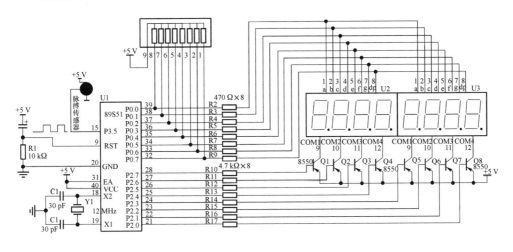

图 13 - 14 心率检测仪电路图

2. 程序代码清单

程序代码清单如下：

```
/ ***************************************************************
用脉搏传感器间接的测量心率。大家知道心率是一分钟脉搏跳动的次数,如果我们能够定时 1
min,然后用脉搏传感器测量脉搏跳动的次数,就可以得到心率值。有了心率测试仪器大家就可以
随时测量心率,了解心脏的状况,以便及时就医。
*************************************************************** /
# include < reg51.h >
# include < intrins.h >
# define uchar unsigned char
# define uint unsigned int
sbit   K1 = P1^4;
sbit   K2 = P1^5;
uint time;                       //计定时器中断次数 1200 = 1 min
uchar count;                     //存放脉搏次数
uchar sec;                       //计时变量,单位为秒
uchar sc;                        //计 20 次中断,20×50 = 1000 ms = 1 s
uchar key_s, key_v;
/ *********************** 函数声明 *********************** /
bit scan_key();
void keyscan(void);
void proc_key();
void display(void);
uchar data dis[] = {0xc0,0xf9,0xa4,0xb0,0x99,0x92,0x82,0xf8,0x80,0x90};
    void delayms(unsigned char ms);
/ *********************** 主函数 *********************** /
void main(void)
{ P0 = 0xff;                     //关闭数码管显示
  P2 = 0xff;
  TMOD = 0x51;                    //定时器 0 工作模式 1,16 位定时方式,定时器 1 计数,16 位定时方式
  TH0 = 0x4c;                     //设置定时器初始值,定时器高 8 位赋值为 0x4c,低 8 位为 00
  TL0 = 00;                       //定时 50 ms
  TH1 = 00;                       //计数器初始值为 0,从 0 开始计数
```

```
  TL1  = 00;
  IE  = 0x82;                  //使能 timer0 中断,相当于 EA = 1;ET0 = 1;
  TR0 = 0;                     //定时器不启动
  TR1 = 0;                     //计数器不启动
  key_v = 0x03;                //保存按键状态
  while(1)
    {
    keyscan();
    display();
    }
}
void keyscan(void)
{
  if(scan_key())              //如果 scan_key()的值为非 0 表示有键按下,为 0 表示无键按下
    {
      delayms(10);            //延时去抖
      if(scan_key())          //进行第二次判断返回值是否为 0,如果不是 0 表示确实有键按下
  {key_v = key_s;             //将按键值保存到变量 key_v 中
      proc_key();             //调用键值处理函数
        }
      }
}
void display(void)
{
  P0 = dis[TL1/10];
  P2 = 0xfd;
  delayms(2);
  P0 = dis[TL1 % 10];
  P2 = 0xfe;
  delayms(2);
  P0 = dis[sec/10];
  P2 = 0X7F;
  delayms(2);
  P0 = dis[sec % 10];
  P2 = 0XBF;
  delayms(2);
}
```

```
bit scan_key()
{
 key_s = 0x00;
 key_s |= K2;
 key_s <<= 1;
 key_s |= K1;
 return(key_s ^key_v);          //当返回值为 0 表示没有键按下,当返回值为非 0,表示有键按下
                                //如果按键没有释放,返回值仍然为 0,表示没有键按下,不作处理
}
void proc_key(void)
{
if((key_v & 0x01) == 0)         //如果条件成立表示 K1 键按下
   {
   TR0 = 1;                     //启动定时器 0
   TR1 = 1;                     //启动计数器 1
   }
   else if((key_v & 0x02) == 0)//如果条件成立表示 K2 键按下
   {
   TR0 = 0;                     //关闭定时器 0
   TR1 = 0;                     //关闭计数器 1
   }
}
void timer0() interrupt 1       //定时 50 ms 时间到后进入定时器 0 中断服务程序
{  time ++ ;                    //将定时器中断次数变量加 1
   sc ++ ;
   if(sc == 20) {sec ++ ;sc = 0;}//如果 1 s 时间到将秒计数单元加 1,同时将中断次数变量清零
   if(time == 1200)            //如果 1200×50 = 60 s,关闭定时器和计数器
   {
   time = 0;                    //time 清 0
   TR0 = 0;                     //关闭定时器
   TR1 = 0;                     //关闭计数器
   }
   else                         //如果 1 min 不到恢复定时器初始值
   { TH0 = 0x4c;                //定时器高 8 位恢复初始值
   TL0 = 0x00;
   }
}
```

```
void delayms(unsigned char ms)
{
 unsigned char i;
 while(ms -- )
 {
    for(i = 0; i < 120; i++);
 }
}
```

第 14 章

51 单片机外部扩展资源的应用

　　51 单片机如果没有外围电路的配合就好像人没有了四肢一样。51 单片机常用的外部电路比较多,很难一一列举,根据需要只列举了常用的外部资源,例如 4×4 矩阵键盘的应用、点阵 LED 的应用、ADC0832 的应用、AD590 温度的测量、DAC0832 的应用以及 MAX531 的应用。

14.1　4×4 矩阵键盘的应用

　　4×4 矩阵键盘由 4 根行线和 4 根列线构成,在行线和列线的交叉处设置一个按键,行线由单片机的 P1.4～P1.7 控制,列线由 P1.0～P1.3 控制(如图 14-1 所示)。扫描方法是首先判断是否有键按下,如果没有则返回,如果有则调用按键扫描函数,确定具体的键值。那么如何进行按键扫描确定键值呢?首先进行列扫描,在 P1 口输出 0x0F,然后读 P1 口的状态,进行 temp＝temp&0x0F 运算(保留低 4 位),temp 中保存了按键码,然后"或"上 0xF0,最后取反,低 4 位中是 1 的位表示该列有键按下,这样就找到了按下键所在的列。如果是第一列变量将变量 key＝0,第二列将变量 key＝1,第三列将变量 key＝2,第四列将变量 key＝3。再进行行扫描,在 P1 口输出 0xF0,然后读 P1 口的状态,进行 temp＝temp&0xF0 运算,temp 中保存了按键码,然后将高 4 位移到低 4 位,"或"上 0xF0,最后取反,低 4 位中是 1 的位表示该行

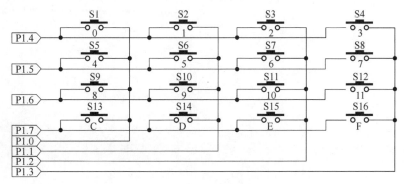

图 14-1　矩阵键盘

有键按下,这样就找到了按下键所在的行,如果是第一行将变量 key=key+0,第二行 key=key+4,第三行 key=key+8,第四行 key=key+12,最终变量 key 的值就是按下键所对应的顺序码。然后根据顺序码找到对应的显示码送到数码管显示。

矩阵键盘的应用:

```
/ ************************************************************** /
/ *  矩阵键盘键值显示                                          * /
/ *  一位数码管显示                                            * /
/ ************************************************************** /
# include < reg51.h >
# include < intrins.h >
# define uchar unsigned char
# define uint unsigned int
uchar table[17] = {0xc0,0xf9,0xa4,0xb0,0x99,0x92,0x82, //0,1,2,3,4,5,6
0xf8,0x80,0x90,0x88,0x83,0xc6,0xa1,0x86,0x8e,0xBF};//7,8,9,A,B,C,D,E,F,-
sbit BEEP = P3^7;                           //蜂鸣器驱动线
uchar dis_buf;                              //显示缓存
uchar temp;
uchar key;                                 //键顺序
void beep();                               //蜂鸣器
void delay0(uchar x);                      //x * 0.14 ms
/ *************************** 延时子程序 *************************** /
void delay(uchar x)
{ uchar j;
  while((x--)!= 0)
  { for(j = 0;j < 125;j ++)
    {;}
  }
}
/ *************************** 键扫描子程序 *************************** /
void keyscan(void)
{
  P1 = 0x0F;                               //低 4 位输入
  delay(1);
  temp = P1;                               //读 P1 口
  temp = temp&0x0F;                        //屏蔽高 4 位,保留低 4 位
```

```
    temp = ~(temp|0xF0);                  //将高 4 位置 1,并按位取反
    if(temp == 1)                         //第 1 列,首键值为 0
        key = 0;
    else if(temp == 2)                    //第 2 列,首键值为 1
        key = 1;
    else if(temp == 4)                    //第 3 列,首键值为 2
        key = 2;
    else if(temp == 8)                    //第 4 列,首键值为 3
        key = 3;
    else
        key = 16;                         //无键按下
    P1 = 0xF0;                            //高 4 位输入
    delay(1);
    temp = P1;                            //读 P1 口
    temp = temp&0xF0;                    //读高 4 位,屏蔽低 4 位
    temp = ~((temp >> 4)|0xF0);
    if(temp == 1)                         //第 1 行,键值 + 0
        key = key + 0;
    else if(temp == 2)                    //第 2 行,键值 + 4
        key = key + 4;
    else if(temp == 4)                    //第 3 行,键值 + 8
        key = key + 8;
    else if(temp == 8)                    //第 4 行,键值 + 12
        key = key + 12;
    else
        key = 16;                         //无键按下,数码管显示"-"
    dis_buf = table[key];                //查表得键值
}
/ ******************************* 查询键是否按下 ******************************* /
void key_down(void)
{
    P1 = 0xF0;                            //列线口输出低电平,行线口输出高电平
    if(P1! = 0xF0)                        //读回 P1 口的状态,如果不等于 0xF0 说明有键按下
{
    keyscan();                           //调用按键扫描,将键值码保存到缓冲变量 dis_buf 中
    beep();                              //调用蜂鸣器程序
    while(P1! = 0xF0);                    //等待键释放
    }
}
```

```
/ ***************************** 蜂鸣器函数 **************************** /
void beep()
{
  unsigned char i;
  for (i = 0;i < 180;i ++ )
    {
    delay0(6);
    BEEP = ! BEEP;                //BEEP 取反
    }
    BEEP = 1;                     //关闭蜂鸣器
    delay(250);                   //延时
}

/ ***************************** 延时函数 **************************** /
void delay0(uchar x)             //x * 0.14 ms
{
  unsigned char i;
  while(x -- )
  {
  for (i = 0; i < 13; i ++ ) {}
  }
}

/ ***************************** 主函数 **************************** /
void main(void)
{
  P0 = 0xFF;                     //置 P0 口
  P2 = 0xFF;                     //置 P2 口
  dis_buf = 0xBF;                //初始化显示"－"
  while(1)
  {
    Key_down();
    P0 = dis_buf;                //键值送显示
    P2 = 0xfe ;
    delay(2);
  }
}
```

14.2 点阵 LED 显示器的应用

当晚上走在大街上悠闲散步时,你一定会发现琳琅满目的广告灯牌,而且非常漂亮。那么你是否想过这些广告牌是如何做的呢? 其实,这些广告牌很多都采用了 LED 点阵显示器,显示器的每个点其实就是一个发光二极管,当然发光二极管发出的颜色不同。这些发光二极管排列成行列式,我们只要点亮相应的发光二极管就可以组成各种文字、图形。您是否也对广告牌的制作感兴趣了呢? 如果是就必须学会用 LED 点阵显示屏。图 14-2 是我们设计的一个 16×16 的点阵显示器电路,里面用了两个 74LS138 译码器进行行选择,用了两个 74HC595 进行列选择,想弄懂电路的原理必须要掌握这两个芯片的用法。下面对这个芯片进行简要介绍。

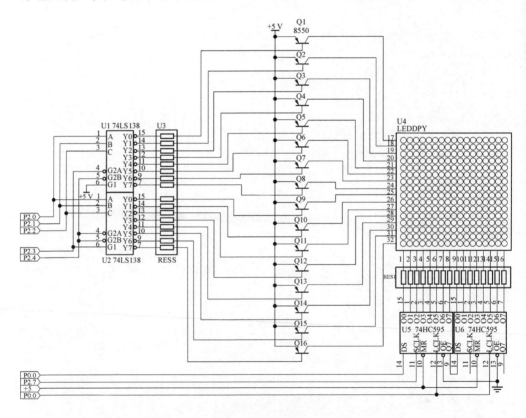

图 14-2 点阵显示屏硬件电路图

14.2.1 74LS138 译码器的介绍

74LS138 是电子电路中常用的译码芯片,主要由输入端、控制端、输出端组成。输入端为 C、B、A,控制端为 G1、G2A、G2B,其中 G1 为高电平有效,G2A(G2B)为低电平有效,只有控制端为有效电平时,译码器才能对输入端进行译码输出,输出端为Y0~Y7,如表 14-1 所列。我们的 LED 点阵显示屏为共阳极的,当译码器输出为低电平时,经三极管反向后变为高电平,选中相应的行,行线由单片机 P2.3、P2.2、P2.1、P2.0 控制,P2.4 为使能端,P2.4＝1 时,两个译码器全部无效,关闭 LED 显示;P2.4＝0 时,译码器处于使能状态。当 P2.3＝0 时,第一个译码器有效,选择 0~7 行;当 P2.3＝1 时,第二个译码器有效,选择 8~15 行,如表 14-2 所列。行线选中后,通过 74HC595 串并转换输出显示码,如果显示码中是零的位对应的 LED 点亮。

表 14-1   74LS138 译码器

| 输　入 | | | | | 输　出 | | | | | | | |
| 使能 | | 片选 | | | | | | | | | | |
G1	G2A(G2B)	C	B	A	Y0	Y1	Y2	Y3	Y4	Y5	Y6	Y7
×	H	×	×	×	H	H	H	H	H	H	H	H
L	×	×	×	×	H	H	H	H	H	H	H	H
H	L	L	L	L	L	H	H	H	H	H	H	H
H	L	L	L	H	H	L	H	H	H	H	H	H
H	L	L	H	L	H	H	L	H	H	H	H	H
H	L	L	H	H	H	H	H	L	H	H	H	H
H	L	H	L	L	H	H	H	H	L	H	H	H
H	L	H	L	H	H	H	H	H	H	L	H	H
H	L	H	H	L	H	H	H	H	H	H	L	H
H	L	H	H	H	H	H	H	H	H	H	H	L

表 14-2   行号选择

P2.4(控制亮灭)	P2.3	P2.2	P2.1	P2.0	选中行号	74LS138
0(亮)	0	0	0	0	0	
0(亮)	0	0	0	1	1	
0(亮)	0	0	1	0	2	
0(亮)	0	0	1	1	3	0~7 行为第一个 74LS138 控制
0(亮)	0	1	0	0	4	
0(亮)	0	1	0	1	5	
0(亮)	0	1	1	0	6	
0(亮)	0	1	1	1	7	

续表 14－2

P2.4(控制亮灭)	P2.3	P2.2	P2.1	P2.0	选中行号	74LS138
0(亮)	1	0	0	0	8	
0(亮)	1	0	0	1	9	
0(亮)	1	0	1	0	10	
0(亮)	1	0	1	1	11	
0(亮)	1	1	0	0	12	8~15行为第2个74LS138控制
0(亮)	1	1	0	1	13	
0(亮)	1	1	1	0	14	
0(亮)	1	1	1	1	15	

14.2.2　74HC595 的介绍

1. 功能描述

74HC595 是硅结构的 CMOS 器件，兼容低电压 TTL 电路，遵守 JEDEC 标准。74HC595 具有一个 8 位移位寄存器，一个存储器和三态输出功能。移位寄存器和存储器分别使用不同的时钟。数据在 SCLK 的上升沿输入，在 LCLK 的上升沿进入到存储寄存器中。如果两个时钟连在一起，则移位寄存器总是比存储寄存器早一个脉冲。移位寄存器有一个串行移位输入(DS)，一个串行输出(Q7')和一个异步的低电平复位，存储寄存器有一个并行 8 位的，具备三态的总线输出，当使能 OE(低电平使能)时，存储寄存器的数据输出到总线。

2. 功能说明

功能说明见表 14－3。

表 14－3　功能说明

输入/输出					输　出		功能描述
SCLK	LCLK	OE	MR	DS	Q7'	Q0~Q7	
×	×	L	L	×	L	NC	低点平时将移位寄存器的数据清零
×	↑	L	L	×	L	L	清空的移位寄存器到存储寄存器中
×	×	H	L	×	L	Z	OE 无效,输出高阻状态
↑	×	L	H	H	Q6'	NC	H —> Q0'——> Q1'——>... Q6'——> Q7'(Q7)
×	↑	L	H	×	NC	Q0'~Q7'	移位寄存器的内存输出到存储寄存器并从并口输出
↑	↑	L	H		Q6'	Q0'~Q7'	移位寄存器内容移入,先前的移位寄存器的内容到达存储寄存器并出

注:H=高电平状态;L=低电平状态;↑=上升沿;↓=下降沿;Z=高阻;NC=无变化;×=无效。

3. 引脚说明

引脚说明见表 14 - 4。

表 14 - 4　引脚说明

Q0~Q7	GND	Q7'	MR	SCLK	LCLK	OE	DS	VCC
并行数据输出	地	串行数据输出	主复位（低电平）	移位寄存器时钟输入	存储寄存器时钟输入	输出有效（低电平）	串行数据输入	电源

14.2.3　LED 点阵显示屏程序设计

程序实现的是点阵屏依次显示"单片机自学通"6 个汉字，那么这些汉字对应的显示代码是如何得到的呢？可以上网查找一个点阵屏字模生成软件，我们的字模软件生成的是共阴极码，找了半天没有共阳极的字模软件。不过没关系，只要在取得的字模代码前加上"～"就可以了。图 14 - 3 是汉字点阵排列的图形，图中的每个方格代表一个发光二极管，黑色方格表示发光二极管被点亮了，由黑色的方格就组成了汉字或图形。

```
/ ***************************************************
* 字模数据排列方式为从左到右,从上到下。* 取模方式为横向 8 点左高位。宋体 16 点阵
* 图 14 - 3 为 16×16 汉字点阵的排列图,每个汉字都是从 B1~B32 个字节排列方式。
***************************************************  /
```

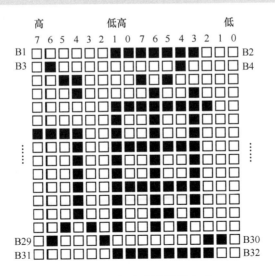

图 14 - 3　汉字点阵排列方式

```
# include <reg51.h>                        //51 芯片引脚定义头文件
# include <intrins.h>                      //内部包含延时函数 _nop_()
# define uchar unsigned char
# define uint unsigned int
# define BLKN 2                             //列锁存器数
sbit SDATA_595 = P0^0;                      //串行数据输入
sbit SCLK_595 = P2^7;                       //移位时钟脉冲
sbit RCK_595 = P0^2;                        //输出锁存器控制脉冲
sbit G_74138 = P2^4;                        //显示允许控制信号端口
uchar data dispram[32];                     //显示缓存
uchar temp;
void delay(uint );
uchar code Bmp[][32] =
{ { 0x10,0x10,0x08,0x20,0x04,0x48,0x3F,0xFC,
    0x21,0x08,0x21,0x08,0x3F,0xF8,0x21,0x08,
    0x21,0x08,0x3F,0xF8,0x21,0x00,0x01,0x04,
    0xFF,0xFE,0x01,0x00,0x01,0x00,0x01,0x00},   //单

    {0x00,0x80,0x20,0x80,0x20,0x80,0x20,0x80,
    0x20,0x84,0x3F,0xFE,0x20,0x00,0x20,0x00,
    0x3F,0xC0,0x20,0x40,0x20,0x40,0x20,0x40,
    0x20,0x40,0x20,0x40,0x40,0x40,0x80,0x40},   //片

    {0x10,0x00,0x10,0x10,0x11,0xF8,0x11,0x10,
    0xFD,0x10,0x11,0x10,0x31,0x10,0x39,0x10,
    0x55,0x10,0x51,0x10,0x91,0x10,0x11,0x10,
    0x11,0x12,0x12,0x12,0x14,0x0E,0x18,0x00},   //机

    {0x01,0x00,0x02,0x00,0x04,0x10,0x1F,0xF8,
    0x10,0x10,0x10,0x10,0x1F,0xF0,0x10,0x10,
    0x10,0x10,0x10,0x10,0x1F,0xF0,0x10,0x10,
    0x10,0x10,0x10,0x10,0x1F,0xF0,0x10,0x10},   //自

    {0x22,0x08,0x11,0x08,0x11,0x10,0x00,0x20,
    0x7F,0xFE,0x40,0x02,0x80,0x04,0x1F,0xE0,
    0x00,0x40,0x01,0x84,0xFF,0xFE,0x01,0x00,
    0x01,0x00,0x01,0x00,0x05,0x00,0x02,0x00},   //学

    {0x03,0xF8,0x40,0x10,0x30,0xA0,0x10,0x48,
```

```
    0x03,0xFC,0x02,0x48,0xF2,0x48,0x13,0xF8,
    0x12,0x48,0x12,0x48,0x13,0xF8,0x12,0x48,
    0x12,0x68,0x2A,0x50,0x44,0x06,0x03,0xFC}        //通
};
/ ******************************* 延时函数 ******************************* /
void delay(uint dt)
{
    uchar bt;
    for(;dt;dt -- )
    for(bt = 0;bt < 255;bt ++ );
}
/ ****************** 将显示数据送入 74HC595 内部移位寄存器 ****************** /
void WR_595(void)
{ uchar x;
    for (x = 0;x < 8;x ++ )
    {
    temp = temp << 1;
    SDATA_595 = CY;
    SCLK_595 = 1;                          //上升沿发生移位
    _nop_();
    _nop_();
    SCLK_595 = 0;
    }
}
/ ******************************* 主函数 ******************************* /
void main(void)
{ uchar i,k;
    TMOD = 0x01;                           //定时器 T0 工作方式 1
    TH0 = 0xFC;                            //1 ms 定时常数
    TL0 = 0x66;
    IE = 0x82;                             //开定时器 0 中断
    TR0 = 1;                               //启动定时器
    P2 = 0XF0;                             //行号清零,不显示
    while(1)
    { for(k = 0;k < 6;k ++ )               //显示"单片机学习通"
```

```
    {
        for(i = 0;i < 32;i ++ )
        {
            dispram[i] = Bmp[k][i];          //将一个字的字模数据放到显示缓冲区 dispram[32]中
        }
        delay(1500);                         //要有足够的延时时间等待中断将显示缓冲区中的数
                                             //据输出显示
    }
}
```

```
/ ****************** 中断服务函数(显示 dispram[32]中的字模数据) ****************** /
void led_dis(void) interrupt 1 using 1
{
    uchar i,j = BLKN;
    TH0 = 0xFC;                              //1 ms 定时常数
    TL0 = 0x66;
    i = P2;                                  //读取当前显示的行号
    i =++ i & 0x0f;                          //行号加 1,屏蔽高 4 位,行号到了 16 清零
    do{
        j-- ;
        temp = ~dispram[i * BLKN + j];       //汉字字模数据为共阴极码,所以取反得到共阳极码
        WR_595();                            //写入一行数据
    }while(j);
    G_74138 = 1;                             //关闭显示
    P2 &= 0xf0;                              //行号端口清零
    RCK_595 = 1;                             //上升沿将数据送到输出锁存器
    P2 |= i;                                 //写入行号
    RCK_595 = 0;                             //锁存显示数据
    G_74138 = 0;                             //打开显示
}
```

14.3 模/数转换器 ADC0832 的应用

温/湿度、光照强度、二氧化碳浓度、液体流量、煤矿中的瓦斯气体浓度等,这些都是实际存在的物理对象,如何能够将它们用电路进行处理呢?首先,我们要有一个非常好用的传感器,传感器能够将这些对象转换成电信号,但是转换后的电信号比较微弱,可能含有很多干扰,因此必须进行滤波、放大等处理,处理后也是一种模拟的信

号。如果想用数字电路来进行处理就必须使用模/数转换器,它是沟通模拟和数字电路的桥梁。ADC0832 就是一款比较经济实用的模/数转换器,那么让我们来认识认识它吧。

14.3.1 ADC0832 模/数转换器的介绍

ADC0832 是美国国家半导体公司生产的一种 8 位分辨率、双通道 A/D 转换芯片,其引脚排列如图 14-4 所示。由于它体积小、兼容性强、性价比高而深受单片机爱好者与企业欢迎,目前已经有很高的普及率。学习并使用 ADC0832 可使我们了解 A/D 转换器的原理,有助于我们单片机技术水平的提高。

图 14-4 ADC0832 引脚排列

1. ADC0832 的特点

(1) 8 位分辨率;
(2) 双通道 A/D 转换;
(3) 输入输出电平与 TTL/CMOS 相兼容;
(4) 5 V 电源供电时输入电压在 0~5 V 之间;
(5) 工作频率为 250 kHz,转换时间为 32 μs;
(6) 一般功耗仅为 15 mW;
(7) 8P、14P-DIP(双列直插)、PICC 多种封装;
(8) 商用级芯片温宽为 0~70 ℃,工业级芯片温宽为 40~85 ℃;

2. 芯片接口说明

(1) $\overline{CS}$ 片选使能,低电平芯片使能;
(2) CH0 模拟输入通道 0,或作为 IN+/-使用;
(3) CH1 模拟输入通道 1,或作为 IN+/-使用;
(4) GND 芯片参考 0 电位(地);
(5) DI 数据信号输入,选择通道控制;
(6) DO 数据信号输出,转换数据输出;
(7) CLK 芯片时钟输入;
(8) VREF/VCC 电源输入及参考电压输入(复用)。

3. 时序图解析

正常情况下,ADC0832 与单片机的接口应为 4 条数据线,分别是 CS、CLK、DO、DI。但由于 DO 端与 DI 端在通信时是分时操作的,所以电路设计时可以将 DO 和 DI 并联在一根数据线上使用。当 ADC0832 未工作时其$\overline{CS}$输入端应为高电平,此时芯片禁用,CLK 和 DO/DI 的电平可任意。当要进行 A/D 转换时,须先将$\overline{CS}$使能端置于低电平并且保持低电平直到转换完全结束。此时芯片开始转换工作,同时由处理器向芯片时钟输入端 CLK 输入时钟脉冲,DO/DI 端则使用 DI 端输入通道功能选择的数据信号。在第 1 个时钟脉冲的下沉之前 DI 端必须是高电平,表示起始信号。在第 2、3 个脉冲下沉之前 DI 端应输入 2 个二进制位数据用于选择通道,其通道选择如表 14 - 5 所列。当通道地址位为"1"、"0"时,只对 CH0 进行单通道转换;当通道地址位为"1"、"1"时,只对 CH1 进行单通道转换;当通道地址位为"0"、"0"时,将 CH0 作为正输入端 IN+,CH1 作为负输入端 IN-进行差分输入;当通道地址位为"0"、"1"时,将 CH0 作为负输入端 IN-,CH1 作为正输入端 IN+进行差分输入。到第 3 个脉冲的下沉之后 DI 端的输入电平就失去输入作用,此后 DO/DI 端则开始利用数据输出 DO 进行转换数据的读取。从第 4 个脉冲下沉开始由 DO 端输出转换数据最高位 DATA7,随后每一个脉冲下沉 DO 端输出下一位数据。直到第 11 个脉冲时发出最低位数据 DATA0,一个字节的数据输出完成。也正是从此位开始输出下一个相反字节的数据,即从第 11 个字节的下沉输出 DATA0。随后输出 8 位数据,到第 19 个脉冲时数据输出完成,也标志着一次 A/D 转换的结束。最后将 $\overline{\text{CS}}$ 置高电平禁用芯片,直接将转换后的数据进行处理就可以了。

ADC0832 时序图如图 14 - 5 所示。

表 14 - 5　通道选择

通道地址		通道类型		说明
SGL/DIF	ODD/SIGN	0	1	
1	0	+		单端
1	1		+	
0	0	IN+	IN-	差分
0	1	IN-	IN+	

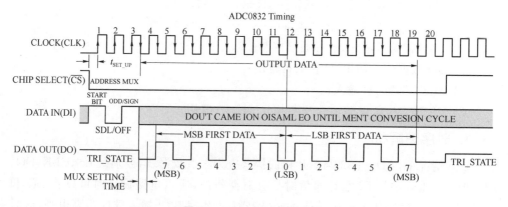

图 14 - 5　ADC0832 时序图

作为单通道模拟信号输入时,ADC0832 的输入电压是 0～5 V,且 8 位分辨率时的电压精度为 19.53 mV。如果作为由 IN+ 与 IN− 输入时,可以将电压值设定在某一个较大范围之内,从而提高转换的宽度。但值得注意的是,在进行 IN+ 与 IN− 的输入时,如果 IN− 的电压大于 IN+ 的电压,则转换后的数据结果始终为 00H。

14.3.2 数字电压表

设计了一个数字电压表,测量 0～5 V 的直流电压,通过调节 10 kΩ 电位器可以调节输入电压的大小。ADC0832 参考电压和供电电压为 +5 V,8 位转换,数字量为 0～255,一共 256 个等级,电压分辨率为 5/256＝0.019 V,采集到的电压用 3 个数码管显示,小数点后保留两位。硬件电路图如图 14−6 所示。

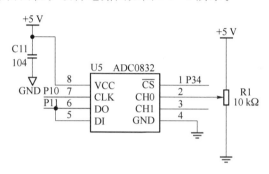

图 14−6 数字电压表硬件电路图

程序代码如下:

```
/* ****************************************************************
** /
/* 采用三位数码管显示                                                */
/* 参考电压接至 5 V 电源                                              */
/* 最小输出电压:0.00 V   最大输出电压:5.00 V   分辨率:0.02 V(5/256)    */
/* ****************************************************************
** /
# include < reg51.h>
# include < intrins.h>
# define uchar unsigned char
# define uint unsigned int
# define ch0 0x02                      //单通道 0 输入选择
# define ch1 0x03                      //单通道 1 输入选择
sbit AD_CS = P3^4;                     //片选端
sbit AD_CLK = P1^0;                    //时钟端
sbit AD_DI = P1^1;                     //数据输入输出复用
```

```
sbit AD_DO = P1^1;                              //DI 和 DO 端都接在 P1.1
sbit ACC0 = ACC^0;                              //通道与输入方式控制字
sbit ACC1 = ACC^1;                              //通道与输入方式控制字
sbit Dot = P0^7;                                //小数点
uchar tab[11] = {0xc0,0xf9,0xa4,0xb0,0x99,      // 0 1 2 3 4
        0x92,0x82,0xf8,0x80,0x90,0xff};         // 5 6 7 8 9 关闭
uchar col_sel[3] = {0xdf,0xbf,0x7f};            //列扫描控制字
uchar dis[3] = {0x00,0x00,0x00};                //定义 3 个显示数据单元和 1 个数据存储单元
uchar temp;
/ *************************** 延时函数 *************************** /
void delay(int ms)
{
    int i;
    while(ms--)
    {
      for(i = 0; i < 250; i++)
      {
        _nop_();                                //空操作函数,定义在头文件 intrins.h 中
        _nop_();
        _nop_();
        _nop_();
      }
    }
}
/ *************************** 启动 ADC 转换 *************************** /
ADC_start()
{
    AD_CS = 1;                                  //一个转换周期开始
    _nop_();
    AD_CLK = 0;
    _nop_();
    AD_CS = 0;                                  //CS 置 0,片选有效
    _nop_();
    AD_DI = 1;                                  //DI 置 1,起始位
    _nop_();
    AD_CLK = 1;                                 //第一个脉冲
    _nop_();
```

```
    AD_DI = 0;                        //在负跳变之前加一个 DI 反转操作
    _nop_();
    AD_CLK = 0;
    _nop_();
}

/ ****************************************************************** /
/ * AD 转换函数                                                      * /
/ * 选择输入通道,输入信号的模式:单端输入或差分输入                     * /
/ ****************************************************************** /
uchar ADC_read(uchar mode)            //返回值为采集的数据
{   uchar i;
    ADC_start();                      //启动转换开始
    ACC = mode;                       //输出模式设置,是单通道还是差分通道
    AD_DI = ACC1;                     //输出控制位 1,DI = 1,单通道输入,DI = 0,差分输入
    AD_CLK = 1;                       //第二个脉冲
    _nop_();
    AD_DI = 0;                        //在负跳变之前加一个 DI 反转操作
    AD_CLK = 0;
    _nop_();
    AD_DI = ACC0;                     //输出控制位 0,DI = 0,通道 0 输入,DI = 1,通道 1 输入
    AD_CLK = 1;                       //第三个脉冲
    _nop_();
    AD_DI = 1;                        //在负跳变之前加一个 DI 反转操作
    AD_CLK = 0;                       //输入模式和通道号已经选择完
    AD_CLK = 1;                       //第四个脉冲,空闲等待内部多路开关通道切换完成
    ACC = 0;
    for(i = 8;i > 0;i--)              //读取 8 位数据
    {
    AD_CLK = 0;                       //脉冲下降沿
    ACC = ACC << 1;
    ACC0 = AD_DO;                     //读取 DO 端数据
    _nop_();
    _nop_();
    AD_CLK = 1;
    }
    AD_CS = 1;                        //CS = 1,片选无效
    return(ACC);
}
```

```
/ ************************** 数据处理 **************************** /
/ * 将采集到的数据进行十六进制转换为十进制的处理,然后送显示              * /
/ * (da_data * 5)/255 = ad_data/51                                * /
/ ************************************************************** /
void data_process(uchar ad_data)
{
    dis[2] = ad_data/51;              //取整数,存到 dis[2]中
    temp = ad_data % 51;              //余数暂存
    temp = temp * 10;                 //计算小数第一位
    dis[1] = temp/51;                 //小数第一位存到 dis[1]中
    temp = temp % 51;
    temp = temp * 10;                 //计算小数第二位
    dis[0] = temp/51;                 //小数第二位存到 dis[0]中
}
/ ************************** 显示函数 **************************** /
void display(void)
{
  uchar i;
  for(i = 0;i < 3;i + + )
    {
      P0 = tab[dis[i]];               //取段码送给 P0 口
      if(i = = 2){Dot = 0;}           //如果显示的是高位数码管,点亮小数点
      P2 = col_sel[i];                //送位选码给 P2 口
      delay(1);                       //显示 1 ms,动态扫描,数码管之间延时 1 ms 的时间
      P2 = 0xff;                      //关闭数码管,因为是动态扫描,必须将当前数码管关闭显示
    }
}
/ ************************** 主函数 **************************** /
void main(void)
{  uchar acq,i;
   while(1)
    {
     acq = ADC_read(ch0);            //采集 0 通道的电压值
     for(i = 0;i < 10;i + + )
      {
       data_process(acq);            //处理采集的数字量
       display();                    //显示采集的电压值
      }
    }
}
```

14.4　模拟温度传感器 AD590

在日常生活中,常常用温度计测量室内的温度;在水温自动控制系统中需要用温度计测量水的温度,形成闭环反馈;在小区物业管理中需要用温度计测量锅炉的温度。那么就需要一个比较精准的温度传感器,温度传感器有数字的也有模拟的,DS18B20 就是数字温度传感器,直接能够将温度转变为数字量,接口非常简单,但程序复杂。AD590 是模拟温度传感器,需要外接调理电路,输出是模拟量,接口复杂,但程序简单。其典型应用如图 14 - 7 所示。

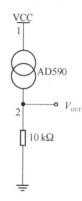

图 14 - 7　AD590 典型应用

AD590 是一种温度传感器,它能将温度转换为电流。测量范围为 $-55\sim150℃$,供应电压范围为 $4\sim30\,V$。输出电流是以绝对温度零度($-273℃$)为基准,每增加 $1℃$,它会增加 $1\,\mu A$ 输出电流,因此在室温 $25℃$ 时,其输出电流 $I_o=(273+25)=298\,\mu A$。经过 $10\,k\Omega$ 后的 V_{out} 输出电压如表 14 - 6 所列。

表 14 - 6　温度、电流和经过 10 kΩ 后的电压间关系

温度/℃	电流值/μA	经过 10 kΩ 后的电压值/V
0	273	2.73
10	283	2.83
30	303	3.03
50	323	3.23
70	343	3.43
90	363	3.63
100	373	3.73

14.4.1　温度计硬件电路设计

图 14 - 8 所示温度计硬件电路中,AD590 的输出电流为 $I=(273+t)\,\mu A$(t 为摄氏温度),调节电阻 R_{19} 的电阻值使 R_{18}、R_{19} 的电阻值和等于 $10\,k\Omega$,那么结点 1 的电压为 $V_1=(273+t)\,\mu A\times10\,k\Omega=(2.73+t/100)V$。为了测量出结点 1 的电压需要外接电压跟随器,这是为什么呢? 如果我们直接用 ADC0832 测量,ADC0832 要进行分流,那么流入 R_{18}、R_{19} 电阻的电流就不是实际应该流入的电流。举个例子,如果当前环境温度是 $20℃$,那么实际应该流入 R_{18}、R_{19} 的电流为 $I=(273+t)\,\mu A=293\,\mu A$,但是由于你直接接了 ADC0832,有一部分电流要流入 ADC0832,那么流入 R_{18}、R_{19} 的

电流小于实际值,结点 1 的电压小于实际电压值,因此我们测量的结果就不准确。为了避免后续电路的分流结果,采用了电压跟随器,输出电压跟随输入电压变化,并且不从输入端取用电流。结点 2 的电压为 $V_2 = V_1 = (273+t)\mu A \times 10\ k\Omega = (2.73 + t/100)V$。讲到这里,可能有人会问为什么还用后面的两个运算放大器呢?其实,主要是为了提高测量的精度,大家注意到当温度从 0~100℃ 变化时,第一个运放的输出电压从 2.73~3.73 V 变化范围非常小,测量很难准确,为了使测量电压范围从 0~5 V 变化,用了第二个运算放大器构成反向加法电路,当 0℃ 时 $V_2 = V_1 = 2.73$ V,经过第二个运放后,调节 R_{21} 电阻值使 V_4 电压为 0 V,第三个运放是一个反向比例放大电路,输出电压 $V_6 = -5V_4 = 0$ V。

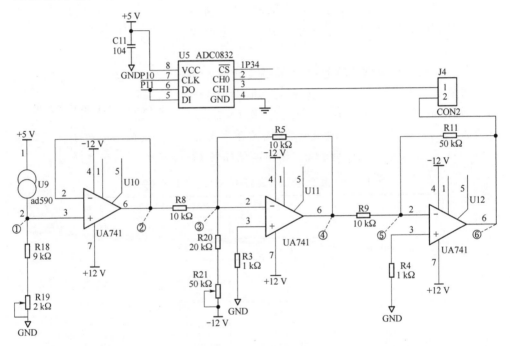

图 14-8 温度计硬件电路

很多同学知道运算放大器工作在线性区,具有虚断和虚短的特点,但是针对具体的硬件电路不知如何分析。下面将具体的计算过程展示如下:

$$\frac{V_2}{R_8} + \frac{-12}{R_{20}+R_{21}} = \frac{-V_4}{R_5} \tag{1}$$

$$\frac{V_4}{R_9} = \frac{-V_6}{R_{11}} \tag{2}$$

$R_8 = R_9 = R_5 = 10\ k\Omega, R_{20} = 20\ k\Omega, R_{11} = 50\ k\Omega$ 代入(1)得:

$$V_2 - \frac{120}{R} = -V_4 \qquad (设\ R = R_{20} + R_{21}) \tag{3}$$

当 $t=0℃$ 时,$V_2=V_1=2.73$ V,调节电位器 R_{21},使 $V_4=0$ V,则 $V_2-\dfrac{120}{R}=$

$-V_4=0$,$V_2=\dfrac{120}{R}=2.73$ V,推出 $R=43.95$ kΩ,$V_2-2.73=-V_4$。

将 R_9、R_{11} 代入(2)得:

$$V_6=-5V_4 \tag{4}$$

因此,

$$V_6=5(V_2-2.73)\text{V} \tag{5}$$

当 $t=0$ ℃时,$V_2=2.73$ V,$V_6=0$ V。

当 $t=100$ ℃时,$V_2=3.73$ V,$V_6=5$ V。

14.4.2　温度计软件设计

用 AD590 作为温度传感器,ADC0832 采集电压值,转换为温度值。从表 14-7 中可以看出电压值乘以 20 就得到当前的温度,用 5 个数码管显示,其中 3 位整数、2 位小数。用 ADC0832 采集的电压数字量在转换为模拟量时需要注意,不要将小数部分丢弃,否则显示的只是整数,误差很大。例如"acq=ADC_read(ch1)",acq 为无符号字符型变量,那么我们转换电压为 acq=acq/51,然后我们利用 acq 的值计算温度就会产生错误,因为你忘记了"/"是取整运算符,你利用它时将余数丢弃了,这样会产生很大的误差。实际上我们还应该利用 acq=acq%51。我为了方便处理直接定义了个单精度变量,然后利用该变量进行计算,最后再利用强制类型转换为整型保存到整型变量中。

表 14-7　温度、运放输出、模拟输入、ADC 输出之间的关系

温度/℃	电流值/μA	经过 10 kΩ 后的电压值/V
0	273	2.73
10	283	2.83
30	303	3.03
50	323	3.23
70	343	3.43
90	363	3.63
100	373	3.73

温度显示程序如下:

```
#include <reg51.h>
#include <intrins.h>
#define uchar unsigned char
#define uint unsigned int
#define ch0 0x02                                    //单通道 0 输入选择
#define ch1 0x03                                    //单通道 1 输入选择
sbit AD_CS = P3^4;                                  //片选端
sbit AD_CLK = P1^0;                                 //时钟端
sbit AD_DI = P1^1;                                  //数据输入输出复用
sbit AD_DO = P1^1;                                  //DI 和 DO 端都接在 P1.1
sbit ACC0 = ACC^0;                                  //通道与输入方式控制字
sbit ACC1 = ACC^1;                                  //通道与输入方式控制字
sbit Dot = P0^7;                                    //小数点
uchar tab[11] = {0xc0,0xf9,0xa4,0xb0,0x99,          // 0 1 2 3 4
         0x92,0x82,0xf8,0x80,0x90,0xff};            // 5 6 7 8 9 关闭
uchar bit_sel[5] = {0x7f,0xbf,0xdf,0xef,0xf7};      //列扫描控制字
uchar dis[5] = {0x00,0x00,0x00,0x00,0x00};
                                                    //定义3个显示数据单元和1个数据存储单元
uint temp;
/********************************* 延时函数 ********************************* /
void delay(int ms)
{
    int i;
    while(ms -- )
    {
      for(i = 0; i < 250; i++ )
      {
      _nop_();                                      //空操作函数,定义在头文件 intrins.h 中
      _nop_();
      _nop_();
      _nop_();
      }
    }
}
/*************************** 启动 ADC 转换 ********************************* /
ADC_start()
{
```

```
    AD_CS = 1;                        //一个转换周期开始
    _nop_();
    AD_CLK = 0;
    _nop_();
    AD_CS = 0;                        //CS 置 0,片选有效
    _nop_();
    AD_DI = 1;                        //DI 置 1,起始位
    _nop_();
    AD_CLK = 1;                       //第一个脉冲
    _nop_();
    AD_DI = 0;                        //在负跳变之前加一个 DI 反转操作
    _nop_();
    AD_CLK = 0;
    _nop_();
}
/ ******************************************************************** /
/ * A/D 转换函数                                                      * /
/ * 选择输入通道,输入信号的模式:单端输入或差分输入                    * /
/ ******************************************************************** /
uchar ADC_read(uchar mode) //返回值为采集的数据
{ uchar i;
    ADC_start();                      //启动转换开始
    ACC = mode;                       //输出模式设置,是单通道还是差分通道
    AD_DI = ACC1;                     //输出控制位 1,DI = 1,单通道输入,DI = 0,差分输入
    AD_CLK = 1;                       //第二个脉冲
    _nop_();
    AD_DI = 0;                        //在负跳变之前加一个 DI 反转操作
    AD_CLK = 0;
    _nop_();
    AD_DI = ACC0;                     //输出控制位 0,DI = 0,通道 0 输入,DI = 1,通道 1 输入
    AD_CLK = 1;                       //第三个脉冲
    _nop_();
    AD_DI = 1;                        //在负跳变之前加一个 DI 反转操作
    AD_CLK = 0;                       //输入模式和通道号已经选择完
    AD_CLK = 1;                       //第四个脉冲,空闲等待内部多路开关通道切换完成
    ACC = 0;
    for(i = 8;i > 0;i -- )            //读取 8 位数据
```

```
  {
    AD_CLK = 0;                    //脉冲下降沿
    ACC = ACC << 1;
    ACC0 = AD_DO;                  //读取 DO 端数据
    _nop_();
    _nop_();
    AD_CLK = 1;
  }
    AD_CS = 1;                     //CS = 1,片选无效
    return(ACC);
}
/ ************************* 数据处理 ******************************* /
/ * 将采集到的数据进行十六进制转换为十进制的处理,然后送显示            * /
/ ************************************************************** /
void data_process(uint ad_data)
{
dis[0] = ad_data/10000;          //取第一位整数,存到 dis[0]中
temp = ad_data % 10000;          //余数暂存
dis[1] = temp/1000;              //取第二位整数,存到 dis[1]中
temp = temp % 1000;              //余数暂存
dis[2] = temp/100;               //取第三位整数,存到 dis[2]中
temp = temp % 100;               //余数暂存
dis[3] = temp/10;                //取第一位小数,存到 dis[3]中
dis[4] = temp % 10;              //取第二位小数,存到 dis[4]中
}
/ ************************* 显示函数 ******************************* /
void display(void)
{
  uchar i;
for(i = 0;i < 5;i++)
    {
      P0 = tab[dis[i]];          //取段码送给 P0 口
      if(i == 2){Dot = 0;}       //如果显示的是高位数码管,点亮小数点
      P2 = bit_sel[i];           //送位选码给 P2 口
      delay(1);                  //显示 1 ms,动态扫描,数码管之间延时 1 ms 的时间
      P2 = 0xff;                 //关闭数码管,因为是动态扫描,必须将当前数码管关闭显示
    }
```

```
}
/ ************************** 主函数 ***************************
** /
void main(void)
{ uchar i;
    float adv;
    uint adc;
    while(1)
    {
        adv = ADC_read(ch1);          //采集 1 通道的电压值
        adv = adv/51;                 //计算出电压值 adv * 5/255 = adv/51
        adv = adv * 20;               //采集的电压值转换为温度
        adv = adv * 100;              //乘以 100 保留两位有效数字
        adc = (uint)adv;              //将转换后的值转换为整型保存到 adc 中
        for(i = 0;i < 10;i ++ )
        {
            data_process(adc);        //处理采集的数字量
            display();                //显示采集的电压值
        }
    }
}
```

> 我们也可以利用取整和取余进行计算。

14.5 数/模转换器 DAC0832 的应用

DAC0832 是双列直插式 8 位 D/A 转换器,能完成数字量到模拟量的转换,输出为电流信号,需要外接运算放大器转变为电压型输出。图 14 - 9 和图 14 - 10 分别为DAC0832 的引脚图和内部结构图。

```
 1  ─ CS          VCC ─ 20
 2  ─ WR1         ILE ─ 19
 3  ─ GND         WR2 ─ 18
 4  ─ DI3        XFER ─ 17
 5  ─ DI2         DI4 ─ 16
 6  ─ DI1         DI5 ─ 15
 7  ─ DI0(LSB)    DI6 ─ 14
 8  ─ VREF    DI7(MSB) ─ 13
 9  ─ RFB        IOUT2 ─ 12
10  ─ GND        IOUT1 ─ 11
```

图 14 - 9 DAC0832 引脚

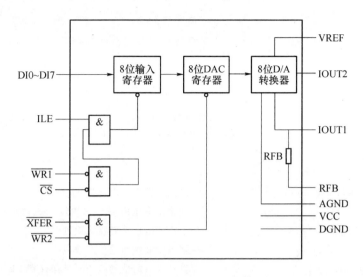

图 14 - 10　DAC0832 内部结构

14.5.1　DAC0832 的介绍

　　DAC0832 主要参数如下:分辨率为 8 位,转换时间为 1 μs,满量程误差为±1 LSB,参考电压为−10~10 V,供电电源为 5~15 V,逻辑电平输入与 TTL 兼容。从图 14 - 10 中可见,DAC0832 中有两级锁存器,第一级锁存器称为输入寄存器,它的允许锁存信号为 ILE;第二级锁存器称为 DAC 寄存器,锁存器信号称为通道控制信号 XFER。当 ILE 为高电平。片选信号$\overline{CS}$和写信号 WR1 为低电平时,输入寄存器控制信号为 1,这种情况下输入寄存器的输出随输入而变化。当$\overline{WR1}$由低电平变高时,控制信号成为低电平,数据被锁存到输入寄存器中,输入寄存器的输出不随外部数据的变化而变化。对第二级锁存来说,传送控制信号 XFER 和写信号 WR2 同时为低电平时,二级锁存控制信号为高电平,8 位的 DAC 寄存器的输出随输入变化;当 WR2 由低电平变高时,控制信号变为低电平,于是将输入寄存器的信息锁存到 DAC 寄存器中。

14.5.2　引脚说明

　　引脚说明如表 14 - 8 所列。

表 14 - 8　引脚说明

引　脚	功　能　说　明
DI7~DI0	数据输入线,TTL 电平,输入有效保持时间应大于 90 ns
ILE	数据锁存允许控制信号输入线,高电平有效

引　脚	功 能 说 明
$\overline{CS}$	片选信号输入线,低电平有效
$\overline{WR1}$	输入锁存器写选通输入线,负脉冲有效,在 ILE、$\overline{CS}$信号有效时,$\overline{WR1}$为"0"时可将当前 D7～D0 状态锁存到输入锁存器
$\overline{XFER}$	数据传输控制信号输入线,低电平有效
$\overline{WR2}$	DAC 寄存器写选通输入线,负脉冲有效,当 XFER 为"0"时,WR2 有效信号可将当前输入锁存器的输出状态传送到 DAC 寄存器中
IOUT1	电流输出线,当输入全为 1 时 IOUT 最大
IOUT2	电流输出线,IOUT2＋IOUT1 为常数
RFB	反馈信号输入线,改变 Rfb 端外接电阻值可调整转换满量程精度
VREF	基准电压输入端,VREF 取值范围为 －10～10 V
VCC	电源电压端,VCC 取值范围为 5～15 V
AGND	模拟地
DGND	数字地

14.5.3　简易波形发生器

波形发生器是电子实验中常用的仪器,它可以产生我们实验需要的波形,作为信号源使用。本实验用 DAC0832 制作了一个简易波形发生器,可以产生各种输出波形:方波、锯齿波、梯形波、正弦波等。

1. 波形产生原理

(1) 方波

单片机连续 255 次输出数字量 0,然后再连续 255 次输出数字量 255。如此重复,0832 即可输出连续方波。

(2) 锯齿波

单片机从输出数字量 0 开始,逐次加 1 直到 255;然后再从 0 开始,如此重复,0832 即可输出锯齿波。

(3) 梯形波

单片机从输出数字量 0 开始,逐次加 1 直到 255,并保持 255 次,然后从输出 255 逐次减 1 直至为 0。如此重复,0832 即可输出连续梯形波。

(4) 正弦波

用正弦数据生成软件生成 512 点、精度为 8 的正弦数据,将其放到数组中,然后依次送给 DAC0832,产生正弦波形。

2. 硬件电路设计

波形发生器硬件电路如图 14-11 所示,a 点输出电压:

$$V_a = -D \times \frac{V_{REF}}{256}$$

式中 D 为输入数字量,其范围为 $0 \sim 255$,V_{REF} 为 5 V 参考电压,所以 $V_a = (0 \sim 5)$ V。由于运放引入了电压负反馈,工作在线性区,因此具有"虚断"和"虚短"的特点。根据虚断有 $V+ = V- = 0$ V,虚短有 $i+ = i- = 0$ A 。对结点 b 列电流方程:

$$\frac{V_a - 0}{R_3} + \frac{5 - 0}{R_1} = \frac{0 - V_{out}}{R_2}$$

将 $R_1 = R_2 = 15$ kΩ,$R_3 = 7.5$ kΩ 代入上式得:$V_{out} = -(5 + 2V_a)$。将 $V_a = 0 \sim -5$ V 代入:当 $V_a = 0$ 时,$V_{out} = -5$ V;当 $V_a = -5$ V 时,$V_{out} = +5$ V。数字量和各点电压间的关系如表 14-9 所列。

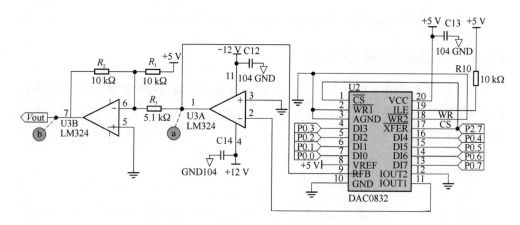

图 14-11 简易波形发生器

表 14-9 数字量和各点电压之间的关系

数字量 Data	a 点电压 V_a	输出电压 V_{out}
0	0 V	-5 V
128	-2.5 V	0 V
255	-5 V	+5 V

3. 波形发生器程序代码

```c
#include<reg51.h>
#include<absacc.h>
/ *************************** 定义 DAC0832 端口地址 *************************** /
#define DAC0832 XBYTE[0x7fff]
#define uchar unsigned char
void sin[128] =
{
0x7F,0x85,0x8B,0x92,0x98,0x9E,0xA4,0xAA,0xB0,0xB6,0xBB,0xC1,0xC6,0xCB,
0xD0,0xD5,0xD9,0xDD,0xE2,0xE5,0xE9,0xEC,0xEF,0xF2,0xF5,0xF7,0xF9,0xFB,
0xFC,0xFD,0xFE,0xFE,0xFE,0xFE,0xFE,0xFD,0xFC,0xFB,0xF9,0xF7,0xF5,0xF2,
0xEF,0xEC,0xE9,0xE5,0xE2,0xDD,0xD9,0xD5,0xD0,0xCB,0xC6,0xC1,0xBB,0xB6,
0xB0,0xAA,0xA4,0x9E,0x98,0x92,0x8B,0x85,0x7F,0x79,0x73,0x6C,0x66,0x60,
0x5A,0x54,0x4E,0x48,0x43,0x3D,0x38,0x33,0x2E,0x29,0x25,0x21,0x1C,0x19,
0x15,0x12,0x0F,0x0C,0x09,0x07,0x05,0x03,0x02,0x01,0x00,0x00,0x00,0x00,
0x00,0x01,0x02,0x03,0x05,0x07,0x09,0x0C,0x0F,0x12,0x15,0x19,0x1C,0x21,
0x25,0x29,0x2E,0x33,0x38,0x3D,0x43,0x48,0x4E,0x54,0x5A,0x60,0x66,0x6C,
0x73,0x79}
/ *************************** 延时函数 *************************** /
void delay(uchar s)
{
  while(s--);
}
/ *************************** 锯齿波发生函数 *************************** /
/ * 锯齿波发生函数 */
void saw(void)
{
  uchar i;
  for (i=0;i<255;i++)
  {
    DAC0832 = i;
  }
}
```

```
/ ***************************** 方波生成函数 ***************************** /
void square(void)
{
  DAC0832 = 0x00;                    //输出 0x00 给 DAC0832
  delay(0x10);                       //调用延时函数,延时函数决定了输出方波的频率
  DAC0832 = 0xff;                    //输出 0xff 给 DAC0832
  delay(0x10);                       //调用延时函数,延时函数决定了输出方波的频率
}
/ ***************************** 梯形波生成函数 ***************************** /
void trap(void)
{
  uchar i;
for(i = 0;i < 255;i ++ )
DAC0832 = i;                         //0~254 输出
DAC0832 = 255;                       //255 输出
delay(10);                           //延时函数
for(i = 255;i > 0;i -- )
DAC0832 = i;                         //255~1 输出
}
/ ***************************** 正弦波生成函数 ***************************** /
void sina(void)
{
  uchar i;
  for(i = 0;i < 128;i ++ )
  DAC0832 = sin[i];
}
/ ***************************** 主函数 ***************************** /
void main(void)
{ uchar i;
  while(1)
{
/ ***************************** 产生一段锯齿波 ***************************** /
for(i = 0;i < 255;i ++ )
saw();
/ ***************************** 产生一段方波 ***************************** /
for(i = 0;i < 255;i ++ )
square();
```

```
/ ****************************** 产生一段梯形波 ****************************** /
for(i = 0;i < 255;i ++)
trap();
/ ****************************** 产生一段正弦波 ****************************** /
for(i = 0;i < 255;i ++)
sina();
  }
}
```

14.6 数/模转换器 MAX531 的应用

用模/数转换器采集了模拟信号,经过单片机处理后控制外部设备,但是这个设备往往还是需要模拟信号来控制的,这时必须再将数字信号转换成模拟信号。常用的完成这种功能的数/模转换器比较多,我们就以性价比较高的 MAX531 讲解吧。

14.6.1 MAX531 的介绍

MAX531 是美信集成产品公司生产的 12 位串行数据接口数/模转换器,采用"反向" R-2R 的梯形电阻网络结构。内置单电源 CMOS 运算放大器,其最大工作电流仅为 $260\,\mu A$,具有很好的电压偏移、增益和线性度。内部运算放大器根据需要可配置成 +1 或 +2 的增益,也可作四象限乘法器。

其主要性能如下:

(1) 单/双工作电源;

(2) 缓冲电压输出;

(3) 内置 2.048 V 电压基准;

(4) 积分非线性误差 INL:±1/2 LSB;

(5) 灵活的输出电压范围:$V_{SS} \sim V_{DD}$;

(6) 电源上电复位功能;

(7) 具有菊花链连接的串行数据输出。

14.6.2 MAX531 的引脚说明

MAX531 采用 14 脚 DIP 封装,其引脚图如图 14-12 所示,引脚功能的详细说明见表 14-10。

表 14 – 10　引脚功能说明

引脚	名　称	功　能	引脚	名　称	功　能
1	BIP OFF	双极性偏置/增益电阻	8	AGND	模拟地
2	DIN	串行数据输入	9	REFIN	参考电压输入
3	$\overline{\text{CLR}}$	清零	10	REFOUT	参考电压输出 2.048 V
4	SCLK	串行时钟输入	11	VSS	负电源
5	$\overline{\text{CS}}$	片选,低电平有效	12	VOUT	DAC 输出
6	DOUT	串行数据输出	13	VDD	正电源
7	DGND	数字地	14	RFB	反馈电阻

MAX531

1	BIP OFF	RFB 14
2	DIN	VDD 13
3	$\overline{\text{CLR}}$	VOUT 12
4	SCLK	VSS 11
5	$\overline{\text{CS}}$	REFOUT 10
6	DOUT	REFIN 9
7	DGND	AGND 8

图 14 – 12　MAX531 引脚图

1. 工作原理

在芯片选择 $\overline{\text{CS}}$ 为高电平时,SCLK 被禁止且 DIN 端的数据不能进入 D/A,从而 VOUT 处于高阻状态。当数据串行接口把 $\overline{\text{CS}}$ 拉至低电平时,转换时序开始允许 SCLK 工作并使 VOUT 脱离高阻状态。数据串行接口将 SCLK 时钟序列传给 SCLK,在 SCLK 的上升沿,16 位串行数字输到 DIN 被锁入 12 位移位寄存器,其中高 4 位(MSB)移入 DOUT 寄存器,此时 D/A 以菊花链连接才能用到。在 $\overline{\text{CS}}$ 上升沿时,12 位移位寄存器的数据进入 DAC 寄存器,从而更新 DOUT,其 12 位数据的固定转换时间约为 25 μs。MAX531 输入数据以 16 位为一个单元,因此需要 2 个写周期把数据存入 DAC。在上电时内部复位电路迫使 DAC 寄存器复位成 000H。当 DAC 在系统不用时,通过设置合适的代码使其功耗最小。例如:在双极性模式带阻性负载时,则把 DAC 代码设置为中间值 800H。如果无负载,则把 DAC 设为 000H,使 REFOUT 的内部电流最小。此时,REFIN 为高阻态,内部运算放大器工作电流为最小值。

MAX531 的工作时序图如图 14 – 13 所示。图 14 – 14 为 MAX531 典型应用电路。

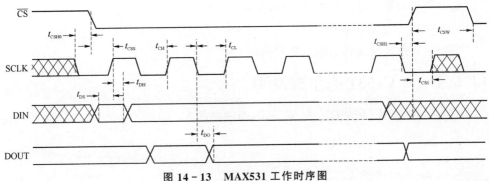

图 14 – 13　MAX531 工作时序图

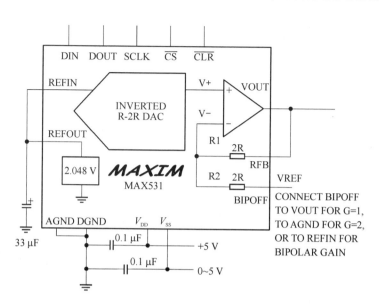

图 14 - 14   MAX531 典型应用电路

2. MAX531 硬件电路

(1) 单极性接法

当 BIPOFF、RFB 都连接到 VOUT 端时（如图 14 - 15(a)所示），内部的运算放大器构成了电压跟随器，内部增益为 1。如果参考电压 REFOUT＝2.048 V，当数字量为 FFFH 时，内部 DAC 转换后的电压为 2.048 V，经过电压跟随器后，VOUT 输出电压仍然是 2.048 V，输出电压范围为 0～2.048 V。单极性增益为 1 时，二进制输入和输出的关系如表 14 - 11 所列。

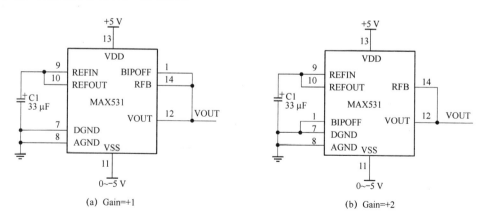

图 14 - 15   MAX531 单极性电路

当 BIPOFF 连接到地(如图 14 - 15(b)所示)时,RFB 连接到 VOUT 端,内部放大器构成了同向比例放大器,放大倍数为 2,如果参考电压 REFOUT＝2.048 V,当数字量为 FFFH 时,内部 DAC 转换后的电压为 2.048 V,经过 2 倍放大后,VOUT 输出电压是 4.096 V,输出电压范围为 0～4.096 V。单极性增益为 2 时,二进制输入和输出关系如表 14 - 12 所列。

表 14 - 11　单极性二进制码表($0～V_{REFIN}$ 输出)增益 Gain＝＋1

输　入	输　出
111 111 111	$V_{REFIN}\dfrac{4\,095}{4\,096}$
100 000 001	$V_{REFIN}\dfrac{2\,049}{4\,096}$
100 000 000	$V_{REFIN}\dfrac{2\,048}{4\,096}=+V_{REFIN}\dfrac{1}{2}$
0111 111 111	$V_{REFIN}\dfrac{2\,047}{4\,096}$
000 000 001	$V_{REFIN}\dfrac{1}{4\,096}$
000 000 000	0 V

表 14 - 12　单极性二进制码表($0～2V_{REFIN}$ 输出)增益 Gain＝＋2

输　入	输　出
111 111 111	$+2V_{REFIN}\dfrac{4\,095}{4\,096}$
100 000 001	$+2V_{REFIN}\dfrac{2\,049}{4\,096}$
100 000 000	$+2V_{REFIN}\dfrac{2\,048}{4\,096}=+V_{REFIN}$
0111 111 111	$+2V_{REFIN}\dfrac{2\,047}{4\,096}$
000 000 001	$+2V_{REFIN}\dfrac{1}{4\,096}$
000 000 000	0 V

(2) 双极性接法

将 BIPOFF 端接在参考电压输出端 REFOUT 构成双极性接法(如图 14 - 16 所示),此时电源为正、负电源。MAX531 内部运算放大器工作在线性区,具有虚断和虚短的特点。输出电压计算:

根据虚短:$V_+＝V_-$,根据虚断:$i_+＝i_-＝0A$,电阻 R_1、R_2 串联 $V_+＝\dfrac{V_{REF}+V_{OUT}}{2}$,所以 $V_{OUT}=2V_+-V_{REF}$(其中 $V_{REF}＝REFOUT＝2.048$ V),所以 $V_{OUT}=2V_+-2.048$ V。当 $V_+＝0$ V 时 $V_{OUT}＝-2.048$ V,当 $V_+＝2.048$ V 时 $V_{OUT}＝+2.048$ V。双极性二进制码表如表 14 - 13 所列。

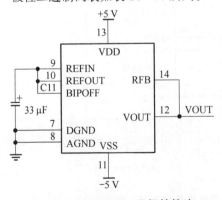

图 14 - 16　MAX531 双极性接法

表 14 - 13　双极性二进制码表($-V_{REFIN}～+V_{REFIN}$ 输出)

输　入	输　出
111 111 111	$+V_{REFIN}\dfrac{2\,047}{2\,048}$
100 000 001	$+V_{REFIN}\dfrac{1}{2\,048}$
100 000 000	0 V
0111 111 111	$-V_{REFIN}\dfrac{1}{2\,048}$
000 000 001	$-V_{REFIN}\dfrac{2\,047}{2\,048}$
000 000 000	$-V_{REFIN}\dfrac{2\,048}{2\,048}=-V_{REFIN}$

14.6.3　键控高精度波形发生器

用单片机 P1.7 口接的独立按键控制 MAX531 的输出波形,有正弦波、锯齿波、三角波和方波。当按键按下时循环输出各种波形,输出波形的幅值为 5 V,硬件电路如图 14 - 17 所示。MAX531 为单极性接法,内部增益为 2,输出电压幅值为 4.096 V,外部接了同相比例放大电路,调节反馈电阻,使输出信号的幅值为 5 V。实际应用中可以提高运算放大器的供电电压,调节同向比例的反馈电阻,改变放大倍数,提高输出波形的幅值,满足实际的需求。图 14 - 18～图 14 - 21 为用数字示波器观察的各种波形图,从中可以看出输出波形比较平滑。

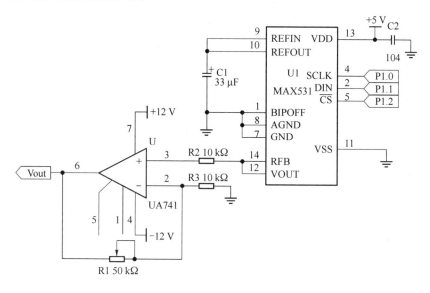

图 14 - 17　高精度波形发生器

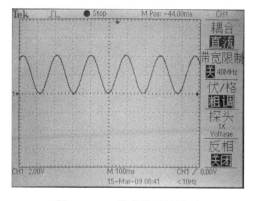

图 14 - 18　输出的正弦波形

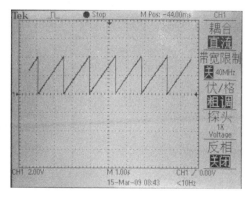

图 14 - 19　输出的锯齿波形

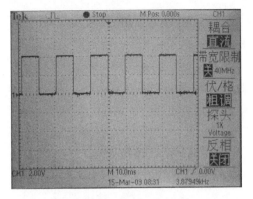

图 14 - 20　输出的方波波形

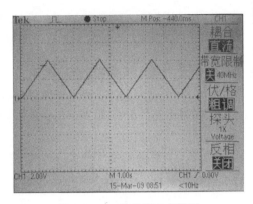

图 14 - 21　输出的三角波形

下面为波形发生器程序代码:

```
# include < reg51.h >
# include < intrins.h >
# define uint unsigned int
# define uchar unsigned char
/ ******************************* 端口定义 ******************************* /
sbit DATA = P1^1;                         //数据口
sbit CS = P1^2;                           //片选口
sbit SCK = P1^0;                          //时钟口
uchar flag = 0,key1 = 0;                  //波形标志 flag,按键标志 key1
/ *********************** 用正弦波数据生成软件生成正弦数据 ******************** /
uint code sin[256] =
{
0x7FF,0x831,0x863,0x896,0x8C8,0x8FA,0x92B,0x95D,0x98E,0x9C0,0x9F1,0xA21,
0xA51,0xA81,0xAB1,0xAE0,0xB0F,0xB3D,0xB6A,0xB98,0xBC4,0xBF0,0xC1C,0xC46,
0xC71,0xC9A,0xCC3,0xCEB,0xD12,0xD38,0xD5E,0xD83,0xDA7,0xDCA,0xDEC,0xE0D,
0xE2E,0xE4D,0xE6C,0xE89,0xEA5,0xEC1,0xEDB,0xEF5,0xF0D,0xF24,0xF3A,0xF4F,
0xF63,0xF75,0xF87,0xF97,0xFA6,0xFB4,0xFC1,0xFCD,0xFD7,0xFE0,0xFE8,0xFEF,
0xFF5,0xFF9,0xFFC,0xFFE,0xFFE,0xFFE,0xFFC,0xFF9,0xFF5,0xFEF,0xFE8,0xFE0,
0xFD7,0xFCD,0xFC1,0xFB4,0xFA6,0xF97,0xF87,0xF75,0xF63,0xF4F,0xF3A,0xF24,
0xF0D,0xEF5,0xEDB,0xEC1,0xEA5,0xE89,0xE6C,0xE4D,0xE2E,0xE0D,0xDEC,0xDCA,
0xDA7,0xD83,0xD5E,0xD38,0xD12,0xCEB,0xCC3,0xC9A,0xC71,0xC46,0xC1C,0xBF0,
0xBC4,0xB98,0xB6A,0xB3D,0xB0F,0xAE0,0xAB1,0xA81,0xA51,0xA21,0x9F1,0x9C0,
```

```
0x98E,0x95D,0x92B,0x8FA,0x8C8,0x896,0x863,0x831,0x7FF,0x7CD,0x79B,0x768,
0x736,0x704,0x6D3,0x6A1,0x670,0x63E,0x60D,0x5DD,0x5AD,0x57D,0x54D,0x51E,
0x4EF,0x4C1,0x494,0x466,0x43A,0x40E,0x3E2,0x3B8,0x38D,0x364,0x33B,0x313,
0x2EC,0x2C6,0x2A0,0x27B,0x257,0x234,0x212,0x1F1,0x1D0,0x1B1,0x192,0x175,
0x159,0x13D,0x123,0x109,0x0F1,0x0DA,0x0C4,0x0AF,0x09B,0x089,0x077,0x067,
0x058,0x04A,0x03D,0x031,0x027,0x01E,0x016,0x00F,0x009,0x005,0x002,0x000,
0x000,0x000,0x002,0x005,0x009,0x00F,0x016,0x01E,0x027,0x031,0x03D,0x04A,
0x058,0x067,0x077,0x089,0x09B,0x0AF,0x0C4,0x0DA,0x0F1,0x10A,0x123,0x13D,
0x159,0x175,0x192,0x1B1,0x1D0,0x1F1,0x212,0x234,0x257,0x27B,0x2A0,0x2C6,
0x2EC,0x313,0x33B,0x364,0x38D,0x3B8,0x3E2,0x40E,0x43A,0x466,0x494,0x4C1,
0x4EF,0x51E,0x54D,0x57D,0x5AD,0x5DD,0x60E,0x63E,0x670,0x6A1,0x6D3,0x704,
0x736,0x768,0x79B,0x7CD};
/ ******************************* 延时函数 ******************************* /
void delay(uint i)
{
  unsigned int j;
  for(;i! = 0;i-- )
  for(j = 20;j! = 0;j--);
}

/ *************************** dac0832 输出函数 *************************** /
void output(uint dat)
{
  uchar i = 12;
  CS = 0;                 //低电平有效,低电平芯片处于工作状态
  while(i-- )             //12 位 D/A 转换,循环次数为 12
  {
  if(dat&0x0800) DATA = 1; //取 12 位数据的最高位,如果为 1 输出高电平,否则输出低电平
  else
  DATA = 0;
  SCK = 1;                //时钟为高电平
  _nop_();
  _nop_();
  SCK = 0;                //时钟为低电平
  _nop_();
  _nop_();
  dat = dat << 1;         //右移一位,准备下一个数据
  }
```

```
    CS = 1;                          //片选信号为高电平,芯片无效
}

/ **************************** 方波生成函数 **************************** /
void square(void)
{
output(0x0fff);                      //输出最大值 0x0fff ,max531 转换后的电压为 4.096 V
delay(50);                           //延时函数,延时时间的长短影响输出方波的频率
output(0x0000);                      //输出最小值 0x0000 ,max531 转换后的电压为 0 V
delay(50);                           //延时函数,延时时间的长短影响输出方波的频率
}

/ **************************** 锯齿波生成函数 **************************** /
void saw(void)
{
uint i;
for(i = 0;i < 0x1000;i + + )
{
    output(i);                       //锯齿波 i 的值从 0～0xfff 变化
}
}

/ **************************** 三角波生成函数 **************************** /
void trigle(void)
{
uint i;
for(i = 0;i < 0x0fff;i + + )
output(i);                           //i 的值从 0～0x0ffe
for(i = 0x0fff;i > 0;i - - )
output(i);                           // i 的值从 0x0fff～0x0001
}
/ **************************** 按键扫描函数 **************************** /
void keyscan()
{
    while((P1&0x80) = = 0)            //如果(P1&0x80) = = 0,表示 P1.7 按键按下,则等待按键释放
    key1 = 1;                        //标志位 key1 = 1,表示有按键按下了
}
/ **************************** 主函数 **************************** /
void main()
{
```

```
uint i;
while(1)
{
  keyscan();                          //调用按键扫描函数
  if(key1 == 1)                       //如果 key1 == 1 有键按下,将 flag 加 1,如果
                                      //flag == 4,则清零
  {
    flag ++ ;                         //将标志位自加
    if(flag == 4) flag = 0;           //如果标志位等于 4,将标志位清 0
    key1 = 0;                         //清按键标志
  }
  switch(flag)                        //根据标志位 flag 的值调用各种波形的函数
  {
  case 0:{for(i = 0;i < 256;i ++ ) output(sin[i]);keyscan();}break;
                                      //flag == 0 正弦波
  case 1: saw(); keyscan(); break;    //flag == 1 锯齿波
  case 2: square();keyscan(); break;  //flag == 2 方波
  case 3: trigle();keyscan(); break;  //flag == 3 三角波
  }
}
}
```

第**15**章

实时多任务操作系统 RTX51

如果你是老板,那么一定希望你的员工既聪明又能干,最好是在职员工一个顶五个。那么如何才能让现在的员工做到这一点呢?除了让员工加快干活的速度以外,另一个比较重要的因素就是把事情分出轻重缓急,然后合理安排时间,从而保证每件事情都能在规定的时间内完成。老板和员工与单片机和今天要讲的实时多任务操作系统 RTX51 又有什么关系呢?欲知详情,请继续向下看。

15.1　RTX51、单片机与我就好比管理制度、员工与老板

如果单片机中没有操作系统帮助单片机规划如何执行各个功能函数的话,就相当于一个很小的公司缺少管理制度一样;所有的事情都是老板一个人事先安排好的,员工只要按部就班地做就可以了,当然发生紧急情况的时候员工可以立刻去处理,然后再回来继续做事情。这种做法在员工较少、事情不太多也不太复杂的时候是可以的,但是当人多、事情也多时,如果还是老板一个人把所有的事情全都考虑清楚并安排的话,在实际的工作中可能会存在一些问题,因此当公司大了一定是需要规范的管理制度,用制度和做事情的规定流程去安排员工的日常工作。所以可以这样理解,当没有操作系统时,单片机就是一个很能干的员工,而我就相当于是老板,我编写程序然后让单片机一步一步执行,当然在单片机需要处理的事情不多时,这种做法是可以的,当单片机要处理的事情较多时,作为编写程序的我就需要考虑太多事情了,如执行这部分程序对另一部分程序有没有影响啊,几部分程序之间怎么相互协调同步等。晕!好在有操作系统能帮我,我只要考虑清楚都让单片机做哪些事情并把这些事情分成若干部分,至于单片机怎么执行这些事情?就是在操作系统的调度下来完成的了。现在应该弄清楚单片机、编程的人以及操作系统都是什么关系了吧?那么关于操作系统 RTX51

当然操作系统也是人通过软件编写出来的,不过关于这个操作系统是怎么编的暂时就不需要咱们管了,我们只要会用就可以了。这就相当于是我们如果想用计算机,我们没有必要再自己编写一个 Windows 操作系统。当然,如果以后想从事操作系统本身的研究是可以的!

更形象的描述是怎样的？我们该如何使用 RTX51 呢？请看下面的内容吧！

15.2   你在家给老婆做饭吃吗

　　下面我将自己学习做饭的成长经历和大家分享一下。相信做过饭的朋友一定会深有体会,没有做过饭的也会从中领悟出用操作系统调度各段不同功能的程序与做饭之间的关系。

　　做饭时需要做的事情很多,如洗米、洗菜、用电饭锅做饭、炖菜、收拾厨房等。我前几次做饭时不懂得合理分配时间,总是按部就班地去做每件事。原来我是这样做的:先洗米,然后用电饭锅做饭,接下来我就在那等着饭做好了以后再洗菜,然后炖菜,再等菜做好了,然后吃饭,最后收拾厨房。但是现在在高人(我老婆)的指导下,我学会了合理利用时间。现在和大家分享一下应该如何安排厨房里的这几件事:首先是洗米,把米放到电饭锅里打开开关,现在就不用管饭是怎么熟的了,接下来在电饭锅帮我做饭的同时我就可以洗菜了,洗完菜后放到锅里炖,在炖菜的同时就可以开始收拾厨房了;在收拾厨房的过程中,当我听到饭熟了的提示音后,就可以放下手头的活儿去把电饭锅的电源线拔掉,然后再继续收拾厨房,当菜熟了的时候,就可以放下手头的活儿去处理菜。这样安排厨房里的事情可比以前效率高多了。

　　通过上面的讲解,大家现在应该能够理解操作系统的作用了吧？其实操作系统的作用就在于它可以合理调度各个功能不同的程序段,使得每一段程序都能够在规定的时间内完成相应的任务,即到达所谓的实时,使得单片机的 CPU 最大程度地发挥自己的作用,并最终达到让我们用单片机的人省心,真正让现在的单片机做到一片顶过去的五片,价格低廉又能干。

　　其实,操作系统有很多种,如 RTX51、μC/OS - Ⅱ、VxWorks、Linux 及 Windows CE 等。虽然种类很多,但是能直接用在 51 单片机上的很少,也只有 RTX51 而已。其他的操作系统都比较占用单片机的 ROM、RAM 等资源,而 51 单片机的内部资源有限,所以一般这些系统是不能直接用的,如 μC/OS-Ⅱ这个系统想在 51 单片机上使用,则必须对它进行裁减、设置等,最后才可以移植到 51 单片机上,并且必要的话还要给 51 单片机外扩数据存储器。

还是说说 RTX51 吧。RTX51 是德国 Keil 公司开发的专门针对 80C51 及其兼容单片机的实时多任务操作系统(Real Time Operation System,简称 RTOS)。RTX51 有两个版本:RTX51 Full 和 RTX51 Tiny。其中 RTX51 Full 版本支持 4 级任务优先级,最多可以有 256 个任务,同时支持抢占式与时间片循环两种调度方式;RTX51 Tiny 是 RTX51 Full 的子集,是一个很小的内核,只占用 900 字节的存储空间,且只需要 51 单片机内部寄存器即可实现所有功能。RTX51 Tiny 支持 16 个任务,任务间遵循时间片轮回的规则,但是不支持抢占式任务切换方式,因此它适用于对实时性要求不高的多任务管理的应用场合。

> 锦囊:上面这段文字只是简单介绍一下我们今天要学习的 RTOS。其中一些术语如果听起来有些晕也无所谓,下面会具体讲解。还需要说明的是:RTX51 Full 版本的功能全,但是需要花钱购买的;而 RTX51 Tiny 虽然功能相对少些,但它是免费的,只要安装了 Keil 软件,RTX51 Tiny 就可以使用了。

到此,我想许多初学者一定想立刻就使用 RTX51 Tiny。先别急,我们还是一起完成一个不用 RTX51 Tiny 的实验,观察现象后再利用 RTX51 Tiny 重新完成这个实验,通过对比去体会操作系统的优势。

15.3 没有操作系统的日子

1. 硬件电路设计

回忆一下前面我们一起研究过的程序,其功能是按键控制数码管上显示的数据,每当一个按键按下时就让数码管上显示的数据值加 1,当按下另一个按键时就让数码管上显示的数据值减 1。硬件电路如图 5-6 所示。此电路在前面已经分析过了,这里就不重复了。

2. 软件设计思想

软件流程图如图 15-1 所示。程序主要包括四部分:初始化、按键子程序、除法子程序和显示子程序。初始化部分主要是给计数器变量 count 赋初值 0。主程序中的按键程序、除法程序和显示程序无限循环执行。如果有按键按下,则在按键子程序中更新 count 中的数据;在每次执行除法子程序时,都将最新 count 中数据的千位、百位、十位和个位数分开,将分开的 4 个数据分别存储到 qianwei、baiwei、shiwei 和 gewei 这 4 个变量中;显示子程序是用除法子程序中的十位和个位数去显示段码表中找对应的显示段码,并送到 P0 口完成实时显示 COUNT 中的数。

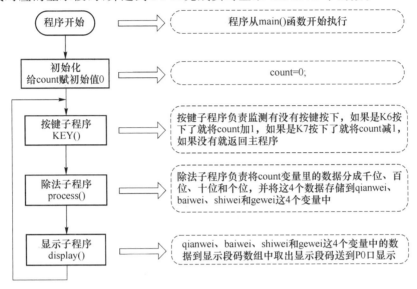

图 15 - 1   按键控制数码管数据加减程序流程图

3. 程序代码清单

```
#include <reg52.h>
#define uchar unsigned char
#define uint unsigned int
sbit  k6 = P1^6;        //按键 k6 连接到了单片机的 P1.6 引脚
sbit  k7 = P1^7;        //按键 k7 连接到了单片机的 P1.7 引脚
uchar Table[10] = {0xc0,0xf9,0xa4,0xb0,0x99,0x92,0x82,0xf8,0x80,0x90};//显示段码
uchar qianwei,baiwei,shiwei,gewei;//定义 4 个变量用于存放计数值 count 的各个位
uint count = 0;         //初始计数值
uint i = 0;             //定义一个全局变量 i,当想把 count 分成千、百、十、个位是用来临时
                        //存储 count 数据用
// ******** 一下声明 3 个函数 *************** /
void display(void);     //显示函数
void process(uint i);//数据处理函数,负责做除法运算,将计数器里的数分成千、百、十、个位
void key(void);// 按键函数,用于检测是否有按键按下,如果有就相应的加或减计数器里的数
/ ************************** 延时子程序 ***************************** /
void delayms(uchar ms)
```

```
{  uchar i;
   while(ms -- )
    {
      for(i = 0; i < 120; i++);
    }
}
/ ***************************** 显示函数 ***************************** /
void display(void)
{
   P2 = 0xf7;                    //打开 P2.3 位控制的数码管
   P0 = Table[qianwei];          //取千位在 Table 数组中所对应的显示段码送 P0 口
   delayms(1);                   //延时函数,动态显示,延时过长会出现逐个点亮的效果
   P2 = 0xfb;                    //打开 P2.2 位控制的数码管
   P0 = Table[baiwei];           //取百位在 Table 数组中所对应的显示段码送 P0 口
   delayms(1);                   //延时函数,动态显示,延时过长会出现逐个点亮的效果
   P2 = 0xfd;                    //打开 P2.1 位控制的数码管
   P0 = Table[shiwei];           //取十位在 Table 数组中所对应的显示段码送 P0 口
   delayms(1);                   //延时函数,动态显示,延时过长会出现逐个点亮的效果
   P2 = 0xfe;                    //打开 P2.0 位控制的数码管
   P0 = Table[gewei];            //取个位在 Table 数组中所对应的显示段码送 P0 口
   delayms(1);                   //延时函数,动态显示,延时过长会出现逐个点亮的效果
   P2 = 0xff;                    //P2 口输出全"1",所有三极管都截止,数码管全熄灭
}
/ ***************************** 数据处理 ***************************** /
void process(void)
{
   qianwei = i/1000;             //取 i 的千位,保存到变量 qianwei 中
   i = i % 1000;                 //取 i 除以 1000 后的余数,保存到 i 中
   baiwei = i/100;               //取 i 的百位,保存到变量 baiwei 中
   i = i % 100;                  //取 i 除以 100 后的余数,保存到 i 中
   shiwei = i/10;                //取 i 的十位,保存到变量 shiwei 中
   i = i % 10;                   //取 i 的个位
   gewei = i;                    //i 的个位,保存到变量 gewei 中
}
/ ***************************** 按键扫描及处理函数 ***************************** /
void key(void)
{
```

```
bit key_jia = 0,key_jian = 0;        //定义两个按键标志位变量
while((1&k6) == 0) key_jia = 1;    //如果k6按键按着并且一直不释放的话就循环执行 key_jia = 1
while((1&k7) == 0) key_jian = 1;   //如果k6按键按着并且一直不释放的话就循环执行 key_jia = 1
if (key_jia == 1)                    //如果有按键按下即标志位是1,执行下面大括号里的内容
  {
    key_jia = 0;        //将标志位清0,防止下次在没有按键按下的时候仍然执行 count 加 1
                        //(count ++)的操作
    if (count! = 9999)    //如果 count 还没有被加到 9 999,就在本次按键按下时执行下一条
      count ++ ;          //将 count 加 1
      i = count;          //把 count 复制给 i
  }
if (key_jian == 1)                    //如果有按键按下的标志位是1,执行下面大括号里的内容
  {
    key_jian = 0;       //将标志位清0,防止下次在没有按键按下的时候仍然执行 count 减 1
                        //(count --)的操作
    if (count! = 0)       //如果 count 还没有被减到 0,就在本次按键按下时执行下一条
      count -- ;          //将 count 减 1
      i = count;          //把 count 复制给 i
  }
}
/ *************************** 主函数 *************************** /
void main(void)
{
  count = 0;                        //给计数器 count 赋初始值 0
  while(1)                          //主函数是由 while 构成的死循环,不停地执行下面 3 个函数
  {
    key();                          //按键扫描处理函数,查看是否有键按下并做相应的处理
    process();                      //计数值处理函数,将 count 分出千位、百位、十位、个位
    display();                      //计数值显示函数,将 count 这个数在数码管上显示出来
  }
}
```

4. 互动环节

曲畅:虽然完成的任务比较简单,但是程序代码看上去还是挺长的。我想问一下如何能够快速看懂别人编写的程序呢?

阿范:可以先看流程图,把整个程序分析清楚,知道整个程序都包含几件事,然后

从 main()主函数开始看。不要一看到程序代码就从头开始分析,因为从前面的各个函数看不出来他们之间是什么关系。

曲畅:我把程序编译通过以后下载到单片机里运行,发现当按按键调节数码管显示的数据时,如果我一直按住按键不放,数码管就会熄灭,这是怎么回事呢?

阿范:数码管熄灭说明在手一直按住按键不放时,显示函数 display()没有得到执行,那程序停在哪了呢? 其实程序停在了按键函数里面,如果按的是 k6,则程序停在"while((1&k6)==0) key_jia=1",即只要按键按住不放就一直执行按键标志置 1 的语句 key_jia=1,直到释放按键为止,所以当按住按键不放时就会出现数码管熄灭的现象了。

曲畅:那该怎么办呢?

阿范:有两种方法。一种是在前面曾经采用过的,就是当按键按下不释放时,就一直执行显示函数 display(),如果按键释放了,就继续执行。将 key()函数中下面两行原代码:

```
while((1&k7)==0) key_jian=1 和 while((1&k6)==0) key_jia=1;
```

分别改写成:

```
while((1&k7)==0) { key_jian=1; display(); }和 while((1&k6)==0) { key_jia=1; display(); }
```

即只要 while 语句括号内的内容(1&k7)==0 或(1&k6)==0 一直成立(按键一直按住不放),就执行"{ }"中的显示函数和置标志语句。

曲畅:那我就明白了。不过这样的话,当按键按住不放时,只要在主程序中循环调用的的函数如果想执行的话就都得加到这儿来了。这样感觉不算太好吧?

阿范:当然了。下面我们开始一起学习第二种方法。也就是用操作系统 RTX51 帮我们解决按键不释放其他程序就得不到执行的问题。现在用了操作系统 RTX51 后,即使程序"卡"在了某处,其他程序也能正常执行。就相当于是当我把饭放在了电饭锅里后,我并不用"卡"在这个地方一直盯着电饭锅里的饭,我完全可以利用这个时间去做别的事情。在刚才的实验里,当按键按住不放时,单片机的 CPU 根本不用停在那等待按键释放,而是可以去别的程序中执行,当按键释放后再回去继续执行下面的程序即可。这样就不会出现数码管熄灭的现象了。

曲畅:那问题是怎么实现的呢? 如何得到 RTX51 这个操作系统呢? 又是怎么使用的呢?

阿范:好吧,现在我就把程序改写成基于 RTX51 Tiny 操作系统的,具体的内容看下一节吧。

15.4 操作系统我们爱你

"千呼万唤始出来,犹抱琵琶半遮面"。RTX51 操作系统终于要和大家见面了!

我在此先把修改后的程序给出，具体的细节问题我们在下面一起探讨。

```
# include < reg51.h >
# include < rtx51tny.h >
# define uchar unsigned char
# define uint unsigned int
sbit  k6 = P1^6;                    //按键 k6 连接到了单片机的 P1.6 引脚
sbit  k7 = P1^7;                    //按键 k7 连接到了单片机的 P1.7 引脚
uchar Table[10] = {0xc0,0xf9,0xa4,0xb0,0x99,0x92,0x82,0xf8,0x80,0x90};//显示段码
uchar qianwei,baiwei,shiwei,gewei;//定义 4 个变量用于存放计数值 count 的各个位
uint count = 0;                     //初始计数值
uint i = 0;
        //定义一个全局变量 i,当想把 count 分成千、百、十、个位是用来临时存储 count 数据的
/ ***************************** 任务 0 ***************************** /
initial() _task_ 0              //在任务 0 中创建三个任务并删除自身
{
  os_create_task(1);            //创建一个任务 1
  os_create_task(2);            //创建一个任务 2
  os_create_task(3);            //创建一个任务 3
  os_delete_task(0);            //将(本任务)任务 0 删除,以后不再执行了(除非再次创建)
}
/ ********************* 按键扫描任务 ********************* /
  key() _task_ 1  //任务 1 负责检测按键是否按下,如果有按键按下调节变量 count 中的数据值
{
bit key_jia = 0,key_jian = 0;       //定义两个按键标志位变量
  while(1)
  {
    while((1&k6) == 0) key_jia = 1;//如果 k6 按键按住并且一直不释放的话就循环执行 key_jia = 1
    while((1&k7) == 0) key_jian = 1;  //如果 k6 按键按住并且一直不释放的话就循环执行
                                //key_jian = 1
    if (key_jia == 1)           //如果有按键按下即标志位是 1,执行下面大括号里的内容
      {
        key_jia = 0;            //将标志位清 0,防止下次在没有按键按下的时候仍然执行
                                //count 加 1(count ++ )的操作
        if (count! = 9999)   //如果 count 还没有被加到 9 999,就在本次按键按下时执行下一条
          count ++ ;            //将 count 加 1
        i = count;              //把 count 复制给 i
        os_send_signal(2);   //给任务 2 发送一个控制信号(使得任务 2 可以继续执行了)
      }
```

```
    if (key_jian == 1)              //如果有按键按下的标志位是 1,则执行下面大括号里的内容
      {
        key_jian = 0;               //将标志位清 0,防止下次在没有按键按下的时候仍然执行
                                    //count 减 1(count - - )的操作
        if (count! = 0)             //如果 count 还没有被减到 0,就在本次按键按下时执行下一条
          count - - ;               //将 count 减 1
          i = count;                //把 count 复制给 i
          os_send_signal(2);        //给任务 2 发送一个控制信号(使得任务 2 可以继续执行了)
      }

      os_wait(K_TMO,3,0);           //将本任务挂起一段时间再执行(相当于延时,在此期间别的
                                    //任务可以执行)
    }
}
/ *************************** 数据处理任务 *********************************** /
  process() _task_ 2
                    //任务 2 的名称是 process(),负责将 count 中的数分成千、百、十、个位存放
{
  while(1)
  {
    qianwei = i/1000;               //取 i 的千位,保存到变量 qianwei 中
    i = i%1000;                     //取 i 除以 1000 后的余数,保存到 i 中
    baiwei = i/100;                 //取 i 的百位,保存到变量 baiwei 中
    i = i%100;                      //取 i 除以 100 后的余数,保存到 i 中
    shiwei = i/10;                  //取 i 的十位,保存到变量 shiwei 中
    i = i%10;                       //取 i 的个位
    gewei = i;                      //i 的个位,保存到变量 gewei 中
    os_wait1(K_SIG);                //将本任务挂起,不再执行,直到在其他任务中发送一个信号
  }
}
/ *************************** 显示任务 *********************************** /
  display() _task_ 3                //任务 3 的名称是 display(),负责在数码管上显示 count 这个数
  {
    while(1)
    {
      P2 = 0xf7;                    //打开 P2.3 位控制的数码管
      P0 = Table[qianwei];          //取千位在 Table 数组中所对应的显示段码送 P0 口
```

```
        os_wait(K_TMO,1,0);
        P2 = 0xfb;                    //打开 P2.2 位控制的数码管
        P0 = Table[baiwei];           //取百位在 Table 数组中所对应的显示段码送 P0 口
        os_wait(K_TMO,1,0);
        P2 = 0xfd;                    //打开 P2.1 位控制的数码管
        P0 = Table[shiwei];           //取十位在 Table 数组中所对应的显示段码送 P0 口
        os_wait(K_TMO,1,0);
        P2 = 0xfe;                    //打开 P2.0 位控制的数码管
        P0 = Table[gewei];            //取个位在 Table 数组中所对应的显示段码送 P0 口
        os_wait(K_TMO,1,0);
        P2 = 0xff;
    }
}
```

15.4.1 main()悄然离去

曲畅:不对吧,上面的程序中怎么没有主函数 main()呢? 程序从哪儿开始执行呢?

阿范:你很细心啊,确实没有 main()函数了。当我们编写的程序是基于操作系统 RTX51 时,程序中就不再需要 main()函数了,并把原来放在 main()函数中执行的各个函数都变成单独的一部分任务,如本例中把原来程序中的按键函数"key()"变成了"key()_task_1";把按键处理函数"process()"变成了函数"process()_task_2";把显示函数"display()"函数变成了"display()_task_3"。

曲畅:噢,原来是这样啊! 就是把原来的函数改成现在的函数了,准确点说应该称之为任务。对了,那个"_task_"以及在"_task_"后面出现的数字"1"、"2"、"3"都是什么意思啊?

阿范:"_task_"是一个关键字,用于任务声明,即用来定义一个任务;"_task_"后面出现的数字"1"、"2"、"3"代表定义的任务号,由于我们使用的是 RTX51 Tiny,它是 RTX51 Full 的一个子集,在 RTX51 Tiny 中最多只能定义 16 个任务,因此"_task_"后面的数字只能是 0~15 之间的一个数。

曲畅:现在我知道用"_task_"是为了定义任务了,那"_task_"前面的内容,如"process()_task_2"中的"process()"就应该是所定义的任务名称了吧?

阿范:你太有才了! 通俗点儿说"_task_"前面的内容相当于是一个学生的名字,而"_task_"后面的数字相当于是一个学生的学号。作为学生都有自己的名字和学号。

曲畅:对了,你还没告诉我把原来程序中的 main()函数从程序中删除了以后,程序该从哪儿开始执行呢?

阿范:此时程序从任务 0 开始执行,即从下面的这段程序开始执行:

```
/ ***************************** 任务 0 ***************************** /
initial() _task_ 0
{
  os_create_task(1);
  os_create_task(2);
  os_create_task(3);
  os_delete_task(0);
}
```

15.4.2 每个任务都可以自生自灭

曲畅:上面这段程序是做什么的呢？这里的 os_create_task(1)和 os_delete_task(0)分别是什么意思呢？

阿范:单片机上电复位后必须从上面这段程序开始执行(因为上面这段程序是任务 0)。在这个任务中用 os_create_task(n)创建了 3 个任务,分别是任务 1、2 和 3。创建以后,这 3 个任务就会准备在接下来的时间里轮流执行,此时任务 0(initial())中没有其他的程序代码了,以后不需要再执行任务 0 了,因此任务 0 采取了一个极端的做法——用 os_delete_task(0)把自己给解决了,让自己退出了历史舞台。

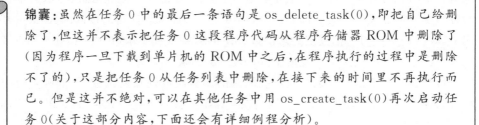

锦囊:虽然在任务 0 中的最后一条语句是 os_delete_task(0),即把自己给删除了,但这并不表示把任务 0 这段程序代码从程序存储器 ROM 中删除了(因为程序一旦下载到单片机的 ROM 中之后,在程序执行的过程中是删除不了的),只是把任务 0 从任务列表中删除,在接下来的时间里不再执行而已。但是这并不绝对,可以在其他任务中用 os_create_task(0)再次启动任务 0(关于这部分内容,下面还会有详细例程分析)。

15.4.3 阿范是培训班中所有学员共有的服务者

李雍:现在我比较清楚了,知道任务是如何创建的,也知道程序是从任务 0 开始执行的。但是在接下来的时间里,程序是怎么同时执行任务 1 即 key()、任务 2 即 process()和任务 3 即 display()的呢？

阿范:我们称这 3 个任务是"准并行"执行,也就是说这 3 个任务不是真的同时执行,因为单片机中的 CPU 只有一个,一个 CPU 怎么可能同时出现在 3 个任务中执行程序呢？

李雍:那我就不明白了,不是说操作系统可以实时执行多个任务吗？难道这不矛盾吗？

阿范:实时多任务中的"实时"并不是同时。实时的含义是在规定的时间完成任务就可以,比如让你 3 天内把作业写完,只要 3 天内完成就算实时;如果是一个定时炸弹在一分钟后就要爆炸,如果在一分钟内处理了也算实时。因此,在一个程序中有多个任务,实时完成多个任务并不是同时完成多个任务。

李雍:那这几个任务是怎么执行的呢?

阿范:CPU 会轮流执行各个任务。每个任务都执行一段无限循环的程序代码。

李雍:如果是轮流执行各个任务的话,这岂不是和不用操作系统时的程序一样了吗? 如我们在前面学过程序的部分代码如下:

```
while(1)          //主函数是由 while 构成的死循环,不停地执行下面 3 个函数
  {
  key();          //按键扫描处理函数,查看是否有键按下并作相应的处理
  process();      //计数值处理函数,将 count 分出千位、百位、十位、个位
  display();      //计数值显示函数,将 count 这个数在数码管上显示出来
  }
```

这段程序就是在主程序中不断地循环执行按键、除法处理和显示 3 个函数吗?

阿范:这是不一样的。存在操作系统的情况下,CPU 轮流去执行各个任务时,并不是把每个任务里的全部语句全都执行完之后再去执行另一个任务,而是为每一个任务分配均等的时间,当执行一个任务时,如果已经把分给它的时间用完了,虽然这个任务还没有执行完,CPU 也会强行离开转去执行别的任务。我们称这个时间段为时间片,称这种轮流执行方式为时间片轮询法。

李雍:时间片的长短是怎么确定的? 时间片的长短对程序有什么影响吗?

阿范:RTX51 Tiny 的配置参数(Conf_tny.a51 文件中,如图 15-2 所示)中有 INT_CLOCK 和 TIMESHARING 两个参数。这两个参数决定了每个任务所使用时间片的大小:INT_CLOCK 是时钟中断使用的周期数,也就是基本时间片;TIMESHARING 是每个任务一次使用的时间片数目。两者决定了一个任务一次使用的最大时间片。若假设一个系统中 INT_CLOCK 设置为 10 000,则对应的基本时间片为 10 ms,那么 TIMESHARING=1 时,一个任务使用的最大时间片是 10 ms;TIMESHARING=2 时,一个任务使用最大的时间片是 20 ms;TIMESHARING=5 时,一个任务使用最大的时间片是 50 ms。

李雍:上文中提到的"INT_CLOCK 是时钟中断使用的周期数,也就是基本时间片"是什么意思呢? 还有"若假设一个系统中 INT_CLOCK 设置为 10 000,则对应的基本时间片为10 ms",这里的 10 ms 是怎么计算的呢?

阿范:前面提到的"若假设一个系统中 INT_CLOCK 设置为 10 000,则对应的基本时间片为10 ms",这句话默认了单片机外部接的晶振频率是 12 MHz 的,因此一个机器周期是1 μs,所以当设置 INT_CLOCK 为 10 000 时对应的基本时间片就是

10 ms,而用 TIMESHARING 这个参数的值乘以基本时间片时间就是分给每个任务一次执行的最大时间片。

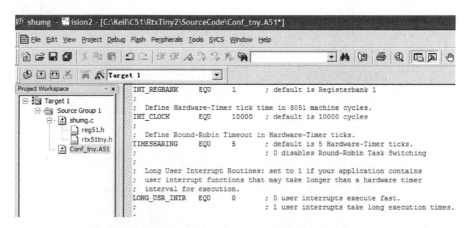

图 15 - 2 Conf_tny. a51 文件中的部分内容

李雍:我觉得给每个任务分配相同的时间片是不合理的,因为有的任务中包含的语句非常少,可能很快就执行完了,而分配给该任务的时间片还没有用完,CPU 还要在该任务里浪费很多时间才能去执行下一个任务。

阿范:这个问题非常好。其实如果某个任务中包含的语句非常少时,可以在执行完一次当前任务后立刻申请提前结束本任务,CPU 会转而执行下一个排队等待执行的其他任务。

李雍:那么怎样才能使当前任务退出执行状态而进入"休息"状态,把剩余的时间交给 CPU 去执行别的任务呢?

阿范:可以用 RTX51 Tiny 中提供的函数 os_wait 来实现提前退出当前任务,os_wait函数的一般形式为:

```
char os_wait(unsigned char event_sel,        //event_sel 为等待的事情名称

        unsigned char ticks,                  //ticks 是等待 event_sel 这件事发生所需要
的计时数

        unsigned int dummy);                  //dummy 在 RTX51 Tiny 中没有使用,在 RTX51
中用
```

这里先说明一下 os_wait 这个函数中的第一个参数 event_sel,它可以是字符常量 K_IVL、K_SIG 和 K_TMO 这 3 个数中的任何一个,也可以是它们的逻辑组合。这 3 个量的具体含义如下:

K_IVL——周期性的等待。

K_SIG——等待一个信号发生。

K_TMO——等待一段时间到。

在前面的程序中有个显示任务（代码如下所示），其中就用到了 os_wait（K_TMO,1,0），表示等待一个报时信号到，即相当于是延时一个报时信号的时间。但这和我们以前调用的延时函数 delay（）有本质的区别，因为如果调用我们自己编写的延时函数 delay（）的话，需要 CPU 亲自去执行函数 delay（），CPU 并没有解放出来去执行其他的任务；而调用 RTX51 Tiny 操作系统中提供的函数 os_wait（K_TMO,1,0）时，是把当前任务挂起，CPU 并不亲自去执行延时函数，这个延时时间由系统给记着，CPU 遇到 os_wait（K_TMO,1,0）时就退出当前任务转而执行其他准备就绪的任务，当 os_wait（K_TMO,1,0）所延时的时间到时，CPU 就会回来继续执行。当然，CPU 不一定是立刻回来，因为此时 CPU 可能正在执行另一个任务，所以要等到属于自己的时间片时才会回来继续执行 os_wait（K_TMO,1,0）后面的语句。因此用 os_wait（K_TMO,1,0）延时并不准确，只是大概延时而已。

```
/ ************************* 显示函数 ************************* /
display() _task_ 3          //任务3的名称是 display()，负责在数码管上显示 count 这个数
{
while(1)
{
  P2 = 0xf7;                //打开 P2.3 位控制的数码管
  P0 = Table[qianwei];      //取千位在 Table 数组中所对应的显示段码送 P0 口
  os_wait(K_TMO,1,0);

  P2 = 0xfb;                //打开 P2.2 位控制的数码管
  P0 = Table[baiwei];       //取百位在 Table 数组中所对应的显示段码送 P0 口
  os_wait(K_TMO,1,0);

  P2 = 0xfd;                //打开 P2.1 位控制的数码管
  P0 = Table[shiwei];       //取十位在 Table 数组中所对应的显示段码送 P0 口
  os_wait(K_TMO,1,0);

  P2 = 0xfe;                //打开 P2.0 位控制的数码管
  P0 = Table[gewei];        //取个位在 Table 数组中所对应的显示段码送 P0 口
  os_wait(K_TMO,1,0);
  P2 = 0xff;
  }
}
```

现在我突然想讲个我们培训班里发生的事，或许对各位理解各个任务之间的轮流执行有帮助。我的培训班每期会有 16 个学员（16 个学员相当于 16 个要执行的任务），我是给每个学员服务的（我相当于是 CPU），我不可能把一个学员所有的疑问都解决了再去服务下一个学员，如果是解决了一个学员的所有问题再去服务下一个学

员的话,这就相当于CPU在没有操作系统的程序中逐个函数地顺序执行一样,这样有些学员恐怕要等的太久了(如果是动态显示函数这么久没被执行一次,那么数码管肯定就会熄灭了),因此我会给每个学员分配一个时间片,我轮流到每个学员那里去给学员解决疑问(相当于是CPU轮流执行各个任务),有的学员的问题特别多,我可能会在给他分配的时间片内没有把他的所有疑问解答完,这时我会强行终止解答转而去别的学员那里服务(有的任务中的语句多,在规定的时间片内没有执行完,CPU会强行离开,转而执行其他任务);当然也有些学员没有什么问题或还没有想好问什么问题,他可能会说:"我还要等会儿才能确定要问的问题,你等我一会儿吧。"这时我不会在这个学员这里停留,而是先调用一个os_wait(K_TMO,1,0)函数,让系统记着这个学员还要等多久才能想好问什么,然后我会去别的学员那里解答疑问。当我正在帮助别的学员解答问题时,刚才的那个学员有想问的问题了,但是这时我并不会马上回去帮他解决问题,而是要把当前所在任务的时间片用完了才会回去。

15.4.4　RTX51 Tiny 的系统函数

1. os_wait

os_wait 函数的一般形式为:

```
char os_wait(unsigned char event_sel,    //event_sel 为等待的事情名称
             unsigned char ticks,          //ticks 是等待 event_sel 这件事发生所需的计时数
             unsigned int dummy);          //dummy 在 RTX51 Tiny 中没有使用,在 RTX51 中用
```

这个函数已经在前面介绍过了,这里就不多说了。

2. os_wait1

os_wait1 函数的一般形式为:

```
char os_wait1 (unsigned char event_sel );    //event_sel 为等待的事情名称
```

os_wait1 函数是 os_wait 函数的一个子集。event_sel 参数规定要等待的事件,在这里只能是 K_SIG。当在任务中执行到该函数时,这个任务就被终止执行了,在以后的时间里CPU也不会再来这个任务里执行了,除非在其他的任务里发送一个信号,帮助这个任务"解禁",才使它又获得了"重生"。

这个函数通常用于使两个任务同步。例如,一个直流电动机调速控制系统,需要定时采集当前电动机的转速,然后根据最新的电动机转速进行算法处理,再根据处理后的结果去控制 PWM 脉冲,从而改变电动机的转速,使得电动机的实际转速接近于设定的转速。在电机调速控制系统中,如果没有采集最新的电动机转速,就没有必要反复执行算法处理程序。因此,每当执行完一次算法处理程序后就调用一个 os_ wait1(K_SIG)函数,将该任务挂起不再执行,直到采集电动机转速任务执行完、得到了新的电动机转速值后并给算法处理任务发一个信号,这时算法处理任务就再次得到执行一次的机会。

在前面的例程中,任务 process()中的程序就不需要每次轮到该任务时都执行,只要在按键任务 key()执行后发现有按键按下了再执行即可。因此,在 process()加入了一条"os_wait1(K_SIG);"表示将自身挂起,等待一个信号的到来,然后才可以再执行。这个信号怎么才能来呢? 这要通过函数 os_send_signal(2)来完成了。

3. os_send_signal

os_send_signal 函数的一般形式为:

```
char os_send_signal (unsigned char task_id );      //task_idl 为任务号
```

函数 os_send_signal 用于在一个任务中发送一个信号给另一个任务,一般用于任务之间的简单通信。

在前面的例程中任务 1(任务 key())中就有一条 os_send_signal(2),表示给任务 2(任务 process())发送一个控制信号;当执行完此函数后,任务 2 就可以继续执行了。但是当任务 process()再次执行 os_wait1(K_SIG)后又被挂起了,直到下次在别的任务中执行 os_send_signal(2)后才可以再执行。

4. isr_send_signal

isr_send_signal 函数的一般形式为:

```
char os_send_signal (unsigned char task_id );        //task_idl 为任务号
```

该函数的功能与函数 os_send_signal 相同。由于函数 os_send_signal 只能在一个任务里向另一个任务发送信号,不能从中断函数里向任务发送信号。而函数 isr_send_signal 则可以在中断函数中执行,向某任务发送信号。

5. os_create_task

os_create_task 函数的一般形式为:

```
char  os_create_task (unsigned char task_id );        //task_idl 为任务号
```

该函数用于创建一个任务并开始一个由 task_id(task_id 为 0~15 之间的一个数)指定的任务,该任务被标记为 READY 状态。一旦创建了任务,在写任务函数具体内容时只要在函数名后用关键字"_task_"加上任务的 ID 号即可将该函数指定为该 ID 号的任务。

如在前面的程序中,在任务 0 中创建了任务 1、2、3:

```
initial() _task_ 0
{
  os_create_task(1);
  os_create_task(2);
  os_create_task(3);
  os_delete_task(0);
}
```

后来又通过_task_关键字把函数 key()定义为任务 1：

```
/ ************************** 按键扫描及处理函数 ************************** /
    key() _task_ 1                //任务 1 负责检测按键是否按下,如果有按键按下调节变量
count 中的
                                  //数据值
  {
  bit key_jia = 0,key_jian = 0;    //定义两个按键标志位变量
    while(1)
    {
...
...
```

6. os_delete_task

os_delete_task 函数的一般形式为：

```
char   os_delete_task (unsigned char task_id );        //task_idl 为任务号
```

该函数用于删除一个任务号为 task_id(task_id 为 0～15 之间的一个数)的指定任务,但是并不表示将该任务永久删除,只是从任务列表中删除,不让这个任务执行而已。当在某处执行了函数 os_create_task(task_id)时,还是可以重新让该任务进入就绪任务队列准备执行。

例如在前面的例程中,只有当按键按下后才启动一次数据处理任务 process(),当时是采用 os_wait1(K_SIG)和 os_send_signal(2)配合来完成的。现在完全可以采用 os_create_task(2)和 os_delete_task(2)配合来完成。即每当数据处理任务执行完一次以后就立刻将自己删除不再执行(通过 os_delete_task(2)),当有按键按下时再创建并启动数据处理任务(通过 os_create_task(2))。把按键任务和数据处理任务改写如下：

```
/ ************************** 按键扫描函数 ************************** /
  key() _task_ 1                //任务 1 负责检测按键是否按下,如果有按键按下调节变量 count
                                //中的数据值
{
bit key_jia = 0,key_jian = 0;//定义两个按键标志位变量
  while(1)
```

```
{
    while((1&k6) == 0) key_jia = 1;  //如果 k6 按键按下并且一直不释放的话就循环执行 key_jia = 1
    while((1&k7) == 0) key_jian = 1; //如果 k6 按键按下并且一直不释放的话就循环执行 key_jian = 1
    if (key_jia == 1)                //如果有按键按下即标志位是 1,执行下面大括号里的内容
    {
        key_jia = 0;       //将标志位清 0,防止下次在没有按键按下时仍然执行 count 加 1 的操作
        if (count! = 9999)      //如果 count 还没有被加到 9 999,就在本次按键按下时执行下一条
          count ++ ;            //将 count 加 1
        i = count;              //把 count 复制给 i
          os_create_task(2);    //创建任务 2 并使任务 2 处于就绪状态,准备执行
    }
    if (key_jian == 1)               //如果有按键按下的标志位是 1,执行下面大括号里的内容
    {
        key_jian = 0;     //将标志位清 0,防止下次在没有按键按下时仍然执行 count 减 1 的操作
        if (count! = 0)         //如果 count 还没有被减到 0,就在本次按键按下时执行下一条
        count --              //将 count 减 1
        i = count;             //把 count 复制给 i
        os_create_task(2);     //创建任务 2 并使任务 2 处于就绪状态,准备执行
    }

    os_wait(K_TMO,3,0);          //将本任务挂起一段时间再执行(相当于延时,此期间别的任
                                 //务可以执行)

    }
}
/ ***************************** 数据处理 ******************************* /
process() _task_ 2
             //任务 2 的名称是 process(),负责将 count 中的数分成千、百、十、个位存放
{
while(1)
{
qianwei = i/1000;           //取 i 的千位,保存到变量 qianwei 中
i = i % 1000;               //取 i 除以 1 000 后的余数,保存到 i 中
baiwei = i/100;             //取 i 的百位,保存到变量 baiwei 中
i = i % 100;                //取 i 除以 100 后的余数,保存到 i 中
shiwei = i/10;              //取 i 的十位,保存到变量 shiwei 中
i = i % 10;                 //取 i 的个位
```

```
gewei = i;                      //i的个位,保存到变量 gewei 中
os_delete_task(2);              //将任务 2(自己)从任务列表中删除
}
}
```

7. os_wait2

os_wait2 函数的一般形式为：

```
char os_wait2(unsigned char event_sel,      //event_sel 为等待的事情名称
              unsigned char ticks,          //ticks 是等待 event_sel 这件事发生所需要的计时数
```

该函数的作用是停止当前任务并等待一个或几个事件,如等待一个信号、等待一个时间间隔等。该函数是 os_wait 函数的一个简写版本,只是比 os_wait 函数少了一个参数,其余和 os_wait 函数的用法一样。

8. os_running_kask_id

os_running_kask_id 函数的一般形式为：

```
char os_running_kask_id (void )
```

该函数的作用是判断当前正在执行的任务的任务号,其返回值为 0～15。如果将前面的按键任务删除,并把数据处理任务修改为下面的程序,则在数码管上显示的将永远是"0002"这是个数：

```
/ ************************* 数据处理任务 ***************************** /
  process() _task_ 2         //任务 2 的名称是 process(),负责将 count 中的数分成千、百、
十、个位存放
{ unsigned char i;
  while(1)
  {
  i = os_running_task_id();   //获取当前执行任务的任务号
  qianwei = i/1000;           //取 i 的千位,保存到变量 qianwei 中
  i = i%1000;                 //取 i 除以 1 000 后的余数,保存到 i 中
  baiwei = i/100;             //取 i 的百位,保存到变量 baiwei 中
  i = i%100;                  //取 i 除以 100 后的余数,保存到 i 中
  shiwei = i/10;              //取 i 的十位,保存到变量 shiwei 中
  i = i%10;                   //取 i 的个位
  gewei = i;                  //i 的个位,保存到变量 gewei 中
  os_wait1(K_SIG);            //将任务 2(自己)从任务列表中删除
  }
}
```

15.4.5　实践才有话语权

无论前面的内容理解了多少,如果不实践就不会真正掌握实时多任务操作系统 RTX51 的使用方法。因此,在实践学习这方面强烈建议大家向曲畅学习,将实践进行到底。

李雍:我把前面基于 RTX51 Tiny 操作系统编写的按键控制数码管上显示数据的程序编写完了,可是编译没有通过,并出现如图 15 - 3 所示的提示框,这是怎么回事呢?

```
× ".\Conf_tny.obj"
  TO "shumg"
  *** FATAL ERROR L210: I/O ERROR ON INPUT FILE:
      EXCEPTION 0021H: PATH OR FILE NOT FOUND
      FILE: C:\KEIL\C51\LIB\RTX51.LIB
  Target not created
  |◄ ◄ ► ►| \ Build \ Command \ Find in Files /
```

图 15 - 3　编译时的错误提示

阿范:使用 RTX51 操作系统要注意几点:

(1) 单片机要选择 52 系列的。

(2) 在程序中要把头文件 rtx51tny. h 包含进来,即要有 #include <rtx51tny. h>。

(3) 要设置工程。方法是:右击工程管理窗口中的 Target1,然后单击 Options for Target'Target1'(如图 15 - 4 所示),打开工程设置对话框,在 Target 选项卡中将 Operating 设置为 RTX-51 Tiny(如图 15 - 5 所示)。

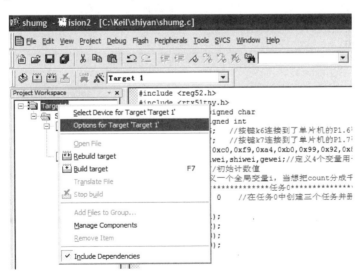

图 15 - 4　打开 Options for Target'Target1'

只要注意上面三个问题,再重新编译前面的程序,一定会没有问题的。

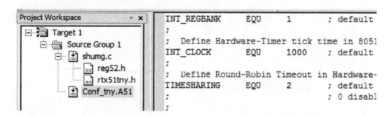

图 15 − 5   选择操作系统为 RTX-51 Tiny

李雍:我试了,确实编译通过了,不过发现数码管有些抖动,这是怎么回事呢?

阿范:抖动说明数码管显示任务执行的频率不够高,也就是每两次执行显示任务的时间间隔较长。这要从各个任务分的时间片找原因,可以将时间片改短点。方法是打开文件 Conf_tny. a51,将 INT_CLOCK 改为 1 000,再将 TIMESHARING 改成2(如图 15 − 6 所示),这样就把时间片改小了,所以两次执行显示任务的时间间隔就小了,数码管就不会抖动了。当然,这两个参数你可以试着改一下,不同的数值会有不同的执行现象,这样会加深理解的。

图 15 − 6   修改设定时间片的两个参数 INT_CLOCK 和 TIMESHARING

李雍:不对啊!我将 INT_CLOCK 改为 100、TIMESHARING 仍为 1,这样时间片应该更短啊,怎么数码管反而还不亮了呢?我再将 INT_CLOCK 改为 500、TIMESHARING 仍为 1 时,数码管虽然亮了,但是还是有些抖动,与 INT_CLOCK 设置为 10 000、TIMESHARING 设置为 5 时的现象类似了。这究竟是哪里出了问题呢?

阿范:其实时间片的设置要合适,不能太长,也不可以太短。设置的太长导致数码管产生抖动的原因我们已经清楚了。时间片设置的太短为什么还抖动呢?

首先我们先来想一个问题,当设置了一个时间片后,每个任务都执行一段时间就退出去执行另一个任务,那么是谁帮助系统计时的呢?如果没有"人"帮助系统计时系统又怎么能够准时离开呢?其实,使用 RTX51 操作系统,我们是要付出代价的,就是要把定时器 0 贡献出来帮助系统计时。还需要提到的是,前面使用过的函数 os_wait 也是利用定时器 0 来完成的。

INT_CLOCK 这个参数就是用来设置定时器 0 所定的时间的,如 INT_CLOCK 设置为 50 000,单片机的晶振选择的是 12 MHz 的,那么表示定时器 0 所定的基本时间片的时间为 50 ms,因此在显示任务 display() 中调用的函数 os_wait(K_TMO,1,0) 就表示延时 50 ms,当调用的函数是 os_wait(K_TMO,20,0) 则表示延时 1 s。因此为了不让数码管出现抖动现象,就需要将基本时间片设置为一个合适的时间,如设置 2 000 μs,即可以将 INT_CLOCK 改为 2 000。总结一下就是,函数 os_wait(K_TMO,n,0) 所能延的时间由 INT_CLOCK 决定,os_wait(K_TMO,n,0) 的延时时间为 INT_CLOCK×n(μs)。

给每个任务分配的时间片的时间为 INT_CLOCK×TIMESHARING(μs)。因此,改变 INT_CLOCK 和 TIMESHARING 就可以改变 CPU 在每个任务中单次执行的时间。

现在来解释为什么将 INT_CLOCK 设置为 500 时,数码管还是抖动呢?原因就是 INT_CLOCK 设置得太小,定时器 0 每隔 500 μs 就中断一次,因为中断的级别比任务的级别高,所以任务刚执行很短的时间定时器 0 就溢出中断了,CPU 被迫从任务中离开到定时器 0 中断服务函数中执行程序,并且在每次离开任务和回到任务中时还要执行很多数据保护等程序(这些代码是我们用户看不到的)。CPU 此时执行任务中的程序的时间较少,把时间都浪费在了定时器 0 中断服务函数和任务之间的"路"上了,因此 INT_CLOCK 的值不要设置得太小。具体设置情况可以自行修改 INT_CLOCK,请大家自己去尝试吧。

附 录 A

特殊功能寄存器

特殊功能寄存器包括以下所述的 20 种类型：

（1）端口 P0(80H)

（2）端口 P1(90H)

（3）端口 P2(A0H)

（4）端口 P3(B0H)

P0～P3 实际上是内存的一个存储单元，并且其内存地址是以"0"结尾的，所以可以进行位寻址。也就是可以用 SETB、CLR 位操作指令操作某一个端口的一个引脚，如 setb p0.0。

（5）堆栈指针 SP(81H)

在进入中断执行中断服务程序时，我们常常用 PUSH 指令将一些寄存器的数据压入到内存的一个区域，这个区域就是堆栈区，我们常说是放"临时杂物"的地方，这个区域的首地址就是 SP 提供的，所以我们常在初始化时设置 SP。那么，SP 设置多少合适呢？有的同学会产生疑问。其实，单片机在复位时 SP 是有值的，这个值是07H，如果我们在程序初始化时不进行重新赋值，如果遇到 PUSH 指令第一个数据就压入到了 08H 单元，入栈操作时是先加 1 然后压入数据，所以是先存到 08H 单元，然后 SP 加 1。由于 08H 单元是我们通用寄存器的第 1 组寄存器的 R0，这样就把数据压入到了寄存器中，我们就无法使用寄存器了，所以要重新赋初始值。入栈操作是为了保护一些寄存器中的值不被覆盖而设置的。

（6）数据指针 DPL(82H)

（7）数据指针 DPH(83H)

数据指针 DPDR 包含 DPH、DPL 两个寄存器，每个寄存器都是 8 位的，DPH 是高 8 位，DPL 是低 8 位。DPTR 一般用于取 Flash ROM 表格中的数据，将表格的首地址放入到 DPTR 中，如果不用于取表格中的数据，DPH、DPL 两个寄存器可以当作普通寄存器来使用。

（8）电源控制 PCON(87H)

D7	D6	D5	D4	D3	D2	D1	D0
SMOD	0	0	0	0	0	PD	IDL

SMOD：当 SMOD＝1 时，波特率提高一倍；复位后，SMOD＝0，波特率恢复。

PD：掉电控制。PD＝0，正常方式；PD＝1，掉电方式。

IDL：空闲控制。IDL＝0，正常方式；IDL＝1，空闲方式。

（9）定时器方式寄存器 TMOD(89 H)

GATE	C/T	M1	M0	GATE	C/T	M1	M0
T1 方式字段				T0 方式字段			

GATE：GATE＝1，定时器/计数器的启动除了受 TR1、TR0 的控制外，还受外部 INT0、INT1 引脚控制；GATE＝0，不受外部引脚控制，仅受 TR1、TR0 的控制。

C/T：模式选择。C/T＝0，定时器模式；C/T＝1，计数器模式。

M1、M0：有以下 4 种方式可选择：

0 0——方式 0，TLX 低 5 位与 THX 高 8 位构成 13 位计数器。

0 1——方式 1，TLX 与 THX 构成 16 位计数器。

1 0——方式 2，当 TLX 溢出时，THX 内容装载到 TLX。

1 1——方式 3，仅用于 T0，分成两个 8 位计数器，T1 停止计数。

（10）定时器/计数器 0 的数据寄存器 TL0(8BH)

（11）定时器/计数器 0 的数据寄存器 TH0(8DH)

定时器/计数器 0 是 16 位的寄存器，TL0 为低 8 位，TH0 为高 8 位。在程序初始化时常常需要给这两个寄存器赋初始值，那么定时器/计数器 0 就在这个初始值的基础上开始"加 1"计数，计到最大值时会产生溢出，可以向 CPU 申请中断，如果 CPU 响应中断可以跳到中断程序中执行中断程序。

（12）定时器/计数器 1 的数据寄存器 TL1(8AH)

（13）定时器/计数器 1 的数据寄存器 TH1(8CH)

定时器/计数器 1 是 16 位的寄存器，TL1 为低 8 位，TH1 为高 8 位。在程序初始化时常常需要给这两个寄存器赋初始值，那么定时器/计数器 1 就在这个初始值的基础上开始"加 1"计数，计到最大值时会产生溢出，可以向 CPU 申请中断，如果 CPU 响应中断可以跳到中断程序中执行中断程序。另外定时器 1 工作在方式 2 还可以作为串口通信的波特率发生器。

（14）定时器控制寄存器 TCON(88H)

D7	D6	D5	D4	D3	D2	D1	D0
TF1	TR1	TF0	TR0	IE1	IT1	IE0	IT0

TF1(0)：计数溢出标志位。溢出时，由硬件置 1，申请中断。进入中断后，硬件自动清 0。

TR1(0)：计数运行控制位。由软件置 1 或清 0。当 GATE＝0、TR1(0)＝1 时，

允许 T1(0)计数;当 TR1(0)＝0 或 INT1(0)＝0 时,禁止 T1(0)计数。当 GATE＝1、TR1(0)＝1 且 INT1(0)＝1 时,允许 T1(0)计数。

IE1(0):外部中断 1(0)请求标志,检测到外部中断信号下降沿时,由硬件置位,请求中断。进入中断后,硬件自动清 0。

IT1(0):外部中断 1(0)触发中断类型控制位。由软件置 1 或清 0。IT1(0)＝1 时,下降沿触发中断;IT1(0)＝0 时,低电平触发中断。

(15) 串口控制寄存器 SCON(98H)

D7	D6	D5	D4	D3	D2	D1	D0
SM0	SM1	SM2	REN	TB8	RB8	TI	RI

SM0、SM1 的工作方式选择如表 A-1 所列。

表 A-1 SM0、SM1 的工作方式

SM0 SM1	方　式	功能描述	波特率
0　0	0	8 位移位寄存器(用于扩展 I/O 口)	$F_{osc}/12$
0　1	1	10 位异步收发	由定时器控制
1　0	2	11 位异步收发	$F_{osc}/32$ 或 $F_{osc}/64$
1　1	3	11 位异步收发	由定时器控制

SM2:多机通信控制。方式 0 时,SM2 一定要为 0。在方式 1 中,当 SM2＝1 时,只有接收到有效停止位 RI 才置 1。在方式 2 或 3 中,当 SM2＝1 且接收到第 9 位数据 RB8＝0 时,RI 才置 1。

REN:接收允许控制位。软件置 1 允许接收;软件清 0 禁止接收。

TB8:发送数据第 9 位。

RB8:在方式 1 中,若 SM2＝0,RB8 为接收的是停止位;方式 2、3 为接收数据第 9 位。

TI:发送一个数据完成标志。

RI:接收一个数据完成标志。

(16) 串口缓冲寄存器 SBUF(99H)

串口缓冲寄存器实际上有两个,一个是串口发送缓冲寄存器 SBUF,另一个是串口接收缓冲寄存器 SBUF,但是它们的地址都是 99H。发送数据时用"MOV SBUF, A"来完成;当接收到一个数据时用"MOV A,SBUF"将接收到的数据取回来。

(17) 中断允许寄存器 IE(A8H)

D7	D6	D5	D4	D3	D2	D1	D0
EA		ET2	ES	ET1	EX1	ET0	EX0

EA:中断总允许。EA＝0,禁止一切中断;EA＝1,允许各中断源中断。

IE.6:保留位。

ET2:定时器/计数器2溢出中断允许。为 0 禁止该类中断,为 1 允许该类中断。

ES:串行口收、发中断允许。为 0 禁止该类中断,为 1 允许该类中断。

ET1(0):定时器/计数器1(0)溢出中断允许。为 0 禁止该类中断,为 1 允许该类中断。

EX1(0):外部中断 1(0)允许位。为 0 禁止该类中断,为 1 允许该类中断。

用寄存器 IP 可以改变优先级顺序,如果是同一优先级按硬件优先级进行排序。

(18) 程序状态字 PSW(D0H)

D7	D6	D5	D4	D3	D2	D1	D0
CY	AC	F0	RS1	RS0	OV	F1	P

CY:进位标志位。

MCS－51 是一种 8 位的单片机,它的运算结果只能表示到 2^8 即 0～255,但我们有时运算结果要超过 255,怎么办呢? 这就要用到 CY 位。例如:79H＋87H,01111001＋01010111＝100 000 000,这里的"1"就进到了 CY 中去了。

AC:半进位标志位。当 D3 位向 D4 位进位/借位时,AC＝1,通常用于十进制调整运算中。

F0:用户自定义标志位。由编程人员自行决定什么时候用,什么时候不用。

RS1,RS0:工作寄存器组选择位。单片机共有 4 个工作寄存器组(0 组～3 组),它们就是由 RS1、RS0 来控制,这两位就在这里,它共有 4 种组合状态,看上面的表格:每个工作寄存器组有 8 个字节,分别记为 R0～R7,当然在某一时刻,CPU 只使用其中的一组。

OV:溢出标志位。当进行加法或减法运算时,如果超过了累加器所能表示的范围就会溢出 OV＝1。例如:"MOV A,♯80H;ADD A,♯90H",结果为"1 10H",超过了 A 所表达的范围,OV＝1。

P:奇偶检验位。每次运算结束后,若 A 中二进制数"1"的个数为奇数,则 P＝1;否则 P＝0。例:某运算结果是 58H(0101 1000),显然"1"的个数为奇数,所以 P＝1(如在单片机与 PC 机通信时,用来检查发送或接收的数据是否正确等)。

(19) 累加器 ACC(E0H)

几乎很多操作都涉及到 ACC 参与运算,累加器很忙,这也造成了瓶颈效应,所以比较而言 51 单片机速度不高。

(20) 寄存器 B(F0H)

寄存器 B 一般用在乘除法中,例:"MUL AB",一个乘数放在累加器 A,另一个乘数放在 B 中,结果高 8 位放在 B 中,低 8 位放在 A 中。除法运算"DIV AB",被除数放在 A 中,除数放在 B 中,结果整数放在 A 中,余数放在 B 中。此外,B 也可以当成普通寄存器用。

附录 B

MCS - 51 单片机指令表

MCS - 51 单片机指令表如表 B - 1 所列。

表 B - 1　MCS - 51 单片机指令表

指令分类		指令格式	功能说明	字节数	机器周期
数据传送指令	A 为目的	MOV A,Rn	寄存器中数"送给"累加器	1	1
		MOV A,direct	直接内存地址中数"送给"累加器	2	1
		MOV A,@Ri	寄存器中数据作为内存地址,取内存地址中的数"送给"累加器	1	1
		MOV A,♯data	立即数"送给"累加器	2	1
	Rn 为目的	MOV Rn,A	累加器中数"送给"寄存器	1	1
		MOV Rn,direct	直接内存地址中数"送给"寄存器	2	2
		MOV Rn,♯data	立即数"送给"寄存器	2	1
	直接地址为目的	MOV direct,A	累加器中的数"送给"内存直接地址	2	1
		MOV direct,Rn	寄存器中"数送"给内存直接地址	2	2
		MOV direct,direct2	内存直接地址之间"互相传送"数据	3	2
		MOV direct,@Ri	寄存器中数作为内存地址,取地址中的数"再送给"内存直接地址中	2	2
		MOV direct,♯data	立即数"送给"直接地址	3	2
	间接地址为目的	MOV @Ri,A	累加器中数"送给"寄仔器中数对应的内存单元中	1	1
		MOV @Ri,direct	直接地址中数"送给"寄存器中数对应的内存单元中	2	2
		MOV @Ri,♯data	立即数"送给"寄存器中数对应的内存单元中	2	1
	数据指针	MOV DPTR,♯data16	16 位立即数送给数据指针	3	2
	读片外 RAM	MOVX A,@DPTR	将数据指针指向的外部 RAM 单元中数"送给"累加器	1	2
		MOVX A,@Ri	将寄存器中的数作为外部 RAM 页中某一单元地址,对应单元中的数据"送到"累加器	1	2

续表 B－1

指令分类		指令格式	功能说明	字节数	机器周期
写片外 RAM		MOVX @DPTR,A	累加器中的数"送给"外部 RAM 单元中	1	2
		MOVX @Ri,A	累加器中数写到外部页单元中	1	2
ROM 查表		MOVC A,@A+DPTR	累加器中的数＋数据指针中的数作为 ROM 地址,找到对应的数送给累加器	1	2
堆栈操作		MOVC A,@A+PC	累加器＋程序指针中数作为 ROM 地址,找到对应的数送给累加器	1	2
		PUSH direct	先将 SP 加 1,再将内存地址中的数压入堆栈	2	2
		POP direct	先将 SP 减 1,再将堆栈中的数弹出到内存中	2	2
字节交换		XCH A,Rn	累加器和寄存器中数相互交换	1	1
		XCH A,direct	累加器和直接内存地址中数交换	2	1
		XCH A,@Ri	间接地址和累加器中数交换	1	1
半字节交换		XCHD A,@Ri	间接地址和累加器中数的低 4 位交换	1	1
自交换		SWAP A	累加器中的高低 4 位交换	1	1
算术运算类指令	不带进位加法	ADD A,Rn	累加器和寄存器求和送给累加器	1	1
		ADD A,direct	累加器和直接地址中数求和送给累加器	2	1
		ADD A,@Ri	累加器和间接地址中数求和送给累加器	1	1
		ADD A,♯data	累加器和立即数求和"送给"累加器	2	1
	带进位加法	ADDC A,Rn	累加器、寄存器、进位标志求和"送给"累加器	1	1
		ADDC A,direct	累加器、直接地址、进位标志求和"送给"累加器	2	1
		ADDC A,@Ri	累加器、间接地址、进位标志求和"送给"累加器	1	1
		ADDC A,♯data	累加器和立即数求和"送给"累加器	2	1
	带借位减法	SUBB A,Rn	累加器减寄存器再减进位标志"送给"累加器	1	1
		SUBB A,direct	累加器减直接地址中数再减进位标志"送给"累加器	2	1
		SUBB A,@Ri	累加器减间接地址中数再减进位标志"送给"累加器	1	1
		SUBB A,♯data	累加器减立即数再减进位标志"送给"累加器	2	1

续表 B-1

指令分类		指令格式	功能说明	字节数	机器周期
加 1		INC A	累加器加 1	1	1
		INC Rn	寄存器减 1	1	1
		INC direct	内存中数加 1	2	1
		INC @Ri	间接地址中数加 1	1	1
		INC DPTR	数据指针加 1	1	2
减 1		DEC A	累加器减 1	1	1
		DEC Rn	寄存器中数减 1	1	1
		DEC direct	直接地址中数减 1	2	1
		DEC @Ri	间接地址中的数减 1	1	1
乘法		MUL AB	A 乘 B;结果 B 高 8 位,A 低 8 位	1	4
除法		DIV AB	A 除 B;商存于 A,余数在 B	1	4
十进制调整		DA A	将 A 的内容转换为 BCD 码	1	1
逻辑运算类指令	逻辑与	ANL A,Rn	寄存器中数"与"到累加器	1	1
		ANL A,direct	直接地址"与"到累加器	2	1
		ANL A,@Ri	间接地址中数"与"到累加器	1	1
		ANL A,#data	立即数"与"到累加器	2	1
		ANL direct,A	累加器"与"到直接地址	2	1
		ANL direct,#data	立即数"与"到直接地址	3	2
	逻辑或	ORL A,Rn	寄存器中数"或"到累加器	1	1
		ORL A,direct	直接地址中数"或"到累加器	2	1
		ORL A,@Ri	间接地址中数"或"到累加器	1	1
		ORL A,#data	立即数"或"到累加器	2	1
		ORL direct,A	累加器"或"到直接地址	2	1
		ORL direct,#data	立即数"或"到直接地址	3	2
	逻辑异或	XRL A,Rn	寄存器中数"异或"到累加器	1	1
		XRL A,direct	直接地址中数"异或"到累加器	2	1
		XRL A,@Ri	间接地址中数"异或"到累加器	1	1
		XRL A,#data	立即数"异或"到累加器	2	1
		XRL direct,A	累加器"异或"到直接地址	2	1
		XRL direct,#data	立即数"异或"到直接地址	3	2
	清 0	CLR A	清零	1	1

续表 B－1

指令分类		指令格式	功能说明	字节数	机器周期
	取反	CPL A	对累加器按位取反	1	1
	移位	RL A	A 的内容向左循环移 1 位	1	1
		RLC A	A 的内容带进位标志向左循环移 1 位	1	1
		RR A	A 的内容向右循环移 1 位	1	1
		RRC A	A 的内容带进位标志向右循环移 1 位	1	1
控制转移指令	短转	AJMP addr11	在下一条指令的 2 K 页面内跳转	2	2
	长转	LJMP addrl16	在 ROM 中 64 K 空间任意跳转	3	2
	相对	SJMP rel	下一条指令的前 128 到后 127 个字节内跳转	2	2
	散转	JMP @A＋DPTR	跳转到累加器＋数据指针的"和"指向的 ROM 单元中	1	2
	A＝0?	JZ rel	累加器的值是 0 跳转	2	2
		JNZ rel	累加器的值不等于 0 跳转	2	2
	比较不等	CJNE A,direct,rel	累加器和直接地址中数比较,不相等跳转	3	2
		CJNE A,#data,rel	累加器和立即数比较,不相等跳转	3	2
		CJNE Rn,#data,rel	寄存器和立即数比较,不相等跳转	3	2
		CJNE @Ri,#data,rel	间接地址和立即数比较,不相等跳转	3	2
	减 1 不为 0	DJNZ Rn,rel	寄存器减 1 不是 0 跳转	2	2
		DJNZ direct,rel	直接地址减 1 不是 0 跳转	3	2
	子程序	ACALL addr11	在下一指令的 2 K 范围内调用子程序	2	2
		LCALL addr16	在 64 K 空间任意调用子程序	3	2
		RET	子程序返回	1	2
	中断返回	RETI	中断返回	1	2
	空操作	NOP	"什么都不干"指令	1	1
位操作指令	位传送	MOV C,bit	位地址中数"送给"进位标志	2	1
		MOV bit,C	进位标志"送给"位地址	2	2
	清 0	CLR C	进位标志清 0	1	1
		CLR bit	清位地址中数	2	1
	置 1	SETB C	进位标志置 1	1	1
		SETB bit	位地址置 1	2	1
	位与	ANL C,bit	位地址"与"到进位标志	2	2
		ANL C,/bit	位地址取反"与"到进位标志	2	2

指令分类		指令格式	功能说明	字节数	机器周期
	位或	ORL C,bit	位地址"或"到进位标志	2	2
		ORL C,/bit	位地址取反"或"到进位标志	2	2
	位取反	CPL C	进位标志取反	1	1
		CPL bit	位地址取反	2	1
	CY 判断	JC rel	进位标志等于 1 跳转	2	2
		JNC rel	进位标志等于 0 转	2	2
	位判断	JB bir,rel	寻址位等于 1 跳转	3	2
		JNB bit,rel	寻址位等于 0 跳转	3	2
		JBC bit,rel	寻址位等于 1 跳转,并清除该位	3	2

附 录 C

C51 库函数

Keil C 编译器提供了一些预先完成的函数供用户使用,这些函数可以分成以下几类:

1. 字符类型的函数

使用字符类型函数时,必须包含文件 ctype.h。以下是字符类型函数的说明。

（1）bit isalnum(char c)

如果 c 是一个数字或是英文字母,则返回 1。

（2）bit isalpha(char c)

如果 c 是一个英文字母,则返回 1。

（3）bit iscntrl(char c)

如果 c 是一个控制字符(0..31 或是 127),则返回 1。

（4）bit isdigit(char c)

如果 c 是一个十进制数字,则返回 1。

（5）bit isgraph(char c)

如果 c 是一个可打印的字符(33～127),则返回 1。

（6）bit islower(char c)

如果 c 是一个小写英文字母,则返回 1。

（7）bit isprint(char c)

如果 c 是一个可打印的字符(32..127),则返回 1。

（8）bit ispunct(char c)

如果 c 是一个标点符号字符(非控制字符、英文字母或数字字符),则返回 1。

（9）bit isspace(char c)

如果 c 是一个空格符(0x09、0x0D 或是 0x20),则返回 1。

（10）bit isupper(char c)

如果 c 是一个大写英文字母,则返回 1。

（11）bit isxdigit(char c)

如果 c 是一个十六进制数字,则返回 1。

（12）char toascii(char c)

调用此函数会返回字符 c 的 ASCII 值。

(13) char toint(char c)

字符 c 是一个'0'~'9'或是'A~F'的字符;

调用此函数时,会返回 0~15 的数字符。

(14) char tolower(char c)

调用此函数时,如果 c 是一个大写英文字母,则返回 c 的小写值。

(15) char _tolower(char c)

调用此 MACRO 时,如果 c 是一个大写英文字母,则返回 c 的小写值。

(16) char toupper(char c)

调用此函数时,如果 c 是一个小写英文字母,则返回 c 的大写值。

(17) char _toupper(char c)

调用此 MACRO 时,如果 c 是一个小写英文字母,则返回 c 的大写值。

应用实例:

利用字符类型库函数编写程序,P1.4 键按下从头查找字符串 test 内字符,如果字符为英文字母,则小灯 0~3 亮、4~7 灭;如果是十进制数字,则小灯 0~3 灭、4~7 亮;如果是空格,则小灯全灭。每按一次查询一位。

实现程序:

```
#include<REGX51.H>
#include<STDIO.H>
#include<ctype.h>
char test[]="a33b3ii89 i4";              //设定要查询的字符串
int i0=0;
/*****延时子程序*****/
void delay(void)
{
unsigned char i,j;
for(i=0;i<96;i++)
    for(j=0;j<255;j++);
}
/******主程序******/
void main(void)
{
P0=0xff;                                 //关所有小灯
while(1)
```

```
{
  if(P1_4 == 0)
  {
    delay();
    if(P1_4 == 0)
    {
      while(P1_4 == 0);              //由延时后再查和按下循环共同组成按键去抖
      if(isalpha(test[i0]))
      P0 = 0xF0;
      if(isdigit(test[i0]))
      P0 = 0x0F;
      if(isspace(test[i0]))
      P0 = 0xff;
      if(i0 <= 11)i0 ++ ;
      else
      i0 = 0;
    }
  }
}
}
```

2. 标准输入/输出函数

使用标准输入/输出类型的函数时,必须包含文件 stdio. h。以下是标准输入/输出函数的说明:

(1) char_getkey(void)

调用此函数时,程序等待从串行端口接收一个字符。

(2) char getchar(void)

调用此函数时,使用函数_getkey 从串行端口接收一个字符。

(3) char putchar(char c)

调用此函数时,从串行端口送出一个字符 c。

(4) void puts(char * str)

调用此函数时,会送出一串以'\n'结尾的字符串到输出流(output stream)。

(5) int print(const char * fmtstr[,arg1,arg2,…])

调用此函数时,会根据 fmtstr 的格式设置送出格式化字符串到串行端口。

表 C - 1 所列是可以使用的格式:

表 C-1　可使用的格式

格　式	说　明
%c	ASCII 码格式
%d	十进制格式
%i	整数格式
%u	无符号的整数
%x	十六进制格式
%s	以'\n'结尾的字符串

(6) char * gets(char * str,int len)

使用 getchar 读入字符串到 str,读入的字符串会自动在字尾加上'\0',而且读入字符串的最大长度为 len。

(7) int scanf(const char * fmtstr[,arg1 address,arg2 address,…])

调用此函数时,会根据 fmtstr 的格式设置读入格式化字符串到指定的变量。

(8) signed char ssanf(char * str,char flash * fmtstr[,arg1 address,arg2 address,…])

此函数和 scanf 相同,但是输出是送到 str 所指向的位置。

(9) int sprintf(char * buffer,const char * fmtstr[,arg1,arg2,…])

调用此函数时,会根据 fmtstr 的格式化设置送出格式化字符串到 buffer 所指向的位置。所使用的格式化和函数 printf 相同。

(10) char ungetchar(char c)

调用此函数时,将字符串放回输入流(input stream)。

(11) int vprintf(const char * fmtstr,char * argptr)

调用此函数时,会根据 fmtstr 的格式设置送出格式化字符串输出流(output stream)。这个函数和 printf 相同,唯一不同的是原来的参数序列改成 argptr 所指向的参数序列。

(12) int vsprintf(char * buffer,const char * fmtstr,char * argptr)

调用此函数时,会根据 fmtstr 的格式设置送出格式化字符串到 buffer 所指向的位置。这个函数和 printf 相同,唯一不同的是原来的参数改序列成 argptr 所指向的参数序列。

应用实例:

参考本书第 11 章的学习内容。

3. 标准函数库函数

使用标准函数库函数时,必须包含文件 stdlib. h。以下是标准函数库函数的说明:

（1）float atof(void * str)

调用此函数时会转换字符串 str 为实数。

（2）nt atoi (void * str)

调用此函数时会转换字符串 str 为整数。

（3）long atoll(void * str)

调用此函数时会转换字符串 str 为长整数。

（4）void * calloc(unsigned int num,unsigned int len)

调用此函数时会配置一个包含 num 个元素的数值,其中每个元素占用 len 字节。函数执行之后返回所指向的指针。

（5）void free (void xdata * p)

调用此函数时会将 p 指向的存储器区段交回给存储器(memory pool)。

（6）void init_mempool(void xdata * p,unsigned int size)

调用此函数时会初始化存储器管理程序,并且提供存储器池的起点和大小。

（7）void * malloc (unsigned int len)

调用此函数时会从存储器池配置一个长度为 len 的存储器。

（8）int rand (void)

调用此函数时会返回一个在 0~32 767 范围内的随机数。

（9）void srand (int seed)

调用此函数时会设置 ran 函数的随机数种子(亦即第一个随机数值)。

（10）void * realloc (void sdata * p,unsigned int size)

调用此函数时会改变先前所分配存储器的长度为 size 个字节。p 指向先前所分配的存储器,函数执行之后会返回指针,指向新分配的存储器。

（11）unsignetd long strtod (const char * string ,char ** p)

调用此函数时会转换字符串 str 为实数,指针 string 指向被转换的字符串。

（12）long strtor (const char * string,char ** p,unsigned char base)

调用此函数时会转换字符串 str 为长整数,指针 string 指向被转换的字符串、参数 base 时转换的基数。

（13）unsigned long strtoul(const char * string,char ** p,unsigned char base)

调用此函数是会转换字符串 str 为无符号长整数,指针 string 指向被转换的字符串,参数 base 时转换的基数。

应用实例：

按 P1.4 键在数码管上显示一个在 0~32 767 范围内的随机数。

实现程序：

```
# include < REGX51.H>
# include < STDIO.H>
# include < stdlib.h>
```

```c
#define uchar unsigned char
#define uint unsigned int
int i0 = 0;
int a;
uint x;
uint wan;
uint qian;
uint bai;
uint shi;
uint ge;
char shu[10] = {0xc0,0xf9,0xa4,0xb0,0x99,0x92,0x82,0xf8,0x80,0x90};
void delay(uint d)
{
    unsigned char i,j;
    for(i = 0;i<d;i++)
      for(j = 0;j<255;j++);
}

void display(void)
{
    for(x = 0;x<= 4;x++)
    {
      P0 = shu[ge];
      P2 = 0xfe;
      delay(5);

      P0 = shu[shi];
      P2 = 0xfd;
      delay(5);

      P0 = shu[bai];
      P2 = 0xfb;
      delay(5);

      P0 = shu[qian];
      P2 = 0xf7;
      delay(5);
```

```
        P0 = shu[wan];
        P2 = 0xef;
        delay(5);
    }
}
void main(void)
{
    P0 = 0xff;
    P2 = 0x00;
    while(1)
    {
        display();
        if(P1_4 == 0)
        {
            delay(30);
            if(P1_4 == 0)
            {
                while(P1_4 == 0)
                display();
                a = rand();
                wan = a/10000;
                a = a % 10000;
                qian = a/1000;
                a = a % 1000;
                bai = a/100;
                a = a % 100;
                shi = a/10;
                ge = a % 10;
            }
        }
    }
}
```

4. 数学函数

使用数学函数时,必须包含文件 math.h。以下是数学函数的说明:

(1) char cabs(char x)

调用此函数时会返回字符 x 的绝对值。

（2）int abs(int x)

调用此函数时会返回整数 x 的绝对值。

（3）long labs(long x)

调用此函数时会返回长整数 x 的绝对值。

（4）float fabs(float x)

调用此函数时会返回浮点数 x 的绝对值。

（5）float sqrt(float x)

调用此函数时会返回浮点数 x 的平方根。

（6）float floor(float x)

调用此函数时会返回最接近浮点数 x 的最小整数。

（7）float ceil(float x)

调用此函数时会返回最接近浮点数 x 的最大整数。

（8）float fmod(float x,fload y)

调用此函数时会返回 x 除以 y 的余数。

（9）float modf(float x,float * ipart)

调用此函数时会将 x 分解成整数和小数部分,其中整数部分放入 ipart,小数部分由函数返回。

（10）float exp(float x)

调用此函数时会返回 $e ** x$ 的计算数值。

（11）float log(float x)

调用此函数时会返回浮点数 x 的自然对数。

（12）float log10(float x)

调用此函数时会返回浮点数 x 的以 10 为底的对数值。

（13）float pow(float x,float y)

调用此函数时会返回 $x ** y$ 的计算值。

（14）float sin(float x)

调用此函数时会返回 sin(x) 的计算值,其中 x 以弧度表示。

（15）float cos(float x)

调用此函数时会返回 cos(x) 的计算值,其中 x 以弧度表示。

（16）float tan(float x)

调用此函数时会返回 tan(x) 的计算值,其中 x 以弧度表示。

（17）float sinh(float x)

调用此函数时会返回 sinh(x) 的计算值,其中 x 以弧度表示。

（18）float cosh(float x)

调用此函数时会返回 cosh (x) 的计算值,其中 x 以弧度表示。

（19）float tanh(float x)

调用此函数时会返回 tanh（x）的计算值，其中 x 以弧度表示。

（20）float asin(float x)

调用此函数时会返回 asin(x)的计算值，其中 x 必须介于－1 和 1 之间。

（21）float acos(float x)

调用此函数时会返回 acos(x)的计算值，其中 x 必须介于－1 和 1 之间。

（22）float atan(float x)

调用此函数时会返回 atan(x)的计算值。

（23）float atan2(float x,float y)

调用此函数时会返回 atan(y/x)的计算值。

应用实例：

利用库函数求出 81 的平方根，当按下 P1.4 时显示在数码管上。

实现程序：

```
# include < REGX51.H>
# include < STDIO.H>
# include < math.h>
# define uchar unsigned char
# define uint unsigned int
int i0 = 0;
int a;
uint x;
uint wan;
uint qian;
uint bai;
uint shi;
uint ge;
char shu[10] = {0xc0,0xf9,0xa4,0xb0,0x99,0x92,0x82,0xf8,0x80,0x90};
void delay(uint d)
{
    unsigned char i,j;
    for(i = 0;i < d;i ++ )
        for(j = 0;j < 255;j ++ );
```

```c
}
void display(void)
{
    for(x = 0;x < = 4;x + + )
      {
        P0 = shu[ge];
        P2 = 0xfe;
        delay(5);

        P0 = shu[shi];
        P2 = 0xfd;
        delay(5);

        P0 = shu[bai];
        P2 = 0xfb;
        delay(5);

        P0 = shu[qian];
        P2 = 0xf7;
        delay(5);

        P0 = shu[wan];
        P2 = 0xef;
        delay(5);
      }
}
void main(void)
{
    P0 = 0xff;
    P2 = 0x00;
    while(1)
      {
        display();
        if(P1_4 = = 0)
          {
            delay(30);
            if(P1_4 = = 0)
```

```
    {
        while(P1_4 == 0)
        display();
        a = sqrt(81);
        wan = a/10000;
        a = a % 10000;
        qian = a/1000;
        a = a % 1000;
        bai = a/100;
        a = a % 100;
        shi = a/10;
        ge = a % 10;
    }
  }
}
}
```

5. 字符串函数

使用字符串函数时,必须包含文件 string.h。以下是字符串函数的说明:

(1) char * strcat(char * str1,char * str2)

将字符串 str2 串接在 str1 之后,并返回指向 str1 的指针。

(2) char * strncat(char * str1,char * str2,int n)

将字符串 str2 的前 n 个字符串接在 str1 之后,并返回指向 str1 的指针。

(3) char * strchr(const char * str,char c)

返回字符串 str 中字符 c 第一次出现的位置,如果没有找到则返回 NULL。

(4) char * strrchr(const char * str,char c)

返回字符串 str 中字符 c 最后一次出现的位置,如果没有找到则返回 NULL。

(5) int strpos(const char * str,char c)

返回字符串 str 中字符 c 第一次出现的索引值,如果没有找到则返回—1。

(6) int strrpos(const char * str,char c)

返回字符串 str 中字符 c 最后一次出现的索引值,如果没有找到则返回—1。

(7) char * strcmp(char * str1,char * str2)

比较 str1 和 str2 的大小:如果 str1<str2,返回小于 0 的数字;如果 str1=str2,返回等于 0 的数字;如果 str1>str2,返回大于 0 的数字。

(8) char * strcmp(char * str1,char * str2,int n)

比较 str1 和 str2 前面 n 个字符的大小:如果 str1<str2,返回小于 0 的数字;如果 str1=str2,返回等于 0 的数字;如果 str1>str2,返回大于 0 的数字。

(9) char * strcpy(char * dest,char * src)

复制字符串 scr 到字符串 dest。

(10) char * strcpy(char * dest,char * src,int n)

复制字符串 scr 的前 n 个字符到字符串 dest。

(11) int strspn(char * str,char * set)

返回字符串 str 和字符串 set 中第一个不相同字符的索引值;如果 set 中所有字符和字符串 str 相同,则返回字符串 str 的长度。

(12) int strcspn(char * str,char * set)

搜索字符串 str 中第一个和字符串 set 中任意字符相同字符;如果有的话,则返回该字符在字符串 str 的索引值;如果没有,则返回字符串 str 的长度。

(13) char * strpbrk(char * str,char * set)

搜索字符串 str 中是否有和字符串 set 中任意字符相同的第一个字符;如果有的话,则返回指向字符串 str 中该字符的指针;如果没有,则返回 NULL。

(14) char * strpbrk(char * str,char * set)

搜索字符串 str 中是否有和字符串 set 中任意字符相同的最后一个字符;如果有的话,则返回指向字符串 str 中该字符的指针;如果没有,则返回 NULL。

(15) int strlen (char * str)

返回字符串 str 的长度(0~255)。

(16) void * memcpy(void * dest,void * src,int n)

从 scr 复制 n 个字节到 dest,返回指向 dest 的指针。

(17) void * memcpy(void * dest,void * src,charc,int n)

从 scr 复制数据到 dest;如果复制到字符 c 就停止,则返回 NULL;否则会一直复制 n 个字节,并返回指向 dest+n+1 的指针。

(18) void * memmove(void * dest,void * src,int n)

从 scr 复制 n 个字节到 dest,并返回指向 dest 的指针。

(19) void * memchr(void * buf,unsigned char c,int n)

扫描 buf 的 n 个字节中是否有 c,如果找到的话则返回指向 c 的指针,否则返回 NULL。

(20) void * memset(void * buf,unsigned char c,int n)

设置 buf 的 n 个字节为 c,返回指向 buf 的指针。

应用实例:

按下 P1.4 键,数码管显示字符串 aa 长度。

实现程序:

```
# include <REGX51.H>
# include <STDIO.H>
# include <string.h>
# define uchar unsigned char
# define uint unsigned int
int i0 = 0;
int a;
uint x;

char aa[] = "hello";
uint wan;
uint qian;
uint bai;
uint shi;
uint ge;
char shu[10] = {0xc0,0xf9,0xa4,0xb0,0x99,0x92,0x82,0xf8,0x80,0x90};
void delay(uint d)
{
    unsigned char i,j;
    for(i = 0;i < d;i ++ )
        for(j = 0;j < 255;j ++ );
}

void display(void)
{
    for(x = 0;x < = 4;x ++ )
    {
        P0 = shu[ge];
        P2 = 0xfe;
        delay(5);
        P0 = shu[shi];
        P2 = 0xfd;
        delay(5);
        P0 = shu[bai];
        P2 = 0xfb;
        delay(5);
        P0 = shu[qian];
```

```
        P2 = 0xf7;
        delay(5);
        P0 = shu[wan];
        P2 = 0xef;
        delay(5);
    }
}
void main(void)
{
    P0 = 0xff;
    P2 = 0x00;
    while(1)
    {
        display();
        if(P1_4 == 0)
        {
            delay(30);
            if(P1_4 == 0)
            {
                while(P1_4 == 0)
                display();
                a = strlen(aa);
                wan = a/10000;
                a = a % 10000;
                qian = a/1000;
                a = a % 1000;
                bai = a/100;
                a = a % 100;
                shi = a/10;
                ge = a % 10;
            }
        }
    }
}
```

6. 内置函数

使用内置函数时,必须包含文件 intrins. h。以下时内置函数的说明:

(1) unsigned char_chkfloat_(float val)

调用此函数将检查实数 val 的状态。

(2) unsigned char_crol_(unsigned char c,unsigned char b)

调用此函数将把字符 c 左移 b 位。

(3) unsigned char_cror_(unsigned char c,unsigned char b)

调用此函数将把字符 c 右移 b 位。

(4) unsigned char_irol_(unsigned char c,unsigned char b)

调用此函数将把整数 i 左移 b 位。

(5) unsigned char_iror_(unsigned char c,unsigned char b)

调用此函数将把整数 i 右移 b 位。

(6) unsigned char_lrol_(unsigned char c,unsigned char b)

调用此函数将把长整数 l 左移 b 位。

(7) unsigned char_lror_(unsigned char c,unsigned char b)

调用此函数将把长整数 l 右移 b 位。

(8) void _nop_(void)

此函数将转换成 8051 的 NOP。

(9) bit _testbit_(bit b)

此函数将转换成 8051 的 JBC b 指令。

应用实例:

单片机 P0 口接了 8 个 LED 小灯,完成流水灯实验。

实现程序:

```
# include <reg51.h>
# include <intrins.h>

void delayms(unsigned char ms)
// 延时子程序
{
    unsigned char i;
    while(ms -- )
    {
        for(i = 0; i < 120; i++);
    }
```

```
}
main()
{
    unsigned char LED;
    LED = 0xfe;
    P0 = LED;
    while(1)
    {
        delayms(250);
        LED = _crol_(LED,1);         //循环右移 1 位,点亮下一个 LED
        P0 = LED;
    }
}
```

7. 绝对地址访问

使用绝对地址访问函数时,必须包含文件 absacc.h。以下是字符串函数的说明:

#define CBYTE ((unsigned char volatile code *) 0)

#define DBYTE ((unsigned char volatile data *) 0)

#define PBYTE ((unsigned char volatile pdata *) 0)

#define XBYTE ((unsigned char volatile xdata *) 0)

宏定义用来对 8051 系列单片机存储器的空间进行绝对地址访问,可以作字节寻址。CBYTE 寻址 CODE 区,DBYTE 寻址 DATA 区,PBTYE 寻址 XDATA 区(采用"MOVX @R0"指令),XBYTE 寻址 XDATA 区(采用"MOVX @DPTR"指令)。

#define CWORD ((unsigned int volatile code *) 0)

#define DWORD ((unsigned int volatile data *) 0)

#define PWORD ((unsigned int volatile pdata *) 0)

#define XWORD ((unsigned int volatile xdata *) 0)

这个宏与前面的一个宏相似,只是它们指定的数据类型为 unsigned int。通过灵活运用不同的数据类型,所有的 8051 地址空间都可以进行访问。

应用实例:

请参考 14.5.3 小节。

附录 D

三极管及其典型应用简介

D.1 开场白

大家设想一下,当今世界如果没有了五花八门的电子产品,我们的生活该是一个什么样的情景呢?是不是犹如回到了刀耕火种的时代?那种生活是多么的灰暗和憋屈啊。俱往矣!今天谁也离不开各种电子产品带给我们的便利了。

电子产品的发展真真切切地源于生产和生活的需要,这里拿两个重大历史事件来佐证一下我的观点。一件事是1910年美国的冬天下了几场罕见的暴雪,压断了许多全国用于列车指挥调度的莫尔斯电报的电线,使列车运行近乎陷于瘫痪。另一件事是 1912 年 4 月 15 日凌晨,英国的当

> 单片机能干的事情太多了,既方便又实惠。但是单片机在一个控制系统中仿佛是一个人的大脑一样,要想干好活还得跟它的"四肢",即外围电路配合起来才能"芯想事成",所以大家除了学习单片机以外还得掌握一些外围电路的知识。
>
> ——老艾语录

时是世界上最大的豪华客轮泰坦尼克号和冰山发生死亡之吻,2 小时 40 分钟后沉没,由于缺少足够的救生艇致使1503人葬身海底。当时泰坦尼克号在沉没之前曾用无线电发出"SOS"求救信号,但离它最近的 18 海里外的一艘不定期客船由于没有安装无线电设备,而贻误救援时机,等到离它 40 海里之外的卡尔巴夏号接到求救电报赶来时,只救起了救生艇上的 705 人。电影《泰坦尼克号》就是根据这一真实故事拍摄的。事实促使人们认识到大力发展电子技术的必要性和紧迫性,此后电子技术的发展就以"迅雷不及掩耳盗铃铃儿响叮当"之势步入快车道。

电子技术的发展依赖于电子器件的迅猛发展,电子器件的发展过程大致可以分为两个阶段。第一阶段,1906~1965 年为电子管时代;第二阶段,1948 年美国 J.巴丁、W.H.布喇顿和 W.B.肖克莱发明了晶体三极管,这具有划时代的意义,时至今日电子器件的发展水平已达到了令人惊叹的地步了。你如果对这些内容感兴趣的话,可以上网去浏览个够,我在此就不浪费纸张和你宝贵的时间了。

子在川上曰:逝者如斯夫!

电子管现在已很少用了,取而代之的是晶体管及半导体集成电路。

D.2   三极管——电子电路里的"大哥大"

晶体三极管(简称"三极管")顾名思义,外观上它具有 3 个电极,是半导体基本元器件之一,具有电流放大作用,是电子电路的核心元件,毫不夸张地说它是电子电路里面的"大哥大"。

常言道:"骑白马的未必都是王子,也有可能是唐僧"。有的半导体器件从外观上看也仅有 3 个引脚,但它有可能是内部结构比较复杂的集成电路,比如芯片 7805 就是一个三端稳压片子,片子内部加起来有十几个三极管。

D.2.1   常见的三极管外形

图 D-1 中给出了几种常见的三极管的图片。其中图(a)、(b)为小功率管,(c)为中功率管,(d)为大功率管。这里需要注意的是,大功率管乍一看就两条腿,其实它的另外一条腿是它的金属外壳。

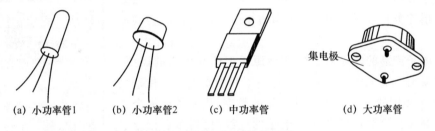

(a) 小功率管1   (b) 小功率管2   (c) 中功率管   (d) 大功率管

图 D-1   常见三极管的外形图

D.2.2   三极管的两种结构类型

从结构上看,三极管可以分成 NPN 和 PNP 两种形式(如图 D-2 所示)。各自都很像汉堡包吧? 如果把图(a)看作两片面包片夹一块肉,则图(b)就可以看作是两块肉夹一片面包片了!

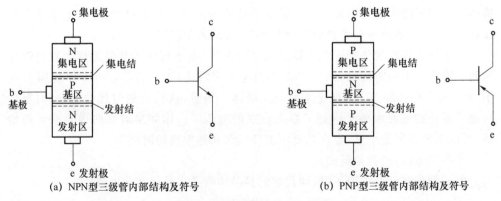

(a) NPN型三级管内部结构及符号   (b) PNP型三级管内部结构及符号

图 D-2   三极管的结构图及符号

不管是哪种类型的三极管,它们均包含 3 个区即发射区、基区、集电区,相应地引出 3 个电极:发射极、基极、集电极。同时又在两两交界区形成 PN 结,分别是发射结和集电结。符号中的箭头为电流的方向。

D.2.3　三极管的放大作用

我们以 NPN 管子为例来分析它的工作原理,PNP 跟它的性质特点是类似的。在制造 NPN 型三极管时,有意识地使发射区的多数载流子(电子,负电荷)的浓度大于基区多数载流子(空穴,正电荷)的浓度,这就要求基区做得很薄,而且要严格控制杂质含量。

三极管工作在放大状态时必须遵循的外部电压条件:**发射结电压正偏,集电结电压反偏**。为什么要这样在管子上加电压呢?下面关于管子内部载流传输过程的分析可以使你理解这句话的重要性。

当 b 点电位高于 e 点电位零点几伏(V)时,发射结处于正偏状态,而 C 点电位高于 b 点电位几伏时,集电结处于反偏状态,集电极电源 V_{CC} 要高于基极电源 V_{BB}。

这样一旦接通电源后,如图 D-3 所示,由于发射结正偏,发射区的多数载流子(电子)和基区的多数载流子(空穴)很容易越过发射结互相向对方方向扩散,但因前者的浓度远大于后者,所以通过发射结的电流基本上是电子流,这股电子流称为发射极电流 I_E。由于基区很薄,加上集电结的反偏,注入基区的大部分电子越过集电结进入集电区而形成集电极电流 I_C,只剩下很少(1%～10%)的电子在基区的空穴进行复合,被复合掉的基区空穴由基极电源 V_{BB} 重新补给,从而形成了基极电流 I_B。

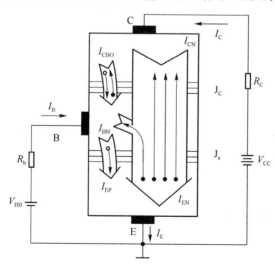

图 D-3　三极管内部载流子运动

再形象地复述一下上面载流子的传输过程:基区用少量的空穴(比喻成肉)勾引射区的大量电子(比喻成狼)到基区,这就是所谓的狼多肉少啊,结果大量电子涌到基区以后发现只有少量的能有幸跟空穴复合,而剩下的多数电子就被冷落在一边了;恰在这时集电极上加的是高电位,对这些多余的电子又有很强的吸引力,于是乎它们就纷纷奔向了集电区,最后汇总到集电极。这样就形成了两个电流,分别是基极电流 I_B 和集电极电流 I_C,并且 I_C 是 I_B 的整数倍。因此,只要在基极加一个小电流,在集电极就会得到一个放大了 N 倍的大电流,这种作用就是所谓的放大作用。发射结负责勾引,集电结负责吸引,这回你彻底理解了吧?

D.2.4 三极管的三个工作区

由于三极管外围电路环境的变化,导致三极管的基极电流和集电极电流的大小会有所变化。我们把三极管的工作状态分成三个区,分别是截止区、放大区、饱和区。

1. 截止区

此时基极电流 I_B 为 0,而 $I_C=\beta I_B$,所以 I_C 也等于 0,晶体管无电流的放大作用。处在截止状态下的三极管,发射极和集电结都是反偏,在电路中犹如一个断开的开关。

2. 饱和区

如果电源电压 V_{CC} 一定,当集电极电流 i_C 增大时,$u_{CE}=V_{CC}-i_C R_C$ 将下降,对于硅管,当 u_{CE} 降到小于 0.7 V 时,集电结也进入正向偏置的状态,集电极吸引电子的能力将下降,此时 i_B 再增大,i_C 几乎就不再增大了,三极管失去了电流放大作用,处于这种状态下工作的三极管称为饱和。

规定 $U_{CE}=U_{BE}$ 时的状态为临界饱和态,图中的虚线为临界饱和线,在临界饱和态下工作的三极管集电极电流和基极电流的关系为:

$$I_{CS}=\frac{V_{CC}-U_{CES}}{R_C}=\bar{\beta}I_{BS}$$

> 三极管截止和饱和的状态与开关断、通的特性很相似。两种情形可分别形容:截止时就截止得"严丝合缝"导通时就导通得"死去活来"。
>
> 数字电路中就是利用这个特性把三极管当开关来用的。
> ——老艾语录

式中的 I_{CS},I_{BS},U_{CES} 分别为三极管处在临界饱和态下的集电极电流、基极电流和管子两端的电压(饱和管压降)。当管子两端的电压 $U_{CE}<U_{CES}$ 时,三极管将进入深度饱和的状态,在深度饱和的状态下,$i_C=\beta i_B$ 的关系不成立,三极管的发射结和集电结都处于正向偏置,在导电的状态下,在电路中犹如一个闭合的开关。

如果让三极管只在饱和区和截止区工作,则三极管就相当于是一个开关,所以说三极管有**开关作用**。

3. 放大区

此时,i_C 和 i_B 满足恒定的倍数关系。当 i_B 等量变化时,i_C 几乎也按一定比例等量变化。由于 i_C 只受 i_B 控制,几乎与 u_{CE} 的大小无关,说明处在放大状态下的三极管相当于一个输出电流受 I_B 控制的受控电流源。

因此,只要在基极加一个小电流,在集电极就会得到一个放大了 N 倍的大电流,这种作用就是所谓的**放大作用**。

D.3　三极管放大电路

在实际中,经常需要把一些微弱的电信号放大到便于测量和利用的程度。比如说,我们对着麦克风喊话,即使把嗓子喊破了,也只能转化出毫伏级的电压。这样的一个小电压直接加到喇叭上,简直犹如蚍蜉撼树,喇叭几乎死一般的宁静。这就要求我们利用放大电路对小信号进行充分放大,然后再加载到喇叭上,才会发出声音。

利用三极管的放大作用,可以设计出各式各样的放大电路,其中最基本的放大电路就是由单个三极管组成的放大电路。

当然放大小信号时,必须保证非线性失真尽可能地小,通俗一点来说就是放大之后的信号要跟原来的小信号的模样尽量一致,这好比我们到照相馆洗照片,不管照片被放大为底片的多少倍,但模样得跟底片一样才行。

既然三极管有 3 个电极,如果我们指定其中一个极为公共端,另外的两个极分别跟这个公共端之间就可以构成输入回路和输出回路。设想一下放大电路应该有几种基本形式? 输入信号加在三极管的基极,输出信号由集电极取出,发射极作输入回路和输出回路的公共端时的放大电路,称为共发射极放大电路。同理,以基极作为输入、输出回路的公共端就可以称其为共基极电路;以集电极作为输入、输出回路的公共端就可以称其为共集电极电路。

一个管子可以构成 3 种不同形式的基本放大电路,在不同的场合下需要选择不同的基本电路。咱们先从最基本的,实际中应用又最为广泛的共发射极放大电路的分析为例,来看一下它是如何放大一个小信号的。

D.3.1　共发射极放大电路

1. 静态和动态

取一只 NPN 型三极管,为了满足其工作在放大状态所需的发射结电压正偏、集电结电压反偏的外部电压条件,构成如图 D-4 所示的直流通路。所谓直流通路,就是电路中没有外加输入信号($V_i=0$),此时只有直流电压和直流电流,而见不到交流成份,这种工作状态我们习惯上称之为"静态";而当电路中有外加信号($V_i\neq0$)进来时就称为"动态"。

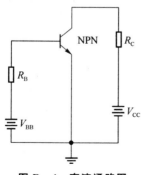

图 D-4　直流通路图

> 思考:电路工作在静态时,电路还消耗能量吗? 答案是肯定的,因为电路中既有电压又有电流,电路当然要消耗能量。我们平时听的收音机假如电台停止广播了,但收音机还要消耗能量,不关机电池的能量就要被白白地消耗掉。

各元件的作用如下：

三极管在电路中作为核心元件，起到电流放大的作用，利用基极小电流来控制集电极较大电流的大小及变化；

基极回路的电源 V_{BB} 同 R_B 一起为发射结正向偏压（导通后一般硅管 V_{BE} 约为 0.7 V，锗管约为 0.2 V），也为基极回路提供合适的静态偏流 I_B。

2. 直流分析

由上述电路知道，静态时有：

基极电流：$I_B = (V_{CC} - V_{BE})/R_B$

集电极电流：$I_C = \beta \cdot I_B$

集-射间电压：$V_{CE} = V_{CC} - I_C \cdot R_C$

集电极回路电源 V_{CC} 保证了集电结反偏；接下来，在讨论电路在动态工作情况时，R_C 又可以将集电极上的电流变化转化成电压的变化。

3. 动态分析

图 D-4 的直流通路通过各元件参数的合理设置保证了三极管始终处于导通状态，为电路的动态工作搭建好了一个直流平台，使得交流信号能在其基础上进行全周期的变化。

当有输入信号从输入端口加进来时，电路就处于"动态"工作状态了。

为了引"狼"（输入信号）入室，我们在直流通路的基础上，在放大电路的输入端口上加一个电容 C_1，在输出端口上加一个电容 C_2，如图 D-5 所示，电容的作用就是"通交流隔直流，通高频阻低频"，大家习惯称之为"耦合电容"，耦合就是连接的意思。

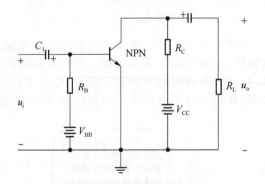

> 所谓的小信号放大，无非是"直流搭台，交流唱戏"的过程。
> ——老艾语录

图 D-5 共射极放大电路图

当输入的交流微弱小信号 V_i 经过耦合电容 C_1 进来之后，与原来的发射结上的电压 V_{BE} 叠加到一起，产生一个瞬时电压 v_{BE}，使基极电流 i_B 的大小随之变化，V_i 增大 i_B 就增大，反之则减小。当调整好参数确保三极管工作在放大状态时，则输出回路的电流 i_C 将随 i_B 的变化而变化，i_C 始终是 i_B 的 β 倍；依靠 R_C 将放大后的电流 i_C 的变化转为电压 v_{CE} 的变化。

输入输出回路上的电压、电流变化关系可由下列式子和波形图来说明：

$$V_{BE} = V_{BEQ} + v_i = V_{BEQ} + v_{be}, i_B = I_{BQ} + i_b,$$

$$i_C = \beta i_B = \beta(i_{BQ} + i_b) = I_{CQ} + i_c$$

$$v_{CE} = V_{CC} - (I_{CQ}R_C + i_c R_L') = V_{CEQ} - v_{ce},$$

$$v_{CE} = V_{CC} - (I_{CQ}R_C + i_c R_L') = V_{CEQ} - v_{ce}$$

其中，$R_L' = R_C // R_L$。

4. 放大的实质

① 由图 D-6 可以直观地看出，整个放大电路在对输入的交流小信号进行放大时，交流一直是骑在直流上进行有效地全周期变化的。如果把交流信号看成是船，那么直流就是承载它的水面了。

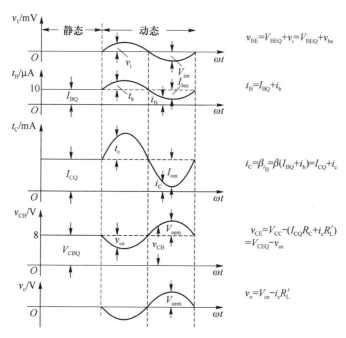

图 D-6　共射极放大电路电流电压关系图

船能否顺利通过有桥的河面，得考虑这几个因素：一是水面不能太深也不能太浅，水太浅了，船要搁浅，动弹不得；水要太深了呢？船又无法通过桥孔。所以船能否正常行驶并通过桥孔，水面的高低是非常重要的。

② 通过原理分析可以看出来，所谓的"放大"就是依靠三极管以小电流来控制大电流的变化，小电压控制大电压的变化，小能量控制大能量的变化。总之用一句话概括下来就是"小变"控制"大变"的一个过程。绝不是凭空将一小电流放大成大电流或者是小电压放大成大电压的过程，否则就不遵循能量守恒定律了。整个电路消耗的能量从哪里来？当然由直流电源 V_{cc} 来提供的了，小功率的直流稳压电源或者是电

池都可以作为放大电路的电源。

③ 仔细观察波形你会发现，输出波形和输入波形相比较，模样基本一样，只是个头大了很多，同时它们的相位相差了半个周期，即上面这种基本共发射极放大信号时是倒相放大的。

④ 耦合电容起到的作用就是"通交隔直"，信号源（麦克也是可以看一个小信号源）送给放大电路的是交流信号，最后放大得到的输出也必须是一个干干净净交流信号，那么在放大电路前后都得加上一个容值大一点的电容，一般电容取值为几至几十微法（μF）。

5. 放大电路的性能指标

电压放大倍数、输入电阻及输出电阻是交流放大电路中最基本的三种指标。

电压放大倍数：输出电压与输入电压之比。

输入电阻：输入电阻是从放大电路输入端看进去的等效电阻，定义为输入电压有效值 U_i 和输入电流有效值 I_i 之比。

R_i 越大，表明放大电路从信号源索取的电流越小，放大电路所得到的输入电压 U_i 越接近信号源电压 U_s。

输出电阻：从放大电路输出端看进去的等效内阻称为输出电阻 R_o。

R_o 愈小，负载电阻 R_L 变化时，U_o 的变化愈小，称为放大电路的带负载能力愈强。

D.3.2 共发射极放大电路典型应用

三极管的应用主要分为信号放大作用和电控开关作用两类。放大作用就是利用三极管工作在放大区，能够把一些微弱的电信号放大到便于测量和利用的程度；开关作用就是利用三极管工作在截止和饱和区，其状态与开关断、通的特性很相似，从而实现电控开关的作用。

1. 三极管信号放大作用的实例

利用图 D-7 中电路可完成正弦波的放大实验，输入正弦波，输出为幅值放大了的正弦波。波形图如图 D-8 所示。

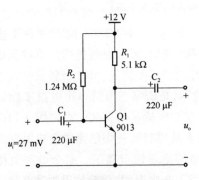

图 D-7　共射极放大电路图

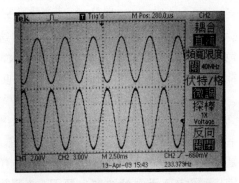

图 D-8　共射极放大电路实测波形图

2. 三极管的电控开关作用

相比之下三极管的电控开关作用就要简单得多，我们从实例中就可以理解。利用图 D-9 电路完成电控开关实验，输入 5 V 方波，输出也是方波，只是倒相了，如图 D-10 所示。

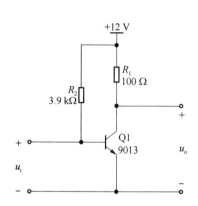

图 D-9　共射极放大电路工作于开关状态

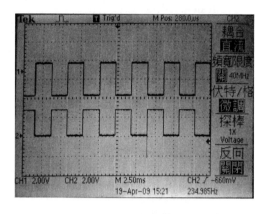

图 D-10　实测波形图

可以利用三极管工作在开关状态实现数码管的驱动电路。电路如图 D-11 所示，电路中的三极管为 PNP 型三极管。

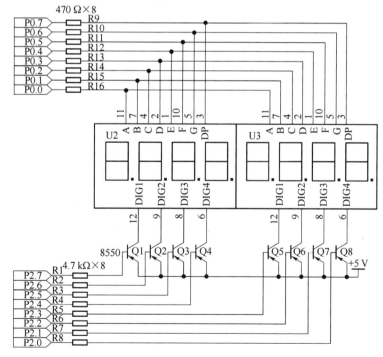

图 D-11　三极管工作在开关状态驱动数码管电路

当三极管的基极接到高电平上(＋5 V)时,三极管就截止了,那么接在它下面的数码管就得不到电流,数码管得不到电流而不能点亮;反之当三极管的基极接到低电平上(0 V)时,三极管饱和导通,相应的数码管可以得到电流,从而点亮相应的数码管。

附录 E

集成运算放大器及其典型应用简介

E.1　集成运算放大器简介

前面所讨论的电路是由分立元件构成的电路，就是由包括管子在内的各种单个元件连接起来的电路。

什么是集成电路呢？简而言之，就是把一个完整电路的各个元件以及它们之间的连线一股脑地制造在一块面积仅为零点几个平方毫米（mm^2）的半导体硅片上的整体电路，大家通常把它们叫做"片子"。

> 工欲善其事，必先利其器，要想设计出高质量的电子电路来，除了掌握一些常用的分立元件以外，还必须对一些集成电路的应用驾轻就熟。
>
> ——老艾语录

实际上从 20 世纪的 70 年代以来，集成电路的生产和使用已经占据半导体器件的大半壁江山了，大家越来越倾向于在电子电路设计过程中尽可能多地使用"片子"而少用"管子"。用"片子"做电路可以使电路的体积更小、可靠性更强、精度更高、功耗更低，目的无外乎是为了省时、省力、省钱。

集成电路从集成度来划分，可分为小规模、中规模、大规模和超大规模 4 种。目前的超大规模集成电路每块芯片上制有上亿个元件，而芯片面积只有几十平方毫米（mm^2）。就功能来划分，有数字集成电路和模拟集成电路，而后者又有集成运算放大器、集成功率放大器、集成稳压电源和模/数转换器等许多种。

下面介绍集成运算放大器（简称"运放"）。

运放内部就是一个多级放大电路，整个片子的开环放大倍数通常在 10^7 以上。那么它为什么含有"运放"这两字呢，就是因为当初"老美"在 1965 年把它开发出来以后，它比现在计算机上用的双核、四核的 CPU 还显得珍贵呢，只局限用于一些高精度的控制电路和模拟计算机上，主要功能是用作运算，故此得名。当然，现在在控制电路中还广泛地采用运放，而模拟计算机早已是老掉牙的东西了，已经淘汰多年了，我们也不必再怀念它了。

E.2　集成运算放大器理想模型

在分析运放时,一般可先将它看成是一个理想模型。理想化的条件主要有:

开环电压放大倍数 $A_{uo} \to \infty$;

差模输入电阻 $r_{id} \to \infty$;

开环输出电阻 $r_o \to 0$;

共模抑制比 $K_{CMRR} \to \infty$。

对运放作以上近似理想化模型处理的含义是:把电压放大倍数看成无穷大、输入电阻也无穷大时,我们从运放的两入端看进去,就相当于它对电压和电流不吃不喝一样。这是什么意思呢?因为它放大能力太强了,从它两个输入端看进去的输入电压可以非常之小,小到可以认为这两个端的电压差都几乎为 0 了,那么计算时可以认为这两端的电压近似相等,这叫作"电压虚短"。注意是虚短,而不是真短。要是真正短路了,那片子的输入端也就没有信号输入了,那你让它放大什么呢?另外,由于输入电阻近似看成无穷大,而两个输入端之间的输入电压如此之小,那么从两个输入端看进去的输入电流也就近似为 0 了,我们在计算过程中也可以认为电流就为 0,这叫作"电流虚断"。注意这是虚断,也不是真断,真断片子的输入端也就没有信号进去了,那它就谈不上放大什么信号了。

输出电阻无穷小是什么意思呢,这就意味着运放的带负载能力很强,它不会因为带上负载而使得它的输出电压发生明显的变化。举个简单的例子:新旧电池我们用万用表量电压基本上都是 1.5 V,那为什么旧电池放到手电筒里却不发光呢?或者是发出的光线很微弱呢?原因就是旧电池的内阻太大了,带上负载之后,它的内阻就要吃掉一大部分电压,这样留给小灯泡的电压就没有多少了,所以灯泡就会不亮或不太亮。放大电路对于它后面带的负载来说也相当于是负载的电压源,内阻小了当然是一件好事,它就可以把电压更多地贡献给负载,而自己内部吃掉的就很少。

再说共模抑制比是什么意思呢?运放的内部电路比较特殊,它的输入级采用了一种对称结构的差分放大式结构,这里你可以先不管它的内部具体结构到底是什么样的。反正是这样的结构能使它对温度产生的变化或者是干扰信号有一个很强的抑制作用。共模抑制比是好的、有用的信号跟坏的、无用的信号的比值。这个值越大,片子的性能就越优越,这个应该好理解。

据此分析,我们说运放在分析计算时可以遵循"虚短"和"虚断"来处理。

E.3　集成运放的典型应用

前面已提到运放是一种通用电子器件,它的应用很广。比如在放大、振荡、电压比较、模拟运算、阻抗变换、有源滤波等电路中。但不管在哪种电路中应用,均是基于运放的三种基本放大电路,即同相放大器、反相放大器、差动放大器。

E.3.1 比例运算

1. 反相比例

由电压虚短可知运放的反相输入端 A 和同相输入端 B 两点间电压为 0,即 $v_- = v_+$,加之 B 点接地,所以 A 点电位"虚地"(计算时其电位按 0 V 处理);由电流虚断知运放的反相输入端和同相输入端流放运放的电流皆为 0,所以 R_1 和 R_f 上的电流相等。

可根据电流列等式: $\dfrac{u_i - 0}{R_1} = \dfrac{0 - u_o}{R_f}$

整理得输出电压为: $u_o = \dfrac{R_f}{R_1} u_i$

可见,反相放大器的输出电压 V_o 与输入电压 V_i 存在着比例关系且相位相反,故称反相输入比例运算放大器,简称反相放大器。

现在举个例子,电路如图 E-1 所示。输入三角波,输出倒相放大三角波,波形如图 E-2 所示。

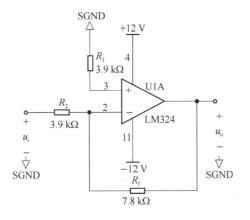

图 E-1　反相放大电路图

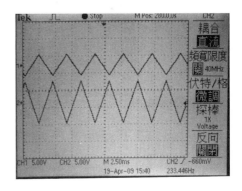

图 E-2　反相放大波形图

2. 同相比例

图 E-3 是同相放大器电路,信号电压 V_i 从同相输入端 B 输入,而输出电压 V_o 通过电阻 R_f 反馈到反相输入端 A 处。通过计算得到: $V_o = \left(1 + \dfrac{R_f}{R_1}\right) u_i$(计算方法同上)。可见,同相放大器的放大倍数取决于电阻 R_f 与 R_1 的比值。输出电压 V_o 与输入电压同相且有比例关系,比例常数是$\left(1+\dfrac{R_f}{R_1}\right)_i$。故称同相输入比例运算电路,简称同相放大器。

现在举个例子,电路如图 E-3 所示。输入正弦波,输出正相放大正弦波,波形如图 E-4 所示。

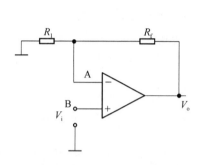

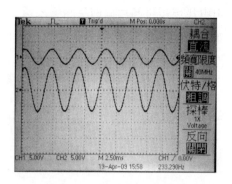

图 E-3　同相放大电路图　　　　　图 E-4　同相放大波形图

E.3.2　比较器

当运放的输出端没有反馈电阻引入到输入端时,此时运放工作在开环比较状态,我称此时的运放工作在裁判员状态。即此时运放输出端的状态完全取决于输入端电位的大小,如果同相端电位高于反相端电位,则输出为正的饱和电压;当同相端电位低于反相端电位时,输出为负的饱和电压。

① 输入正弦波,比较电位为 0 V 时,输出为占空比 50% 方波,如图 E-5、图 E-6 所示。

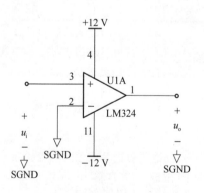

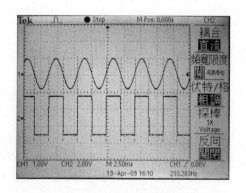

图 E-5　同相放大电路图　　　　　图 E-6　同相放大波形图

② 输入正弦波,比较电位为 +2.5 V 时,输出波形为占空比为 33.3% 的方波,如

图 E - 7、图 E - 8 所示。

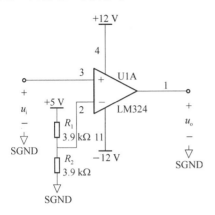

图 E - 7　同相放大电路图

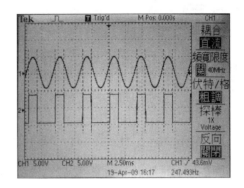

图 E - 8　同相放大波形图

附录 **F**

稳压电源

1. 应用 7812、7805、7912 制作稳压电源

图 F-1 是由变压器、整流电路、滤波电路、稳压电路等几部分电路组成。变压器的输出端是三抽头的,经过两组整流二极管整流,再通过电容 C_1、C_6 和 C_2、C_7 滤波后分别输入到稳压片子 7812 和 7912 的输入端,从 7812 和 7912 的输出端就可以得到比较稳定的 12 V 电压和 −12 V 电压。12 V 电压再通过两个电容滤波后输入到7805 稳压芯片的输入端,在 7805 的输出端就可以得到 5 V 的稳定电压。图中两个发光二极管起到电源指示作用。

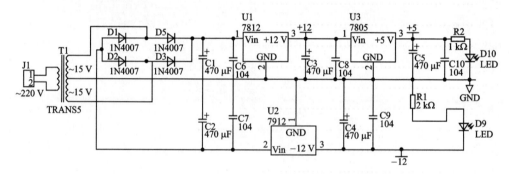

图 F-1 产生 12 V、5 V 和 −12 V 电压的稳压电源电路图

2. 应用 LM317 制作稳压电源

如图 F-2 所示,LM317 输出电流为 1.5 A,输出电压可在 1.25～37 V 之间连续调节,其输出电压由两只外接电阻 R1、RP1 决定,输出端和调整端之间的电压差为1.25 V,这个电压将产生几毫安的电流,经 R1、RP1 到地,在 RP1 上分得的电压加到调整端,通过改变 RP1 就能改变输出电压。注意,为了得到稳定的输出电压,流经R_1 的电流小于 3.5 mA。LM317 在不加散热器时最大功耗为 2 W,加上 $200 \times 200 \times 4$ mm³ 散热板时其最大功耗可达 15 W。VD1(IN4002)为保护二极管,防止稳压器输出端短路而损坏 IC,VD2(IN4002)用于防止输入短路而损坏集成电路。

安装时注意电容 C_2 应靠近 IC 的输入端,C_3 应靠近 IC 的输出端,这样能更好地抑制纹波。其输出电压在 1.25～37 V 之间连续可调,输出最大电流可达 1.5 A。

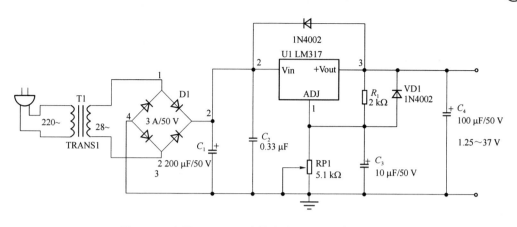

图 F - 2　应用 LM317 设计的连续可调稳压电源电路图

附录 G

电阻标称值

精度为 5% 的碳膜电阻标称值及精度为 1% 的金属膜电阻标称值如下面 2 个简表所列。

精度为 5% 的碳膜电阻标称值(单位:Ω)

1.0	1.1	1.2	1.3	1.5	1.6	1.8	2.0	2.2	2.4
2.7	3.0	3.3	3.6	3.9	4.3	4.7	5.1	5.6	6.2
6.8	7.5	8.2	9.1	10	11	12	13	15	16
18	20	22	24	27	30	33	36	39	43
47	51	56	62	68	75	82	91	100	110
120	130	150	160	180	200	220	240	270	300
330	360	390	430	470	510	560	620	680	750
820	910	1k	1.1 k	1.2 k	1.3 k	1.5 k	1.6 k	1.8 k	2 k
2.2 k	2.4 k	2.7 k	3 k	3.2 k	3.3 k	3.6 k	3.9 k	4.3 k	4.7 k
5.1 k	5.6 k	6.2 k	6.6 k	7.5 k	8.2 k	9.1 k	10 k	11 k	12 k
13 k	15 k	16 k	18 k	20 k	22 k	24 k	27 k	30 k	33 k
36 k	39 k	43 k	47 k	51 k	56 k	62 k	68 k	75 k	82 k
91 k	100 k	110 k	120 k	130 k	150 k	160 k	180 k	200 k	220 k
240 k	270 k	300 k	330 k	360 k	390 k	430 k	470 k	510 k	560 k
620 k	680 k	750 k	820 k	910 k	1M	1.1 M	1.2 M	1.3 M	1.5 M
1.6 M	1.8 M	2 M	2.2 M	2.4 M	2.7 M	3 M	3.3 M	3.6 M	3.9 M
4.3 M	4.7 M	5.1 M	5.6 M	6.2 M	6.8 M	7.5 M	8.2 M	9.1 M	10 M
15 M	22 M								

精度为1%的金属膜电阻标称值(单位:Ω)

10	10.2	10.5	10.7	11	11.3	11.5	11.8	12	12.1
12.4	12.7	13	13.3	13.7	14	14.3	14.7	15	15.4
15.8	16	16.2	16.5	16.9	17.4	17.8	18	18.2	18.7
19.1	19.6	20	20.5	21	21.5	22	22.1	22.6	23.2
23.7	24	24.3	24.7	24.9	25.5	26.1	26.7	27	27.4
28	28.7	29.4	30	30.1	30.9	31.6	32.4	33	33.2
34	34.8	35.7	36	36.5	37.4	38.3	39	39.2	40.2
41.2	42.2	43	43.2	44.2	45.3	46.4	47	47.5	48.7
49.9	51	51.1	52.3	53.6	54.9	56	56.2	57.6	59
60.4	61.9	62	63.4	64.9	66.5	68	68.1	69.8	71.5
73.2	75	75.5	76.8	78.7	80.6	82	82.5	84.5	86.6
88.7	90.9	91	93.1	95.3	97.6	100	102	105	107
110	113	115	118	120	121	124	127	130	133
137	140	143	147	150	154	158	160	162	165
169	174	178	180	182	187	191	196	200	205
210	215	220	221	226	232	237	240	243	249
255	261	267	270	274	280	287	294	300	301
309	316	324	330	332	340	348	350	357	360
365	374	383	390	392	402	412	422	430	432
442	453	464	470	475	487	499	510	511	523
536	549	560	562	565	578	590	604	619	620
634	649	665	680	681	698	715	732	750	768
787	806	820	825	845	866	887	909	910	931
953	976	1 k	1.02 k	1.05 k	1.07 k	1.1 k	1.13 k	1.15 k	1.18 k
1.2 k	1.21 k	1.24 k	1.27 k	1.3 k	1.33 k	1.37 k	1.4 k	1.43 k	1.47 k
1.5 k	1.54 k	1.58 k	1.6 k	1.62 k	1.65 k	1.69 k	1.74 k	1.78 k	1.8 k
1.82 k	1.87 k	1.19 k	1.96 k	2 k	2.05 k	2.1 k	2.15 k	2.2 k	2.21 k
2.26 k	2.32 k	2.37 k	2.4 k	2.43 k	2.49 k	2.55 k	2.61 k	2.67 k	2.7 k
2.74 k	2.8 k	2.87 k	2.94 k	3.0 k	3.01 k	3.09 k	3.16 k	3.24 k	3.3 k
3.32 k	3.4 k	3.48 k	3.57 k	3.6 k	3.65 k	3.74 k	3.83 k	3.9 k	3.92 k
4.02 k	4.12 k	4.22 k	4.32 k	4.42 k	4.53 k	4.64 k	4.7 k	4.75 k	4.87 k

精度为 1% 的金属膜电阻标称值(单位:Ω)续表

4.99 k	5.1 k	5.11 k	5.23 k	5.36 k	5.49 k	5.6 k	5.62 k	5.76 k	5.9 k
6.04 k	6.19 k	6.2 k	6.34 k	6.49 k	6.65 k	6.8 k	6.81 k	6.98 k	7.15 k
7.32 k	7.5 k	7.68 k	7.87 k	8.06 k	8.2 k	8.25 k	8.45 k	8.66 k	8.8 k
8.87 k	9.09 k	9.1 k	9.31 k	9.53 k	9.76 k	10 k	10.2 k	10.5 k	10.7 k
11 k	11.3 k	11.5 k	11.8 k	12 k	12.1 k	12.4 k	12.7 k	13 k	13.3 k
13.7 k	14 k	14.3 k	14.7 k	15 k	15.4 k	15.8 k	16 k	16.2 k	16.5 k
16.9 k	17.4 k	17.8 k	18 k	18.2 k	18.7 k	19.1 k	19.6 k	20 k	20.5 k
21 k	21.5 k	22 k	22.1 k	22.6 k	23.2 k	23.7 k	24 k	24.3 k	24.9 k
25.5 k	26.1 k	26.7 k	27 k	27.4 k	28 k	28.7 k	29.4 k	30 k	30.1 k
31.9 k	31.6 k	32.4 k	33 k	33.2 k	33.6 k	34 k	34.8 k	35.7 k	36 k
36.5 k	37.4 k	38.3 k	39 k	39.2 k	40.2 k	41.2 k	42.2 k	43 k	43.2 k
44.2 k	45.3 k	46.4 k	47 k	47.5 k	48.7 k	49.9 k	51 k	51.1 k	52.3 k
53.6 k	54.9 k	56 k	56.2 k	57.6 k	59 k	60.4 k	61.9 k	62 k	63.4 k
64.9 k	66.5 k	68 k	68.1 k	69.8 k	71.5 k	73.2 k	75 k	76.8 k	78.7 k
80.6 k	82 k	82.5 k	84.5 k	86.6 k	88.7 k	90.9 k	91 k	93.1 k	95.3 k
97.6 k	100 k	102 k	105 k	107 k	110 k	113 k	115 k	118 k	120 k
121 k	124 k	127 k	130 k	133 k	137 k	140 k	143 k	147 k	150 k
154 k	158 k	160 k	162 k	165 k	169 k	174 k	178 k	180 k	182 k
187 k	191 k	196 k	200 k	205 k	210 k	215 k	220 k	221 k	226 k
232 k	237 k	240 k	243 k	249 k	255 k	261 k	267 k	270 k	274 k
280 k	287 k	294 k	300 k	301 k	309 k	316 k	324 k	330 k	332 k
340 k	348 k	357 k	360 k	365 k	374 k	383 k	390 k	392 k	402 k
412 k	422 k	430 k	432 k	442 k	453 k	464 k	470 k	475 k	487 k
499 k	511 k	523 k	536 k	549 k	560 k	562 k	576 k	590 k	604 k
619 k	620 k	634 k	649 k	665 k	680 k	681 k	698 k	715 k	732 k
750 k	768 k	787 k	806 k	820 k	825 k	845 k	866 k	887 k	909 k
910 k	931 k	953 k	976 k	1.0 M	1.5 M	2.2 M			

常用电子元件

一些常用电子元件的主要参数分别见表 H-1～表 H-8。

表 H-1　1N 系列常用整流二极管的主要参数

型　号	反向工作峰值电压	额定正向整流电流	正向不重复浪涌峰值电流	正向压降	反向电流	工作频率	外　形
	U_{RM}/V	I_F/A	I_{FSM}/A	U_F/V	$I_R/\mu A$	f/kHz	
1N4000	25						
1N4001	50						
1N4002	100						
1N4003	200						
1N4004	400	1	30	≤1	<5	3	DO-41
1N4005	600						
1N4006	800						
1N4007	1 000						
1N5100	50						
1N5101	100						
1N5102	200						
1N5103	300						
1N5104	400	1.5	75	≤1	<5	3	
1N5105	500						
1N5106	600						
1N5107	800						
1N5108	1000						
1N5200	50						DO-15
1N5201	100						
1N5202	200						
1N5203	300						
1N5204	400	2	100	≤1	<10	3	
1N5205	500						
1N5206	600						
1N5207	800						
1N5208	1000						
1N5400	50						
1N5401	100						
1N5402	200						
1N5403	300						
1N5404	400	3	150	≤0.8	<10	3	DO-27
1N5405	500						
1N5406	600						
1N5407	800						
1N5408	1000						

表 H－2　IN 系列、2CW、2DW 型稳压二极管的主要参数

型 号	稳定电压 U_Z/V	动态电阻 R_Z/Ω	温度系数 $C_{TV}/(10^{-4}℃)$	工作电流 I_Z/mA	最大电流 I_{ZM}/mA	额定功率 P_Z/W	外 形
IN748	3.8～4.0	100					
IN752	5.2～5.7	35					
IN753	5.88～6.12	8					
IN754	6.3～7.3	15		20			
IN754	6.66～7.01	15					
IN755	7.07～7.25	6					
IN757	8.9～9.3	20				0.5	DO-35E
IN962	9.5～11.9	25					
IN962	10.9～11.4	12					
IN963	11.9～12.4	35		10			
IN964	13.5～14.0	35					
IN964	12.4～14.1	10					
IN969	20.8～23.3	35		5.5			
2CW50	1.0～2.8	50	≥－9		83		
2CW51	2.5～3.5	60	≥－9		71		
2CW52	3.2～4.5	70	≥－8	10	55		
2CW53	4.0～5.8	50	－6～4		41		
2CW54	5.5～6.5	30	－3～5		38		
2CW55	6.2～7.5	15	≤6		33		
2CW56	7.0～8.8	15	≤7		27		
2CW57	8.5～9.5	20	≤8		26		
2CW58	9.2～10.5	25	≤8		23		ED-1
2CW59	10～11.8	30	≤9		20	0.25	EA
2CW60	11.5～12.5	40	≤9		19		DO-41
2CW62	13.5～17	60	≤9.5		14		
2CW63	16～19	70	≤9.5	5	13		
2CW64	18～21	75	≤10		11		
2CW65	20～24	80	≤10		10		
2CW66	23～26	85	≤10		9		
2CW67	25～28	90	≤10		9		
2CW68	27～30	95	≤10		8		
2CW69	29～33	95	≤10		7		

表 H－3 通用 9011～9018、8050、8550 三极管的主要参数

型　号	极限参数			直流参数			交流参数		类　型	外　形
	P_{CM} /mW	I_{CM} /mA	$U_{(BR)CEO}$ /V	I_{CEO} /mA	$U_{CE(sat)}$ /V	h_{fE}	f_T /MHz	C_{ob} /pF		
9011 E F G H I	300	100	18	0.05	0.3	28 39 54 72 97 132	150	3.5	NPN	
9012 E F G H	600	500	25	0.5	0.6	64 78 96 118 144	150		PNP	
9013 E F G H	400	500	25	0.5	0.6	64 78 96 118 144	150		NPN	TO-92
9014 A B C D	300	100	18	0.05	0.3	60 60 100 200 400	150		NPN	
9015 A B C D	310 600	100	18	0.05	0.5	60 60 100 200 400	50 100	6	PNP	
9016	310	25	20	0.05	0.3	28～97	500		NPN	
9017	310	100	12	0.05	0.5	28～72	600	2	NPN	
9018	310	100	12	0.05	0.5	28～72	700		NPN	
8050	1000	1500	25			85～300	100		NPN	
8550	1000	1500	25			85～300	100		PNP	

表 H‑4　常用 3CT、MCR、2N 系列晶闸管主要参数

型　号	重复峰值电压 U_{DRM}、U_{RRM}/V	额定正向平均电流 I_F/A	维持电流 I_H/mA	通态平均电流 U_F/V	控制触发电压 U_G/V	控制触发电流 I_G/mA	外　形
3CT021~3CT024	20~1 000	0.1	0.4~20	≤1.5	≤1.5	0.01~10	TO-72
3CT031~3CT034		0.2	0.4~30			0.01~15	
3CT041~3CT044		0.3				0.01~20	
3CT051~3CT054		0.5	0.5~30	≤1.2	≤2	0.05~20	
3CT061~3CT064		1	0.8~30			0.01~30	
3CT101	50~1 400	1			≤2.5	3~30	TO-92
3CT103		5	<50			5~70	TO-48
3CT104		10		≤1	≤3.5		TO-48
3CT105		20	<100				TO-48
3CT107		50	<200			8~150	TO-48
MCR102	25	0.8			0.8	0.2	TO-92
MCR103	50						
MCR100-3~MCR100-8	100~800						
2N1595	50	1.6			3.0	10	TO-36
2N1596	100						
2N1597	200						
2N1598	300						
2N1599	400						

表 H‑5　LM7800C、LM7900C 系列集成稳压器的主要参数

型　号	输出电压 V	输入输出电压差 V	电压调整率 mV	最大输入电压 V	最小输入电压 V	静态电流 mA	温度变化率 S_T(mV/℃)	外　形
LM7805	4.8~5.2	2.0	50	35	7.3	8	0.6	TO-3 TO-220
LM7812	11.5~12.5	2.0	120	35	14.6	8	1.5	
LM7815	14.4~15.6	2.0	150	35	17.7	8	1.2	
LM7905	−4.8~−5.2	1.1	15	−35		1	0.4	TO-3 TO-220
LM7912	−11.5~−12.5	1.1	5	−40		1.5	−0.8	
LM7915	−14.4~−15.6	1.1	5	−40		1.5	−1.0	
测试条件	5 mA≤I_0≤1 A	I_0=1.0 A T_j=25 ℃	I_0≤1.0 A		I_0≤1.0 A 保证电压调整率时			

表 H-6 LM117/217/317 LM137/237/337 输出可调集成稳压器的主要参数

型 号	最大输入输出电压之差	输出电压可调范围	电压调整率	电流调整率	调整端电流	最小负载电流	外 形
	$U_{IMAX} - U_O$/V	U_O/V	$S_U(\Delta U_O)$/mV	$S_I(\Delta U_O)$/mV	I_{ADJ}/μA	I_{OMIN}/mA	
LM117/217	40	1.25～37	0.01	0.3	100	3.5	
LM317	40	1.25～37	0.01	0.5	100	3.5	
LM137/237	40	−1.25～−37	0.01	0.3	65	2.5	TO-3
LM337	40	−1.25～−37	0.01	0.3	65	2.5	TO-220
测试条件			$3\,V \leqslant \|U_I - U_O\| \leqslant 40\,V$	$10\,mA \leqslant I_O \leqslant I_{max}$ $U_O > 5\,V$		$U_I - U_O = 40\,V$	

表 H-7 常用模数(A/D)转换集成电路

性 能	型 号	描 述
一般用途	AD570	8 位
廉价	AD571	10 位
高速高精度	AD572	12 位 25 μs
	ADC1131	14 位 12 μs
	ADC1130	14 位 25 μs
	ADC84-12	ADC-85-12
	ADC85C-12	ADC60-12
	MAS12/10/8 位	2/1.5/1 μs
高分辨率	ADC1130 14 位	
	ADC1131	
	AD7550 13 位	
低功耗	AD7570 10 位	
	AD7550 13 位	
	AD7574 8 位	
与微机兼容	AD7550	
	AD7574	
	AD7571	
	AD574	
混合式	AD578	
廉价与微机兼容	ADC0808/0809/0816	
视频专用	CA3300D CA3306D CA3318CE	
	MATV-0820 MATV-0816	
超高速	HAS0802	
	MAH-1001-5	

表 H-8　常用模数(D/A)转换集成电路

性　能	型　号
一般用途	AD7523 8 位
	AD7533 10 位
廉价	AD559 8 位
	AD1408 8 位
国家半导体系列	DAC 0800
	DAC 0802
	DAC 0832
	DAC 1208 12 位
	DAC 1210 微机兼容 12 位
	DAC 1220 二进制倍乘
	DAC 1222
	DAC 1230 微机兼容双缓冲
	DAC 1231
高速多路	ADPAC 80
高速	AD565 12 位 200 ns
高速	AD566 12 位 200 ns
高精度	AD562 12 位 1.5 μs
	AD563 12 位 1.5 μs
高速	DAC1108 12 位/10 位/8 位 150/50/25 μs
	HDS 12 位/10 位/8 位 50/25/25 μs
高分辨率	DAC1136(16 位) DAC1138(18 位)
低功耗	AD7524(8 位) AD754(12 位) AD7546(16 位) AD752(12 位)
带数字寄存器	AD7524 AD7542 AD7522

书中使用的电路板

51 单片机实验板(顶板)如图 I-1 所示。

图 I-1　单片机实验板顶板

多功能实验板(底板)如图 I-2 所示。

顶板和底板配合可以完成下面的实验内容,当然也可以根据需要自行开发其他实验。也可以通过 E-mail:fhg2002@126.com 或 QQ:976586545 与作者一起探讨其他的实验内容。

① LED 闪烁—多种方法;　　　　⑧ 数字钟;

② LED 跑马灯—多种方法;　　　⑨ 简易计算器;

③ 动态驱动多个数码管;　　　　⑩ 人体心率检测仪设计;

④ 独立按键功能的实现;　　　　⑪ 智能电动车设计及编程;

⑤ 定时中断控制 LED 闪烁；　　　⑫ 温度采集系统的设计

⑥ 数码管显示计数中断的次数；　　⑬ 简易波形发生器的设计；

⑦ 单片机与计算机之间的通信；　　⑭ 数字电压表设计。

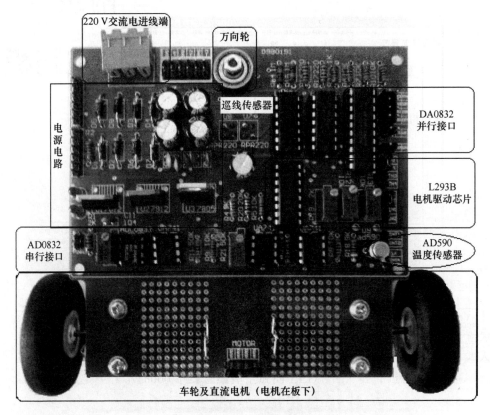

图 I-2　实验板底板

关于本实验板的更多应用可登录 www.stwledu.com 获得。

附录 J

MCS – 51 程序生成器软件

　　MCS-51 程序生成器软件（其界面如图 J – 1 所示）可以通过设置自动生成定时器、外部中断、串口通信的初始化程序和相应的中断服务子程序。该软件不需要安装，可直接运行。要说明的是，这款软件不是一个什么 51 程序都可以生成的万能机器，它只能生成一些与中断有关的相应寄存器设置的初始化程序，使用者应当自行添加和修改生成后的程序才能完成想要的任务。它的使用人群是懂 51 编程但图方便省事的人。既然你懂得 51 编程，用法我自然不用多说。如果在使用的过程中发现有什么问题可以通过 QQ：57096504 和李雍联系，也可以发邮件给我（fhg2002@126.com）。好了，最后祝您使用愉快！

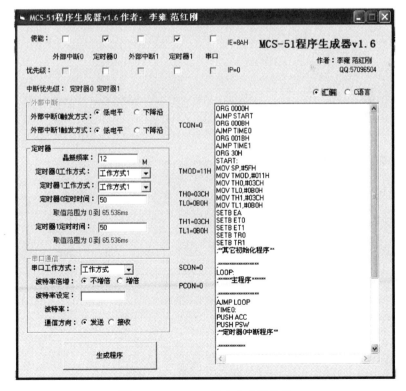

图 J – 1　MCS-51 程序生成器软件

参考文献

[1] 周坚. 单片机轻松入门[M]. 第 2 版. 北京:北京航空航天大学出版社,2007.

[2] 周坚. 单片机 C 语言轻松入门 [M]. 北京:北京航空航天大学出版社,2006.

[3] 王建校,杨建国,宁改娣,等. 51 系列单片机及 C51 程序设计[M]. 北京:科学出版社,2002.

[4] 匡忠辉. 单片机原理及应用[M]. 北京:机械工业出版社,2009.

[5] 吴金戎,沈庆阳,郭庭吉. 8051 单片机实践与应用[M]. 北京:清华大学出版社,2005.

[6] 谭浩强. C 程序设计[M]. 第 2 版. 北京:清华大学出版社,2002.

[7] 周兴华. 单片机智能化产品 C 语言设计实例详解[M]. 北京:北京航空航天大学出版社,2006.

[8] 沈任元,吴勇. 常用电子元器件简明手册[M]. 北京:机械工业出版社,2001.

[9] 程昌南. ARMLinx 入门与实践[M]. 北京:北京航空航天大学出版社,2008.